国家出版基金项目
NATIONAL PUBLICATION FOUNDATION

工信学术出版基金

卫星互联网丛书
Satellite **I**nternet

空间相干激光
通信技术

Space Coherent Laser Communication Technology

■ 孙建锋 许倩 鲁伟 侯培培 著

人民邮电出版社
北 京

图书在版编目（CIP）数据

空间相干激光通信技术 / 孙建锋等著. -- 北京：
人民邮电出版社，2023.11
（卫星互联网丛书）
ISBN 978-7-115-62008-8

Ⅰ．①空… Ⅱ．①孙… Ⅲ．①空间激光通信系统
Ⅳ．①TN929.1

中国国家版本馆CIP数据核字(2023)第112609号

内 容 提 要

近年来，随着卫星互联网概念的兴起，星间骨干网络对于数据传输容量的需求暴增。传统的微波星间通信技术存在损耗大、载波频率低等问题，同时由于卫星平台的重量和功耗等受限，不能满足应用需求。空间激光通信技术具有抗干扰能力强、安全性高、通信速率高、无电磁频谱限制等优势，是星间通信的首选技术。空间相干激光通信技术与非相干探测通信技术相比，可以获得更高的探测灵敏度，具备全天时工作能力。

本书从空间相干激光通信背景出发，系统阐述激光通信系统的体系结构、链路预算、光跟瞄等内容。通过阅读本书，读者可以系统地了解空间相干激光通信技术的基本原理和核心关键技术。另外，本书对于激光通信的系统设计具有重要的参考价值，是作者近年来在空间相干激光通信技术领域的研究总结，适合激光通信、激光测量和信号处理等相关领域的科技人员参考使用，也可以作为高等院校相关专业的教学和研究资料。

◆ 著　　　　　孙建锋　许　倩　鲁　伟　侯培培
　　责任编辑　牛晓敏
　　责任印制　马振武

◆ 人民邮电出版社出版发行　　北京市丰台区成寿寺路 11 号
　　邮编　100164　　电子邮件　315@ptpress.com.cn
　　网址　https://www.ptpress.com.cn
　　三河市中晟雅豪印务有限公司印刷

◆ 开本：710×1000　1/16
　　印张：26.25　　　　　　　　2023 年 11 月第 1 版
　　字数：486 千字　　　　　　2023 年 11 月河北第 1 次印刷

定价：299.80 元

读者服务热线：(010)81055493　印装质量热线：(010)81055316
反盗版热线：(010)81055315
广告经营许可证：京东市监广登字 20170147 号

前　言

　　通信是指人与人或人与自然之间通过某种行为或媒介进行的信息交流与传递。广义上指需要信息的双方或多方在不违背各自意愿的情况下采用任意方法、任意媒介，将信息从某一方准确安全地传送到另一方。

　　通信业作为先导性和基础性的产业，在信息时代发挥着极其重要的作用。近年来卫星通信产业发展迅猛，在移动通信领域扮演着越来越重要的角色。而激光通信具有通信容量大的优点，已经被成功应用在地面光纤通信中。在空间领域，激光还具有保密性强、安全性高、资源消耗少等优点，是卫星互联网星间链路的首选技术路线。

　　国际上已经开展多次星间、星地和深空激光通信的在轨试验验证，证明了空间激光通信技术的可行性和可用性。空间平台对资源的要求非常苛刻，相干激光通信技术因为具有接收灵敏度高、抗干扰能力强的特点，成为远距离、高速激光链路的首选通信体制。

　　空间相干激光通信技术涉及通信、激光、天文、卫星等诸多领域，经过多年的研究，已经历实验室产品、室外产品、在轨试验和在轨应用几个阶段，正处于大规模工业应用的阶段。但目前没有针对该领域的专业书籍，这对于从业人员快速了解和掌握相关基础知识非常不利。本书从空间激光通信的发展历史出发，系统阐述激光通信的基本原理、链路设计和系统参数分析，并对相干激光通信体系和系统结构、典型激光通信终端设计等方面进行详细分析。希望本书可以在一定程度上推进我国卫星互联网的建设进程，提升从业人员的整体水平。

　　本书的大部分内容是中国科学院上海光学精密机械研究所空间激光通信团队在该领域研究成果的总结，书中还融入了国际上最新的理论和技术的研究内容。由于作者编写本书的初衷是将其作为从事该领域工作人员的一本内容相对全面的参考书，因此在写作上尽量注意原理和技术相结合，理论和实践相结合，并适当加入实际的设计案例。希望这些内容可以使读者基本掌握空间激光通信系统的设计要点。在编写过程中，课题组的全体员工和学生都付出了辛勤劳动。孙建锋研究员负责本书的第 1～2 章、第 4～6 章、第 8～10 章的编写，许倩副研究员负责本书的第 3 章、第 7 章的编写以及全书的统稿和文字校对工作，鲁伟副研究员负责光学地面站部分内容的编写，侯培培副研究员负责光学相控阵和光学章动部分内容的编写。

作者在本书编写过程中，与国内很多同行进行了有益的讨论，参考了诸多文献，在此一并感谢！由于作者水平有限，书中难免会有疏漏和不足之处，敬请读者批评指正。

孙建锋

2023 年 4 月于上海

目　录

第1章

空间激光通信的现状及趋势

| 1.1　空间激光通信技术 |

空间激光通信技术结合无线电通信和光纤通信的优点，以激光为载波进行通信。空间激光通信技术具有抗干扰能力强、安全性高、通信速率高、无电磁频谱限制等优势，其设备具有体积小、重量轻、功耗低等特点，在多个领域均有重大的战略需求与应用价值。

空间技术传统分类包括对地观测、导航定位、卫星通信、科学实验等。近年来，国际上已经提出要把互联网建到太空中。这样一来，地球上任何地方，人们都将能随时随地接入网络。美国 SpaceX 计划发射 4 万多颗卫星。我国对卫星互联网的建设也非常重视和支持。空间技术的发展，能实现通导遥一体化，一颗卫星兼有通信、导航、遥感等多种性能，多功能一体化提升了卫星的整体效费比。

随着卫星功能的逐步完善，卫星互联网能承载的信息越来越丰富，除了传统的遥感、探测、导航定位等信息，还能承载终端用户的多媒体信息。这些海量的信息怎么传送是个大问题。空间激光通信技术是解决未来空间高速数据传输的重要手段，这已经成为国际上的共识及趋势。

| 1.2　空间激光通信国内外发展现状 |

近年来，国际上以 Starlink、OneWeb 等为代表，国内以"鸿雁""行云"等星座计划为代表的低轨（Low Earth Orbit，LEO）卫星通信星座迅猛发展，其具有可覆盖全球及低时延等突出特点，与地面网络争夺互联网入口。欧洲、美国、日本等国家和地区的卫星数据中继系统的规模化使用，促使高轨卫星通信系统快速发展，利用高轨卫星良好的覆盖能力，能有效实现全球区域数据中继和回传。各类卫星通信网络计划和星座实施，带动了卫星高速数据通信技术的快速发展。

欧洲、美国、日本以及中国等国家和地区在卫星激光通信领域已成功完成多项高/低轨在轨技术验证，并进入规模化建设和应用阶段。

1.2.1 欧洲

1977 年，欧洲航天局布局了第一个空间高速数据激光链路技术方向的研究合同，评估用于空间的调制器。这标志着欧洲航天局开始了长期和持续地对空间激光通信的投入。1985 年，欧洲航天局提出了雄心勃勃的半导体激光星间链路试验计划，即 SILEX 计划，用于在轨演示星间激光通信的可行性，如图 1-1 所示。

图 1-1　SILEX 计划通信中的 Artemis 和 SPOT-4 卫星

正是 SILEX 计划的执行，使得欧洲航天局在激光星间链路方向处于世界领先地位。2001 年 7 月 12 日，Artemis 卫星随 Ariane-5 在法国发射升空，但在发射过程中发生了故障。2001 年 11 月 21 日，采用二进制振幅键控（OOK）通信调制方式，实现了国际上首次高轨卫星和低轨卫星间的激光通信，通信波长 800 nm，通信速率 50 Mbit/s，通信数据为信道测试数据，通信误码率（BER）小于 1×10^{-9}。安装在 Artemis 卫星上的

激光终端作为主动端扫描其不确定区域，实现对 SPOT-4 卫星的信标光覆盖。SPOT-4
卫星收到信标光信号后将自身的通信光快速精确地指向 Artemis 卫星，实现两个卫星的
建链。2001 年 11 月 30 日，由 SPOT-4 卫星采集的图像首次通过激光链路传输给 Artemis
卫星，再由 Artemis 卫星通过微波馈电链路传输给地面。

　　SILEX 激光通信终端的粗跟踪机构为 L 臂的形式，精跟踪采用两镜电磁驱动快反
镜（FSM），超前快反采用两镜压电驱动快反镜，实现高带宽和高精度的跟踪，如
图 1-2 和图 1-3 所示。激光终端口径 25 cm，总质量 150 kg，活动部件质量 70 kg，功
耗 130 W。

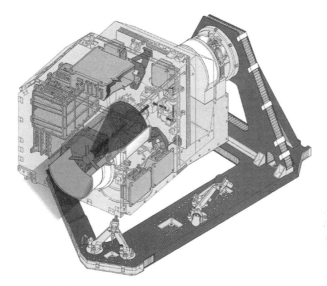

图 1-2　安装在 Artemis 卫星上的 OPALE 激光通信终端

(a) OPALE　　　　　　　　　　(b) PASTEL

图 1-3　正在集成的激光通信终端

　　为了尽早实现国际上首次星间激光通信在轨验证，2001 年 11 月 15 日，欧洲航天局利用位于西班牙的光学地面站（如图 1-4 所示）第一次实现了对 Artemis 卫星发射信标光，27 s 后光学地面站完成了对卫星信号光的跟踪。

图 1-4　位于西班牙的光学地面站

　　1993 年，日本航天局和欧洲航天局签署了开展星间激光通信试验验证的协议。日本的激光通信终端安装在 OICETS 卫星上，终端命名为 LUCE。1994 年完成了初步终端设计。2003 年 9 月，日本航天局将 LUCE 终端运到西班牙光学地面站开展了与 Artemis 卫星之间的建链试验，验证了两者系统参数和捕获跟踪流程的正确性和匹配性。2005 年 8 月 23 日，搭载 LUCE 终端的 OICETS 卫星发射升空，进入预定的太阳同步轨道，轨道高度为 610 km。2005 年 12 月 9 日，开展了与 Artemis 卫星的第一次星间激光通信试验。与 SPOT-4 卫星不同，LUCE 终端可以同时接收和发射通信数据，因此这是世界上首次星间双向激光通信链路的在轨演示验证。该激光终端的口径为 26 cm，发射光束束腰直径为 13 cm，激光功率为 100 mW，质量为 170 kg。

　　为了验证卫星与飞机之间的激光通信链路，Artemis 卫星开展了与法国飞机之间的激光通信试验。这次飞行试验命名为 LOLA 计划，飞机飞行高度为 6 000～10 000 m，链路距离接近 40 000 km，激光发射功率为 300 mW。该试验的难点在于受到飞机动平台和大气湍流信道的影响。飞机平台的姿态扰动是卫星平台的 10 倍以上，飞机周围由于受到气流的影响需要考虑气动光学和大气湍流信道的双重影响。2006 年 12 月 18 日，LOLA 计划实现了飞机在飞行速度为 500 km/h 时与 Artemis 卫星的双向实时激光通信试验。安装在飞机上的激光通信终端如图 1-5 所示。

图 1-5　安装在飞机上的激光通信终端

　　SILEX 计划成功地完成星间、星地、星机之间的多次激光通信试验，积累了许多宝贵的经验，在轨验证了激光星间链路的可行性。SILEX 计划成功后，人们逐渐将关注点从可行性转向可用性方面。可用性方面最重要的是提升通信速率，缩小体积和降低功耗。相干激光通信技术可以极大地提升接收机的灵敏度，实现功耗的降低和体积的缩小。

　　2007 年 4 月 23 日，安装有相干激光通信终端的美国 NFIRE 卫星发射升空。2007 年 6 月 15 日，德国的 TerraSAR-X 卫星成功发射，该卫星上安装了德国 Tesat 公司的激光通信终端。激光通信终端采用了 BPSK 调制/相干通信体制，收发望远镜口径 12.5 cm，质量 35 kg，功耗 125 W，尺寸约为 500 mm×500 mm×600 mm，通信速率达到了 5.625 Gbit/s，通信波长为 1 064 nm，最大跟踪角速度 4°/s，视场 10 mrad，如图 1-6 所示。2008 年 2 月 21 日，两颗卫星间实现了第一次低轨卫星间的星间相干激光通信试验。

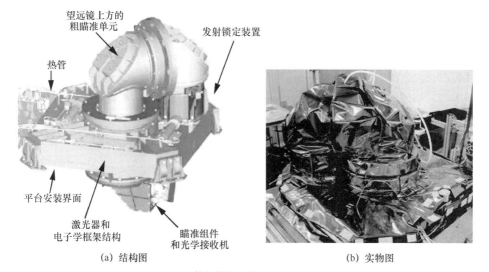

(a) 结构图　　　　　　　　　　　　　　(b) 实物图

图 1-6　激光通信终端及其主要组成单元

随着相干激光通信终端在轨试验的成功，欧洲航天局启动了高轨卫星激光通信验证项目，激光终端安装在 Alphasat 卫星上，是 4 个技术验证载荷之一。数据速率可达 2.8 Gbit/s，用户速率 1.8 Gbit/s，链路距离大于 45 000 km，误码率小于 1×10^{-8}，发射光功率 2.2 W，望远镜口径 135 mm，质量 54 kg，功耗 160 W，尺寸为 0.6 mm×0.6 mm×0.7 mm。相比第一代激光通信终端，第二代激光通信终端的主要改进点有：选用立轴光学天线，光放大器的功率增加到 5 W，接收机在 1.8 Gbit/s 的用户速率下进行了优化设计。电子学针对高轨应用环境开展了 15 年连续服务的寿命设计，热控系统进行了改进，机械结构进行了相应的放大，如图 1-7 所示。

图 1-7   安装在 Alphasat 上的第二代激光通信终端

2013 年，Alphasat 激光通信终端准确指向西班牙光学地面站，证明了激光终端具备 36 000 km 精确指向能力。经过两轮在轨试验验证后，欧洲航天局正式启动了欧洲数据中继系统（European Data Relay System，EDRS）计划。该计划将低轨卫星的大容量数据通过激光星间链路传递给中继卫星，然后再通过微波链路下传给地面用户，共包括 EDRS-A 和 EDRS-C 两颗高轨卫星，在 2024 年前后将会增加一颗 EDRS-D 中继卫星，用于进一步增加覆盖区域。

2016 年，EDRS-A 卫星发射成功，定轨在东经 9°，并于同年 4 月完成与地面站的通信测试；5 月 26 日成功实现了与 Sentinel-1A 卫星的激光连接。第一次将 Sentinel-1A 卫星的图像通过激光传递给 EDRS-A 卫星。

2019 年，EDRS-C 卫星发射成功，定轨在东经 31°。作为空中客车公司空间数据高速公路（Space Data Highway，SDH）星座网络的第二个节点，EDRS-C 卫星在 2019 年 7 月 15 日顺利完成了各项调试测试，并与哥白尼计划的哨兵地球观测卫星建立了激光通信链路。

EDRS-D 卫星作为欧洲数据中继系统计划的一个全球节点，将提供亚洲和太平洋地区上空用户的服务。卫星上安装 3 个下一代激光通信终端，每个终端可以兼容

1 550 nm 和 1 064 nm 两个通信波段，同时安装一个 1 550 nm 的试验终端。

欧洲航天局还开展了 Tbit/s 空间激光通信技术的研究（图 1-8），并在 2016 年进行了地面 10 km 距离的通信试验，实现了 1.72 Tbit/s 的通信速率。

图 1-8　DLR 10 km 距离 Tbit/s 自由空间通信实验

1.2.2　美国

美国卫星光通信研究开展得较早，20 世纪 70 年代即开始了相关研究。由于美国初期的星地光通信研究往往由政府主导，保密性较高。随着欧洲和日本卫星光通信研究的成功，越来越多的商业公司开始进入卫星光通信市场，美国卫星光通信的研究也变得开放起来。

Thermo Trex 公司为美国进行光通信研究。Thermo Trex 公司首次将法拉第反常色散光学滤波器（Faraday Anomalous Dispersion Optical Filter，FADOF）引入瞄准、捕获和跟踪（Pointing，Acquisition and Tracking，PAT）系统中，FADOF 的带宽可以窄到 0.01 nm，对本底光噪声有很强的抑制作用。实验表明，FADOF 可以在大视场角（Field of View，FOV）下取得较高的信噪比，从而实现对目标的快速捕捉和锁定。

激光通信演示（Optical Communication Demonstration，OCD）系统由美国国家航空航天局（National Aeronautics and Space Administration，NASA）支持的喷气动力实验室研制，其研制目的是实现在实验室环境下验证自由空间激光通信中的精密光束瞄准、高带宽跟踪和信标光捕获等关键技术。如图 1-9 所示，该演示系统采用单个快反镜和单个焦平面相机实现瞄准、捕获和跟踪等多项功能，大大简化了终端设计。虽然 OCD 系统并没有实用化，但是其设计思路为后来很多喷气动力实验室的研究提供了借鉴。

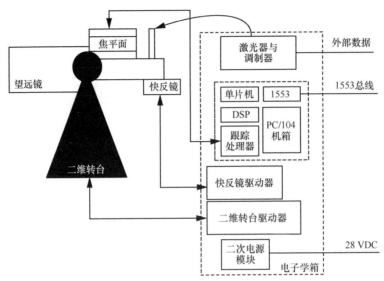

图 1-9　OCD 系统 PAT 结构设计图

20 世纪 80 年代末到 90 年代初，美国弹道导弹防御组织（Ballistic Missile Defense Organization，BMDO）开始支持空间技术研究卫星 STRV-2。该研究的目的在于演示 LEO 卫星 TSX-5 与地面站间的上行和下行激光通信，验证卫星与地面间的 Gbit/s 速率通信是否可行。STRV-2 的设计采用直接调制半导体激光发射和雪崩光电二极管接收。跟瞄装置采用二极管激光（852 nm 波长）作为信标光，CCD 成像器接收，铯原子线滤波器用作本底光抑制。整个通信终端电子设备质量为 14.5 kg，设计通信链路长度最大为 2 000 km。

STRV-2 实验系统（图 1-10）采用了极化复用通信技术来提高通信速率，其设计通信速率为卫星到地面 500 Mbit/s×2 和地面到卫星 155 Mbit/s×2。在天线设计方面，发射端和接收端相互分离，TSX-5 卫星上终端天线直径为 1.6 cm（发射）和 13.7 cm（接收），地面站上天线直径为 30.5 cm（发射）和 40.6 cm（接收）。同时为了减轻大气闪烁的影响，STRV-2 系统采用了多个发射孔径，其中星上终端 4 路，地面终端 12 路。2000 年 6 月 7 日，激光终端随 TSX-5 试验卫星发射升空，该激光终端质量为 14.29 kg，体积小于 1 立方英尺（约为 0.028 立方米），功耗为 75 W，通信速率可以达到 1 Gbit/s，星地通信距离最远可以达到 2 000 km，地面仰角大于 15°。但由于星上终端问题，未能实现对地面站上行信标光的捕获和跟踪，最终由于星历精度和卫星的姿态控制误差超出预期，STRV-2 星地激光链路实验宣告失败。

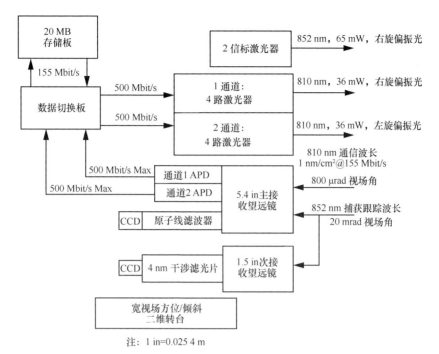

注：1 in=0.025 4 m

图 1-10　STRV-2 卫星激光通信收发终端

2001 年 5 月 18 日，美国国家侦察局（National Reconnaissance Office，NRO）的同步轨道轻量技术试验 GEOLITE 卫星成功发射并进入预定轨道。GEOLITE 卫星携带了一个试验用的激光通信端机和一个工程用的超高频（UHF）通信设备，以进行激光通信试验和宽带通信试验。麻省理工学院的林肯实验室负责激光通信端机的设计。NRO 对外宣布本次卫星试验非常成功，实现了激光通信链路，但未见进一步的详细报道。

2013 年 10 月的月球激光通信演示（Lunar Laser Communication Demonstration，LLCD）计划实现了月球轨道与多个地面基站 40 万千米距离的双向通信，月地最大下行和上行速率分别达到 622 Mbit/s 和 20 Mbit/s。该计划包括一个飞行激光终端和 3 个光学地面站，成功实现了下行 40～622 Mbit/s，上行 10～20 Mbit/s 的通信试验。3 个光学地面站分别位于白沙（White Sands，NM）、桌山（NASA JPL's Table Mountain，CA）、欧洲航天局西班牙特纳利夫岛。2017 年 11 月，NASA 创新型 1.5 U 立方体卫星的"激光通信与传感器演示"（Optical Communication and Sensor Demonstration，OCSD）项目对未来小型卫星的高速率激光数据传输技术进行了验证，星地链路下行速率达到 2.5 Gbit/s。

在 LLCD 项目成果的基础上，为实现太空高速互联网，NASA 启动了激光通信中继演示验证（LCRD）计划，如图 1-11 所示。LCRD 重点验证这种技术的运行寿命和可靠性，还将测试 LCRD 在多种不同环境条件和运行情境下的能力。通过使用 LCRD，NASA 将有机会在不同气象条件下，以及一天中不同时间点测试激光通信的性能，以获得数据积累。

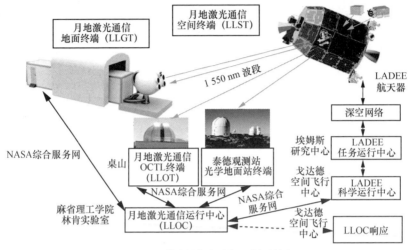

图 1-11　激光通信中继演示验证计划

除了完成上述试验外，该项目还为国际空间站设计激光通信终端，旨在使用 LCRD 以 Gbit/s 级的数据速率从国际空间站向地面中继数据，希望一旦通过测试，NASA 许多其他在轨任务也运行这种终端，从而通过 LCRD 向地面中继数据。LCRD 将运行 2～5 年。配备激光调制解调器的两个地面终端位于桌山和夏威夷，将验证与 LCRD 之间的双向通信能力；LCRD 将部署于地球同步轨道，其轨位处于这两个地面站点之间，如图 1-12 所示。

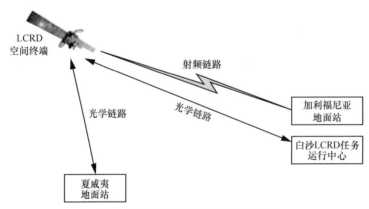

图 1-12　LCRD 与两个地面站试验方案

LCRD 拥有两个光学模块。光学模块与调制解调器、电子控制器共同组成 LCRD 的飞行有效载荷。LCRD 有效载荷包含两个相同的光学终端，这两个终端由被称为"空间切换单元"的组件连接；"空间切换单元"可用作数据路由器，还可以连接到射频下行链路。调制解调器将数字数据转化为激光或射频信号，并进行逆向转化，安装在 STPSat-6 卫星上的两个 LCRD 激光终端如图 1-13 所示。一旦将数据转化为激光，LCRD 光学模块将把激光携载的数据传送至地球。为此，光学模块必须能够精确指向，以接收和传输数据。电子控制器模块可通过指挥执行器，帮助调节望远镜的指向并使其保持稳定，不受任何航天器移动和振动的影响。

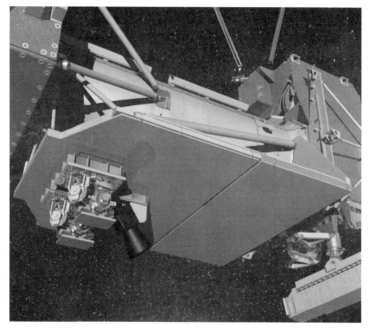

图 1-13　安装在 STPSat-6 卫星上的两个 LCRD 激光终端

　　LCRD 激光终端在 2021 年发射升空，该终端的组成和信息流如图 1-14 所示，其通信速率可以达到 2.880 Gbit/s（DPSK）、622 Mbit/s（PPM），激光终端的通信波长为 1 550 nm，望远镜口径 108 mm，发射光功率 0.5 W，功耗 130 W，质量 60 kg。

　　LCRD 的第一个太空用户是 NASA 的集成 LCRD 近地轨道用户调制解调器和放大器终端（ILLUMA-T），如图 1-15 所示，该终端接收来自空间站上的实验和仪器的高质量科学数据，然后以 1.2 Gbit/s 的速率将这些数据传输到 LCRD。LCRD 会以相同的速率将其传送到地面站。

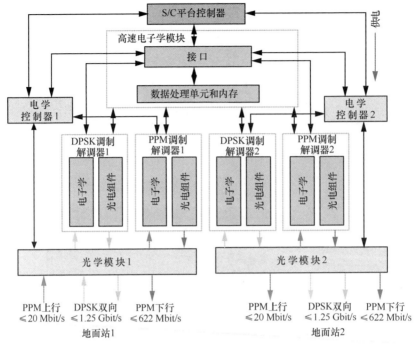

图 1-14　LCRD 激光终端组成和信息流

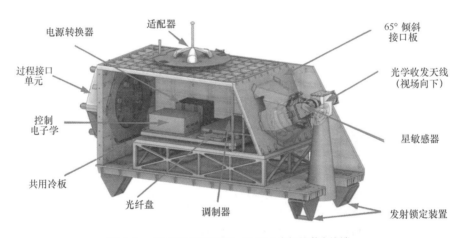

图 1-15　安装在国际空间站 JEM-EF 空间的激光终端

　　2014 年 4 月，激光通信科学光学载荷（OPALS）随 SpaceX 的"龙"飞船发射升空。如图 1-16 所示。该载荷被 NASA 安装在国际空间站的舱外，与 JPL 的桌山的光学地面站进行通信，采用 4 个上行的信标光抑制大气湍流的影响。在晴天和暗背景条件下，空间站激光终端很容易捕获到地面上行信标光，白天跟瞄是个巨大的挑战。每天

国际空间站 18 次经过地面站，其中 9 次在白天经过，9 次在晚上经过。2014 年 6 月
5 日，OPALS 在晚上第一次实现与地面站的通信，持续时间为 148 s，重复发送了 3.5 s
的视频；7 月发送了 1969 年 Apollo 11 登月视频，用时 7 s。

图 1-16　国际空间站对地通信试验

为解决低轨卫星大容量数据下传的问题，NASA 提出拟开展超高速突发大容量激
光数据下行试验，即太字节红外传输（TeraByte InfraRed Delivery，TBIRD）。该计
划最大通信速率达到 200 Gbit/s，可以实现单个地面站每天 50 TB 数据的下传，大幅
缩减对激光骨干网的带宽需求。如图 1-17 所示，Tbird 激光终端最大的特点是采用光
纤通信的货架 100 Gbit/s 光收发产品，终端的体积为 2 U，质量小于 2.25 kg，安装在
6 U 的立方星上。初始的验证工作地面站采用 NASA 现有的带自适应光学的地面站，
后期计划研制低成本的光学地面接收站，可以放置在用户的数据存储中心，避免浪费
地面光纤宽带通信资源。

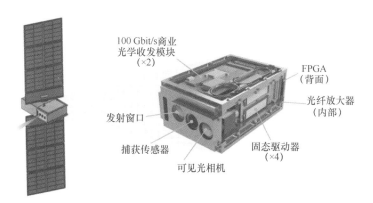

图 1-17　Tbird 激光终端：包括发射、捕获和可见光 3 个通道

1.2.3　日本

日本开始进行星地光通信研究的时间较美国要晚一些，但是日本的研究进展迅速，并于 1995 年与美国喷气动力实验室一起实现了世界上首次星地光通信链路，从而证明了星地光通信是可行的。激光终端搭载的卫星平台是日本的 ETS-VI 卫星，于 1994 年 8 月 28 日发射。该卫星与 JPL 的光学地面站开展了地面—轨道飞行器间激光通信演示（Ground/Orbiter Lasercomm Demonstration，GOLD）试验。如图 1-18 所示，GOLD 试验采用 1 个 0.6 m 和 1 个 1.2 m 望远镜，其中 0.6 m 望远镜用于 1.024 Mbit/s 上行信号光发射，调制方式为曼彻斯特伪随机码。激光通信终端的望远镜口径为 75 mm，具备光束瞄准、捕获和跟踪能力，实现方式为单反射镜。下行发射光波长为 830 nm，上行接收光波长为 514.5 nm，采用硅基雪崩光电二极管（APD）作为通信接收器件。

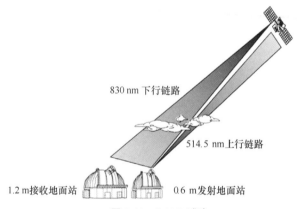

830 nm 下行链路

514.5 nm 上行链路

1.2 m 接收地面站　　0.6 m 发射地面站

图 1-18　GOLD 试验

日本航天局（JAXA）从 1992 年开始了名为 OICETS 的概念设计和可行性试验卫星计划，包括 LUCE 在内的初步设计在 1994 年完成。LUCE 的工程样机集成后开展了热真空、电磁兼容性等环境适应性试验，随后研制的正样件也经过了相应的环境试验。2003 年 9 月，Artemis 卫星和日本的 LUCE 激光终端在西班牙借助光学地面站实现了光学捕获跟踪和通信测试，验证了接口和流程的适配性。OICETS 卫星于 2005 年 8 月发射升空，轨道类型为太阳同步轨道，轨道高度为 610 km，轨道倾角为 97.8°。2005 年 12 月，JAXA 成功实现了世界上首次 OICETS 与 Artemis 卫星的星间双向激光通信试验，上行速率 50 Mbit/s，下行速率 2 Mbit/s，如图 1-19 所示。

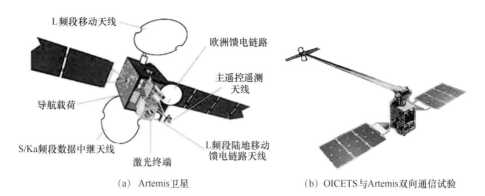

（a）Artemis 卫星　　　　（b）OICETS 与 Artemis 双向通信试验

图 1-19　试验示意

　　为了验证星地激光通信的可用性，JAXA 在 2006 年开展了 KODEN 计划，旨在通过多个地面站降低大气湍流和天气的影响。整个试验分为 5 个阶段进行，前 3 个阶段分别在 3 月、5 月、9 月进行。这是首次低轨卫星对地激光通信试验。第一阶段采用多光束发射技术降低大气湍流强度起伏；第二阶段因为天气原因没有成功；第三阶段测试了上行和下行的通信误码率；第四阶段采用新的快反镜测试星地下行的单模光纤耦合效率，测试激光光束的大气传播特性，并且测试 LDPC 纠错码对上行链路性能的改善作用；第五阶段开展多个地面站联合通信的试验，成功和美国 JPL、欧洲航天局西班牙及德国宇航中心、日本 NICT 的 4 个光学地面站开展了联合通信试验，如图 1-20 所示。

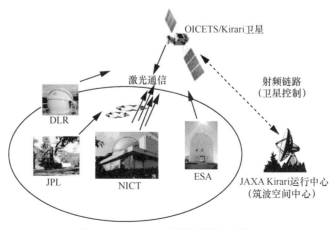

图 1-20　OICETS 星地多站联合试验

NICT光学地面站试验时段一般安排在1:00—2:00，一共开展了57次建链通信试验，其中建链成功次数为28次，由于雨和云造成建链失败的次数为26次，操作失误3次。在4站联合试验时的各站成功概率见表1-1。

表1-1　4站联合星地通信试验结果

地面站	成功概率
NICT	49.1%
JPL	57.1%
DLR	60.0%
ESA	88.9%

假设4个光学地面站是不相关的，多站联合建链概率可以表示为

$$P = 1 - \sum_{i=1}^{N}(1 - p_i) \tag{1-1}$$

根据式（1-1）计算的4站联合成功概率为0.990 3。因此通过多站联合提升星地链路可用度是可行的。

日本还开展了小型光学应答机（Small Optical Transponder，SOTA）的研制。该激光终端于2014年5月24日随SOCRACTES卫星发射升空，轨道高度628 km，轨道倾角97.69°，主要发射目的为在轨验证捕获、通信编译码等。SOTA的主要技术参数见表1-2，光学头如图1-21所示。

表1-2　SOTA主要技术参数

参数	值			
质量	5.9 kg（包括光学和电子学单元）			
功耗	睡眠模式	待机模式	Tx1	Tx2、Tx3、Tx4
	1.7 W	2.0 W	15.7 W	12.6 W
转动范围	Az：>±50°，EI：−22°～78°			
链路距离	1 000 km			
波长	Tx1：976 nm波段			
	Tx2和Tx3：800 nm波段			
	Tx4：1 549 nm波段			
接收天线尺寸	4.5 cm			
数据传输速率	1 Mbit/s或10 Mbit/s（可选）			

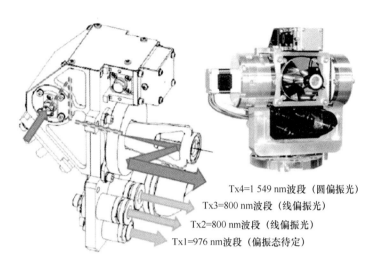

Tx4=1 549 nm波段（圆偏振光）

Tx3=800 nm波段（线偏振光）

Tx2=800 nm波段（线偏振光）

Tx1=976 nm波段（偏振态待定）

图 1-21　SOTA 激光终端光学头

1.2.4　中国

中国对空间激光通信的研究开始于 20 世纪 90 年代，以电子科技大学和中国科学院上海光学精密机械研究所（中科院上海光机所）为主要代表，着眼于自由空间激光通信技术攻关。21 世纪，哈尔滨工程大学、长春理工大学、中科院上海光机所、中国航天科技集团公司五院西安分院等开始了卫星激光通信工程整机研制，并先后开展了多次激光通信的在轨试验。

2011 年 8 月 16 日，中国首颗海洋动力环境监测卫星"海洋二号"在轨交付使用。在轨运行期间，搭载在"海洋二号"上的星地激光通信终端，成功进行了中国首次星地激光通信链路数据传输试验，成为中国卫星通信技术发展史上的一个重要里程碑。

2011 年 10 月 25 日，我国成功进行了星地激光链路捕获跟踪试验，实现了中国首次高精度高稳定的双向快速捕获和全链路稳定跟踪。2011 年 11 月 10 日，中国首次星地激光通信链路数据传输试验获得成功，上行数据传输速率为 20 Mbit/s。2011 年 11 月 24 日，星地激光高速数据传输试验成功，下行数据传输速率达到 504 Mbit/s，通信体制为强度调制/直接探测。

2007 年，中科院上海光机所刘立人研究员在国内首次提出了空间相干激光通信的概念，旨在解决星间远距离和高码率对激光终端带来的巨大挑战，并在科技部项目的支持下，开始对我国相干激光通信核心器件——光学桥接器的攻关工作，在 2009 年实现了我国首次 1 064 nm 波长的 BPSK 调制、零差相干探测通信体制的全光学贯通，开启了我国空间相干激光通信研究的序幕。

2016 年，中科院上海光机所在量子科学实验卫星上实现了我国首次星地相干激光通信，采用相干通信体制。其下行数据传输速率达到 5.12 Gbit/s，采用 BPSK/DPSK 两种通信体制兼容方案，通信波长 1 550 nm；上行通信速率为 20 Mbit/s，通信体制为 16PPM，通信波长为 20 Mbit/s，采用 4 孔径平滑大气湍流的影响。

墨子号科学实验卫星及相干激光通信机光机主体如图 1-22 所示。

(a) 墨子号科学实验卫星

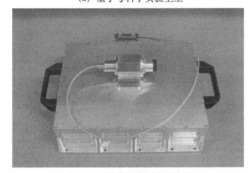

(b) 相干激光通信机光机主体

图 1-22　墨子号科学实验卫星及相干激光通信机光机主体

2017 年 4 月 12 日，实践十三号卫星发射入轨。在近 4 万千米远的卫星与地面站之间，成功实现光束信号的快速锁定和稳定跟踪，且传输速率高、通信质量好，最高数据传输速率达 5 Gbit/s，通信体制采用波分强度调制/直接探测方案。

2018 年 8 月 25 日，北斗三号工程 M11/M12 卫星发射升空，每颗卫星上安装了 1 个激光通信测量一体化终端。随后在 M17/M18、M19/M20、M21/M22 等多颗中轨卫星上均安装了激光通信终端，在 IGSO 卫星上也安装了激光通信终端，成功实现了中国第一次星间激光通信在轨通信测量试验。激光通信终端的工作波长为 1 550 nm，数据传输速率最高为 1 Gbit/s，测量精度小于 5 mm。

2019 年 12 月 27 日，实践二十号卫星成功发射。实践二十号卫星搭载了中国首套高速高阶相干激光通信终端。2020 年内首次在轨验证了 QPSK 相干体制的激光通信，数据传输速率高达 10 Gbit/s。

|1.3　空间激光通信技术发展趋势 |

空间激光通信技术经过原理概念、地面验证、在轨验证、在轨试用几个阶段，已经充分展示了在空间宽带数据传输通信方面的巨大优势，进入大规模应用阶段。从技术本身来看，主要有以下几种发展趋势：

（1）激光通信从点到点应用向组网应用方向发展；

（2）激光通信终端向小型化、轻量化、低功耗、长寿命方向发展；

（3）激光终端向通信、测量、遥感等一体化多功能方向发展。

第 2 章

空间激光通信基本原理

| 2.1 通信基本原理 |

通信的根本目的就是实现信息从信源到信宿的传递。信息有不同的形式，例如：符号、文字、语音、音乐、数据、图片、活动图像等。典型的通信系统可由图 2-1 所示的模型加以概括，信源的作用是把各种可能的消息转化为原始信号。为了使这个原始信号适合在信道中传输，由发送设备对原始信号完成某种变换，然后再送入信道。信道是指信号传输的通道。接收设备的功能与发送设备相反，负责从接收信号中恢复出相应的原始信号，而信宿将复原的原始信号转换成相应的消息。

图 2-1　通信系统的简化模型

通信系统又分为模拟通信系统和数字通信系统两大类。模拟通信系统典型简化模型如图 2-2 所示。发送端的连续消息要变换为原始信号。接收端将收到的信号反变换为原连续消息。为了进行信道传输，需要将原始信号变换为适合信道传输的信号。该信号需要具备两个特征：一是要携带消息，二是能够适应在信道中传输。原始信号称为基带信号，信道中传输的信号称为频带信号。

图 2-2　模拟通信系统典型简化模型

数字通信系统典型简化模型如图 2-3 所示。信源经过加密器加密，再经过编码器编码后，经过调制器调制成适合信道传输的信号，在接收端经过反向处理后得到原始信息给受信者。

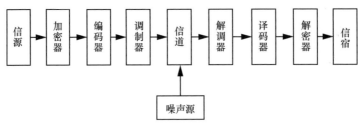

图 2-3　数字通信系统典型简化模型

数字通信系统典型调制方式见表 2-1。

表 2-1　数字通信系统典型调制方式

载波调制和脉冲调制	调制方式	用途
载波调制	振幅键控（ASK）	数据传输
	相位键控（PSK、DPSK）	数据传输
	频移键控（FSK）	数据传输
	其他高阶调制（QAM、MSK）	宽带通信
脉冲调制	脉冲位置调制（PPM、DPPM）	深空通信
	开关键控	数据传输

为了提升传输信息的容量，通常在信号域采用复用的方式。常用的复用方式包括空分、频分、时分和码分复用等。频分复用是用频谱搬移的方法使不同信号占据不同的频率范围；时分复用是用抽样或脉冲调制方法使不同信号占据不同的时间区间；码分复用是用一组包含互相正交的码字的码组携带多路信号；空分复用是在空间上将信道区分开来，使信号占用不同的空域。

|2.2　通信方式|

对于点到点通信，按消息传送的方向与时间关系，通信方式可分为单工通信、半双工通信及全双工通信 3 种。单工通信是指消息只能单方向传输的工作方式，如图 2-4（a）

所示。例如遥测、遥控就是单工通信方式。半双工通信是指通信双方都能收发消息的工作方式，如图 2-4（b）所示。例如，使用同一载频工作的无线电对讲机，就是按照这种通信方式工作的。全双工通信是指通信双方可同时进行收发消息的工作方式，如图 2-4（c）所示。例如，普通电话就是一种最常见的全双工通信方式。在数字通信中，按照数字信号码元排列方法的不同，有串行传输与并行传输之分。所谓串行传输，是将数字信号码元序列按时间顺序一个接一个地在信道中传输，如图 2-5（a）所示。如果将数字信号码元序列分割成两路或两路以上的数字信号码元序列同时在信道中传输，则称为并行传输，如图 2-5（b）所示。远距离传输大多数采用串行传输方式，并行传输多用在近距离数字通信场合。

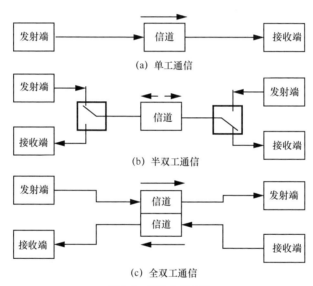

图 2-4　通信方式示意

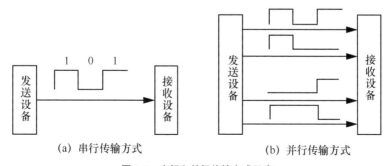

图 2-5　串行和并行传输方式示意

|2.3 通信信息量度量|

通信的目的在于传递信息。传递信息的多少用"信息量"衡量。消息中所含的信息量 I 是信息 x 出现的概率 $P(x)$ 的函数，即

$$I = I[P(x)] \tag{2-1}$$

消息出现的概率越小，它所含的信息量越大；反之信息量越小，且当 $P(x) = 1$ 时，$I = 0$。若干个互相独立事件构成的消息，所含信息量等于各独立事件信息量的和，即

$$I[P(x_1)P(x_2)\cdots] = I[P(x_1)] + I[P(x_2)] + \cdots \tag{2-2}$$

从式（2-1）可以看出，若 I 与 $P(x)$ 间的关系式为

$$I = \log_\alpha \frac{1}{P(x)} = -\log_\alpha[P(x)] \tag{2-3}$$

则信息量的单位取决于式（2-3）中的对数底数 α，如果 $\alpha = 2$，则信息量的单位为比特（bit）；如果 $\alpha = e$，则信息量的单位为奈特（nit）；如果 $\alpha = 10$，则信息量的单位为哈特莱。

假设离散消息的出现概率是相等的，需要传递的离散消息是在 M 个消息之中独立地选择其一，且认为每一个消息出现的概率是相同的。为了传递一个消息，只需采用一个 M 进制的波形来传送。也就是说，传递 M 个消息之一这一件事与传送 M 进制波形之一是完全等价的。M 进制中最简单的情况是 $M = 2$，即二进制，在等概率出现时

$$I = \log_2\left(\frac{1}{1/2}\right) = \log_2 2 = 1 \tag{2-4}$$

当 $M > 2$，则传送每一波形的信息量应为

$$I = \log_2\left(\frac{1}{1/M}\right) = \log_2 M \tag{2-5}$$

|2.4 通信性能主要指标|

通信系统的性能指标很多，涉及其有效性、可靠性、适应性、标准性、经济性及维修性等，但从信息的传输来说，通信的有效性和可靠性是主要的矛盾点。有效性主

要指信息传输的速度问题，可靠性主要指信息传输的质量问题，两者是相互矛盾的，设计通信系统需要在两者之间寻求最佳的平衡点。

在数字通信系统里，主要的性能指标有两个，即通信速率和误码率。

2.4.1　通信速率

数字通信中常用时间间隔相同的符号来表示一位二进制数字，这个间隔称为码元长度，时间间隔内的信号称为二进制码元。N 进制的信号也是等长的，称为 N 进制码元。

通信速率用码元传输速率来衡量，码元传输速率又称码元速率或传码率，是每秒传送码元的数目，单位为"波特"，常用符号"B"表示。通信速率还可以用信息传输速率来表征，又称信息速率或传信率，为每秒钟传递的信息量，单位为 bit/s。

假设 N 进制码元速率记为 R_{BN}，对应的信息速率记为 R_b，则有

$$R_b = R_{BN} \log_2 N \tag{2-6}$$

2.4.2　误码率

对于模拟通信系统而言，一般用信噪比（SNR）来表征通信系统的性能。数字通信最小的信息单位为比特，其通信性能通常不直接采用 SNR 而采用误码率来表征，商业通信系统一般要求误码率小于 1×10^{-9}。误码率为

$$BER = \frac{P_0}{2} + \frac{P_1}{2} \tag{2-7}$$

其中，P_0 为 0 错为 1 的概率，P_1 为 1 错为 0 的概率。$\frac{1}{2}$ 是假设数字通信系统中 0 和 1 出现的概率相同。

假定总噪声的概率分布为高斯分布，则大大简化了计算。假设在接收机判决点上"1"信号的幅度为 u_m，判决点门限（阈值）为 D，N_1 和 N_0 分别为码元为"1"和"0"时的噪声平均功率。判决点上的噪声电压 u 如图 2-6（a）所示，噪声电压 u 幅度分布的概率密度函数如图 2-6（b）所示。

$$P(u) = \frac{1}{\sigma_0 \sqrt{2\pi}} e^{\left(-\frac{u^2}{2\sigma_0^2}\right)} \tag{2-8}$$

式中，σ_0 是噪声电压有效值，$\sigma_0^2 = N_0$ 为噪声平均功率。

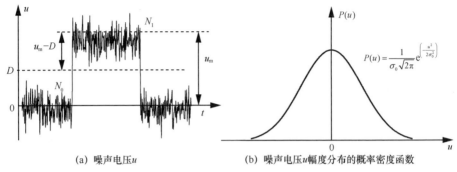

(a) 噪声电压u　　　　　　　　(b) 噪声电压u幅度分布的概率密度函数

图 2-6　接收机时域信号波形和电压概率分布

对于信息为"0"时，在判决点上电压u超过阈值D的概率，即信息"0"判决为信息"1"的误码率$P_E(0)$为

$$P_E(0) = P_E(u > D) = \frac{1}{\sigma_0\sqrt{2\pi}}\int_D^\infty e^{\left(-\frac{u^2}{2\sigma_0^2}\right)}du = \frac{1}{\sqrt{2\pi N_0}}\int_D^\infty e^{\left(-\frac{u^2}{2N_0}\right)}du = \frac{1}{\sqrt{2\pi}}\int_{\frac{D}{\sqrt{N_0}}}^\infty e^{\left(-\frac{x^2}{2}\right)}dx \quad (2\text{-}9)$$

式中，$x = \dfrac{u}{\sqrt{N_0}}$。

对于信息为"1"时，在判决点上电压u小于阈值D的概率，即信息"1"判决为信息"0"的误码率$P_E(1)$为

$$P_E(1) = P_E(u < D) = \frac{1}{\sigma_0\sqrt{2\pi}}\int_{-\infty}^D e^{\left(-\frac{(u-u_m)^2}{2\sigma_0^2}\right)}du = \frac{1}{\sqrt{2\pi N_1}}\int_{-\infty}^D e^{\left(-\frac{(u-u_m)^2}{2N_1}\right)}du = \frac{1}{\sqrt{2\pi}}\int_{-\infty}^{\frac{D-u_m}{\sqrt{N_1}}} e^{\left(-\frac{x^2}{2}\right)}dx$$

$$(2\text{-}10)$$

式中，$x = \dfrac{u - u_m}{\sqrt{N_1}}$。

通信系统的误码率可以写成

$$P_E = P(0)P_E(0) + P(1)P_E(1) \qquad (2\text{-}11)$$

且满足，$P(0) + P(1) = 1$。

要想使误码率最小，需要满足

$$\frac{dP_E}{dD} = 0 \qquad (2\text{-}12)$$

将式（2-9）～式（2-11）代入式（2-12），得到

$$\frac{\mathrm{d}P_{\mathrm{E}}}{\mathrm{d}D} = P(0)\frac{\mathrm{d}P_{\mathrm{E}}(0)}{\mathrm{d}D} + \left[1 - P(0)\right]\frac{\mathrm{d}P_{\mathrm{E}}(1)}{\mathrm{d}D} = 0 \tag{2-13}$$

$$P(0)\frac{1}{\sqrt{2\pi}} \cdot \frac{\mathrm{d}}{\mathrm{d}D}\int_{\frac{D}{\sqrt{N_0}}}^{+\infty} \mathrm{e}^{\left(\frac{-x^2}{2}\right)}\mathrm{d}x + \left[1 - P(0)\right]\frac{1}{\sqrt{2\pi}}\frac{\mathrm{d}}{\mathrm{d}D}\int_{-\infty}^{\frac{D-u_{\mathrm{m}}}{\sqrt{N_1}}} \mathrm{e}^{\left(\frac{-x^2}{2}\right)}\mathrm{d}x = 0 \tag{2-14}$$

根据积分变限函数求导法则，有

$$-\frac{P(0)}{\sqrt{2\pi N_0}}\mathrm{e}^{\frac{-D^2}{2N_0}} + \frac{1 - P(0)}{\sqrt{2\pi N_1}}\mathrm{e}^{\left(\frac{-(D-u_{\mathrm{m}})^2}{2N_1}\right)} = 0 \tag{2-15}$$

得到

$$\frac{D^2}{N_0} - \frac{(D - u_{\mathrm{m}})^2}{N_1} = \ln\frac{1 - P(0)}{P(0)}\frac{\sqrt{N_0}}{\sqrt{N_1}} \tag{2-16}$$

（1）若 $N_0 = N_1$，式（2-16）写为 $D^2 - (D - u_{\mathrm{m}})^2 = N_0\ln\dfrac{1 - P(0)}{P(0)}$，即

$$D = \frac{N_0}{2u_{\mathrm{m}}}\ln\frac{1 - P(0)}{P(0)} + \frac{u_{\mathrm{m}}}{2} \tag{2-17}$$

因此，当 $P(0) = \dfrac{1}{2}$ 时，$D = \dfrac{u_{\mathrm{m}}}{2}$。

（2）若 $N_0 \neq N_1$，式（2-16）写为

$$N_1 D^2 - N_0(D - u_{\mathrm{m}})^2 = N_0 N_1 \ln\left[\frac{1 - P(0)}{P(0)}\frac{\sqrt{N_0}}{\sqrt{N_1}}\right] \tag{2-18}$$

即

$$\left(N_1 - N_0\right)D^2 + 2DN_0 u_{\mathrm{m}} - \left\{N_0 u_{\mathrm{m}}^{\,2} + N_0 N_1 \ln\left[\frac{1 - P(0)}{P(0)}\frac{\sqrt{N_0}}{\sqrt{N_1}}\right]\right\} = 0 \tag{2-19}$$

求得

$$D = \frac{-N_0 u_{\mathrm{m}} \pm \sqrt{(N_0 u_{\mathrm{m}})^2 + (N_1 - N_0)\left\{N_0 u_{\mathrm{m}}^{\,2} + N_0 N_1 \ln\left[\frac{1 - P(0)}{P(0)}\frac{\sqrt{N_0}}{\sqrt{N_1}}\right]\right\}}}{(N_1 - N_0)} \tag{2-20}$$

假设 $N_1 = \beta N_0$，有

$$D = \frac{-u_{\mathrm{m}} \pm \sqrt{(u_{\mathrm{m}})^2 + (\beta - 1)\left\{ u_{\mathrm{m}}^2 + \beta N_0 \ln\left[\frac{1 - P(0)}{P(0)} \frac{1}{\sqrt{\beta}} \right] \right\}}}{(\beta - 1)} \qquad (2\text{-}21)$$

因此，当 $P(0) = \dfrac{1}{2}$ 时

$$D = \frac{-u_{\mathrm{m}} \pm \sqrt{(u_{\mathrm{m}})^2 + (\beta - 1)\left[u_{\mathrm{m}}^2 + \beta N_0 \ln\left(\frac{1}{\sqrt{\beta}} \right) \right]}}{(\beta - 1)} \qquad (2\text{-}22)$$

根据式（2-22），得出不同 β 值时的最佳判决电压曲线，如图 2-7 所示。从图 2-7 中可以看出，当 $\beta = 0$ 时，最佳判决阈值 $D \to u_{\mathrm{m}}$ 时的误码率最小；当 $\beta = 1$ 时，最佳判决阈值 $D = \dfrac{u_{\mathrm{m}}}{2}$ 时的误码率最小。

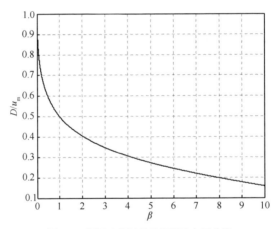

图 2-7　不同 β 值时的最佳判决电压曲线

2.4.3　信道容量

从信息论的观点来看，各种信道可以概括为两大类，即离散信道和连续信道。所谓离散信道就是输入信号与输出信号都是取值离散的时间函数，而连续信道是指输入信号和输出信号都是取值连续的时间函数。

假设信道的带宽为 B（Hz），信道输出的信号功率为 S（W）及输出加性高斯白噪声功率为 N（W），则可以证明该信道的容量（单位为 bit/s）为

$$C = B \log_2 \left(1 + \frac{S}{N} \right) \tag{2-23}$$

式（2-23）就是信息论中具有重要意义的香农公式，它给出当信号与作用在信道上的起伏噪声的平均功率给定时，在具有一定频带 B 的信道上，理论上单位时间内可能传输的信息量的极限数值。该式还是扩展频谱技术的理论基础。

由于噪声功率 N 与信道带宽 B 有关，故若噪声单边功率谱密度为 n_0，则噪声功率 N 将等于 $n_0 B$。因此，香农公式的另一形式为

$$C = B \log_2 \left(1 + \frac{S}{n_0 B} \right) \tag{2-24}$$

由式（2-24）可知，一个连续信道的信道容量受"三要素"——B、n_0、S 的限制，只要这三要素确定，信道容量也就随之确定。

现在来讨论信道容量 C 与"三要素"之间的关系。从式（2-24）中容易看出，当 $n_0 = 0$ 或 $S \to \infty$ 时，信道容量 $C \to \infty$。这是因为 $n_0 = 0$ 意味着信道无噪声，而 $S \to \infty$ 意味着发送功率达到无穷大，对应信道容量无穷大，显然是无法实现的。若要使信道容量加大，则通过减小 n_0 或增大 S 在理论上是可行的。

能否通过增大带宽 B，使 $C \to \infty$ 呢？可以证明，这是不可能的。因为式（2-24）可以改写为

$$C = \frac{S}{n_0} \frac{n_0 B}{S} \log_2 \left(1 + \frac{S}{n_0 B} \right) \tag{2-25}$$

于是，当 $B \to \infty$ 时，则式（2-25）变为

$$\lim_{B \to \infty} C = \frac{S}{n_0} \log_2 e \approx 1.44 \frac{S}{n_0} \tag{2-26}$$

式（2-26）表明，保持 $\dfrac{S}{n_0}$ 一定，即使信道带宽 $B \to \infty$，信道容量 C 也是有限的。这是因为信道带宽 $B \to \infty$ 时，噪声功率 N 也趋于无穷大。

通常，把实现了上述极限信息速率的通信系统称为理想通信系统。但是，香农公式只证明了理想系统的"存在性"，却没有指出这种通信系统的实现方法。因此，理想系统通常只能作为实际系统的理论极限。另外，上述讨论都是在信道噪声为高斯白噪声的前提下进行的，对于其他类型的噪声，香农公式需要加以修正。

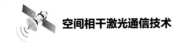

| 2.5 数字基带信号及其频谱特性 |

2.5.1 数字基带信号

为了分析消息在数字基带传输系统中的传输过程，首先分析数字基带信号及其频谱特性是必要的。

数字基带信号（以下简称为基带信号）的类型举不胜举。现以由矩形脉冲组成的基带信号为例，介绍几种基本的基带信号波形，如图 2-8 所示。

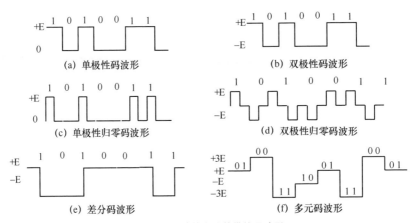

(a) 单极性码波形

(b) 双极性码波形

(c) 单极性归零码波形

(d) 双极性归零码波形

(e) 差分码波形

(f) 多元码波形

图 2-8　几种基本的基带信号波形

（1）单极性码波形

设消息代码由二进制符号 0、1 组成，则单极性码波形的基带信号可用图 2-8（a）表征。这里，基带信号的 0 电位及正电位分别与二进制符号 0 及 1 一一对应。从图 2-8（a）容易看出，这种型号在一个码元时间内，不是有电压（或电流），就是无电压（或电流），电脉冲之间无间隔，极性单一。该波形经常在近距离传输（比如在印制板内或相近印制板之间传输）时被采用。

（2）双极性码波形

双极性码波形就是二进制符号 0、1 分别与正、负电位相对应的波形，如图 2-8（b）所示，其电脉冲之间也无间隔。但由于其是双极性波形，故当 0、1 符号可能出现时，将无直流成分。该波形常在 CCITT 系列接口标准或 RS-232C 接口标准中使用。

（3）单极性归零码波形

单极性归零码波形是指它的有电脉冲宽度比码元宽度窄，每个脉冲都回到零电位，如图 2-8（c）所示。该波形常在近距离内进行波形变换时使用。

（4）双极性归零码波形

双极性归零码波形是双极性码波形的归零形式，如图 2-8（d）所示，此时对应每一个符号都有零电位的间隙产生，即相邻脉冲之间必定留有零电位的间隔。

（5）差分码波形

这是一种把信息符号 0 和 1 反映在相邻码元的相对变化上的波形。比如，以相邻码元的电位改变表示符号 1，而以电位不改变表示符号 0，如图 2-8（e）所示。当然，上述规定也可以反过来。这种码波形在形式上与单极性码或双极性码波形相同，但它代表的信息符号与码元本身电位或极性无关，而仅与相邻码元的电位变化有关。差分码波形也称相对码波形，相应地称前面的单极性或双极性码波形为绝对波形。差分码波形常在相位调制系统的码变换器中使用。

（6）多元码波形

上述各种信号都是一个二进制符号对应一个脉冲码元，实际上还存在多于一个二进制符号对应一个脉冲码元的情形。这种波形统称为多元码波形或多电平码波形。例如，若令两个二进制符号 00 对应+3E，01 对应+1E，10 对应−1E，11 对应−3E，则所得波形为 4 元码波形或 4 电平码波形，如图 2-8（f）所示。由于这种波形的一个脉冲可以代表多个二进制符号，故在高数据速率传输系统中，采用这种信号形式是适宜的。

实际上，组成基带信号的单个码元波形并非一定是矩形的。根据实际的需要，还可有多种多样的波形形式，比如升余弦脉冲、高斯形脉冲、半余弦脉冲等。这说明，信息符号并不是与唯一的基带波形相对应。若令 $g_1(t)$ 对应二进制符号 0，$g_2(t)$ 对应二进制符号 1，码元的间隔为 T_s，则基带信号可表示为

$$s(t) = \sum_{n \to -\infty}^{+\infty} a_n g(t - nT_s) \tag{2-27}$$

其中，a_n 表示第 n 个信息符号对应的电平值（0、1 或−1、1 等），则

$$g(t - nT_s) = \begin{cases} g_1(t - nT_s), & \text{信号为0} \\ g_2(t - nT_s), & \text{信号为1} \end{cases} \tag{2-28}$$

由于 a_n 是信息符号所对应的电平值，其是一个随机量，因此通常在实际中遇到的基带信号都是一个随机的脉冲序列。

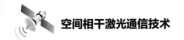

2.5.2 基带信号的频谱特性

在研究基带传输系统时，对于基带信号频谱的分析是十分必要的。由于基带信号是一个随机脉冲序列，故我们需要解决的是一个随机序列的谱分析问题。

随机脉冲序列的谱分析，根据实际给定条件的不同，应采用不同的方法。随机过程的相关函数求功率谱密度的方法就是典型的分析宽平稳随机过程的方法。

设一个二进制随机脉冲序列如图 2-9 所示。这里 $g_1(t)$ 和 $g_2(t)$ 分别表示符号的 0 和 1，T_s 为每一个码元的宽度。应当指出，图 2-9 中虽然把 $g_1(t)$ 和 $g_2(t)$ 都画成了三角形，但实际上 $g_1(t)$ 和 $g_2(t)$ 可以是任意脉冲。

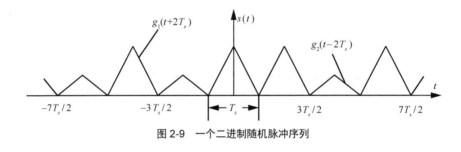

图 2-9 一个二进制随机脉冲序列

假设序列中任一码元时间 T_s 内 $g_1(t)$ 和 $g_2(t)$ 出现的概率分别为 P 和 $1-P$，且认为它们的出现是互不依赖的（统计独立），则该序列 $s(t)$ 可由式（2-27）表征，或者为

$$s(t) = \sum_{n \to -\infty}^{+\infty} s_n(t) \qquad (2-29)$$

其中

$$s_n(t) = \begin{cases} g_1(t-nT_s), & \text{概率为}P \\ g_2(t-nT_s), & \text{概率为}1-P \end{cases} \qquad (2-30)$$

下面确定 $s(t)$ 的功率谱密度 $P_s(\omega)$。由于随机脉冲序列通常是功率型的，因此，$s(t)$ 的功率谱密度可由式（2-31）确定

$$P_s(\omega) = \lim_{T \to \infty} \frac{E\left[\left|s_T(\omega)\right|^2\right]}{T} \qquad (2-31)$$

设截取时间 T 为

$$T = (2N+1)T_s \tag{2-32}$$

式中，N 为一个足够大的数值时，$s_T(t)$ 可表示为

$$s_T(t) = \sum_{n=-N}^{+N} s_n(t) \tag{2-33}$$

且式（2-31）变成

$$P_s(\omega) = \lim_{N\to\infty} \frac{E\left[\left|s_T(\omega)\right|^2\right]}{(2N+1)T_s} \tag{2-34}$$

把截短信号 $s_T(t)$ 看成是由一个稳态波 $v_T(t)$ 和一个交变波 $u_T(t)$ 构成的。这里的所谓稳态波，即是随机信号 $s_T(t)$ 的平均分量，它可表示为

$$v_T(t) = P\sum_{n=-N}^{N} g_1(t-nT_s) + (1-P)\sum_{n=-N}^{N} g_2(t-nT_s) = \sum_{n=-N}^{N}\left[Pg_1(t-nT_s) + (1-P)g_2(t-nT_s)\right] \tag{2-35}$$

这样交变波 $u_T(t)$ 即为

$$u_T(t) = s_T(t) - v_T(t) \tag{2-36}$$

于是得到

$$u_T(t) = \sum_{n=-N}^{N} u_n(t) \tag{2-37}$$

其中

$$u_n(t) = \begin{cases} (1-P)\left[g_1(t-nT_s) - g_2(t-nT_s)\right], & \text{概率为}P \\ (-P)\left[g_1(t-nT_s) - g_2(t-nT_s)\right], & \text{概率为}1-P \end{cases} \tag{2-38}$$

或者为

$$u_n(t) = a_n\left[g_1(t-nT_s) - g_2(t-nT_s)\right] \tag{2-39}$$

其中

$$a_n = \begin{cases} 1-P, & \text{概率为}P \\ -P, & \text{概率为}1-P \end{cases} \tag{2-40}$$

由式（2-35）和式（2-36）可以看出，稳态波及交变波都有相应的确定表示式，因而可以分别找到它们的频谱特性。这样根据式（2-34）中的关系，就可最后找到 $s_T(t)$ 的频谱特性。

（1）求稳态波 $v_T(t)$ 的功率谱密度

由式（2-35）可以看出，当 $T \to \infty$ 时， $v_T(t)$ 变成 $v(t)$ ，且有

$$v(t) = \sum_{n \to -\infty}^{\infty} \left[Pg_1(t-nT_s) + (1-P)g_2(t-nT_s) \right] \tag{2-41}$$

此时，因为 $v(t+T_s) = v(t)$ ，故 $v(t)$ 是以 T_s 为周期的周期性信号。于是， $v(t)$ 可展成傅里叶级数，即

$$v(t) = \sum_{m \to -\infty}^{\infty} G_m \mathrm{e}^{\mathrm{j}2\pi ft} \tag{2-42}$$

其中

$$\begin{aligned}
G_m &= \frac{1}{T} \int_{-\frac{T}{2}}^{\frac{T}{2}} v(t) \mathrm{e}^{-\mathrm{j}2\pi mft} \mathrm{d}t \\
&= \frac{1}{T} \int_{-\frac{T}{2}}^{\frac{T}{2}} \left\{ \sum_{n \to -\infty}^{\infty} \left[Pg_1(t-nT_s) + (1-P)g_2(t-nT_s) \right] \right\} \mathrm{e}^{-\mathrm{j}2\pi mft} \mathrm{d}t \\
&= f_s \sum_{n \to -\infty}^{\infty} \int_{-nT-\frac{T}{2}}^{-nT+\frac{T}{2}} \left[Pg_1(t) + (1-P)g_2(t) \right] \mathrm{e}^{-\mathrm{j}2\pi mf_s(t+nT_s)} \mathrm{d}t \\
&= f_s \int_{-\infty}^{\infty} \left[Pg_1(t) + (1-P)g_2(t) \right] \mathrm{e}^{-\mathrm{j}2\pi mf_s t} \mathrm{d}t \\
&= f_s \left[PG_1(mf_s) + (1-P)G_2(mf_s) \right]
\end{aligned} \tag{2-43}$$

其中

$$G_1(mf_s) = \int_{-\infty}^{\infty} g_1(t) \mathrm{e}^{-\mathrm{j}2\pi mf_s t} \mathrm{d}t \tag{2-44}$$

$$G_2(mf_s) = \int_{-\infty}^{\infty} g_2(t) \mathrm{e}^{-\mathrm{j}2\pi mf_s t} \mathrm{d}t \tag{2-45}$$

于是， $v(t)$ 的功率谱密度 $P_v(\omega)$ 为

$$P_v(\omega) = \sum_{m \to -\infty}^{\infty} \left| f_s \left[PG_1(mf_s) + (1-P)G_2(mf_s) \right] \right|^2 \delta(f - mf_s) \tag{2-46}$$

（2）交变波 $u_T(t)$ 的功率谱密度

交变波的频谱函数可以表示为

$$\begin{aligned}
U_T(\omega) &= \int_{-\infty}^{\infty} u_T(t) \mathrm{e}^{-\mathrm{j}\omega t} \mathrm{d}t \\
&= \sum_{n \to -\infty}^{\infty} a_n \int_{-\infty}^{\infty} \left[g_1(t-nT_s) - g_2(t-nT_s) \right] \mathrm{e}^{-\mathrm{j}2\pi ft} \mathrm{d}t \\
&= \sum_{n \to -\infty}^{\infty} a_n \mathrm{e}^{-\mathrm{j}2\pi fnT_s} \left[G_1(f) - G_2(f) \right]
\end{aligned} \tag{2-47}$$

其中

$$G_1(f) = \int_{-\infty}^{\infty} g_1(t) \mathrm{e}^{-\mathrm{j}2\pi mft} \mathrm{d}t \tag{2-48}$$

$$G_2(f) = \int_{-\infty}^{\infty} g_2(t) \mathrm{e}^{-\mathrm{j}2\pi mft} \mathrm{d}t \tag{2-49}$$

于是

$$\left|U_T(\omega)\right|^2 = U_T(\omega)U_T^*(\omega) = \sum_{m=-N}^{N} \sum_{n=-N}^{N} a_m a_n \mathrm{e}^{\mathrm{j}2\pi f(n-m)T_s} \times$$
$$\left[G_1(f) - G_2(f)\right] \times \left[G_1^*(f) - G_2^*(f)\right] \tag{2-50}$$

其统计平均为

$$E\left[\left|U_T(\omega)\right|^2\right] = \sum_{m=-N}^{N} \sum_{n=-N}^{N} E(a_m a_n) \mathrm{e}^{\mathrm{j}2\pi f(n-m)T_s} \times$$
$$[G_1(f) - G_2(f)] \times [G_1^*(f) - G_2^*(f)] \tag{2-51}$$

不难看出，当 $m = n$ 时

$$a_m a_n = a_n^2 = \begin{cases} (1-P)^2, & \text{概率为} P \\ P^2, & \text{概率为} 1-P \end{cases} \tag{2-52}$$

$$E(a_m a_n) = E(a_n a_n) = P(1-P)^2 + P^2(1-P) = P(1-P)$$

当 $m \neq n$ 时，

$$E(a_m a_n) = P^2(1-P)^2 + (1-P)^2 P^2 + 2P(1-P)(P-1)P = 0 \tag{2-53}$$

如果设 $u_T(t)$ 及 $u(t)$ 的功率谱密度分别为 $P_{uT}(\omega)$ 及 $P_u(\omega)$，利用式（2-31）中的关系，则可得

$$P_u(\omega) = \lim_{T \to \infty} P_{uT}(\omega) = \lim_{T \to \infty} \frac{E\left[\left|U_T(\omega)\right|^2\right]}{T} \tag{2-54}$$

将式（2-51）代入式（2-54），并考虑式（2-52）和式（2-53）的结果，得到

$$\begin{aligned} P_u(\omega) &= \lim_{N \to \infty} \frac{\left|G_1(f) - G_2(f)\right|^2 \sum_{n=-N}^{N} P(1-P)}{(2N+1)T_s} \\ &= \lim_{N \to \infty} \frac{(2N+1)P(1-P)\left|G_1(f) - G_2(f)\right|^2}{(2N+1)T_s} \\ &= P(1-P)\left|G_1(f) - G_2(f)\right|^2 \frac{1}{T_s} \end{aligned} \tag{2-55}$$

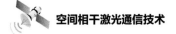

这个结果指出，$u(t)$ 的功率谱密度与 $g_1(t)$ 和 $g_2(t)$ 的频谱以及出现的概率 P 有关。

（3）随机基带序列 $s(t)$ 的功率谱密度

由于 $s_T(t) = u_T(t) + v_T(t)$，故当 $T \to \infty$ 时，$s_T(t)$ 将变成

$$s(t) = u(t) + v(t) \tag{2-56}$$

于是，$s(t)$ 的功率谱密度 $P_s(\omega)$ 最后表示为

$$P_s(\omega) = P_u(\omega) + P_v(\omega) = f_s P(1-P)\left|G_1(f) - G_2(f)\right|^2 +$$
$$\sum_{m \to -\infty}^{\infty} \left|f_s\left[PG_1(mf_s) + (1-P)G_2(mf_s)\right]\right|^2 \delta(f - mf_s) \tag{2-57}$$

式（2-57）为双边的功率谱密度公式。如果写成单边，则有

$$P_s(\omega) = 2f_s(1-P)\left|G_1(f) - G_2(f)\right|^2 + f_s^2\left|PG_1(0) + (1-P)G_2(0)\right|^2 \delta(f) +$$
$$2f_s^2 \sum_{m \to -\infty}^{\infty} \left|\left[PG_1(mf_s) + (1-P)G_2(mf_s)\right]\right|^2 \delta(f - mf_s), \ f \geqslant 0 \tag{2-58}$$

① 对于单极性波形

若设 $g_1(t) = 0$，$g_2(t) = g(t)$ 随机脉冲序列的功率谱密度（双边）为

$$P_s(\omega) = f_s P(1-P)\left|G(f)\right|^2 + \sum_{m \to -\infty}^{\infty} \left|f_s\left[(1-P)G(mf_s)\right]\right|^2 \delta(f - mf_s) \tag{2-59}$$

式中，$G(f)$ 是 $g(t)$ 的频谱函数。当 $P = \dfrac{1}{2}$，且 $g(t)$ 为矩形脉冲时，即

$$g(t) = \begin{cases} 1, & |t| \leqslant \dfrac{T_s}{2} \\ 0, & \text{其他} \end{cases} \tag{2-60}$$

其频谱函数为

$$G(f) = T_s\left[\frac{\sin(\pi f T_s)}{\pi f T_s}\right] \tag{2-61}$$

那么，式（2-59）变为

$$P_s(\omega) = \frac{1}{4}f_s T_s^2\left[\frac{\sin(\pi f T_s)}{\pi f T_s}\right]^2 + \frac{1}{4}\delta(f) = \frac{T_s}{4}\left[\frac{\sin(\pi f T_s)}{\pi f T_s}\right]^2 + \frac{1}{4}\delta(f) \tag{2-62}$$

② 对于双极性波形

若设 $g_1(t) = -g_2(t) = g(t)$，则有

$$P_s(\omega) = 4f_sP(1-P)\left|G(f)\right|^2 + \sum_{m \to -\infty}^{\infty} \left|f_s\left[(2P-1)G(mf_s)\right]\right|^2 \delta(f - mf_s) \qquad (2\text{-}63)$$

当 $P = \dfrac{1}{2}$ 时，式（2-63）为

$$P_s(\omega) = f_s\left|G(f)\right|^2 \qquad (2\text{-}64)$$

若为矩形脉冲，那么式（2-64）为

$$P_s(\omega) = f_sT_s^2\left[\frac{\sin(\pi fT_s)}{\pi fT_s}\right]^2 = T_s\left[\frac{\sin(\pi fT_s)}{\pi fT_s}\right]^2 \qquad (2\text{-}65)$$

由以上的分析可以看出，随机脉冲序列的功率谱密度可能包括两个部分：连续谱 $P_u(\omega)$ 及离散谱 $P_v(\omega)$。对于连续谱而言，代表数字信息的 $g_1(t)$ 和 $g_2(t)$ 不能完全相同，故 $G_1(f) \neq G_2(f)$，因而 $P_u(\omega)$ 总是存在的。对于离散谱来说，在一般情况下，$P_u(\omega)$ 也总是存在的。我们容易观察到，若 $g_1(t)$ 和 $g_2(t)$ 是双极性的脉冲，且波形出现概率相同（$P = \dfrac{1}{2}$），则式（2-63）中的第二项为零，故此时没有离散谱（即频谱图中没有线谱成分）。上面的分析是通用分析，并不限定 $g_1(t)$ 和 $g_2(t)$ 的波形，因此同样可确定调制波形的功率谱密度。

2.6 空间激光通信与光纤通信的异同

无论是空间激光通信还是地面光纤通信，其根本目的都是将信息通过激光载波传递出去。两者的相同点有以下几点：

（1）信息传递的载体均为激光；

（2）信息加载的方式相同；

（3）信息解调的方式相同。

但空间激光通信与光纤通信存在巨大的差异，具体如下。

（1）激光传输的信道不同。前者的传输信道为自由空间或大气，后者为光纤。

（2）系统组成不同。由于空间激光通信参与通信的两端会存在相对运动，因此需要增加光跟瞄系统，用于保持通信系统性能的稳定。

（3）外部约束条件不同。空间激光通信系统安装的平台为卫星或其他空间飞行器，其能源和散热与地面光纤存在很大的不同。另外由于发射阶段的力学冲击，在轨工作阶段还需要考虑空间辐射、原子氧等影响。

（4）可维修性不同。由于空间激光通信系统在空间工作，具有不可更换维修的特点，这与地面系统存在巨大差异。

典型的空间相干激光通信系统组成如图 2-10 所示，包括发射调制、相干探测解调、空间光跟瞄放大三大部分。

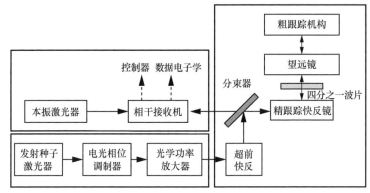

图 2-10   典型的空间相干激光通信系统组成

发射调制部分包括发射种子激光器、电光相位调制器和光学功率放大器 3 个模块。发射种子激光器作为通信的光源，经过电光相位调制器将信号加载到光载波上，之后经过光学功率放大器得到大功率激光。

相干探测解调部分包括本振激光器、相干接收机、控制器、数据电子学 4 个模块；本振激光器是用于与接收到的对方信号光进行干涉的光源；相干接收机包括光学桥接器、平衡探测器、跨阻放大器、限幅放大器；控制器用于光学锁相环控制；数据电子学用于信息的解调。

空间光跟瞄放大部分包括超前快反、分束器、精跟踪快反镜、四分之一波片、望远镜和粗跟踪机构几个模块。超前快反用于补偿由于通信双方的相对运动产生的收发不同轴问题；分束器用于将发射信号光和接收信号光进行空间的分离；精跟快反用于补偿由于平台和粗跟踪引入的角度误差高频抖动；望远镜用于实现光信号的高增益发射和接收；粗跟踪机构用于实现通信两端大范围高精度动态指向和跟踪，保持跟瞄和通信链路的稳定。

|2.7 相干探测原理|

在相干探测中，接收到的信号光与一个强的本振光进行干涉，之后由探测器进行探测。相干接收机系统的基本组成如图 2-11 所示，用反射镜进行空间相干合束。探测器通过产生一个通常的散弹噪声过程对接收到的场和本振光场的干涉场进行响应。

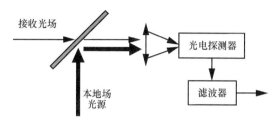

图 2-11　相干接收机系统的基本组成

设接收光场为信号光场与输入噪声光场的和，表示为

$$f_r(t,\boldsymbol{r}) = f_s(t,\boldsymbol{r}) + f_b(t,\boldsymbol{r}) \tag{2-66}$$

接收机透镜通过反射镜聚焦到探测器表面的场为 $f_d(t,\boldsymbol{q})$，其中 $\boldsymbol{q} = (u,v)$，表示焦平面的场点矢量。本振光场通过反射镜和透镜成像到探测器表面为 $f_L(t,\boldsymbol{q})$。

$$焦平面场 = f_d(t,\boldsymbol{q}) + f_L(t,\boldsymbol{q}) \tag{2-67}$$

面积为 A_d 的光电探测器收集焦平面场，并产生光检测计数过程。

$$n(t) = \alpha\int_{A_d}\left|f_d(t,\boldsymbol{q}) + f_L(t,\boldsymbol{q})\right|^2 \mathrm{d}\boldsymbol{q} = \alpha\int_{A_d}\left|f_d(t,\boldsymbol{q})\right|^2 \mathrm{d}\boldsymbol{q} + \alpha\int_{A_d}\left|f_L(t,\boldsymbol{q})\right|^2 \mathrm{d}\boldsymbol{q} +$$
$$2\alpha\mathrm{Real}\left[\int_{A_d}f_d(t,\boldsymbol{q})f_L^*(t,\boldsymbol{q})\mathrm{d}\boldsymbol{q}\right] \tag{2-68}$$

其中，$\alpha = \dfrac{\eta}{hf}$，单位为 $(\mathrm{W}\cdot\mathrm{s})^{-1}$，$\eta$ 为探测器量子效率。

式（2-68）中前两项是信号光和本振光各自场的场强，第 3 项为信号光场和本振光场的交叉项，称为差拍项。在外差探测中，这个差拍项对信号的恢复非常重要。本振光场均经过透镜聚焦，表示为

$$f_L(t,\boldsymbol{q}) = a_L\mathrm{e}^{\mathrm{j}(\omega_L t + \theta_L)}\phi_L(\boldsymbol{q}) \tag{2-69}$$

其中，$\phi_L(\boldsymbol{q})$ 为本地光场的衍射斑。当接收光场 $f_r(t,\boldsymbol{r})$ 聚焦到探测器表面时，其一般展开形式为

$$f_d(t,\boldsymbol{q}) = \sum_{i=1}^{D_s}\left[s_i(t) + b_i(t)\right]\mathrm{e}^{\mathrm{j}\omega_0 t}\phi_i(\boldsymbol{q}) \tag{2-70}$$

其中，$s_i(t)$ 和 $b_i(t)$ 分别为复信号和噪声的包络，ω_0 为接收的光频，$\phi_i(\boldsymbol{q})$ 表示 D_s 个接

收机的光场在焦平面的分布。

首先，集中研究式（2-68）中的差拍项。利用式（2-69）和式（2-70）得到

$$n_{\mathrm{RL}}(t)=2a\mathrm{Real}\left\{\sum_{i=1}^{D_z}\left[s_i(t)+b_i(t)\right]a_L\mathrm{e}^{\left[\mathrm{j}(\omega_0-\omega_L)t-\mathrm{j}\theta_L\right]}\int_{A_d}\phi_i(\boldsymbol{q})\phi_L^*(\boldsymbol{q})\mathrm{d}\boldsymbol{q}\right\} \qquad （2-71）$$

式（2-71）对应一个随时间变化的调制指数的和，每一项的权重为一个与接收场和本地场有关的空间分布的积分，因此差拍项为时间和空间的积分项的乘积。

当接收信号场为调制平面波垂直入射时，它将成为一个单一的艾里斑，因此

$$s_i(t)=\begin{cases}a_s(t)_e;Q_s(t),i=1\\0,\qquad\qquad i\neq1\end{cases} \qquad （2-72）$$

这里 $a_s(t)$ 和 $Q_s(t)$ 为加在信号场上的信号幅度和相位调制。令 $b_i(t)$ 为带通光噪声场在光阑面积 A 上收集的复噪声包络，每一 $|b_i(t)|A^{\frac{1}{2}}$ 功率谱为 N_0，在带宽 $\left(-\dfrac{B_0}{2},\dfrac{B_0}{2}\right)$ 内，光噪声如图 2-12 所示。在空间系统中输入光噪声场是由于背景噪声，或者是由于光纤线路中激光器自发辐射噪声引起的，它表示光接收机在光频带宽 B_0 内收集到的光场。假设每一噪声模式的电平具有平坦谱 N_0，对于黑体辐射，有 $N_0=\dfrac{hf}{\mathrm{e}^{hf/(kT^{-1})}}$。光纤放大器的噪声见附录 D。

假设本振光场与垂直入射的信号光场相同，则

$$\phi_L(\boldsymbol{q})=\phi_1(\boldsymbol{q}) \qquad （2-73）$$

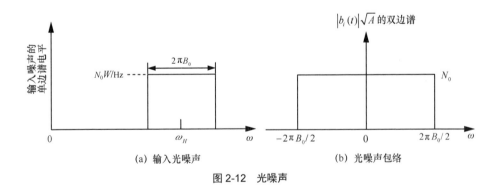

图 2-12　光噪声

也就是说，$\phi_L(\boldsymbol{q})$ 与 $\phi_1(\boldsymbol{q})$ 完全匹配，并且对所有其他 $\phi_i(\boldsymbol{q})$ 都是空间正交的。式（2-71）变为

$$n_{RL}(t) = 2a\text{Real}\left\{a_L\left[a_s(t)e^{j\theta_s(t)} + b_1(t)\right]e^{j\left[((\omega_0-\omega_L)t-\theta_L)\right]}\right\}\int_{A_d}|\phi_1(\boldsymbol{q})|^2\mathrm{d}\boldsymbol{q}$$

$$= 2aa_La_s(t)A\cos\left[(\omega_0-\omega_L)t+\theta_s-\theta_L\right] + 2aa_LA\text{Real}\left\{b_1(t)e^{\left[j(\omega_0-\omega_L)t-\theta_L)\right]}\right\} \tag{2-74}$$

式（2-74）假设了焦平面光斑的分布局域在光阑面积 A 内。第一项为信号项，它对应一个具有相同幅度和相位调制的光载波的调制载波，只是后者的频率移到 $(\omega_0-\omega_L)$。通过改变激光器的本地频率 ω_L，差频可以调整到 RF 载波（MHz 或 GHz）。因此，信号光与本振光场在光电探测器混合通过光检测后产生包含相同幅度和相位调制的传输光载波的 RF 载波。精确地混频出 RF 载波需要使本地场的波长与接收场的波长相差很小。

当差频调整到适当的 RF 时，系统称为外差检测系统。当信号光与本振光场频相同 $(\omega_0=\omega_L)$ 时，这时系统称为零差检测系统。在零差检测中任何相位调制都消失，只有幅度调制被保留。

第二项为输入噪声场被移到差频 $\omega_H \triangleq \omega_0-\omega_L$，并且与光噪声具有相同的随机噪声包络。因此混合噪声在光谱带宽 B_0 内，具有双边谱电平 $\frac{N_0}{2}$。式（2-74）中的混合噪声项仅涉及这个复噪声的实部。因此，在 ω_H 附近同样的带宽 B_0 内，具有双边谱电平 $\frac{N_0}{4}$。尽管接收的噪声场是在接收机视场的 D_s 个模式上收集的，但只有一个模式（本振光场）在式中出现。因此，本振光场的聚焦限制输入噪声的模式仅为单一模式。实际上，本振光场决定有效的接收场视场。在直接探测中，接收机的视场由探测器的尺寸确定，这里聚焦的光场决定视场。但两种情况的噪声项和信号项都与本地场的幅度 a_L 成比例。

从式（2-74）可以得到 $n_{RL}(t)$ 的功率谱，如图 2-13 所示，定义外差载波项为 $m(t)$，即

$$m(t) = a_s(t)\cos\left[\omega_H t+\theta_s(t)-\theta_L\right] \tag{2-75}$$

光载波的幅度和相位与本地激光器的光场叠加在外差载波上。

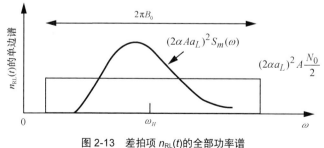

图 2-13 差拍项 $n_{RL}(t)$ 的全部功率谱

上面的分析中，所得的结果基于本振光场与信号光场在探测器面完全匹配的假设，也就是形状、相位、偏振和位置完全一样。

把光电检测计数过程合并，式（2-68）为

$$n(t) = \alpha A \sum_{i=1}^{D_s} |s_i(t) + b_i(t)|^2 + \alpha a_L^2 A + n_{RL}(t) \tag{2-76}$$

第一项和第二项为信号光场和本振光场各自的强度并直接与差拍项相加。从式（2-76）中可以直接计算光检测输出谱的贡献。对时间平均的计数速率为

$$n = \alpha A \left[\overline{|s_1(t)|^2} + \sum_{i=1}^{D_s} \overline{|b_i(t)|^2} \right] + \alpha a_L^2 A \tag{2-77}$$

定义 $P_L = a_L^2 A = $ 本地场的平均功率；$P_s = \overline{|a_s(t)|^2} A = $ 接收光信号场的平均功率；$P_b = D_s N_0 B_0 = D_s$ 噪声模式内总输入噪声平均功率。

则有

$$n = \alpha \left[P_L + P_s + P_b \right] \tag{2-78}$$

式（2-76）中 $n(t)$ 的谱分量由强度变化的前两项和差拍项 $n_{FL}(t)$ 的谱得到。经滤波，并考虑暗电流和光电探测器的倍增效应后，总的外差电流输出谱如图 2-14 所示。

根据图 2-14 谱线，进行下面的研究。检测输出总是包含外差载波的幅度、频率或传输光载波的相位调制。在直接探测系统中，只检测载波强度调制。进一步我们看到，为避免载波失真，整个调制载波谱必须在光检测带宽 $H(\omega)$ 内。另外，光检测谱包含直流项是由于接收输入的强度变化引起的，集中在低频段，它是由 $|a_s(t)|^2$、包络 $b_i(t)$ 和差拍项的强度变化引起的。通常后一项遍及很宽的带宽，但噪声电平与散弹噪声电平相比很弱。散弹噪声电平由探测器表面的总功率决定，见式（2-78）。

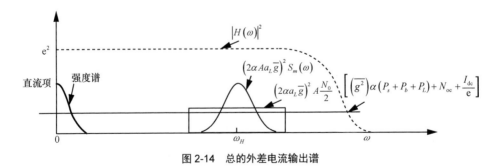

图 2-14　总的外差电流输出谱

在图 2-14 中，假设本地光源为理想本地光源（幅度恒定，相位恒定）。本地光场

的幅度 a_L 或相位 θ_L 的变化将直接对式中的外差项产生影响，使外差载波畸变。因此，在无畸变外差检测中，本地光源的幅度和相位都应该非常稳定。

对零差检测系统，拍频为零，外差载波项 $m(t)$ 变为

$$m(t) = a_s(t)\cos\left[\theta_s(t) - \theta_L\right] \tag{2-79}$$

混合项的谱叠加在与信号强度、噪声、本地场变化有关的谱上。后者强度的变化在零差检测接收机的带宽之内。

对于典型的外差检测或零差检测系统，本地场的功率 P_L 远大于接收场的功率 P_s。式（2-78）中的 $\boldsymbol{n}$ 主要由 aP_L 决定，并且本振光功率决定图 2-14 中的散弹噪声电平。低频强度噪声主要来源于本振光场幅度 a_L 随时间变化。

光电探测器产生的外差调制载波，可以通过滤波来恢复调制。强本振光时滤波后的输出谱如图 2-15 所示。带通滤波器 $F(\omega)$ 用来恢复调制载波，然后 RF 解调产生信号。滤波后的输出谱为

$$S_F(\omega) = \left|F(\omega)\right|^2\left[S_i(\omega) + N_{\mathrm{oc}}\right] \tag{2-80}$$

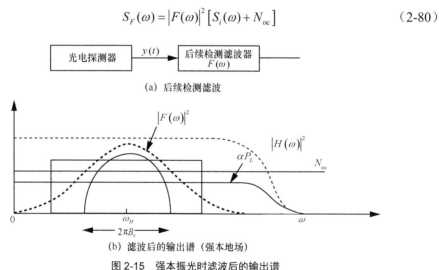

(a) 后续检测滤波

(b) 滤波后的输出谱（强本地场）

图 2-15　强本振光时滤波后的输出谱

其中，$S_i(\omega)$ 为检测输出电流谱，N_{oc} 为输出热噪声电流的谱电平。滤波器一般调谐到所需信号谱的带通特性。假设一个宽带探测器 $H(\omega) = \mathrm{e}$ 和平坦滤波函数 $F(\omega) = 1$ 覆盖外差信号的带宽，通过外差检测滤波后的功率为

$$P_{\mathrm{so}} = 2(\mathrm{e}a\overline{g})^2 P_L P_s \tag{2-81}$$

外差信号带宽内的带通噪声可由其噪声确定。利用图 2-15（b）中的谱电平，在信号载波滤波器 $F(\omega)$ 的带宽 B_c 内，总的检测噪声功率为

$$P_{no} = 2B_c \left[e^2 \overline{g}^2 \alpha P_L + (2e a \bm{g})^2 P_L \frac{N_0}{4} + N_{oc} \right] \tag{2-82}$$

式（2-82）内括号中的项分别表示由于散弹噪声、背景噪声和电路噪声引起的双边带噪声电平。忽略暗电流后的外差探测的信噪比 SNR 为

$$\mathrm{SNR} = \frac{2(e \alpha \overline{g})^2 P_L P_s}{2B_c \left[e^2 \overline{g}^2 \alpha P_L + (2\overline{g}e\alpha)^2 P_L \dfrac{N_0}{4} + N_{oc} \right]} = \frac{2\alpha P_s}{2B_c \left[F + \alpha N_0 + \dfrac{N_{oc}}{(e\overline{g})^2 \alpha P_L} \right]} \tag{2-83}$$

其中，$F = \dfrac{\overline{g^2}}{\overline{g}^2}$ 为探测器的放大过剩噪声。式（2-83）表示外差检测接收机的频率为 $\omega_H = \omega_O - \omega_L$，在带宽 B_C 内载波输出的信噪比。可见信噪比 SNR 直接依赖于接收机在光阑面积 A 内收集的信号光功率 P_s。显然，只要信号与单一的空间模式相对应，接收机应尽量大。

外差探测中电路噪声可以消除，利用强本地光源场使得 $e^2 \overline{g}^2 \alpha P_L \gg N_{oc}$，可以达到散弹噪声极限。在这个意义上说，本振光源功率 P_L 对信号功率方程中的 $\overline{g} \cdot P_s$ 起到光倍增的效果。因此，就所达到的散弹噪声极限，有效的信号放大可以通过本振光源获得，但本振光源不能消除输入噪声。在强的本振光源且没有光倍增的情况（$\overline{g} = 1$，$F = 1$）下，式（2-83）变为

$$\mathrm{SNR} = \frac{2\alpha P_s}{2B_c(1 + \alpha N_0)} \tag{2-84}$$

在空间系统中，背景噪声为输入噪声，$\alpha N_0 \ll 1$，此时 SNR 表示为

$$\mathrm{SNR} = \frac{\eta P_s}{hf B_c} \tag{2-85}$$

式（2-85）的信噪比就是通常外差探测的量子噪声极限。

另一方面，当 $\alpha N_0 \gg 1$（由放大器或激光器所引起的噪声，或高温背景噪声 $\eta N_0 \geq hf$）时，式（2-85）变为

$$\mathrm{SNR} \cong \frac{P_s}{N_0 B_c} \tag{2-86}$$

因此，即使用强本地光场，接收机也是受噪声限制的，并且没有量子极限。"热"噪声使方程的量子噪声极限的条件受到限制。式（2-86）为经过 RF 或微波混频所计算的 RF 前置系统的信噪比 SNR。这就是为什么量子极限工作条件不能通过微波频率的电子混频而达到的原因。RF 背景噪声电平 N_0 在这些频率上，总比量子噪声电平 (hf)

大，并且式（2-86）定义的是 RF 混频信噪比而不是量子噪声的结果。

相干探测的信噪比主要由信号光功率和噪声等效带宽两个因素决定，信号光功率的大小与同步解调、异步解调有关，噪声等效带宽与调制方式有关。

| 2.8 典型相干探测体制灵敏度 |

2.8.1 幅度调制外差探测灵敏度

幅度调制主要是指通过通信信号光的光强变化实现信息加载的调制方式，如 ASK 和 OOK 调制。ASK 和 OOK 调制格式可以表示为

$$I_s(t) = \begin{cases} I_{SH}\cos(\omega_{IF}t + \phi), & \text{信息为 "1"} \\ 0, & \text{信息为 "0"} \end{cases} \tag{2-87}$$

其中，I_{SH} 表示

$$I_{SH} = \frac{2\eta e}{hf}\sqrt{P_s P_L} \tag{2-88}$$

为了得到中频噪声电流，需要两个基本假设。第一个假设，本振光功率远大于信号光功率，因此噪声电流可以表示为

$$\overline{i_{SL}^2} = \frac{2e^2\eta P_L B}{hf} \tag{2-89}$$

第二个假设，IF 噪声电流 $N(t)$ 被看作窄带噪声，表示为

$$N(t) = x(t)\cos(\omega_{IF}t) + y(t)\sin(\omega_{IF}t) \tag{2-90}$$

其中，$x(t)$ 和 $y(t)$ 是时间的函数，但变化速度远比 IF 信号慢。式（2-90）的第一项和第二项分别代表 I 和 Q 分量。它们的平均平方值表示为

$$\overline{x^2(t)} = \overline{y^2(t)} = \overline{i_{SL}^2} \tag{2-91}$$

对于外差同步探测系统，IF 放大器后面紧跟着解调电路，将相位同步于参考信号 $\cos(\omega_{IF}t)$，因此探测器的输出电压 $V_d(t)$ 可以为

$$V_d(t) = k\left[I_s(t) + x(t)\right] \tag{2-92}$$

对于 ASK 调制来说，信息为 "0" 和信息为 "1" 时的电流概率密度函数如图 2-16

所示，判决阈值为 D，当阈值满足

$$I_D = \frac{I_{SH}}{2} = \frac{\eta e}{hf}\sqrt{P_s P_L} \tag{2-93}$$

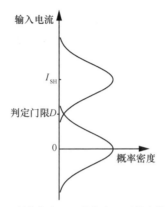

图 2-16　ASK 调制信息为"0"和信息为"1"时的电流概率密度函数

根据概率分布可以计算出误码率为

$$P(e) = \frac{1}{2}\left\{\frac{1}{2}\,\mathrm{erfc}\left[\frac{|I_{SH} - I_D|}{\sqrt{2}\left(\overline{i_{SL}^2}\right)^{\frac{1}{2}}}\right] + \frac{1}{2}\,\mathrm{erfc}\left[\frac{|-I_D|}{\sqrt{2}\left(\overline{i_{SL}^2}\right)^{\frac{1}{2}}}\right]\right\} = \frac{1}{2}\,\mathrm{erfc}\left(\frac{I_{SH}}{2\sqrt{2}\left(\overline{i_{SL}^2}\right)^{\frac{1}{2}}}\right) \tag{2-94}$$

其中，i_{SL}^2 为平方平均散弹噪声电流，表示为

$$i_{SL}^2 = 2eBI_{pL} = \frac{2e^2\eta P_L B}{hf} \tag{2-95}$$

将式（2-93）代入式（2-94），得到

$$P(e) = \frac{1}{2}\,\mathrm{erfc}\left[\frac{\left|\dfrac{I_{SH}}{2}\right|}{\sqrt{2}\left(\overline{i_{SL}^2}\right)^{\frac{1}{2}}}\right] + \frac{1}{2}\,\mathrm{erfc}\left[\frac{\left|-\dfrac{I_{SH}}{2}\right|}{\sqrt{2}\left(\overline{i_{SL}^2}\right)^{\frac{1}{2}}}\right] = \frac{1}{2}\,\mathrm{erfc}\left[\frac{I_{SH}}{2\sqrt{2}\left(\overline{i_{SL}^2}\right)^{\frac{1}{2}}}\right] \tag{2-96}$$

进一步，将 I_{SH} 和 i_{SL}^2 代入式（2-96），得到

$$P(e) = \frac{1}{2}\,\mathrm{erfc}\left[\frac{\dfrac{\eta e}{hf}\sqrt{P_s P_L}}{2\sqrt{2}\left(\dfrac{2e^2\eta P_L B}{hf}\right)^{\frac{1}{2}}}\right] = \frac{1}{2}\,\mathrm{erfc}\left(\sqrt{\frac{\eta P_s}{4hfB_{IF}}}\right) \tag{2-97}$$

其中，B_{IF} 为中频信号带宽。在通信系统中，采用通信比特率 B_T 而不是接收机带宽来表示差错概率更容易理解。通信比特率等于中频信号带宽，近似等于基带带宽的 2 倍，即

$$B_T = 2B \approx B_{IF} \tag{2-98}$$

因此，ASK 调制，同步探测系统的差错概率最终为

$$P(e) = \frac{1}{2}\text{erfc}\left(\sqrt{\frac{\eta P_s}{4hfB_T}}\right) \tag{2-99}$$

2.8.2 FSK 调制外差探测灵敏度

FSK（频移键控）调制主要是指通过通信信号光的频率变化实现信息加载的调制方式，信息"1"和信息"0"分别用两个频率 ω_1 和 ω_2 表示

$$I_s(t) = \begin{cases} I_{SH}\cos\left[\omega_1 t + \phi_1(t)\right], & \text{信息为 "1"} \\ I_{SH}\cos\left[\omega_2 t + \phi_0(t)\right], & \text{信息为 "0"} \end{cases} \tag{2-100}$$

其中，$\phi_1(t)$ 和 $\phi_0(t)$ 都代表激光光源的相位噪声。

对于频移键控调制，通常定义频率调制系数 β 为

$$\beta = \frac{\omega_1 - \omega_2}{2\pi R_b} = \frac{\Delta\omega}{R_b} \tag{2-101}$$

当 $\beta = 1$ 或 $\beta = 2$ 时，频移键控调制称为窄频偏调频，$\beta \gg 1$ 时，称为宽频偏调频。β 为整数时称为正交调频，一个频率峰刚好落在另一个频率峰的谷点。与 ASK 和 OOK 调制不同，其判决阈值与接收信号的功率无关，而是由频偏间隔决定。

为了计算 FSK 调制的误码率性能，我们假设两个带通滤波器之间没有串扰。两个通道噪声的主要贡献均来自本振光的散弹噪声，属于白频率噪声，且噪声谱密度相同。

以信号为"1"的通道为例，其通道 1 的电流分布概率为

$$p_1(I_1) = \frac{1}{\sqrt{2\pi}\left(\overline{i_{SL}^2}\right)^{\frac{1}{2}}}e^{-\frac{\left(I_1 - \overline{I_1}\right)^2}{2\left(\overline{i_{SL}^2}\right)}} \tag{2-102}$$

通道 2 的电流分布概率为

$$p_2(I_2) = \frac{1}{\sqrt{2\pi}\left(\overline{i_{SL}^2}\right)^{\frac{1}{2}}}e^{-\frac{\left(I_2\right)^2}{2\left(\overline{i_{SL}^2}\right)}} \tag{2-103}$$

当 $I_1 > I_2$ 时，判决正确；当 $I_1 < I_2$ 时，判决错误。（I_1 没有等于 I_2 的情况）因此判

决错误的概率是一个联合概率问题。定义一个新的变量 $I_{12} = I_1 - I_2$，该随机量的概率分布可以表示为

$$p_{12}(I_{12}) = \frac{1}{\sqrt{2\pi}\left(2\overline{i_{SL}^2}\right)^{\frac{1}{2}}} e^{-\frac{\left(I_{12}-\overline{I_1}\right)^2}{4\left(\overline{i_{SL}^2}\right)}} \qquad (2\text{-}104)$$

式（2-104）假设了两个通道的输出噪声不相关，可以将噪声方差直接相加。得到判决错误的概率为

$$P(\mathrm{e}) = \int_{-\infty}^{0} \frac{1}{2\sqrt{\pi}\left(\overline{i_{SL}^2}\right)^{\frac{1}{2}}} e^{-\frac{\left(I_{12}-\overline{I_1}\right)^2}{4\left(\overline{i_{SL}^2}\right)}} \mathrm{d}I_{12} = \frac{1}{2}\mathrm{erfc}\left[\frac{\overline{I_1}}{2\left(\overline{i_{SL}^2}\right)^{\frac{1}{2}}}\right] = \frac{1}{2}\mathrm{erfc}\left[\left(\frac{\eta P_s}{2hfB_T}\right)^{\frac{1}{2}}\right] \qquad (2\text{-}105)$$

比较式（2-99）和式（2-105）可知，FSK 调制通信的灵敏度比 ASK 调制通信的灵敏度高 3 dB。但需要注意的是，两者对发射端平均功率的要求是相同的，因为 ASK 系统在信息为"0"时不发射功率。

2.8.3　BPSK 调制外差探测灵敏度

BPSK（相移键控）调制主要是指通过通信信号光的相位变化实现信息加载的调制方式，信息为"1"和信息为"0"分别用相位 0 和 π 表示

$$I_s(t) = \begin{cases} I_{SH}\cos\left[\omega_{IF}t + \phi_1(t)\right], & \text{信息为 "1"} \\ -I_{SH}\cos\left[\omega_{IF}t + \phi_0(t)\right], & \text{信息为 "0"} \end{cases} \qquad (2\text{-}106)$$

对于同步相干探测系统，信息为"1"时 $I_s(t)$ 为正，信息为"0"时 $I_s(t)$ 为负，因此一般选择判决的门限为 $I_D = 0$。按照上述方法，BPSK 外差同步探测系统的差错概率可以表示为

$$P(\mathrm{e}) = \frac{1}{2}\int_{-\infty}^{0} \frac{1}{\sqrt{2\pi}\left(\overline{i_{SL}^2}\right)^{\frac{1}{2}}} e^{-\frac{\left(I_1-\overline{I_1}\right)^2}{2\left(\overline{i_{SL}^2}\right)}} \mathrm{d}I_1 + \frac{1}{2}\int_{0}^{\infty} \frac{1}{\sqrt{2\pi}\left(\overline{i_{SL}^2}\right)^{\frac{1}{2}}} e^{-\frac{\left(I_0+\overline{I_0}\right)^2}{2\left(\overline{i_{SL}^2}\right)}} \mathrm{d}I_0 = \frac{1}{2}\mathrm{erfc}\left[\frac{I_{SH}}{\left(2\overline{i_{SL}^2}\right)^{\frac{1}{2}}}\right]$$

$$(2\text{-}107)$$

进一步将 I_{SH} 和 $\overline{i_{SL}^2}$ 代入式（2-107），可以得到

$$P(\mathrm{e}) = \frac{1}{2}\mathrm{erfc}\left(\sqrt{\frac{\eta P_s}{hfB_T}}\right) \qquad (2\text{-}108)$$

从式（2-108）可知，BPSK 调制通信体制的灵敏度比 FSK 和 ASK 调制通信体制的灵敏度分别高 3 dB 和 6 dB。

2.8.4　ASK 和 PSK 调制零差探测灵敏度

对于零差探测而言，接收机的带宽相比外差减小了一半，因此噪声等效功率相应地减小了一半。零差探测 ASK 通信体制的差错概率表示为

$$P(\mathrm{e}) = \frac{1}{2}\mathrm{erfc}\left[\frac{I_{\mathrm{SH}}}{2\left(\overline{i_{\mathrm{SL}}^2}\right)^{\frac{1}{2}}}\right] \qquad (2\text{-}109)$$

与同步外差探测系统相比，零差探测系统的接收信号功率没有改变，因此式（2-109）可以表示为

$$P(\mathrm{e}) = \frac{1}{2}\mathrm{erfc}\left[\left(\frac{\eta P_s}{2hfB_T}\right)^{\frac{1}{2}}\right] \qquad (2\text{-}110)$$

同样的，对于零差探测的 PSK 通信系统而言，信息的差错概率为

$$P(\mathrm{e}) = \frac{1}{2}\mathrm{erfc}\left[\frac{I_{\mathrm{SH}}}{\left(\overline{i_{\mathrm{SL}}^2}\right)^{\frac{1}{2}}}\right] = \frac{1}{2}\mathrm{erfc}\left(\sqrt{\frac{2\eta P_s}{hfB_T}}\right) \qquad (2\text{-}111)$$

比较前面的所有通信体制可知，BPSK 调制零差探测通信体制的接收灵敏度最高。

2.8.5　不同相干探测灵敏度对比

由 2.8.1～2.8.4 小节的分析结果得到不同相干探测通信体制的灵敏度对比，见表 2-2。

表 2-2　不同相干探测通信体制的灵敏度对比

调制方式	探测方式	差错概率
ASK	外差探测	$\dfrac{1}{2}\operatorname{erfc}\left(\sqrt{\dfrac{\eta P_s}{4hfB_T}}\right)$
ASK	零差探测	$\dfrac{1}{2}\operatorname{erfc}\left(\sqrt{\dfrac{\eta P_s}{2hfB_T}}\right)$
FSK	外差探测	$\dfrac{1}{2}\operatorname{erfc}\left(\sqrt{\dfrac{\eta P_s}{2hfB_T}}\right)$
PSK	外差探测	$\dfrac{1}{2}\operatorname{erfc}\left(\sqrt{\dfrac{\eta P_s}{hfB_T}}\right)$
PSK	零差探测	$\dfrac{1}{2}\operatorname{erfc}\left(\sqrt{\dfrac{2\eta P_s}{hfB_T}}\right)$

从表 2-2 中可以知道，不同的相干探测通信体制对应不同的通信灵敏度，在选择通信体制时，需要同时兼顾兼容性、复杂性和链路余量等各方面的因素。

|2.9　光跟瞄基本原理|

参与空间激光通信的发射端和接收端通常安装在卫星、飞机、飞船、光学地面站等运动的平台上，这些平台之间还存在高速的相对运动。建立和维持激光链路是实现高质量连续可靠通信的前提条件。因此空间激光通信终端必然会配备光跟瞄系统，用于实现激光终端的瞄准、捕获和跟踪（Pointing，Acquisition and Tracking，PAT）等功能。

2.9.1　航天器动力学特性

航天器在宇宙空间中运动均遵守牛顿力学定律。但随着对动力学特性精度要求的提高，应当考虑广义相对论效应，作为牛顿（Newton）框架下的动力学，增加后牛顿（Post-Newton）项进行改正以获得更加精准的动力学方程。本小节以卫星为例分析其动力学特性。假设卫星的位置矢量为 r ，其运动方程可以写为

$$\ddot{r} = F_0(r) + F_\varepsilon\left(r, \dot{r}, t\right) \tag{2-112}$$

其中，$F_0(r)$ 是地球的中心引力加速度，$F_\varepsilon\left(r, \dot{r}, t\right)$ 是除地球中心引力加速度外其他各力学因素（通常称为摄动源）对卫星的摄动加速度。

$$F_0(r) = -\frac{GE}{r^2}\left(\frac{r}{r}\right) \tag{2-113}$$

这里 G 是万有引力常数，E 是地球质量。通常情况下，我们假设 $\dfrac{F_\varepsilon}{F_0} = O(\varepsilon)$，$\varepsilon \ll 1$ 为小参数。

如果略去式（2-112）中的摄动加速度，则有

$$\ddot{r} = F_0(r) = -\frac{GE}{r^2}\left(\frac{r}{r}\right) \tag{2-114}$$

这时对应卫星的动力学模型就退化为二体问题。

下面来分析常见的 6 类摄动源。

（1）地球非球形引力摄动加速度 F_E

$$F_E = F_e + F_{ST} + F_{OT} + F_{AT} + F_{RO} \tag{2-115}$$

其中，F_e 是地球非球形引力加速度的不变部分（对应一个平均地球），其余 4 项均为地球形变引起的摄动加速度，它们分别对应固体潮、海潮、大气潮和自转形变。

（2）第三体引力摄动加速度 F_{SM}

摄动源主要是日、月，有

$$F_{SM} = F_N + F_{MJ} + F_{EJ} \tag{2-116}$$

其中，F_N 是第三体的质点引力摄动加速度，即摄动天体。地球与卫星均为质点情况，F_{MJ} 为月球扁率摄动加速度，而 F_{EJ} 为地球扁率部分由摄动体引力作用引起的摄动加速度，亦称地球扁率的间接摄动。

（3）太阳辐射压摄动加速度 F_{SR}

$$F_{SR} = F_R + F_{ER} \tag{2-117}$$

其中，F_R 是太阳直接辐射压（简称光压）摄动部分，而 F_{ER} 是间接部分，由地球反照引起的。

光压摄动力是一种面力，与承受摄动作用的卫星有效截面积有关，那么摄动加速度即与面质比有关。这在太阳系的大行星、小行星等天体的运动中从未考虑过，其原因就是相应的面质比太小。例如一个半径为 1 m 的重 1 000 kg 的球形卫星的面质比是地球面质比的 10^8 倍。

（4）大气阻力摄动加速度 F_D

对于低轨卫星，大气阻力作用是最主要的摄动源之一。这种摄动加速度与光压摄动加速度类似，亦与卫星的有效面质比有关，因此都与卫星的形状有关。

（5）后牛顿效应导致的摄动加速度 F_{PN}

这是引力理论对牛顿力学的修正。在当前测量精度前提下，F_{PN} 包含 4 种修正项，即

$$F_{PN} = \sum_{j=1}^{4} A_j \tag{2-118}$$

其中，A_1 是地球质点（相当于一个球形天体）引力的一体效应，A_2 是测地岁差，A_3 是地球自转效应，A_4 是地球扁率效应。

（6）喷气动力摄动加速度 F_{JP}

这是卫星在运行过程中进行轨控和姿控的一种喷气动力加速度。

常用的动力学参数数值见表 2-3。

表 2-3　常用的动力学参数数值

动力学参数	数值	单位
引力常数（G）	6.672×10^{-11}	$m^3 \cdot kg^{-1} \cdot s^{-2}$
地心引力常数（GE）	$3.986\,005 \times 10^{14}$	$m^3 \cdot s^{-2}$
月地质量比（μ）	0.012 300 02	—
太阳质量（S）	$1.989\,1 \times 10^{30}$	kg
日地质量比（S/E）	332 946	—
日与地月系质量比 $S/[E(1+\mu)]$	328 900.5	—
地球赤道半径（a_e）	6 378 140	m

对于一定轨道高度的卫星，可以得到卫星的平均角速度 n 为

$$n = \frac{2\pi}{T} \tag{2-119}$$

其中，T 为卫星的轨道周期，表示为

$$T = 2\pi a \sqrt{\frac{a}{GE}} \tag{2-120}$$

其中，a 为卫星轨道的半长轴。

2.9.2　卫星轨道类型

卫星轨道大致分为低地球轨道、中地球轨道、地球同步轨道、太阳同步轨道、极地轨道。

低地球轨道卫星的轨道高度一般距地面 200～2 000 km，根据式（2-120）可以计算出其轨道周期为 88.5～127.2 min。中地球轨道卫星的轨道高度一般距地面 2 000～30 000 km，根据式（2-120）可以计算出其轨道周期为 127.2～1 150.9 min。地球同步轨道卫星的轨道高度距地面 35 786 km，根据式（2-120）可以计算出其轨道周期为 1 436.1 min，刚好与地球的自转周期时间相同。特别的，当地球同步轨道的倾角为 0° 时变为地球静止轨道，停泊在赤道上方，在地球上观察期内方位俯仰角不变。

太阳同步轨道是指卫星的轨道平面和太阳始终保持相对固定的取向。由于这种轨道的倾角接近 90°，卫星要在极地附近通过，所以又称它为近极地太阳同步卫星轨道。这时太阳视线与卫星轨道平面的夹角不变，当卫星每次飞越某地上空时，太阳都是从同一角度照射该地，即卫星每次都在同一当地时间经过该地。这对照相侦察卫星、气象卫星、资源卫星都很有利，因为每次对某地拍摄的照片都是在相同的照度条件下取得的，通过对比，可以获得更多的信息，气象卫星、地球资源卫星一般采用这种轨道。

地球引力场非中心项摄动对卫星的倾角、半长轴长度、偏心率没有任何影响，但会产生轨道面进动，轨道面进动方程用升交点赤经 Ω 的变化率表示，a_e 为地球半径，即

$$\Omega = -\frac{3}{2}J_2\left[\frac{a_e}{a(1-e^2)}\right]^2\sqrt{\frac{\mu}{a^3}}\cos(i) \qquad (2\text{-}121)$$

其中，i 为轨道倾角，a 为轨道半长轴，$J_2 = 1.082\,63\times10^{-3}$ 为地球扁率摄动项，μ 为地心引力常数。

从式（2-121）可以看出，倾角 $i<90°$，$\Omega<0$，即轨道面西退；$i>90°$，$\Omega>0$，轨道面东进；$i=90°$，$\Omega=0$，极轨轨道的轨道面不动。通过适当调整卫星的倾角和轨道高度、偏心率，可使卫星轨道平面的进动角速度每天东进 0.985 6°，恰好等于地球绕太阳公转的日平均角速度，如图 2-17 所示。

极地轨道在南北两极之间移动，大约需要 1.5 h 才能完全旋转。随着卫星进入轨道，地球在其下方旋转。结果卫星可以在 24 h 内观测整个地球表面（离天底很近），极地轨道上几乎所有的卫星都处于较低的高度。

卫星的运行方向和地球自转的方向一致，称为顺行轨道，它的特征是向东发射把卫星送入这种轨道，可利用地球自西向东自转的部分速度，节省火箭燃料。

卫星的运行方向和地球自转的方向相反，称为逆行轨道。

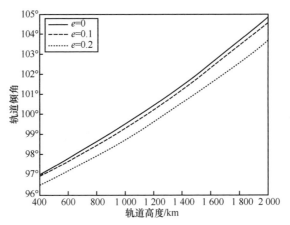

图 2-17　太阳同步轨道倾角和轨道高度、偏心率的关系

2.9.3　卫星轨道描述

卫星轨道一般用半长轴 a、轨道偏心率 e、轨道倾角 i、近地点辐角 ω、升交点赤经 Ω、平近点角 M 共 6 个参数描述。

半长轴指卫星椭圆轨道长轴的一半。轨道偏心率 $e=\sqrt{1-\dfrac{b^2}{a^2}}$，近地点幅角是指轨道近地点与升交点之间对地心的张角；升交点赤经是指卫星沿轨道从地球南极向北运动时与地球赤道面的交点的经度；平近点角 $M=n(t-t_{\mathrm{p}})$，表示卫星从近地点开始按照平运动角速度 n 转过的角度，t_{p} 为卫星过近地点的时刻。

卫星位置与时间关系的开普勒方程为

$$M = E - e\sin(E) \tag{2-122}$$

其中，E 为卫星的偏近点角。求解该方程需要用迭代法，令第 0 步的 E 值为 E_0，第一步以后的各次 E 值为

$$
\begin{aligned}
E_1 &= M + e\sin(E_0) \\
E_2 &= M + e\sin(E_1) \\
&\cdots \\
E_n &= M + e\sin(E_{n-1})
\end{aligned}
\tag{2-123}
$$

求出偏近点角 E 后，偏近点角 E 和真近点角 f 之间的关系如下

$$\sin(E) = \frac{\sqrt{1-e^2}\sin(f)}{1+e\cos(f)}$$

$$\cos(E) = \frac{e+\cos(f)}{1+e\cos(f)}$$

（2-124）

根据卫星的 6 个轨道根数求某一时刻 t 卫星位置（卫星速度）也称为卫星的星历计算，二体问题卫星星历计算步骤如下。

利用轨道根数中的 a 可以计算出卫星的平均角速度 n 为

$$n = \frac{2\pi}{T} = \sqrt{\frac{\mu}{a^3}}$$

（2-125）

利用已知的轨道根数中的 τ 或 M、e 和开普勒方程，计算偏近点角 E 为

$$M = E - e\sin(E)$$

（2-126）

计算卫星向量的模 $|r|$ 为

$$|r| = a[1 - e\cos(E)]$$

（2-127）

利用式（2-124）计算卫星的真近点角。

计算卫星在轨道平面直角坐标系 $o、-x、y$ 中的位置 (x', y')，x 轴指向近地点方向，y 轴与 x 轴构成右手坐标系，则有

$$\begin{cases} x' = r\cos(f) \\ y' = r\sin(f) \end{cases}$$

（2-128）

利用轨道根数中的轨道倾角 i 和升交点赤经 Ω 进行坐标变换，计算卫星在地心直角坐标系（地心惯性坐标系）的坐标 (X, Y, Z)

$$\begin{bmatrix} X \\ Y \\ Z \end{bmatrix} = \boldsymbol{R}_3(-\Omega)\boldsymbol{R}_1(-i)\boldsymbol{R}_3(-\omega)\begin{bmatrix} x' \\ y' \\ z' \end{bmatrix}$$

（2-129）

2.9.4　卫星星座

从前面的卫星轨道分析可以知道，单个卫星无法实现对地面的连续多重覆盖。为了达到覆盖要求，通常需要在同一轨道上按照一定间隔放置多颗卫星，形成卫星环，然后将几个同样的卫星环按一定的方式配置，组成卫星星座。常用的卫星星座构型有 δ 星座和 σ 星座。

（1）δ 星座

Walker 提出的 δ 星座得到了普遍认可和广泛应用，通常称为 Walker-δ 星座。δ 星座的特征是：有 P 个轨道面，对参考平面的倾角都等于 δ，通常将参考平面选为赤道面，

则 δ 就是轨道倾角；每条轨道的升交点以等间隔 $\dfrac{2\pi}{P}$ 均匀分布；每个轨道面内都是半长轴相等的圆轨道，每条轨道上的 S 颗卫星按等间隔 $\dfrac{2\pi}{S}$ 均匀分布；相邻轨道上卫星之间的相对位置与它们的升交点赤经成正比，即任意一条轨道上的一颗卫星经过它的升交点时，相邻的东侧轨道上对应的卫星已经越过自己的升交点，并飞越了 $F\times\left(\dfrac{360°}{T}\right)$ 的地心角。

这里的 T 是卫星总数，即 $T=PS$，F 是在不同轨道面内卫星相对位置的无量纲量，可以是从 0 到 $P-1$ 的任意整数。因此，δ 星座可以用 T、P 和 F 3 个参数来描述，再加上轨道倾角 δ，就可以确定整个星座的构型。通常以 $T/P/F$ 表示 δ 星座的参考码或描述符。

δ 星座虽然有很好的覆盖性能，但由于不同轨道面之间的相互关系并不确定，而是随轨道倾角的改变而改变，因此没有一般的覆盖性能解析结果。北斗 3 号导航卫星系统就是采用的 Walker-δ 星座 24/3/1，如图 2-18 所示。

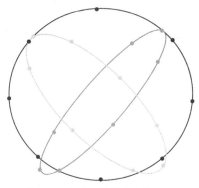

图 2-18　北斗 3 号星座示意

（2）σ 星座

如果将所有的 δ 星座看成一个集合，σ 星座就是其中一个子集。σ 星座区别于其他的 δ 星座的特点是：所有卫星的星下点轨迹重合且星下点轨迹不自相交。

显然，σ 星座所有卫星的轨道都是回归轨道。假设卫星经过 M 天，运行 L 圈后地面轨迹开始重复（M 和 L 为互质数），为满足地面轨迹不自相交的要求，必须有 $L-M=1$。这一要求同时决定了可以选择的轨道周期，如 $L=2$，$M=1$ 时，轨道周期为 12 h；$L=3$，$M=2$ 时，轨道周期为 16 h。

σ 星座属于 δ 星座，因此可以用 $T/P/F$ 来描述。但为了满足所有星下点轨迹重合的要求，P 和 F 可由式（2-130）唯一确定

$$\begin{cases} P = \dfrac{T}{H[M,T]} \\ F = \dfrac{T}{PM}(kP - M - 1) = \dfrac{T}{PM}(kP - L) \end{cases} \tag{2-130}$$

式中，$H[M,T]$ 表示取 M 和 T 的最大公因数。注意到 F 是从 0 到 $P-1$ 范围内的整数，系数 k 即可唯一确定。P 和 F 可由 T 和 M 唯一确定，因而常将 T/M 作为 σ 星座的描述符。例如 σ 星座 13/2 对应 δ 星座描述符为 13/13/5，σ 星座 18/3 对应的 δ 星座描述符为 18/6/2。

　　σ 星座所有卫星的星下点轨迹重合在一起，形成一条类似正弦曲线的不自相交的封闭曲线，因此 σ 星座又被称作覆盖带星座。卫星的星下点均匀分布在这条曲线上，不可能出现卫星相互靠拢的情况，因此 σ 星座的覆盖特性均匀，覆盖效率高，是非常好的星座构型。铱星通信系统采用的就是这种星座构型。

2.9.5　星间链路特性分析

　　典型的星间链路包括低轨星间、低轨-高轨、中轨星间、中轨-高轨、高轨星间等几类链路。同轨星间链路之间相对位置保持不变，异轨星间链路之间运动速度不同，会带来链路距离、速度、角速度等的变化。在激光终端设计时，需要考虑不同链路的特性，进而设计不同的跟踪机构，补偿星间链路的动态变化。

　　（1）低轨星间链路

　　以我国的天启星座 08 星和天启星座 15 星为例计算低轨星间链路的特性。08 星的轨道高度为 505 km，轨道倾角 97.44°，轨道周期 94.72 min；15 星的轨道高度为 505 km，轨道倾角 35°，轨道周期 96.55 min。通过 STK 软件可以进行仿真，得到链路距离和角度随时间的变化，如图 2-19 所示。

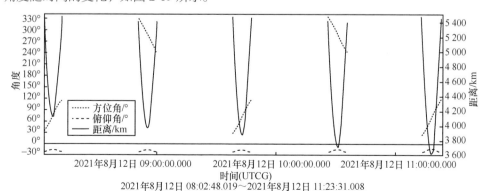

图 2-19　天启星座 08 星和天启星座 15 星星间链路方位角、俯仰角和距离的变化

从图 2-19 中可以看出，链路距离在 3 600～5 400 km 之间变化，方位角在 30°～120° 和 240°～330° 之间变化，俯仰角在-30°～-10° 之间变化。

对于星间激光链路而言更加需要关注链路的角速度。图 2-20 仿真了星间链路角速度随时间的变化，角速度最大可以接近 0.23°/s，这对于空间链路保持带来了很大的挑战。

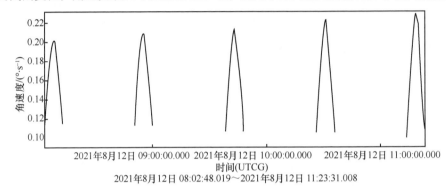

图 2-20　天启星座 08 星和天启 15 星星间链路角速度随时间的变化

（2）低轨—高轨星间链路

以我国的天启星座 08 星和天链 1 号 04 星为例计算低轨—高轨星间链路的特性。08 星的轨道高度为 505 km，轨道倾角 97.44°，轨道周期 94.72 min；天链 1 号 04 星的轨道高度为 35 786 km，轨道倾角 0°，轨道周期 1 436.14 min。通过 STK 软件可以进行仿真，得到链路距离和角度随时间的变化，如图 2-21 所示。

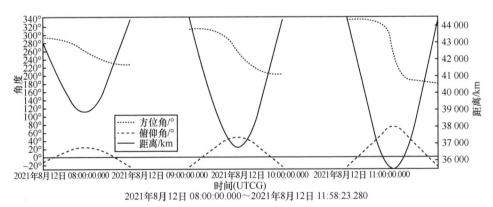

图 2-21　天启星座 08 星和天链 1 号 04 星星间链路方位角、俯仰角和距离的变化

从图 2-21 中可以看出，链路距离在 35 500～44 500 km 之间变化，方位角在 180°～340° 之间变化，俯仰角在-30°～70° 之间变化。

对于星间激光链路而言更加需要关注链路的角速度。图 2-22 仿真了星间链路角速度随时间的变化，角速度最大可以接近 0.015° /s，这和低轨星间相比小了近一个数量级，其难点在于如何实现超远距离的链路建立。

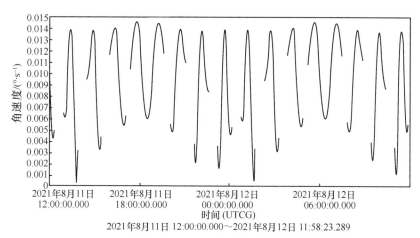

图 2-22　天启星座 08 星和天链 1 号 04 星星间链路角速度随时间的变化

（3）中轨星间链路

以我国的北斗三号导航星座 M-11 星和 M-21 星为例计算中轨星间链路的特性。M-11 星的轨道高度为 21 546 km，轨道倾角 54.46°，轨道周期 773.23 min；M-21 星的轨道高度为 21 544 km，轨道倾角 55.05°，轨道周期 773.23 min。通过 STK 软件可以进行仿真，得到链路距离和角度随时间的变化，如图 2-23 所示。

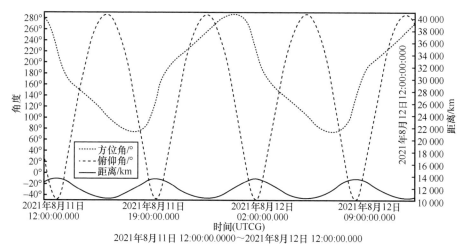

图 2-23　M-11 星和 M-21 星星间链路方位角、俯仰角和距离的变化

从图 2-23 可以看出，链路距离在 10 000～41 000 km 之间变化，其方位角在 60°～290° 之间变化，俯仰角在-50°～-10° 之间变化。

对于星间激光链路而言更加需要关注链路的角速度。图 2-24 仿真了星间链路角速度随时间的变化，角速度最大约为 0.032° /s，相对运动较慢，其主要困难在于远距离条件下的建链和保持。

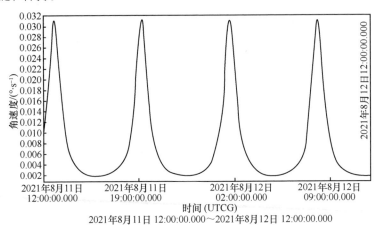

图 2-24　天启星座 08 星和天启星座 15 星星间链路角速度随时间的变化

（4）中轨-高轨链路

以我国的北斗三号导航星座 M-11 星和天链 1 号 04 星为例计算中轨-高轨星间链路的特性。M-11 星的轨道高度为 21 546 km，轨道倾角 54.46°，轨道周期 773.23 min；天链 1 号 04 星的轨道高度为 35 786 km，轨道倾角 0°，轨道周期 1 436.14 min。通过 STK 软件可以进行仿真，得到链路距离和角度随时间的变化，如图 2-25 所示。

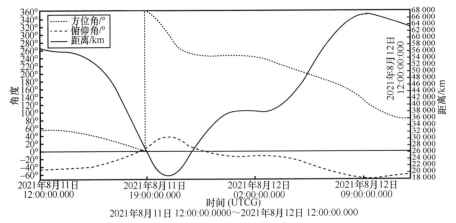

图 2-25　北斗三号 M-11 星和天链 1 号 04 星星间链路距离和角度随时间的变化

从图 2-25 可以看出，链路距离在 18 000～67 000 km 之间变化，其方位角在 0°～360° 之间变化，俯仰角在-65°～40° 之间变化。

对于星间激光链路而言更加需要关注链路的角速度。图 2-26 仿真了星间链路角速度随时间的变化。角速度最大约为 0.01° /s，动态相对较小。

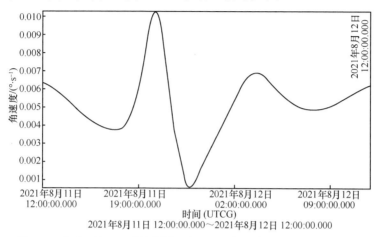

图 2-26　北斗三号 M-11 星和天链 1 号 04 星星间链路角速度随时间的变化

（5）高轨星间链路

以我国的天链 1 号 04 星和天链 2 号 01 星为例计算高轨星间链路的特性。天链 1 号 04 星的轨道高度为 35 786 km，轨道倾角 0°，轨道周期 1 436.14 min；天链 2 号 01 星的轨道高度为 35 931 km，轨道倾角 1°，轨道周期 1 436.10 min。通过 STK 软件可以进行仿真，得到链路距离和角度随时间的变化，如图 2-27 所示。

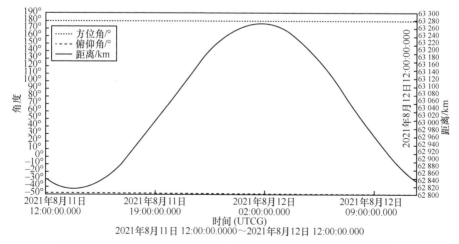

图 2-27　天链 1 号 04 星和天链 2 号 01 星星间链路距离和角度随时间的变化

从图 2-27 中可以看出，链路距离在 62 840～63 280 km 之间变化，其方位角和俯仰角基本不变，方位角维持在 180°，俯仰角在−48.2°附近。

对于星间激光链路而言更加需要关注链路的角速度。图 2-28 仿真了星间链路角速度随时间的变化，角速度最大约为 0.004 2° /s，呈正弦周期性变化。

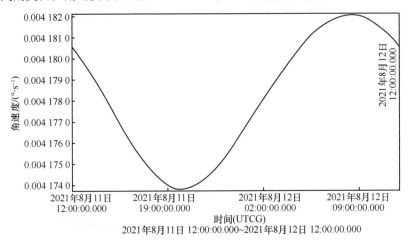

图 2-28 天链 1 号 04 星和天链 2 号 01 星星间链路角速度随时间的变化

2.9.6 卫星平台微振动

卫星平台的微振动水平对于激光通信闭环跟踪系统设计至关重要。1989 年 10 月，ESA 在 OLYMPUS 卫星上对平台的微振动进行在轨测量。卫星平台微振动试验的核心器件是一个由 ESA 支持研发的固态微加速度计，测量范围为 ±100 mg，测量分辨率为 5 μg，测量带宽为 0.5 Hz～1 kHz，3 个加速度计正交放置，1 kHz 带宽信号，采样率为 3.125 kHz，采样位数 12 bit，经过 12 GHz 上变频后下传至地面。该单元的重量 2.37 kg，功耗 6.3 W；地面采用 1.2 m 口径的天线接收；共采集 7.5 h 数据，数据量为 675 MB。

从数据分析结果看，100 Hz 以下加速度上升 10 dB/decade，100～500 Hz 加速度下降 10 dB/decade。在 2.2 Hz 和 300 Hz 有两个明显的振动峰值。其中 2.2 Hz 为太阳帆板驱动的步进频率，在 300 Hz 观察到的微振动现象；后续证实 300 Hz 是由于太阳帆版驱动细分补偿电子学和电机产生的。另外在 OLYMPUS 最高的加速度峰值，加速度源是微波开关。

另外一个比较大的振动源是推进器，单个推进器点火时的微振动和长推进器点火保持时的微振动的峰峰值可以达到 100 mg。位移振动谱和角振动谱的转换关系为

$$S_\theta(f) = \frac{S_p(f)}{L^2(2\pi f)^2} \tag{2-131}$$

其中，L 为安装界面的长度，f 为频率。

测试结果表明，大部分与激光终端有关的微振动源是瞬态非稳的，因此很难在地面进行精确预知。

几种典型卫星平台的振动功率谱密度如图 2-29 所示。可以看到，平台振动的能量主要集中在低频区。其中，ESA 的 OLYMPUS 通信卫星采用加速度计对卫星平台微振动进行了测量，加速度计和角度的转换如式（2-131）所示。

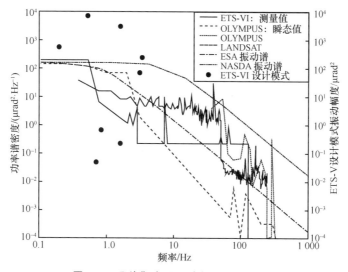

图 2-29　几种典型卫星平台振动功率谱密度

ESA 采用如下模型作为 SILEX 计划平台振动功率谱密度函数

$$S(f) = \frac{160}{1+\left(\dfrac{f}{f_0}\right)^2}, \quad f_0 = 1 \tag{2-132}$$

其中，$S(f)$ 的单位为 $\mu rad^2/Hz$，f_0 的单位为 Hz。

从卫星平台的振动功率谱分析可以看出，振动幅度明显大于星间光通信光束发散角，必须进行抑制，这是影响 PAT 系统的主要误差源。由卫星平台振动引起的指向误差可以表示为

$$\theta_{rms}^2 = \int_0^\infty S(f)\left|R(f)\right|^2 \mathrm{d}f \qquad (2\text{-}133)$$

其中，$R(f)$ 为振动源到激光终端光轴的传递函数。当 $R(f)=1$ 时，可以得到

$$\theta_{rms} = \sqrt{\int_0^\infty S(f)\mathrm{d}f} = 16\ \mu\mathrm{rad} \qquad (2\text{-}134)$$

日本 NASDA 给出的卫星平台振动谱为

$$S(f) = \frac{160}{1+\left(\dfrac{f}{f_0}\right)^2},\quad f_0 = 10 \qquad (2\text{-}135)$$

其中，$S(f)$ 的单位为 $\mu\mathrm{rad}^2/\mathrm{Hz}$，$f_0$ 的单位为 Hz。

同样，可以得到卫星平台总的振动角度（单位为 $\mu\mathrm{rad}$）为

$$\theta_{rms} = \sqrt{\int_0^\infty \frac{160}{1+\left(\dfrac{f}{10}\right)^2}\mathrm{d}f} = 50 \qquad (2\text{-}136)$$

抑制后的剩余残差可以表示为

$$\Delta\theta_{rms}^2 = \int_0^\infty S(f)\left|1-H(f)\right|^2 \mathrm{d}f \qquad (2\text{-}137)$$

其中，$\Delta\theta_{rms}$ 为跟踪误差，$S(f)$ 为振动的功率谱密度，$H(f)$ 为跟踪系统的传递函数，提高跟踪系统的带宽可以有效降低跟踪误差。

除了主动隔振技术外，这里还经常会用到被动隔振技术。单自由度隔振系统的隔振系数可以表示为

$$\eta = \left[\frac{1+(2\gamma\xi)^2}{(1-\gamma^2)^2+(2\gamma\xi)^2}\right]^{\frac{1}{2}} \qquad (2\text{-}138)$$

式中，$\gamma = \dfrac{\omega}{\omega_n}$，$\omega$ 为平台振动频率，ω_n 为结构自身共振频率，ξ 为阻尼比。

根据式（2-138）可知，只有当频率 $\gamma > \sqrt{2}$ 时，才能使 $\eta < 1$，才能够达到隔振的目的。$\gamma > 5$ 时，η 的下降曲线趋于平缓，隔振效果的提高已经很有限，所以一般 γ 值取 2.5～5；当 $\gamma < \sqrt{2}$ 时，η 随着阻尼比 ξ 的增大而增大，故就隔振而言，阻尼比不宜取得过大或过小，否则在共振区会有很大振幅。图 2-30 为不同阻尼比 ξ 情况下隔振系数 η 随频率因子 γ 的变化曲线。

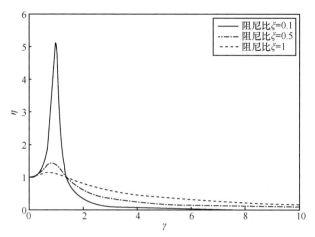

图 2-30　不同阻尼比 ξ 情况下隔振系数 η 随频率因子 γ 的变化曲线

2.9.7　光跟瞄组成与基本原理

激光终端受到平台微振动、粗跟踪剩余残差、平台姿态控制误差、链路变化等因素的影响，必须采用主动光跟瞄系统。激光终端光跟瞄系统包含粗跟踪、精跟踪和超前瞄准几部分，完成捕获、瞄准和跟踪几个主要功能。

2.9.7.1　捕获

两个激光终端空间捕获是非常困难的，主要难点体现在以下几个方面。

① 激光终端的安装平台存在姿态抖动和微振动，导致激光终端自身的指向存在较大的不确定区域，一般在 5 000 μrad 左右。

② 激光终端用于捕获的光的发散角小。有捕获信标光的光束发散角在 500 μrad 左右，无信标光的光束发散角在 30 μrad 左右。

③ 激光星间链路的距离大部分在 3 000 km 以上，链路距离长导致传输时延在 10 ms 以上，信息交互困难。

④ 短距离卫星星历预报误差大。低轨卫星星间链路距离短，星历预报带来的误差占比相对较大，给捕获带来较大困难。

（1）捕获不确定区域

卫星本体在宏观上是刚性稳定的，但在微观上是不稳定、时变的。通常情况下，激光终端的姿态信息来源于卫星平台的星敏感器。但星敏感器安装位置和激光终端安装位置通常不在一个舱板上，这会带来姿态传递误差。不确定区域的主要组成如图 2-31 所示。

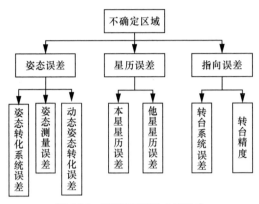

图 2-31　不确定区域的主要组成

姿态误差包括姿态转化系统误差、姿态测量误差和动态姿态转化误差三部分。姿态转化系统误差主要由地面精测、在轨失重、热变形、应力释放等造成。这些误差在轨运行一段时间后会趋于稳定，可以采用在轨标校方法进行消除，是首捕过程中的主要误差源。姿态测量误差由星敏产品自身的性能指标决定；动态姿态转化误差主要是受在轨卫星外界接收光照不均匀等因素的影响，造成姿态转化矩阵动态变化，引起激光终端实际指向发生偏差。

星历误差包括本星和他星星历导致的位置计算误差，分别为 Δr_{1Eph} 和 Δr_{2Eph}。可以计算出星历导致的指向误差为

$$\Delta \theta_{Eph} = \arccos\left[\frac{(\Delta r_{1Eph} - \Delta r_{2Eph}) \cdot (r_{1Eph} - r_{2Eph})}{2\left|\Delta r_{1Eph} - \Delta r_{2Eph}\right| \cdot \left|r_{1Eph} - r_{2Eph}\right|}\right] \tag{2-139}$$

从式（2-139）可以看出，星历导致的指向误差会随着链路距离 $\left|r_{1Eph} - r_{2Eph}\right|$ 的增加而减小。

转台系统误差由二维转台转动轴系加工和装调误差、位置闭环指向时控制系统的闭环残差两部分组成。其中第一项误差为系统误差，等在轨稳定后可以通过恒星标校的方法实现该误差项的减小；第二项闭环残差主要为光电编码器反馈和执行驱动电子学带来的误差。

典型的卫星平台的不确定区域分配见表 2-4。

表 2-4　典型的卫星平台不确定区域分配

误差源	误差量/(°)	备注
姿态测量误差	0.01	3σ
姿态转化系统误差	0.2	PV
动态姿态转化误差	0.05	3σ
星历误差	0.011 5	两颗卫星位置误差均为 300 m（3σ），链路距离 3 000 km
转台系统误差	0.028 6	PV
转台精度	0.008 6	3σ
不确定区域	0.334 5	6σ+PV

表 2-4 中，不确定区域是指系统误差的 PV 和随机误差的 6σ 所确定的范围，为全角。捕获不确定区域的光轴指向分布，在数学上满足瑞利分布

$$P_{\text{area}} = \int_0^r \frac{z}{\sigma^2} \mathrm{e}^{\left[-\frac{z^2+\eta^2}{2\sigma^2} \mathrm{J}_0\left(\frac{z\eta}{\sigma^2}\right)\right]} \mathrm{d}z \tag{2-140}$$

其中，J_0 是修正零阶贝塞尔函数，表示为

$$\mathrm{J}_0 = \frac{1}{2\pi} \int_0^{2\pi} \mathrm{e}^{x\cos(\theta)} \mathrm{d}\theta = \sum_{n=0}^{\infty} \frac{x^{2n}}{2^{2n}(n!)^2} \tag{2-141}$$

（2）捕获方式

① 凝视—凝视方式

当发射端信标光的发散角足够大，能够覆盖不确定区域，并且接收端的接收视场也大于自身的不确定区域时，捕获就变得非常简单，可以实现开光即捕获的效果。捕获概率可以表示为

$$P_{\text{acq}} = P_{\text{det}} P_{\text{scan}} \tag{2-142}$$

其中，P_{det} 为探测概率，P_{scan} 为扫描覆盖概率。

② 扫描—凝视方式

当发射端信标光的发散角不能覆盖不确定区域，接收端的接收视场也大于自身的不确定区域时，采用扫描—凝视方式。这种方式下的理论捕获时间为

$$T_{\text{acq}} \approx \left(\frac{\theta_{\text{tunc}}^2}{\theta_{\text{beam}}^2}\right) T_{\text{dwell}} N_t \tag{2-143}$$

其中，θ_{tunc} 是发射端不确定区域的直径，θ_{beam} 是光束发散角，T_{dwell} 指每个光斑在接收端停留的时间，N_t 代表覆盖不确定区域所需的扫描光斑数量。

在扫描过程中，通常还会考虑光斑之间的重叠度。一般情况下，重叠度选择 10%～

15%，称为重叠因子 κ。此时捕获时间变为

$$T_{\text{acq}} \approx \left(\frac{\theta_{\text{tunc}}^2}{\theta_{\text{beam}}^2 \xi_t} \right) T_{\text{dwell}} N_t \tag{2-144}$$

其中，$\xi_t = (1-\kappa)^2$。

③ 扫描—扫描方式

当发射端信标光的发散角和接收端的接收视场不能覆盖各自的不确定区域时，采用扫描—扫描方式。与发射端类似，接收端扫描时也需要考虑重叠因子。该模式下捕获时间近似为

$$T_{\text{acq}} \approx \left(\frac{\theta_{\text{tunc}}^2}{\theta_{\text{beam}}^2 \xi_t} \right) T_{\text{dwell}} N_t \left(\frac{\theta_{\text{runc}}^2}{\theta_{\text{fov}}^2 \xi_r} \right) R_{\text{dwell}} N_r \tag{2-145}$$

其中，θ_{runc}^2、R_{dwell}、N_r、ξ_r 的定义与发射端相同。

从式（2-145）可以看出，扫描—扫描方式的捕获时间呈数量级增长的趋势。一般情况下接收端的接收视场远大于发射端的发散角，扫描—扫描模式退化为扫描—分区凝视跳扫模式。需要注意的是，这种捕获方式下需要定义主从，一端为主端（扫描端），一端为从端（跳扫端）。从端每个视场的凝视时间近似表示为

$$R_{\text{dwell}} \geqslant \left(\frac{\theta_{\text{tunc}}^2}{\theta_{\text{beam}}^2 \xi_t} \right) T_{\text{dwell}} N_t \tag{2-146}$$

④ 凝视—扫描方式

当发射端信标光的发散角不能覆盖各自的不确定区域，接收视场能覆盖不确定区域时，采用凝视—扫描方式。此时的捕获时间近似表示为

$$T_{\text{acq}} \approx \left(\frac{\theta_{\text{runc}}^2}{\theta_{\text{beam}}^2 \xi_r} \right) R_{\text{dwell}} N_r \tag{2-147}$$

（3）扫描技术

扫描的目的是覆盖不确定区域，因此需要综合考虑不确定区域和扫描光束的特点，选择合适的扫描方式。

① 连续螺旋扫描

螺旋扫描对于覆盖圆形不确定区域来说往往是最有效的。螺旋扫描图案如图 2-32 所示。螺旋扫描的螺距由光束发散角和重叠因子共同决定。螺旋扫描的轨迹方程如下

$$\begin{cases} X_s = V_r t \cos(V_\theta t) \\ Y_s = V_r t \sin(V_\theta t) \end{cases} \tag{2-148}$$

其中，$V_r = \dfrac{R_{\max}}{T_{\max}}$ 是径向扫描平均速度，$V_\theta = \dfrac{2\pi N}{T_{\max}}$ 是周向扫描平均速度，N 为扫描圈数，

表示为

$$N = \frac{R_{\max} - \dfrac{\theta_{\text{beam}}}{2}}{(1 - F_0)\theta_{\text{beam}}} \tag{2-149}$$

其中，F_0 为重叠因子。

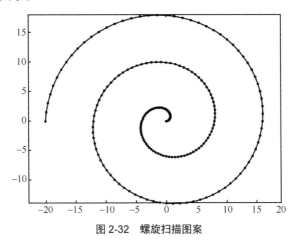

图 2-32　螺旋扫描图案

式（2-148）规定的扫描方式为恒定角速度螺旋扫描，但通常情况下接收端要求有固定的扫描停留时间，也就是说需要进行固定线速度扫描。在这种情况下，V_r 和 V_θ 均为时间变化量，不再为定值，表示为

$$V_r = \sqrt{\frac{R_{\max}\theta_{\text{beam}}}{2\pi N t T_{\text{dwell}}}}$$
$$V_\theta = \sqrt{\frac{2\pi N\theta_{\text{beam}}}{R_{\max} t T_{\text{dwell}}}} \tag{2-150}$$

对于恒定角速度螺旋扫描而言，其扫描时间表示为

$$T_{\text{scan-cav}} = \frac{R}{V_r} \tag{2-151}$$

对于恒定线速度螺旋扫描而言，其扫描时间表示为

$$T_{\text{scan-clv}} = \frac{2\pi N T_{\text{dwell}} R}{\theta_{\text{beam}}} = \frac{2\pi}{(1-F_0)}\left[\left(\frac{R}{\theta_{\text{beam}}}\right)^2 + \frac{1}{2}\left(\frac{R}{\theta_{\text{beam}}}\right)\right] T_{\text{dwell}} \tag{2-152}$$

在极坐标系下，螺旋扫描的公式可以表示为

$$r = a + b\theta \tag{2-153}$$

其中，a 代表扫描起始的扫描中心距，$2\pi b$ 代表扫描螺距。一般情况下，取 $a = 0$ ，此

时的螺旋扫描公式为

$$r = b\theta \tag{2-154}$$

总的扫描弧长与扫描的角度有关，表示为

$$S = \frac{b}{2}\theta\sqrt{1+\theta^2} + \frac{b}{2}\ln\left|\theta + \sqrt{\theta^2 + 1}\right| \tag{2-155}$$

考虑重叠因子，可以得到螺旋扫描所需要的参数。

$$b = \frac{1}{2\pi}(1 - F_0)\theta_{\text{beam}} \tag{2-156}$$

按照恒定线速度进行扫描，每个点的驻留时间相同，扫描时间可以为

$$T_{\text{scan}} = \frac{S}{(1 - F_0)\theta_{\text{beam}}}T_{\text{dwell}} = \frac{1}{4\pi}\theta\sqrt{1+\theta^2} + \frac{1}{4\pi}\ln\left|\theta + \sqrt{\theta^2 + 1}\right| \tag{2-157}$$

其中，θ 为螺旋扫描的角度，该角度与不确定区域有关。

$$\theta = \frac{\pi\theta_{\text{tunc}}}{(1 - F_0)\theta_{\text{beam}}} \tag{2-158}$$

假设光束发散角为 25 μrad，重叠因子为 0.3，可以仿真出不同不确定区域下的扫描时间曲线，如图 2-33 所示。

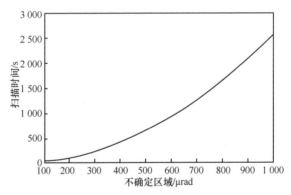

图 2-33　不同不确定区域下的扫描时间曲线

从图 2-33 可以看出，扫描时间随着不确定区域的增加呈指数级增长的趋势，当不确定区域很大时，应当尽量增加光束发散角，减少扫描时间。

② 矩形扫描

矩形扫描相对于螺旋扫描而言效率略低。矩形扫描一个方向为快轴，每次扫描整个不确定区域；另一个方向为慢轴，快轴方向扫描覆盖一次，步进运动一次。这种扫

描方式的扫描轨迹如图 2-34 所示。

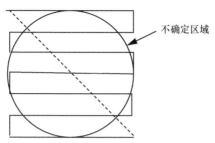

图 2-34　矩形扫描方式的扫描轨迹

矩形扫描每个点的驻留时间由线速度决定。

$$V_{\text{raster}} = \frac{N_r \theta_{\text{unc}} + (N_r - 1)\dfrac{\theta_{\text{unc}}}{N_r - 1}}{T_{\text{max}}} = \frac{(N_r + 1)\theta_{\text{unc}}}{T_{\text{max}}} \tag{2-159}$$

其中，N_r 为等效扫描点数。

矩形扫描的运动方程快轴方向是三角波，慢轴方向是阶梯函数。以快轴方向扫描 5 条线为例的运动方程为

$$\begin{cases} X_r = X_0 + V_{\text{raster}} t, \quad 0 \leqslant t \leqslant t_a \\ Y_r = Y_0 \end{cases}$$

$$\begin{cases} X_r = X_0 + V_{\text{raster}} t_a, \quad t_a \leqslant t \leqslant \dfrac{N_r}{N_r - 1} t_a \\ Y_r = Y_0 - V_{\text{raster}}\left(t - t_a\right) \end{cases}$$

$$\begin{cases} X_r = X_0 - V_{\text{raster}}\left[t - \left(\dfrac{2N_r - 1}{N_r - 1}\right)t_a\right], \quad \dfrac{N_r}{N_r - 1} t_a \leqslant t \leqslant \dfrac{2N_r - 1}{N_r - 1} t_a \\ Y_r = Y_0 - V_{\text{raster}}\left(\dfrac{t_a}{N_r - 1}\right) \end{cases}$$

$$\begin{cases} X_r = X_0 + V_{\text{raster}} t_a, \quad \dfrac{2N_r - 1}{N_r - 1} t_a \leqslant t \leqslant \dfrac{2N_r}{N_r - 1} t_a \\ Y_r = Y_0 - V_{\text{raster}}\left(t - \dfrac{2N_r - 1}{N_r - 1} t_a\right) \end{cases}$$

$$\begin{cases} X_r = X_0 - V_{\text{raster}}\left[t - \left(\dfrac{2N_r}{N_r - 1}\right)t_a\right], \quad \dfrac{2N_r}{N_r - 1} t_a \leqslant t \leqslant \dfrac{3N_r - 1}{N_r - 1} t_a \\ Y_r = Y_0 - V_{\text{raster}}\left(\dfrac{2t_a}{N_r - 1}\right) \end{cases} \tag{2-160}$$

其中，$t_a = \dfrac{2t_a}{N_r - 1}$，为快轴方向单次扫描时间。

矩形扫描 Y 轴和 X 轴的扫描波形如图 2-35 所示。

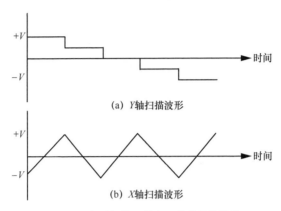

(a) Y 轴扫描波形

(b) X 轴扫描波形

图 2-35　矩形扫描 Y 轴和 X 轴的扫描波形

矩形扫描所需要的时间可以表示为

$$T_{\mathrm{raster}} = \frac{N_r + 1}{V_{\mathrm{raster}}} \theta_{\mathrm{unc}} \tag{2-161}$$

③ 多次扫描

实际上，尽管在扫描参数设计时考虑了重叠因子，但由于卫星平台的姿态高频抖动和光束发散角较小等，很难达到 100%扫描覆盖概率。同时为了降低虚警概率，需要多次探测后再确认成功。因此，为了提升扫描覆盖概率，经常采用多次扫描的办法提升成功概率，降低虚警概率。扫描 n 次，m 次覆盖的概率可以表示为

$$\begin{cases} P_{\mathrm{det}} = \displaystyle\sum_{m=1}^{n} \binom{n}{m} p_{\mathrm{d}}^{m} \left(1 - p_{\mathrm{d}}\right)^{n-m} \\[2mm] P_{\mathrm{fa}} = \displaystyle\sum_{m=1}^{n} \binom{n}{m} p_{\mathrm{fs}}^{m} \left(1 - p_{\mathrm{fs}}\right)^{n-m} \\[2mm] \dbinom{n}{m} = \dfrac{n!}{m!(n-m)!} \end{cases} \tag{2-162}$$

其中，p_{d} 为单次扫描覆盖概率，p_{fs} 为单次扫描虚警概率。

2.9.7.2　瞄准和跟踪

典型的瞄准和跟踪系统组成如图 2-36 所示。

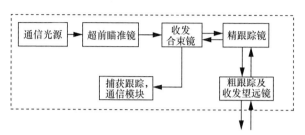

图 2-36　典型的瞄准和跟踪系统组成

闭环跟踪系统的总瞄准误差由超前瞄准误差和跟踪误差两部分组成,具体如图 2-37 所示。超前瞄准误差包括瞄准精度和对准精度两部分;跟踪误差包括探测器等效噪声角和剩余跟踪误差。

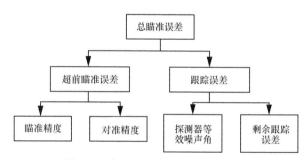

图 2-37　闭环跟踪系统的瞄准误差分配

瞄准精度受到传感器噪声、线性度和漂移等影响。对准精度受到探测器分辨率超前瞄准传感器噪声等影响。探测器等效噪声角与信噪比有关,可以表示为

$$NEA = \sigma_{rms} = \frac{1}{SF\sqrt{SNR}} \tag{2-163}$$

其中,SF 称为斜率因子,单位为 rad^{-1}。

$$SNR = \frac{(P_r R_d)^2}{N_0 B} \tag{2-164}$$

N_0 为跟踪探测器的噪声功率谱密度,B 为跟踪环路带宽,P_r 为光信号功率,R_d 为响应度。

近年来，焦平面跟踪技术的应用越来越广泛。采用焦平面跟踪时，通常用质心算法进行光斑脱靶量的计算，表示为

$$\Delta x = \frac{\sum\limits_{i}\left(\sum\limits_{j} A_{ij}\right)i}{\sum\limits_{i}\sum\limits_{j} A_{ij}}$$ （2-165）

$$\Delta y = \frac{\sum\limits_{j}\left(\sum\limits_{i} A_{ij}\right)j}{\sum\limits_{i}\sum\limits_{j} A_{ij}}$$ （2-166）

其中，A_{ij} 为每个像素的灰度值，i、j 代表 x 方向和 y 方向的像素序号。

2.9.8 光跟瞄系统性能分析与描述

光跟瞄系统为典型的闭环控制系统，其性能评价指标通常分为动态性能指标和稳态性能指标两类。一般情况下，控制系统均为线性系统。为了进行定量分析，通常采用典型输入信号对光跟瞄系统性能进行测试。

（1）典型输入信号

典型输入信号有阶跃函数、斜坡函数、加速度函数、脉冲函数和正弦函数，具体见表 2-5。这些函数都是简单的时间函数，便于数学分析和实验研究。

表 2-5 典型输入信号

名称	时域表达式	S 域表达式
阶跃函数	$a,\ t \geqslant 0$	$\dfrac{1}{s}$
斜坡函数	$vt,\ t \geqslant 0$	$\dfrac{v}{s^2}$
加速度函数	$\dfrac{1}{2}at^2,\ t \geqslant 0$	$\dfrac{a}{s^3}$
脉冲函数	$\delta(t),\ t = 0$	1
正弦函数	$A\sin(\omega t)$	$\dfrac{A\omega}{s^2 + \omega^2}$

实际应用时究竟采用哪一种典型输入信号，取决于系统常见的工作模式。同时，在所有可能的输入信号中，往往选取最不利的信号作为系统的典型输入信号。

（2）性能评价

为了评价线性系统时间响应的性能指标，需要研究控制系统在典型输入信号作用下的时间响应。

① 动态过程

动态过程又称过渡过程或瞬态过程，指系统在典型输入信号作用下，系统输出量从初始状态到最终状态的响应过程。由于实际控制系统具有惯性、摩擦以及其他一些原因，系统输出量不可能完全复现输入量的变化。动态过程表现为衰减、发散或等幅振荡形式。

通常在阶跃函数的作用下，测定或计算系统的动态性能。一般认为，阶跃输入对系统来说是最严峻的工作状态。如果阶跃函数输入条件下动态性能满足要求，那么在其他形式的函数作用下，其动态性能也是令人满意的。图 2-38 为典型闭环控制系统的单位阶跃响应曲线。

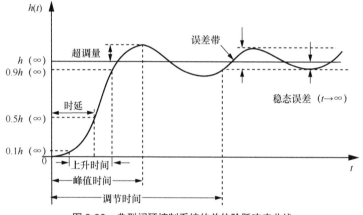

图 2-38　典型闭环控制系统的单位阶跃响应曲线

动态性能通常采用以下指标描述。

- 时延 t_d，指响应曲线第一次达到其终值一半所需的时间。
- 上升时间 t_r，指响应从终值 10%上升到终值 90%所需的时间。对于有振荡的系统，有时也定义为响应从零值第一次上升到终值所需的时间。上升时间是系统响应速度的一种度量，上升时间越短，响应速度越快。
- 峰值时间 t_p，指响应超过其终值到达第一个峰值所需的时间。
- 调节时间 t_s，指响应到达保持在终值 ±5%内所需的最短时间。
- 超调量 $\sigma\%$ ，即

$$\sigma\% = \frac{h(t_{\mathrm{p}}) - h(\infty)}{h(\infty)} \times 100\% \qquad (2\text{-}167)$$

若 $h(t_{\mathrm{p}}) < h(\infty)$，则响应无超调。超调量又称最大超调量或百分比超调量。

在实际应用中，常用上升时间、调节时间和超调量 3 个指标来描述。除简单的一二阶系统外，要精确确定这些动态性能指标的解析表达式是很困难的。

一阶控制系统如图 2-39 所示，其传递函数为

$$\Phi(s) = \frac{C(s)}{R(s)} = \frac{1}{T+1} \qquad (2\text{-}168)$$

其中，$T = RC$ 为时间常数。其实从传递函数可以看出，一阶控制系统等效为一个一阶的 RC 滤波器。

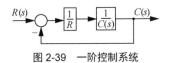

图 2-39　一阶控制系统

一阶控制系统的单位阶跃响应为

$$h(t) = 1 - \mathrm{e}^{-t/T}, \ \ t \geqslant 0 \qquad (2\text{-}169)$$

根据式（2-169），可以得到一阶控制系统的单位阶跃响应曲线如图 2-40 所示。

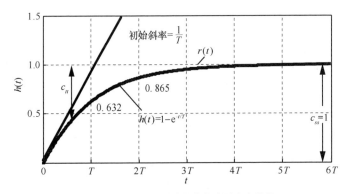

图 2-40　一阶控制系统的单位阶跃响应曲线

计算一阶控制系统的动态性能指标如下

$$\begin{cases} t_{\mathrm{d}} = 0.69T \\ t_{\mathrm{r}} = 2.20T \\ t_{\mathrm{s}} = 3T \end{cases} \qquad (2\text{-}170)$$

当输入信号为理想单位脉冲函数时，由于 $R(s) = 1$，所以系统输出量表示为

$$C(s) = \frac{1}{Ts+1} \qquad (2\text{-}171)$$

这时系统的输出称为脉冲响应，其时域表达式为

$$c(t) = \frac{1}{T}\mathrm{e}^{-\frac{t}{T}} \qquad (2\text{-}172)$$

根据式（2-172），可以得到一阶控制系统的脉冲响应曲线如图 2-41 所示。

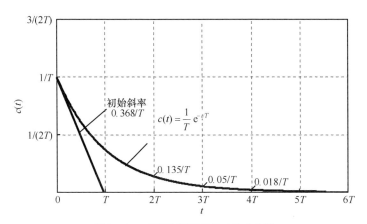

图 2-41　一阶控制系统的脉冲响应曲线

实际上无法得到理想单位脉冲函数，因此常用具有一定脉宽 h 和有限幅度的矩形脉冲函数代替。为了得到近似度较高的脉冲响应函数，要求实际脉动函数的宽度 h 远小于系统的时间常数 T。一般要求 $h < 0.1T$。

系统输入为单位斜坡函数时，可以求得一阶控制系统的单位斜坡时域响应为

$$c(t) = (t-T) + T\mathrm{e}^{-\frac{t}{T}}, \ t \geqslant 0 \qquad (2\text{-}173)$$

其中，$t-T$ 为稳态分量，$T\mathrm{e}^{-\frac{t}{T}}$ 为瞬态分量。

从式（2-173）可以看出，一阶控制系统的单位斜坡时域响应的稳态分量是一个与输入斜坡函数斜率相同但时间滞后 T 的斜坡函数，如图 2-42 所示。因此存在位置稳态跟踪误差，其值正好等于时间常数 T。输出速度和输入速度之差在开始阶段最大，稳态下速度之差为零。

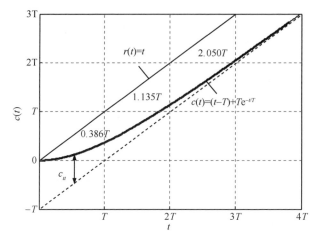

图 2-42　一阶控制系统单位斜坡时域响应时间曲线

② 稳态性能

稳态过程指系统在典型输入信号作用下，当时间 t 趋于无穷大时，系统输出量的表现方式。稳态误差是描述系统稳态性能的一种性能指标，通常在阶跃函数、斜坡函数或加速度函数作用下进行测定或计算。若时间趋于无穷大时，系统的输出量不等于输入量或输入量的确定函数，则系统存在稳态误差。稳态误差是系统控制精度或抗干扰能力的一种度量。

设系统的输入信号为单位加速度函数，可以得到一阶控制系统的单位加速度的时域响应如下

$$c(t) = \frac{1}{2}t^2 - Tt + T^2\left(1 - e^{-\frac{t}{T}}\right), \quad t \geqslant 0 \tag{2-174}$$

因此系统的跟踪误差为

$$E(t) = \frac{1}{2}t^2 - Tt + T^2\left(1 - e^{-\frac{t}{T}}\right) \tag{2-175}$$

式（2-175）表明，跟踪误差不收敛，随着时间的推移而增大，直至无穷大，如图 2-43 所示。因此，一阶控制系统不能实现对加速度输入函数的跟踪。

二阶控制系统传递函数为

$$\Phi(s) = \frac{C(s)}{R(s)} = \frac{\omega_n^2}{s^2 + 2\xi\omega_n s + \omega_n^2} \tag{2-176}$$

其中，$\omega_n^2 = \sqrt{\dfrac{K}{T_M}}$ 为无阻尼振荡频率，$\xi = \dfrac{1}{2\sqrt{T_M K}}$ 为阻尼系数。其实从传递函数可以看出，二阶控制系统有两个闭环极点，其时域响应取决于 ω_n^2、ξ 这两个参数。

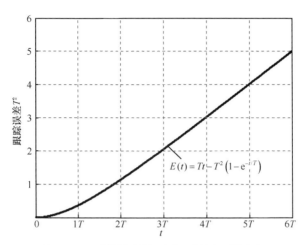

图 2-43　一阶控制系统加速度函数输入时域响应

二阶控制系统特征根的性质取决于 ξ 值的大小。若 $\xi < 0$，则二阶控制系统具有两个正实部的特征根，其单位阶跃响应为

$$h(t) = 1 - \frac{\mathrm{e}^{-\xi\omega_n t}}{\sqrt{1-\xi^2}}\sin\left(\omega_n\sqrt{1-\xi^2}\,t + \theta\right),\ -1 < \xi < 0, t \geqslant 0 \qquad (2\text{-}177)$$

式中，$\theta = \arctan\left(\dfrac{\sqrt{1-\xi^2}}{\xi}\right)$。

由于阻尼比 ξ 为负时，指数因子具有正幂指数，因此系统的动态过程为发散正弦振荡或单调发散的形式，从而表明 $\xi < 0$ 的二阶控制系统是不稳定的。如果 $\xi = 0$，则特征方程有一对纯虚根

$$s_{1,2} = \pm \mathrm{j}\omega_n \qquad (2\text{-}178)$$

对应 s 平面虚轴上一对共轭极点，可以计算出系统的阶跃响应为等幅振荡，此时系统相当于无阻尼情况。

如果 $0 < \xi < 1$，则特征方程有一对具有负实部的共轭复根，$s_{1,2} = -\xi\omega_n \pm \mathrm{j}\omega_n\sqrt{1-\xi^2}$，对应于 s 平面左半部的共轭复数极点，相应的阶跃响应为衰减振荡过程，此时系统处于欠阻尼情况。

如果 $\xi=1$，则特征方程有两个不相等的负实根，一对具有负实部的共轭复根，$s_{1,2}=-\omega_n$；对应 s 平面负实轴上的两个相等实极点，相应的阶跃响应非周期地趋于稳态输出，此时系统处于临界阻尼情况。

如果 $\xi>1$，则特征方程有两个不相等的负实根，一对具有负实部的共轭复根，$s_{1,2}=-\xi\omega_n\pm\omega_n\sqrt{\xi^2-1}$；对应 s 平面负实轴上的两个不相等的实极点，相应的阶跃响应非周期地趋于稳态输出，但响应速度比临界阻尼情况缓慢，此时系统处于过阻尼情况。

欠阻尼二阶控制系统的单位阶跃响应。若令 $\sigma=\xi\omega_n$，$\omega_d=\omega_n\sqrt{1-\xi^2}$，则有

$$s_{1,2}=-\sigma\pm j\omega_d \tag{2-179}$$

其中，σ 为衰减系数，ω_d 为阻尼振荡频率。

当 $R(s)=\dfrac{1}{s}$ 时，由式（2-179）得

$$C(s)=\frac{\omega_n^2}{s^2+2\xi\omega_n s+\omega_n^2}\frac{1}{s}=\frac{1}{s}-\frac{s+\xi\omega_n}{(s+\xi\omega_n)^2+\omega_d^2}-\frac{\xi\omega_n}{(s+\xi\omega_n)^2+\omega_d^2} \tag{2-180}$$

对式（2-180）取拉普拉斯变换，求得单位阶跃响应为

$$\begin{aligned}
h(t) &= 1-e^{-\xi\omega_n t}\left[\cos(\omega_d t)+\frac{\xi}{\sqrt{1-\xi^2}}\sin(\omega_d t)\right]\\
&= 1-e^{-\xi\omega_n t}\frac{1}{\sqrt{1-\xi^2}}\left(\sqrt{1-\xi^2}\cos(\omega_d t)+\xi\sin(\omega_d t)\right)\\
&= 1-e^{-\xi\omega_n t}\frac{1}{\sqrt{1-\xi^2}}\sin(\omega_d t+\beta),\quad t\geqslant 0
\end{aligned} \tag{2-181}$$

式中，$\beta=\arctan\left(\dfrac{\sqrt{1-\xi^2}}{\xi}\right)$ 或者 $\beta=\arccos(\xi)$。

式（2-181）表明，欠阻尼二阶控制系统的单位阶跃响应由两部分组成：稳态分量为 1，表明系统在单位阶跃函数作用下不存在稳态位置误差；瞬态分量为阻尼正弦振荡项，其振荡频率为 ω_d，故称为阻尼振荡频率。由于瞬态分量衰减的快慢程度取决于包络线 $1\pm\dfrac{e^{-\xi\omega_n t}}{\sqrt{1-\xi^2}}$ 收敛的速度。当 ξ 一定时，包络线的收敛速度又取决于指数函数 $e^{-\xi\cdot\omega_n\cdot t}$ 的幂，所以 $\sigma=\xi\omega_n$ 称为衰减系数。

若 $\xi=0$，则二阶控制系统无阻尼时的单位阶跃响应为

$$h(t)=1-\cos(\omega_n t),\ t\geqslant 0 \tag{2-182}$$

这是一条平均值为 1 的正弦、余弦形式的等幅振荡，其振荡频率为 ω_n，故可称为无阻尼振荡频率。由位置控制系统可知，ω_n 由系统本身的结构参数 K 和 T_M 或 K_1 和 J 确定，故 ω_n 常称为自然频率。

应当指出，实际的控制系统通常都有一定的阻尼比，因此不可能通过实验方法测得 ω_n，而只能测得 ω_d，其值总小于自然频率 ω_n。只有在 $\xi=0$ 时，才有 $\omega_d=\omega_n$。当阻尼比 ξ 增大时，阻尼振荡频率 ω_d 将减小。如果 $\xi \geqslant 1$，ω_d 将不复存在，系统的响应不再出现振荡。但是，为了便于分析和叙述，ω_n 和 ω_d 的符号和名称在 $\xi \geqslant 1$ 时仍将沿用下去。

临界阻尼（$\xi=1$）二阶控制系统的单位阶跃响应如下。

设输入信号为单位阶跃函数，则系统输出量的拉普拉斯变换可写为

$$C(s)=\frac{\omega_n^2}{s(s+\omega_n)^2}=\frac{1}{s}-\frac{\omega_n}{(s+\omega_n)^2}-\frac{1}{s+\omega_n} \tag{2-183}$$

对式（2-183）取拉普拉斯反变换，得到临界阻尼二阶控制系统的单位阶跃响应为

$$h(t)=1-\mathrm{e}^{-\omega_n t}(1+\omega_n t), \quad t \geqslant 0 \tag{2-184}$$

式（2-184）表明，当 $\xi=1$ 时，二阶控制系统的单位阶跃响应是稳态值为 1 的无超调单调上升过程，其变化率为

$$\frac{\mathrm{d}h(t)}{\mathrm{d}t}=\omega_n^2 t \mathrm{e}^{-\omega_n t} \tag{2-185}$$

当 $t=0$ 时，响应过程的变化率为零；当 $t>0$ 时，响应过程的变化率为正，响应过程单调上升；当 $t \rightarrow \infty$ 时，响应过程的变化率趋于零，响应过程趋于常数值 1。通常，临界阻尼情况下的二阶控制系统的单位阶跃响应称为临界阻尼响应。

过阻尼（$\xi>1$）二阶控制系统的单位阶跃响应如下。

设输入信号为单位阶跃函数，且令

$$\begin{aligned}
T_1 &=\frac{1}{\omega_n\left(\xi-\sqrt{\xi^2-1}\right)} \\
T_2 &=\frac{1}{\omega_n\left(\xi+\sqrt{\xi^2-1}\right)}
\end{aligned} \tag{2-186}$$

其时域阶跃响应表示为

$$h(t)=1+\frac{\mathrm{e}^{-\frac{t}{T_1}}}{\frac{T_2}{T_1}-1}+\frac{\mathrm{e}^{-\frac{t}{T_2}}}{\frac{T_1}{T_2}-1}, \quad t \geqslant 0 \tag{2-187}$$

2.9.9 光跟瞄系统的稳态误差

一般情况下，光跟瞄系统的开环传递函数可以用分子阶次为 m，分母阶次为 n 的多项式来描述

$$G(s)H(s)=\frac{K\prod\limits_{i=1}^{m}(\tau_i s+1)}{s^\nu \prod\limits_{j=1}^{n-\nu}(T_j s+1)} \tag{2-188}$$

其中，K 为开环增益；τ_i 和 T_j 为时间常数；ν 为开环系统在 s 平面坐标原点上的极点的重数。$\nu=0$ 称为 0 型系统；$\nu=1$ 称为 I 型系统；$\nu=2$ 称为 II 型系统。当 $\nu>2$ 时，除复合控制系统外，系统稳定相当困难。

令

$$G_0(s)H_0(s)=\frac{\prod\limits_{i=1}^{m}(\tau_i s+1)}{\prod\limits_{j=1}^{n-\nu}(T_j s+1)} \tag{2-189}$$

式（2-189）改写为

$$G(s)H(s)=\frac{K}{s^\nu}G_0(s)H_0(s) \tag{2-190}$$

则有

$$\lim_{s\to 0}G_0(s)H_0(s)=1 \tag{2-191}$$

系统的稳态误差可以计算得到

$$e_{ss}=\frac{\lim\limits_{s\to 0}s^{\nu+1}R(s)}{K+\lim\limits_{s\to 0}s^\nu} \tag{2-192}$$

其中，$R(s)$ 为输入信号的传递函数。

从式（2-192）可以看出，影响系统稳态误差的主要因素包括系统型号、开环增益、输入信号形式和幅值等。

当输入信号幅值为 R 的阶跃信号时

$$R(s)=\frac{R}{s} \tag{2-193}$$

通常采用静态位置误差系数 K_p 表示，各型系统表示为

$$K_{\mathrm{p}} = \lim_{s \to 0} G(s)H(s) = \begin{cases} K, & \nu = 0 \\ \infty, & \nu \geqslant 1 \end{cases} \tag{2-194}$$

此时，0 型系统的静态误差可以表示为

$$e_{ss} = \frac{R}{1 + \lim_{s \to 0} G(s)H(s)} = \frac{R}{1 + K_{\mathrm{p}}} \tag{2-195}$$

对于 I 型及以上的系统，静态误差均为 0。

当输入信号为斜坡时，表示为

$$R(s) = \frac{R}{s^2} \tag{2-196}$$

定义静态速度误差系数为 K_{ν}，单位与开环增益 K 的单位相同，为 s^{-1}，表示为

$$K_{\nu} = \lim_{s \to 0} sG(s)H(s) = \lim_{s \to 0} \frac{K}{s^{(\nu-1)}} \tag{2-197}$$

各型系统的静态速度误差系数表示为

$$K_{\nu} = \begin{cases} 0, & \nu = 0 \\ K, & \nu = 1 \\ \infty, & \nu \geqslant 2 \end{cases} \tag{2-198}$$

在斜坡信号输入时，各型系统的稳态误差表示为

$$e_{ss} = \begin{cases} \infty, & \nu = 0 \\ \dfrac{R}{K}, & \nu = 1 \\ 0, & \nu \geqslant 2 \end{cases} \tag{2-199}$$

当输入信号为加速度信号时，表示为

$$R(s) = \frac{R}{s^3} \tag{2-200}$$

定义静态加速度误差系数为 K_{a}，单位为 s^{-2}，表示为

$$K_{\mathrm{a}} = \lim_{s \to 0} s^2 G(s)H(s) = \lim_{s \to 0} \frac{K}{s^{(\nu-2)}} \tag{2-201}$$

各型系统的静态加速度误差系数表示为

$$K_{\mathrm{a}} = \begin{cases} 0, & \nu = 0 \\ 0, & \nu = 1 \\ K, & \nu = 2 \\ \infty, & \nu \geqslant 3 \end{cases} \tag{2-202}$$

在加速度信号输入时，各型系统的稳态误差表示为

$$e_{ss} = \begin{cases} \infty, & \nu = 0 \\ \infty, & \nu = 1 \\ \dfrac{R}{K}, & \nu = 2 \\ 0, & \nu \geqslant 3 \end{cases} \tag{2-203}$$

实际的光跟瞄系统的输入信号是各种典型函数的组合，如

$$r(t) = R_0 + R_1 t + \frac{1}{2} R_2 t^2 \tag{2-204}$$

此时光跟瞄系统总的稳态误差表示为

$$e_{ss} = \frac{R_0}{1 + K_p} + \frac{R_1}{K_v} + \frac{R_2}{K_a} \tag{2-205}$$

不同输入信号作用下的稳态误差见表 2-6。

表 2-6　不同输入信号作用下的稳态误差

系统型别	静态误差系数			阶跃输入 $r(t)=R$	斜坡输入 $r(t)=Rt$	加速度输入 $r(t)=\dfrac{1}{2}Rt^2$
	K_p	K_v	K_a	位置误差 $e_{ss}=\dfrac{R}{1+K_p}$	速度误差 $e_{ss}=\dfrac{R}{K_v}$	加速度误差 $e_{ss}=\dfrac{R}{K_a}$
0	K	0	0	$\dfrac{R}{1+K}$	∞	∞
I	∞	K	0	0	$\dfrac{R}{K}$	∞
II	∞	∞	K	0	0	$\dfrac{R}{K}$
III	∞	∞	∞	0	0	0

第 3 章

相干激光通信链路与系统设计

|3.1 相干激光通信链路设计 |

空间激光通信系统通常包含 3 个探测单元和 3 个发射单元：3 个探测单元分别为通信探测单元、精跟踪探测单元和捕获探测单元；3 个发射单元分别为通信发射单元、精信标发射单元和粗信标发射单元。由此可以构成 3 个独立的链路：通信链路、精跟踪链路和捕获（粗跟踪）链路，3 个链路具有不同的视场角（发散角）、带宽（帧频）和灵敏度。信息传递过程，也是能量传递的过程，提高空间激光通信系统接收信号的信噪比将增加系统工作可靠性：

- 提高通信探测单元的信噪比，可有效降低通信误码率；
- 提高精跟踪探测单元的信噪比，可有效提高光斑检测精度；
- 提高捕获探测单元的信噪比，可提高捕获探测概率。

不同链路对于信噪比的要求和链路余量的要求有所不同，下面将分别对 3 种链路进行功率分析。

3.1.1 激光通信链路传输方程模型

通信光束若以衍射极限角发射，激光通信链路方程可描述成

$$P_r = P_t G_T L_t L_s L_R G_r L_r L_{pr} \Gamma_{code} \tag{3-1}$$

式中：P_r 为接收的信号功率；P_t 为发射单元的发射功率；G_T 为有效发射光学天线增益；L_t 为发射光学单元效率（透过率）；L_R 为自由空间引起的链路衰减；L_s 为信道引起的功率损失（对于自由空间激光通信，其近似值为 1，对于大气和海水信道，其存在不同

程度的衰减）；G_r 为接收光学天线增益；L_r 为接收光学系统效率（透过率）损耗；L_{pr} 为接收指向损耗；$\varGamma_{code}$ 为通信编码带来的增益。

（1）发射单元的发射功率 P_t

发射功率指激光发射单元的出射功率，它是空间激光通信链路方程的输入与起点。除了重点考虑激光功率外，还需要综合考虑激光波长、脉冲宽度、调制速率、消光比等参数。发射功率可以是峰值功率也可以是平均功率，单位对应为 W、mW 或者 dBW、dBm。

（2）发射光学单元效率 L_t

发射激光能量在光学系统中传输，需要经过一系列不同类型的光学元器件。光路中各光学系统的设计参数、表面镀膜情况、不同光学表面透过率与光学天线的发射效率对系统整体发射能量都带来一定的损耗。

（3）有效发射光学天线增益 G_T

有效发射光学天线增益由三部分构成：一是理想发射光学天线增益，由发射天线口径大小、发射激光光束束腰、近场强度包络分布和链路激光波长决定；二是光学系统指向误差带来的指向损耗；三是由波前误差引入的波前损耗。以下将分别进行详细分析。

① 理想发射光学天线增益 G_t

理想发射光学天线增益是指光束从全向空间（4π）到指定空间（$\varOmega$）的能量比。定量表达式为

$$G_t = \frac{4\pi}{\varOmega} \tag{3-2}$$

式中，$\varOmega$ 表示光源发散角全角为 θ_{div} 的光源对应的立体角。

当激光束出射发散角 θ_{div} 较小时，立体角 $\varOmega$ 与平面角 θ_{div} 的对应关系可近似表达为

$$\varOmega \approx \frac{\pi}{4}\theta_{div}^2 \tag{3-3}$$

可认为小角度情况下远场光斑均匀分布，式（3-3）代入式（3-2）可得

$$G_t = \frac{16}{\theta_{div}^2} \tag{3-4}$$

当发射激光为平面波时，由标量衍射理论，令远场衍射光斑强度下降到 $\frac{1}{e}$ 对应的角度为激光发散角，其可近似表示为

$$\theta_{div} \approx \frac{4\lambda}{\pi a} \tag{3-5}$$

发散角与天线直径 a 成反比，与波长 λ 成正比，将式（3-5）代入式（3-4），得到

发射增益可表示为

$$G_t = \frac{4\pi A}{\lambda^2} \tag{3-6}$$

式中，$A = \pi a^2 / 4$ 为口径面积。

当发射激光近场振幅为高斯分布，发射增益表示为

$$G_t(\alpha, \beta, \gamma, X) = \frac{4\pi A}{\lambda^2} g_t(\alpha, \beta, \gamma, X) \tag{3-7}$$

其中，激光波长为 λ，接收天线直径为 a，天线遮拦直径为 b，束腰直径为 ω，$\alpha = a/\omega$，$X = (2\pi/\lambda)a\sin\theta_1$，远场条件下 $\beta = 0$。式（3-7）第一项为由天线面积和波长决定的额定增益，第二项为与遮拦、截断、离轴光强和近场散焦效应有关的增益系数，可表示为

$$g_t(\alpha, \beta, \gamma, X) = 2\alpha^2 \left| \int_{\gamma^2}^1 J_0\left(X\sqrt{u}\right) e^{-(\alpha^2 u)} du \right|^2 \tag{3-8}$$

其中，J_0 是零阶贝塞尔函数。

- 轴上增益

分析远场轴上增益时，式（3-8）中 X 变为 0。轴上增益可表示为

$$G_{t\text{-onaxis}} = \frac{4\pi A}{\lambda^2} \left[\frac{2}{\alpha^2} (e^{-\alpha^2} - e^{-\gamma^2\alpha^2})^2 \right] \tag{3-9}$$

为了得到最大增益，将式（3-9）对 α 求导并令其等于 0

$$\frac{2\alpha^2 + 1}{2\alpha^2\gamma^2 + 1} \exp\left[-\alpha^2(1 - \gamma^2) \right] = 1 \tag{3-10}$$

在没有中心遮挡的情况下，即 $\gamma = 0$ 时

$$(2\alpha_0^2 + 1)\exp(-\alpha_0^2) = 1 \tag{3-11}$$

求解可得 $\alpha_0 \approx 1.12$。因此在无遮挡情况下，天线口径与光束宽度比为 1.12 时轴上增益最大，对应效率因子为 0.814 5。

当存在遮挡情况时，利用二阶微扰理论，当 $\gamma \leqslant 0.4$ 时，满足

$$\alpha \approx 1.12 - 1.30\gamma^2 + 2.12\gamma^4 \tag{3-12}$$

可获得最佳天线口径光束宽度比，精度为 $\pm1\%$。

图 3-1 精确数值仿真了不同遮挡比下最佳望远镜口径和高斯光束直径比值的关系。与虚线表示的式（3-12）的曲线对比可知，在要求精度不小于 $\pm1\%$ 时，可以采用式（3-12）的近似结果。

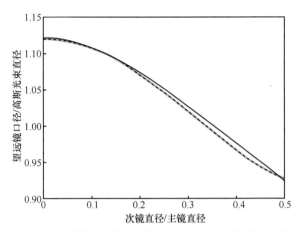

图 3-1　不同遮拦比下最佳望远镜口径和高斯光束直径比值的关系

当不存在截断效应，即 $a \gg \omega$ 时

$$G_{\text{t-onaxis}} = \frac{4\pi A}{\lambda^2} \left(\frac{2}{\alpha^2} \right) = 2 \left(\frac{\pi \omega}{\lambda} \right)^2 \tag{3-13}$$

高斯光束发散角表示为 $\theta_{\text{div}} = \dfrac{4\lambda}{\pi \omega}$，远场无截断且无遮拦的高斯光束增益表示为

$$G_{\text{t-onaxis}} = \frac{32}{\theta_{\text{div}}^2} \tag{3-14}$$

在实际通信系统设计中，在相同物理天线口径下捕获光束发散角通常大于通信光束，因此其增益也满足式（3-14）。图 3-2 仿真了不同遮拦比下的 200 mm 口径天线的最大增益。从图 3-2 中可以看出，当遮拦比增大到 $\gamma = 0.44$ 时，与无遮拦时相比，天线增益下降 3 dB。

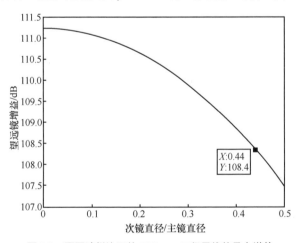

图 3-2　不同遮拦比下的 200 mm 口径天线的最大增益

• 离轴增益

对于多数空间激光通信系统，只需要考虑强度下降至 $1/e^2$ 时的离轴增益。离轴增益可表示为

$$G_{\text{t-offaxis}}(\theta_{\text{off}}) \approx \frac{4\pi A}{\lambda^2} e^{-8(\theta_{\text{off}}/\theta_{\text{div}})^2} \tag{3-15}$$

θ_{off} 表示离轴角度，在实际系统中通常对应跟踪误差；θ_{div} 为功率下降到 $\frac{1}{e^2}$ 时所对应的激光发散角。

② 指向损耗

通信系统中的指向误差通常被认为是满足高斯统计的独立随机变量。描述 X、Y 指向误差的联合概率密度函数表示为

$$f_{xy} = \frac{1}{2\pi\sigma_x\sigma_y} e^{-(x-\mu_x)^2/2\sigma^2} e^{-(y-\mu_y)^2/2\sigma^2} \tag{3-16}$$

μ_x 和 μ_y 是 X 轴和 Y 轴的平均值，σ_x^2 和 σ_y^2 表示方差。如果 $\sigma_x = \sigma_y$，将 $r^2 = x^2 + y^2$，$x = r\cos\theta$，$y = r\sin\theta$ 和 $\theta = \arctan(y/x)$ 代入式（3-16）获得极坐标形式的指向误差概率密度函数

$$f_{R\theta}(r, \theta) = \frac{1}{2\pi\sigma^2} e^{-(r^2+\mu_x^2+\mu_y^2+2\mu_x r\cos\theta+2\mu_y r\sin\theta)/2\sigma^2} \tag{3-17}$$

对极坐标下角度 θ 积分，表达为

$$f_R(r) = \frac{r}{\sigma^2} e^{-(r^2+\mu_x^2+\mu_y^2)/2\sigma^2} J_0\left(\frac{r\sqrt{\mu_x^2+\mu_y^2}}{\sigma^2}\right) \tag{3-18}$$

J_0 是零阶贝塞尔函数，式（3-18）为莱斯密度函数的典型表达形式。在指向完全随机无固定偏差情况下，$\mu_x = \mu_y = 0$。式（3-18）表示为

$$f_R(r) = \frac{r}{\sigma^2} e^{\frac{-r^2}{2\sigma^2}} \tag{3-19}$$

对一个具有指向角误差的特定空间激光通信系统，接收信号功率可表示为指向误差 r（等效指向角度误差为 θ_{off}）的函数，其离轴增益见式（3-15），损耗因子可表示为

$$\alpha_0 \approx e^{-8\left(\frac{\theta_{\text{off}}}{\theta_{\text{div}}}\right)^2} \tag{3-20}$$

当存在指向误差时，会引起远场增益的损失，因此需要结合指向误差综合确定发射光束发散角。

以通信系统的平均误码率作为优化的对象，以 OOK 非归零码通信体制为例，其误

码率与接收信号功率直接相关，表示为

$$\mathrm{BER(SNR)} = \frac{1}{2}\mathrm{erfc}\left(\sqrt{\frac{\mathrm{SNR}}{2}}\right) \tag{3-21}$$

其中，SNR 可以表示为

$$\mathrm{SNR} = \frac{\left[P_{\mathrm{pk}}R_{\mathrm{d}}\left(1-\dfrac{1}{N_{\mathrm{e}}}\right)\right]^2}{4N_0 B} \tag{3-22}$$

其中，P_{pk} 为峰值光功率，R_{d} 为光电响应率，N_{e} 为调制消光比，N_0 为探测器的噪声谱密度，B 为探测器的带宽。

存在指向误差时，接收光功率为

$$P_{\mathrm{r}} = P_0 \mathrm{e}^{-8\left(\frac{r}{\theta_{\mathrm{div}}}\right)^2} \tag{3-23}$$

存在指向误差时的平均误码率可以表示为

$$\overline{\mathrm{BER}(r)} = \int_0^\infty f_R(r)\mathrm{BER}(r)\mathrm{d}r \tag{3-24}$$

这里定义功率起伏惩罚因子为 L_j，表示为

$$L_j = \frac{P_{\mathrm{r0}}}{P_{\mathrm{r}j}} \tag{3-25}$$

其中，P_{r0} 为在给定误码率条件下不存在指向误差时所需最小光功率，$P_{\mathrm{r}j}$ 为在给定误码率条件下存在指向误差时所需最小光功率。

从图 3-3 中可以看出，发散角与指向误差比值越大，达到相同的平均误码率需要的平均信噪比越低。

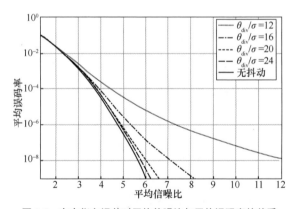

图 3-3　存在指向误差时平均信噪比与平均误码率的关系

图 3-4 给出了不同误码率要求下指向功率损失随发散角与指向误差比值的变化曲线，由图可知，误码率越低，在相同的跟踪精度下，引起的指向功率损失越大。

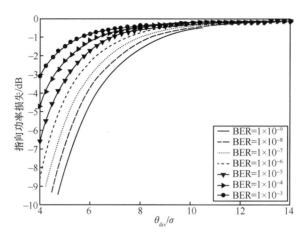

图 3-4　不同误码率要求下指向功率损失随发散角与指向误差比值的变化曲线

需要注意的是，这里的 θ_{div} 为发散角全角，发射光束的发散角需要根据跟踪误差和指向误差进行综合确定，才能保证整个链路性能的最佳。

发散角与指向误差比值越大，指向造成的损失就越小，但发散角的增加会同时带来光学天线增益的下降。综合考虑光学天线增益和指向损失，可以得到不同误码率要求、给定指向精度时的光束发散角，仿真结果如图 3-5 所示。

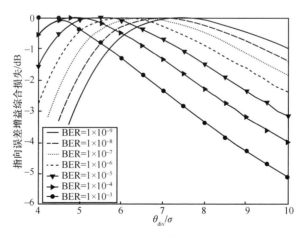

图 3-5　最优光束发散角仿真结果

从图 3-5 中可以看出，最优光束发散角与指向误差的比值随着误码率要求的提高而增大。如当误码率要求为 1×10^{-9} 时，最优光束发散角（半角）与指向误差的比值为 7.25；当误码率要求为 1×10^{-6} 时，最优光束发散角（半角）与指向误差的比值为 6；当误码率要求为 1×10^{-4} 时，最优光束发散角（半角）与指向误差的比值为 5。

③ 波前损耗

发射激光在光学系统中传输，经过光学元器件产生光学系统像差，引起波前畸变损失。受到激光发射诸多单元的波面质量影响，激光光束的波前功率分布出现起伏或抖动。发射单元总的波前误差为每个组件的均方和，近轴光学系统由畸变引起的光强损失近似表达式为

$$L_{wf} = e^{-(k\sigma)^2} \tag{3-26}$$

对于大多数空间激光通信系统，通常要求激光发射单元的波面误差小于 $\dfrac{\lambda}{10}$，对应的功率损耗为 $\eta_{ot} = L_{wf} = e^{-\left(\frac{2\pi}{\lambda}\right)\left(\frac{\lambda}{10}\right)} = 0.67$。

综上，有效发射光学天线增益 G_T 可表示为

$$G_T = G_t a_o L_{wf} \tag{3-27}$$

（4）自由空间引起的链路衰减 L_R

自由空间引起的链路衰减由光学能量随空间链路传输导致的波前发散引起。只考虑空间传输引起的几何衰减，随着通信距离的增加，激光到达接收端处光斑面积呈指数级增加，从而引起功率衰减，其表达式为

$$L_R = \left(\frac{\lambda}{4\pi R}\right)^2 \tag{3-28}$$

其中，R 代表链路距离。

（5）接收光学天线增益 G_r

对于激光通信系统，接收光学天线的增益 G_r 与接收光学天线的口径 D 及入射激光的波长 λ 有关，其定量表达式为

$$G_r = \left(\frac{\pi D}{\lambda}\right)^2 \tag{3-29}$$

（6）接收光学系统效率损耗 L_r

接收光学能量从光学系统到探测器传输过程中的损耗称为接收光学损耗。接收光学单元损耗通常包括：接收的激光光束经过成像组件、反射镜、分光片、滤光片等各环节发生吸收与散射产生的损耗；空间光阑损耗，如受接收望远镜的遮挡影响，以及

其他光阑及 APD 光敏面的影响等产生的损耗。

（7）接收指向损耗 L_{pr}

　与发射指向误差带来的损耗类似，接收指向误差带来的损耗项也必须考虑。对于直接探测空间激光链路，接收视场相对光斑尺寸足够大，通常不需要考虑接收指向误差。

　然而对于相干激光链路，接收光斑尺寸几乎等于衍射极限，光能量被接收，与本振混频在探测器表面转化为光电流信号，接收指向误差需要考虑。任何接收到达角起伏都将导致混频效率的降低，因此需要高精度跟踪接收到的信号。

（8）信道引起的功率损失 L_s

　对于大气信道、海水信道和云层，不同信道的吸收和散射衰减程度不同，衰减量与具体的链路特点有关。随着距离的增加，大气湍流引起的起伏衰减和大气吸收散射引起的平均衰减也会呈现非线性增加。

（9）编码增益 Γ_{code}

　空间激光通信链路中常使用编码手段降低接收所需信号能量，衡量信号降低需求被称为编码增益，编码增益定义为

$$\Gamma_{code} = 10\log_{10}\left[\frac{P_{req}(\text{uncoded})}{P_{req}(\text{coded})}\right] \tag{3-30}$$

（10）接收信号功率 P_r

　将上述各因素引起的光学增益和衰减系数代入式（3-1）后，由式（3-1）可得到更严格的表达式

$$P_r = P_t \frac{4\pi A}{\lambda^2}\left[\frac{2}{\alpha^2}(e^{-\alpha^2} - e^{-\gamma^2\alpha^2})^2\right] e^{-8\left(\frac{\theta_{off}}{\theta_{div}}\right)^2} e^{-(k\sigma)^2} L_t L_s \left(\frac{\lambda}{4\pi R}\right)^2 \left(\frac{\pi D}{\lambda}\right)^2 L_r L_{pr} 10\log_{10}\left[\frac{P_{req}(\text{uncoded})}{P_{req}(\text{coded})}\right]$$

$$\tag{3-31}$$

（11）链路余量

　链路余量为接收信号功率 P_r 与接收灵敏度 P_{req} 的比值，通常单位为 dB，记作

$$\text{链路余量} = 10\log_{10}\left(\frac{P_r}{P_{req}}\right) \tag{3-32}$$

　对卫星互联网空间通信系统，链路余量一般要求大于 3 dB，用于防止系统在轨链路劣化。

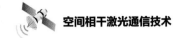

3.1.2 典型通信链路分析

通信信号光的发散角一般都很小，这是为了保证远场增益。卫星激光系统通信链路功率计算见表 3-1。

表 3-1 卫星激光系统通信链路功率计算

系统参数名称	链路增益/衰减	备注
通信发射功率	40 dBm	采用 10 W 激光器
发射天线增益	108.2 dB	发射口径 160 mm，发散角 22 μrad
发射光路损耗	−2.22 dB	发射光学系统透过率 0.6
空间损耗	−291.24 dB	L=45 000 km
接收天线增益	114.95 dB	接收口径 D=250 mm
PAT 失配损耗	−0.50 dB	最佳 PAT 跟踪精度下
接收光路损耗	−3 dB	接收光学系统透过率 0.5
APD 实际接收功率	−33.81 dBm	到达 APD 探测的实际功率
APD 需要接收功率	−38 dBm	BER=10^{-7}、1.2 Gbit/s 时 APD 达到极限灵敏度
安全余量	4.19 dB	可适当增加距离或补偿恶劣天气影响

3.1.3 粗跟踪/捕获链路功率分析

粗信标的发散角一般较大，用于大范围快速捕获。卫星激光系统捕获链路功率计算见表 3-2。

表 3-2 卫星激光系统捕获链路功率计算

系统参数	值	备注
信标激光器发射功率	30 dBm	采用 1 W 激光器
发射增益	81.07 dB	发散角 500 μrad
空间几何损耗	−2.22 dB	发射光学系统透过率 0.6
视轴对准适配	−291.24 dB	L=45 000 km
接收光路增益	114.09 dB	发射口径 D=250 mm
捕获光路效率	−3.0 dB	含前后光路
相机灵敏度	−80 dBm	—
链路冗余	8.97 dB	—

3.1.4 精跟踪链路功率分析

精跟踪采用信号光分光方式。卫星激光系统精跟踪链路功率计算见表 3-3。

表 3-3 卫星激光系统精跟踪链路功率计算

系统参数名称	链路增益/衰减	备注
通信发射功率	40 dBm	采用 10 W 激光器
发射天线增益	108.2 dB	发射口径 160 mm，发散角 22 μrad
发射光路损耗	−2.22 dB	发射光学系统透过率 0.6
空间损耗	−291.24 dB	L=45 000 km
接收天线增益	114.95 dB	接收口径 D=250 mm
PAT 失配损耗	−0.50 dB	最佳 PAT 跟踪精度下
接收光路损耗	−17 dB	接收光学系统透过率 0.5
QAPD 实际接收功率	−47.81 dBm	到达 QAPD 探测的实际功率
QAPD 需要接收功率	−56 dBm	—
安全余量	8.19 dB	可适当增加距离或补偿恶劣天气影响

| 3.2 光学外差效率 |

相干探测一个很重要的指标是外差效率。相干探测分为两大类，一类是光纤外差探测，另一类是空间光外差探测。外差效率的定义如下

$$\eta = \frac{\int \left| E_s^* E_{\mathrm{LO}} \right|^2 \mathrm{d}s}{\int \left| E_s \right|^2 \mathrm{d}s \int \left| E_{\mathrm{LO}} \right|^2 \mathrm{d}s} \tag{3-33}$$

其中，E_s 和 E_{LO} 分别代表接收信号光和本振光的光场。

对于光纤相干探测系统而言，本振光和接收信号光的光场均在光纤内传播，因此它们的模场完全匹配，外差效率接近 1。此时的主要影响为空间光–光纤耦合效率，其表达式与式（3-33）相同。单模光纤相干探测原理框图如图 3-6 所示。

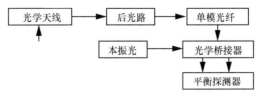

图 3-6 单模光纤相干探测原理框图

在没有遮拦的情况下，在光纤准直器前，接收平面波直径与高斯束腰直径的比为 1.126 时，光纤耦合效率最高，为 81.45%。光纤模场直径为 10 μm 时，在光纤端面艾里斑和光纤的模场直径之比为 1.711，不同平面波直径与高斯束腰直径比的耦合效率如图 3-7 所示。

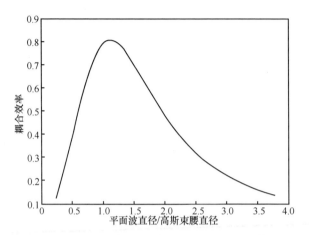

图 3-7　不同平面波直径与高斯束腰直径比的耦合效率

在接收望远镜有遮拦的情况下，光纤耦合效率会有所下降，图 3-8 给出了不同主次镜遮拦比下的光纤耦合效率曲线。从图 3-8 中可以看出，耦合效率下降到 0.5 dB 时的主次镜遮拦比为 0.45。不同主次镜遮拦比下平面波直径和高斯束腰直径的比如图 3-9 所示，随着遮拦比的变化，最优艾里斑主瓣宽度也随之变化。从仿真结果可以看出，遮拦比越大要求艾里斑主瓣宽度越大。遮拦比为 0.35 时，在光纤准直器前焦平面平面波的直径等于准直器高斯束腰直径。

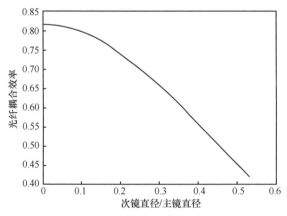

图 3-8　不同主次镜遮拦比下的光纤耦合效率曲线

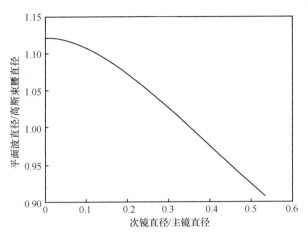

图 3-9 不同主次镜遮拦比下平面波直径和高斯束腰直径的比

空间激光通信在链路保持和通信过程中，总会存在跟踪的残差，该误差会影响光纤的耦合效率。我们以接收信号光的艾里斑半径发散角 $\theta_{halfairy}$ 为单位进行跟踪误差对耦合效率的影响分析。

当存在跟踪误差时，耦合效率会下降。图 3-10 与图 3-11 仿真了多项式模型和高斯模型下不同角度失配量时的光纤耦合效率变化，并与理论结果对比。以艾里斑半径发散角为单位，当角度失配量为 0.24 时，耦合效率下降到原来的一半。

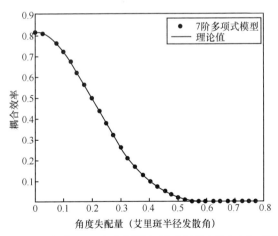

图 3-10 多项式模型下不同角度失配量时的光纤耦合效率变化（无遮拦）

由于采用的是平面波和高斯波的耦合，因此耦合效率没有解析解。采用 7 阶多项式模型可以得到很好的结果。多项式表示为

$$\eta = -69.156\,6\Delta\theta_{\text{halfairy}}^{7} + 231.747\,3\Delta\theta_{\text{halfairy}}^{6} - 289.958\,7\Delta\theta_{\text{halfairy}}^{5} +$$
$$154.439\,9\Delta\theta_{\text{halfairy}}^{4} - 20.275\,6\Delta\theta_{\text{halfairy}}^{3} - 7.609\,4\Delta\theta_{\text{halfairy}}^{2} - 0.067\,2\Delta\theta_{\text{halfairy}}^{1} + 0.814\,8 \tag{3-34}$$

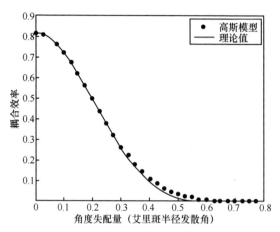

图 3-11　高斯模型下不同角度失配量时的光纤耦合效率变化（无遮拦）

采用 7 阶多项式模型，在 $\Delta\theta_{\text{halfairy}} < 0.491\,7$ 时，可以满足耦合效率计算相对误差小于 1%。当空间激光通信处于跟踪状态时，一般跟踪误差都在 $\dfrac{\Delta\theta_{\text{halfairy}}}{8}$ 以内，此时可以用高斯近似模型来表示

$$\eta = 0.814\,5\mathrm{e}^{-\dfrac{\Delta\theta_{\text{halfairy}}^{2}}{0.08}} \tag{3-35}$$

通过计算可知，当 $\Delta\theta_{\text{halfairy}} < 0.25$ 时，可以满足耦合效率计算相对误差小于 1%。因此在跟踪状态时，采用高斯近似模型计算更为方便。

当存在遮拦时，光纤的耦合效率会显著下降。图 3-12 仿真了不同遮拦比下归一化耦合效率与角度失配量的关系。从图 3-12 中可以看出，遮拦比越大归一化耦合效率变化越敏感，因此应当尽可能设计小的遮拦比。

对于空间光相干探测系统而言，接收信号光的光场均为平面波，本振光的光场可以根据需要进行调整和优化。

对于空间光相干探测系统而言，本振光和接收信号光的光场均在自由空间传播，因此本振光的二维模场分布是可以调控的。通过调控本振光场，可以实现与接收信号光模场的完美匹配，使得外差效率理论上为 1。但对于空间激光通信系统而言，由于存在跟踪误差，因此需要综合考虑角度失配时的外差效率下降问题。空间光相干探测的原理框图如图 3-13 所示。

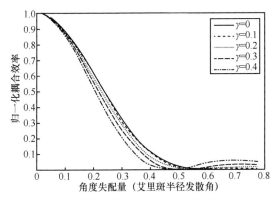

图 3-12　不同遮拦比下归一化耦合效率与角度失配量的关系

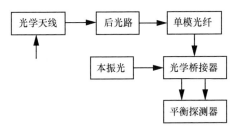

图 3-13　空间光相干探测原理框图

图 3-14 仿真了当接收信号光直径一定时,本振光分别为平面波和高斯波时的外差效率曲线,从中可以看出,当平面波本振光的直径等于接收信号光直径时,外差效率为 1。当高斯波本振光的直径远大于接收信号光直径,并且采用与接收信号光直径相同的孔径光阑截断高斯光时,外差效率为 1;当高斯波本振光的直径为接收信号光直径的一半时,外差效率下降到 0.5。平面波本振光的直径大于和小于接收信号光直径时,均会出现外差效率急剧下降的情况。因此对于同一个小于 1 的外差效率,本振光的直径有两个取值。

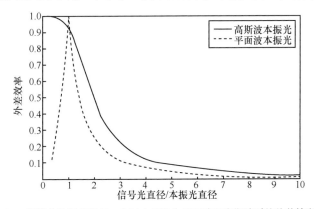

图 3-14　当接收信号光直径一定时本振光为平面波和高斯波时的外差效率曲线

上面仿真的是接收信号光和本振光之间没有角度失配的情况。当存在角度失配量时，外差效率会显著下降。图 3-15 仿真了本振光为平面波时，角度失配量与外差效率的关系，外差效率下降到 0.5 时，角度失配量为 $0.22\Delta\theta_{\text{halfairy}}$。外差效率的解析解表示为

$$\eta = \left[2\frac{J_1\left(\dfrac{\pi D\theta}{\lambda}\right)}{\dfrac{\pi D\theta}{\lambda}} \right]^2 \tag{3-36}$$

其中，$J_1(x)$ 为第一类第一阶贝塞尔函数，D 为接收信号光的直径，θ 为失配角。

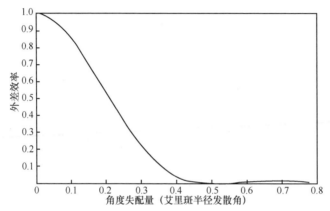

图 3-15　本振光为平面波时角度失配量与外差效率的关系

如果本振光为高斯光场，不同直径的高斯光场对应的外差效率随角度失配量变化的敏感性是不同的，如图 3-16 所示。从图 3-16 中可以看出，高斯波直径越小，角度失配量越不敏感，但需要综合考虑外差效率的要求。平面接收光场与平面本振光场外差时的角度敏感性与信号光直径/本振光的直径成反比。

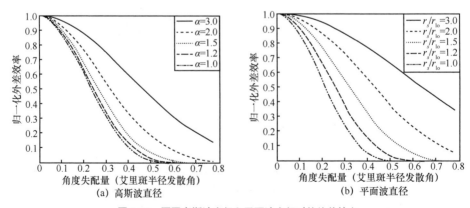

(a) 高斯波直径　　　　　　　　(b) 平面波直径

图 3-16　不同高斯波直径和平面波直径时的外差效率

不同遮拦比下，本振光为高斯波和平面波时的外差效率仿真结果如图 3-17 所示。从图 3-17（a）中看出，本振光为高斯波，且其束腰直径与接收信号光直径相同时，不同遮拦比对应的外差效率不同，需选择合适的遮拦比达到外差效率最优。从图 3-17（b）中看出，本振光为平面波时，外差效率随遮拦比的增加而减小，因此需尽量选择无遮拦系统。

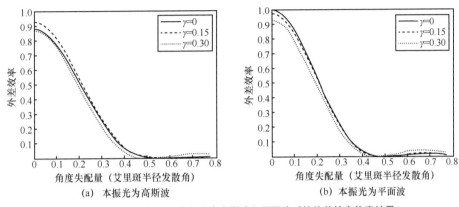

(a) 本振光为高斯波　　　　　　　　(b) 本振光为平面波

图 3-17　不同遮拦比下本振光为高斯波和平面波时的外差效率仿真结果

3.3　光学瞄准、捕获和跟踪系统

3.3.1　PAT 系统基本工作原理

空间激光通信终端 PAT 的工作过程主要包括初始预指向、捕获、粗跟踪、复合跟踪 4 个阶段，如图 3-18 所示。

快速、高概率捕获是空间激光通信系统工作的重要环节。为了实现高概率捕获，必须尽量减小开环捕获不确定区域，使视轴具有较高的指向精度。为实现高精度指向，必须满足以下几个必要条件。

（1）安装平台姿态高精度测量。卫星平台一般都会安装高精度的星敏感器，用于实现平台自身姿态的精确测量。但一般情况下，星敏感器的安装舱板与激光终端的安装舱板不是同一个，即使是同一个舱板，温度梯度的变化也会导致星敏坐标系和激光终端坐标系之间转化关系的变化。

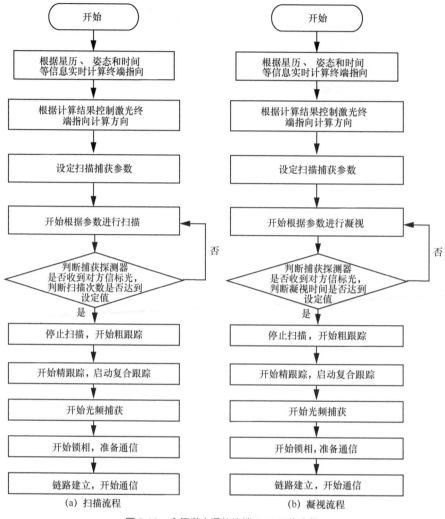

图 3-18　空间激光通信终端 PAT 工作流程

（2）安装平台姿态控制稳定度高。由于激光终端的初始指向属于开环指向，因此平台的姿态控制稳定度会严重影响最终的指向精度，从而导致指向不准确。

（3）激光终端自身指向模型精度高。不论是哪一类型的激光终端，都非常难以保证大范围和高精度的指向，这就需要进行指向模型的修正，才能最终实现激光终端的精准全范围指向。

（4）卫星星历和时间基准精度高。通过卫星星历和时间基准才能正确算出激光终端自身和他星的位置和速度，进而获得激光终端所需的指向角度、多普勒频移、超前角等信息。

参与通信的两个激光通信终端均完成指向后，就可以开始快速捕获过程。具体捕获的方法选择需要依据双方的不确定区域和信标光的发散角、接收视场等因素综合考虑。不同情况下捕获方式的选择见表 3-4。

表 3-4　不同情况下捕获方式的选择

捕获方法	A 卫星（主）	B 卫星（从）
凝视—凝视	发散角大于不确定区域	接收视场大于不确定区域
扫描—凝视	发散角小于不确定区域	接收视场大于不确定区域
凝视—扫描	发散角大于不确定区域	接收视场小于不确定区域
扫描—扫描	发散角小于不确定区域	接收视场小于不确定区域

在确定了捕获方式后，最重要的是降低捕获过程中的虚警概率和提升捕获概率。需要制定接收端是否收到信标光的判断依据，既不能过严，导致捕获概率下降，也不能过于宽松，导致虚警概率过高，影响捕获流程。需要特别指出的是，扫描端捕获探测器的视场应当与信标光的发散角相当，不应过大，否则将导致虚警发生。当双方均收到对方的信标光，并实现稳定粗跟踪后，认为完成了快速捕获。

当链路双方完成了快速捕获和粗跟踪后，还不能实现稳定通信。需要进入粗精复合跟踪，利用精跟踪实现对平台微振动和粗跟踪残差的校正和补偿。由于精跟踪的跟踪范围很窄，需要粗精复合跟踪，才能够实现大范围高精度的链路保持。同时，由于卫星平台的相对运动，需要考虑超前瞄准角，这个角度的存在实际上导致收发光轴会有微小的实时变化，该角度一般由超前瞄准镜实现。

采用粗跟踪机构实时将精跟踪机构维持在其跟踪范围内的过程被称为卸载过程。具体卸载方式分为连续卸载和步进卸载两大类。一旦精跟踪建立，粗跟踪机构自身传感器的脱靶量就无法获取，只能通过精跟踪机构的执行位置判断需要卸载的方向和大小。

对于强度调制直接探测通信体制（IM/DD），在完成了捕获、粗跟踪和粗精复合跟踪以后，就可以启动通信过程，实现信息的传输，达到通信的目的。但是，相干通信系统还需要完成光频的频率捕获、相位跟踪以后才能真正进入通信过程，完成信息的传输。

3.3.2　PAT 系统基本组成

激光通信终端 PAT 系统的基本组成如图 3-19 所示，主要包括粗跟踪分系统、精跟踪快反镜、超前瞄准补偿、收发望远镜等 4 部分。

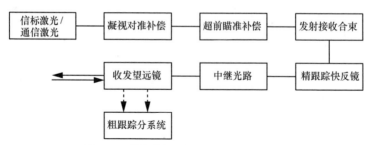

图 3-19　激光通信终端 PAT 系统的基本组成

　　粗跟踪分系统主要完成对信号的捕获、粗跟踪工作。实现星地激光通信终端之间的相互捕获，这不仅是链路建立和通信的首要任务，也是空间激光通信技术的主要难点之一。

　　以经纬仪式激光通信终端为例，如图 3-20 所示，粗跟踪分系统主要由二维转台、收发光学望远镜、中继光路、粗跟踪探测器、电机、码盘和驱动控制模块等组成。

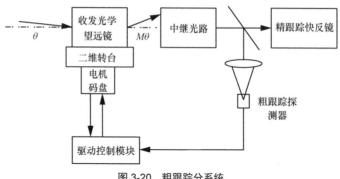

图 3-20　粗跟踪分系统

　　收发光学望远镜用于微弱信号的接收和强信号光的发射，接收到的光束方向与望远镜的夹角为 θ，经过望远镜后的夹角变为 $M\theta$，其中 M 为望远镜放大倍数。经过分光镜后进入粗跟踪探测器进行脱靶量探测和计算。粗跟踪分系统的驱动控制模块根据脱靶量进行光闭环跟踪。当终端在预指向时，驱动控制模块根据码盘范围进行开环指向，光闭环后，码盘作为速度闭环的传感器。

　　精跟踪分系统用于实现对平台微振动、粗跟踪残差等外界高频低幅的角度干扰的补偿。主要包括精跟踪快反镜、精跟踪探测器、精跟踪驱动器、精跟踪控制器，如图 3-21 所示。

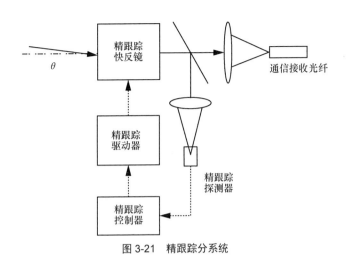

图 3-21　精跟踪分系统

经过中继光路再经过分光镜后进入精跟踪探测器进行脱靶量探测和计算。精跟踪分系统的驱动控制模块根据脱靶量进行光闭环跟踪。当终端在预指向时，驱动控制模块根据应变片等传感器进行开环指向或进行超前角的补偿和校正。

3.3.3　关键器件及原理

3.3.3.1　精跟踪快反镜

（1）压电型

压电快反镜可以产生光束方向的快速指向的变化，变化范围在 5 mrad 左右，快反镜内部由 4 个压电堆驱动器产生两个角度方向的指向变化，可以支持 25 mm 左右的镜片负载。

以 PI 公司的 S331 型快反镜（图 3-22）为例，其主要性能指标见表 3-5。该产品具有免维护、无摩擦、无磨损、无须润滑等优点，对外界振动和冲击不敏感，可以在宽温度范围的真空环境下使用。

图 3-22　PI 公司的 S331 型快反镜

表 3-5　S331 型快反镜主要性能指标

性能指标	S331.2SL.2SH	S331.5SL.5SH	单位	公差
轴数	θ_x, θ_y	θ_x, θ_y	—	—
集成传感器	SGS	SGS	—	—
偏转角度@-20～120 V，开环	4.2	7	mrad	最小值
偏转角度@-20～120 V，闭环	3	5	mrad	—
开环分辨率	0.05	0.1	μrad	典型值
闭环分辨率	0.1	0.25	μrad	典型值
线性度误差	0.3%	0.3%	—	典型值
重复精度@10%量程	0.3	0.5	μrad	典型值
重复精度@100%量程	3	5	μrad	典型值
无负载共振频率	12	16	kHz	±20%
有负载共振频率（12.7 mm，厚 3 mm 镜片）	9	10	kHz	±20%
转动中心距离表面距离	4	4	mm	±1 mm
平台惯量	30	30	g·mm^2	±20%
陶瓷类型	PICMA	PICMA	—	—
电容	0.96/轴	6.2/轴	μF	±20%
质量	130	280	g	±5%

　　该型号的快反镜阶跃响应曲线如图 3-23（a）所示，阶跃幅度达到 5 000 μrad 的，上升时间约为 2 ms，小幅度的阶跃速度更快。图 3-23（b）是两种型号产品的幅频特性，可以看出其带宽在 700 Hz 左右，能够满足大部分空间激光通信终端的使用需求。图 3-24 是两种型号压电快反镜的线性误差，从图中可以看出，在整个量程内，线性误差小于±3 μrad。

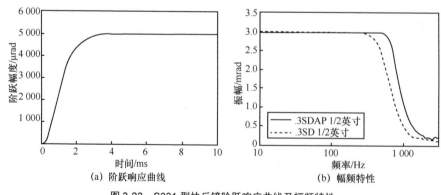

（a）阶跃响应曲线　　　　　（b）幅频特性

图 3-23　S331 型快反镜阶跃响应曲线及幅频特性

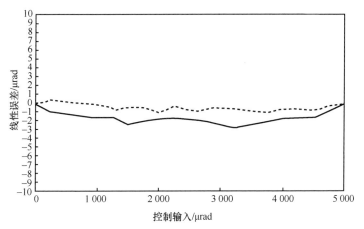

图 3-24　两种型号压电快反镜的线性误差

　　压电快反镜虽然可以满足高动态的闭环跟踪要求，但还存在跟踪范围小，重量、体积和功耗大的问题。

　　（2）音圈型

　　快反镜系统采用标准且经济可行的设计，可实现亚微级分辨率的双轴高带宽旋转，可用于诸如稳定激光束、激光瞄准、追踪以及稳定图像等商业用途。音圈电机和压电驱动的快反镜相比，具有如下优点：

- 在相同的体积下，具有更大的偏摆角度行程；
- 可以实现更小的电功耗；
- 可以挂载更大的负载，实现大通光口径和大角度光束偏转；
- 线性度好，没有磁滞效应。

音圈电机由于自身特性限制，主要缺点为：

- 由于受到功耗和体积的限制，谐振频率往往小于闭环带宽，噪声闭环控制算法难度高；
- 不加电状态下负载的刚性差，抗力学冲击和振动的能力弱；
- 由于受到空气阻尼的影响，在轨真空应用时可能会带来参数的变化，需要在轨调整。

典型音圈快反镜的主要参数见表 3-6。

表 3-6　典型音圈快反镜的主要参数

参数	值	参数	值
角度范围	±1.5°（机械）	最大曝光量	30 W 峰值，15 W 连续

（续表）

参数	值	参数	值
反射率	>98%（1.7～2 μm）	表面质量	5～15 g
表面面型	≤$\lambda/10$	分辨率	≤1 μrad
重复精度	≤3 μrad	扫描范围	≤0.262 mrad
重量	434 g	—	—

图 3-25 为 NewPort 公司生产的 FSM300 音圈型快反镜。该快反镜采用 4 个音圈促动器提供快速、高带宽旋转。采用推拉对、促动器为反射镜提供平滑、平稳的扭矩。FSM300 头部内置了一个基于光的反馈回路，参照支撑框架来提供位置反馈，从而实现精确、稳定的指向和跟踪。FSM300 的旋转轴在单个枢转点处相交，可消除位移抖动和枕形失真。

图 3-25　NewPort 公司的 FSM300 音圈型快反镜

如图 3-26 所示，音圈型快反镜 3 dB 带宽可以达到 800 Hz，但其相位延迟相对较大，60°相位延迟的频率约为 450 Hz。

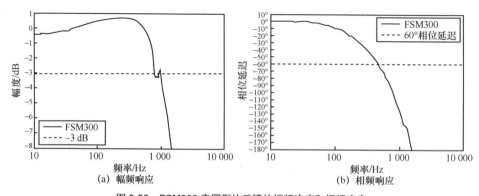

图 3-26　FSM300 音圈型快反镜的幅频响应和相频响应

3.3.3.2　光电编码器

常用的光电编码器为增量光电编码器，亦称光电码盘、光电脉冲发生器、光电脉冲编码器等，它把机械转角变成电脉冲，是数控机床上常用的一种角位移检测元件，也可用于角速度检测。光电编码器主要包含光源（通常为 LED）、光电探测器、码盘片、读出掩模盘 4 部分。

在与被测轴同心的码盘上刻制了按一定编码规则形成的遮光和透光的轨道。码盘的一边是发光 LED，另一边则是接收光线的传感器。码盘随着被测轴的转动使得透过码盘的光束产生间断，通过光电器件的接收和电路的处理，产生特定电信号的输出，再经过数字处理可计算出位置和速度信息。

在光电编码器中每个传感器用于一路信号的检测。一条码道可以配合两个传感器进行检测，这两个传感器检测出来的信号会有一定的相位差。从这组带相位差的信号中我们可以得到更多的信息，比如旋转方向。如果我们需要零位信号用于脉冲计数的校正，通常码盘上还会有另一条轨道用于产生零位信号。

用来测量角度变化的光电编码器称为圆光栅，可以提供精密角度位置反馈。与选择电机一样，要选择正确的圆光栅，应根据实际的规格要求，了解影响光栅精度的因素，并充分了解如何克服性能短板。在选择圆光栅时，明智的做法是除了考虑精度和分辨率外，还要考虑数据速率、系统大小、复杂性和成本等一系列参数。如今圆光栅的测量性能可达到一角秒以内。

不同的场合对圆光栅的选择侧重点有所不同。

（1）连续平稳运动。所选的光栅分辨率和精度不允许在控制伺服带宽内发生抖动误差。

（2）慢速移动的装置。例如空间激光通信终端、天文望远镜等。精确的角度测量比系统最高数据速率更重要。

（3）重复性要求高的应用。例如拾取装置。系统反复在相同的光栅计数位置停止运动比各工作台角度的精确性更重要。

（4）高速运动系统。需要在速度和定位精度之间取舍。粗栅距（刻线数较少）光栅适合高数据速率，细栅距（刻线数较多）光栅通常具有较低的细分误差。

圆光栅要想实现精确的角度测量，需要满足以下几个条件。

（1）系统的每个部分在其轴承上旋转时必须无相对于旋转轴的径向跳动（即侧向运动）。

（2）连接待测部件与光栅的轴系在扭矩作用下应具有刚性。

（3）联轴器的设计应使光栅在其轴承内旋转的角度运动与在其自身轴承系统内旋转的待测部件的角度运动相同，即需要一个等速接头。

（4）栅尺边缘周围的各条刻线之间的间隔应该一致，读数头应该以线性方式对刻线进行细分。

（5）栅尺应该是真正的圆形，其旋转轴应垂直穿过圆心。

（6）读数头读取栅尺时应无视差或其他几何误差，而且必须牢牢固定在非旋转参考框架上。

如果以上任何一个条件不能得到满足，待测部件的角度位置与光栅系统所报告的角度位置之间将出现偏差。通过研究每一个可能的误差源，可以确定各个误差源所引起的误差大小，从而确定整个系统的总误差预算。

"轴承跳动"一词用来描述引起部件和/或光栅的旋转轴发生径向跳动（或侧向平移）的各种系统属性。径向跳动包括由轴承系统缺陷造成的可重复分量和不可重复分量，包括间隙、高次谐波（如球和滚道缺陷）和偏心（如图 3-27 所示）。轴承跳动会导致旋转轴 R 与几何中心 G 的不重合，跳动量的大小与不重合度直接相关。

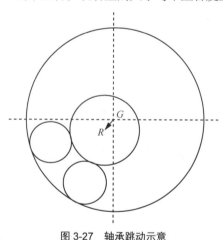

图 3-27　轴承跳动示意

在滚动轴承上运转的主轴径向跳动幅度受轴承系统的设计和调整影响，但通常超过 ±1 μm。由于光栅系统对其圆栅的圆周位置的分辨率至少能达到该值的十分之一，因此可以看到，轴承跳动引起的误差可覆盖精良设计的系统其余部分引起的误差。

轴承跳动的误差因素表示为

$$角度测量误差 = 轴承跳动 \times \frac{412.5}{D} \tag{3-37}$$

其中，角度测量误差单位为角秒，轴承跳动单位为 μm，D 是栅尺的直径，单位为 mm。

尽管表现出周期分量，但由于误差补偿需要已知主轴转数和主轴位置，因此该测量误差可能很难评估。

对于高精度系统，由于选择正确的轴承径向刚度可以将径向跳动降至亚微米级，因此最好使用设计精良的空气轴承。使用空气轴承时，必须考虑失衡力的影响。

低速条件下，主轴绕其几何中心线旋转，但在高速条件下，当失衡向心反作用力超过轴承及其安装件的径向刚度时，主轴绕其质心旋转。虽然这种转变通常在高速条件下发生，但在静态和动态中心线之间可能出现几微米的差异。此径向跳动可重复，因此可以按主轴每旋转一周出现一个周期进行预测。

无论使用哪种轴承，都应注意以下事项。

（1）对于图 3-28 所示系统，只有支撑光栅的轴承会产生轴承跳动误差，然而，其所产生的优势可能被联轴器引起的其他误差削弱。

（2）尽管有消除轴承跳动效应的技术（特别是在同一个栅尺上使用两个或多个读数头），但必须考虑角度测量的目的。

例如，使用经纬仪测量水平或垂直平面上各点之间的角间距时，即使是明显的轴承跳动，也可以用两个读数头来补偿。

如果需要位置反馈以使用极坐标来定位旋转组件上的给定点（如晶圆检测机应用），除非在同一个圆光栅上使用 3 个或更多个读数头，否则支撑待测部件的轴承的任何轴向跳动都将影响定位精度。

如果不可避免地会产生较大的轴承跳动，则必须考虑选择适当的栅距。根据经验法则，如果增量信号是两个或多个读数头的平均值（参考零位来自其中一个读数头），则栅距应超出轴承跳动 3～4 倍，如果小于这个值，参考零位重复性方面的问题可能会很严重。

为了降低轴系对圆光栅测角精度的影响，有些编码器厂商会把高精度轴承与圆光栅集成起来，通过联轴节与轴系相连接，如图 3-28 所示。

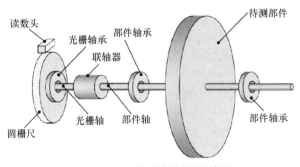

图 3-28　一般轴系中圆光栅的使用

轴承通过一个联轴器连接到待测部件。这种设计的优点是，只有光栅轴承的跳动会影响角度测量精度。然而，如果系统要返回待测部件上某一点的极坐标，而非远处某个物体的角度轴承上的点，则主轴承的跳动将影响定位精度，因此我们必须谨慎看待这一"优点"。联轴器本身的设计也可能对系统精度产生显著影响。联轴器选择需要考虑以下几个重要因素。

（1）反向间隙

旋转驱动系统中的任何反向间隙都会导致所报告的角度位置随旋转方向发生变化，这对系统重复性的影响最为显著。

（2）抗扭刚度

联轴器的刚度可能不如其所连接的轴，因此可能会受到振动/共振和轴扭曲的影响，如果该联轴器用于反馈回路，可能会显著影响瞬态性能、稳定时间、容许的闭环增益和带宽。

（3）角度误差

在某些准直条件下，大多数联轴器会在传动轴和从动轴之间引起角度误差（例如，如果两轴的轴线不平行，十字滑块联轴器会产生每转 4 次的误差）。对于高精度系统，圆光栅应与待测部件牢固安装在同一轴上，并在同一轴承上旋转。

（4）轴扭转效应

待测部件与圆栅尺之间的轴如果缺乏抗扭刚度，将引起动态误差，进而降低系统性能。为最大程度降低该效应，我们建议安装非接触式光栅时，应使其尽可能靠近待测部件（如图 3-29 所示）。

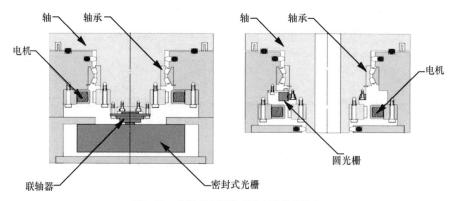

图 3-29 密封式和开放式圆光栅使用示意

准确测量角度最简单的方法是，读取与旋转轴保持恒定距离的均匀线性刻度的计量标尺。完美圆栅尺偏心安装引起的这些刻度标记的半径变化会产生误差，这些误差每转变化一次，栅尺扭曲会产生其他误差，这些误差每转变化两次或更多次。以半径为 r_0 的完美圆栅尺为例，栅尺的安装使其以相位角 Φ_1 绕距离标称栅尺中心 a_1 处的某个点旋转（如图 3-30 所示）。在任意方位角 θ，旋转中心与栅尺表面的距离 R_θ 表示为

$$R_\theta = r_0 - a_1 \cos(\theta - \Phi_1) \tag{3-38}$$

因此，每旋转一周，真实半径将呈现正弦变化，其幅度等于偏心度。为了增加栅尺扭曲的效应，可以将圆光栅的整体形状视为一系列不同频率 n、相位 Φ_n 和幅值 a_n 的正弦波的总和，因而方位角 θ 的栅尺半径表示为

$$R_\theta = r_0 - \sum_{j=1}^{n} a_j \cos(j\theta - \Phi_j) \tag{3-39}$$

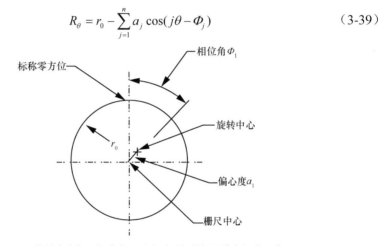

图 3-30　旋转中心与几何中心不重合时引起的栅尺偏心误差示意

幅值 a_n（均值至峰值）的正弦变化扭曲引起的最大圆周误差 E_n 见式（3-40），且每转循环 n 次

$$\pm E_n = \frac{a_n}{n} \tag{3-40}$$

举一个最简单的例子，偏心度 $1\ \mu\text{m}$（即 $n=1$）将引起圆周正弦线性误差 $\pm 1\ \mu\text{m}$。高阶栅尺扭曲的幅度增幅将越来越小，对栅尺精度的影响也将越来越小。低次谐波会产生显著影响：偏心度引起的误差效应可能与轴承跳动的效应相似。

圆光栅安装在锥面安装座上时会出现少量的几何变形，这可能导致测量会受到偏心和扭曲，特别是由多个紧固螺栓和锥面安装座引起的潜在各向异性效应的影响（如图 3-31 所示）。然而，以 200 mm 圆光栅为例，当使用 12 个螺栓进行正确固定后，不会引起明显的误差，但会产生 12 个周期的误差"噪声"，约为 $\pm 0.05\ \mu\text{m}$。

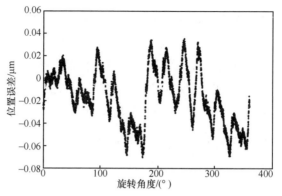

图 3-31　圆光栅各向异性引起的周期性误差

经过严格的装调后，60%或以上误差由偏心（由于安装）引起，低次谐波（主要是第 2 次到第 4 次）产生的安装误差比例越来越小。偏心和扭曲引起的误差可以用补偿技术来应对，其中最有效的方法是使用多个读数头。

采用两个读数头可消除偏心和所有其他奇次谐波引起的误差。在某些安装中采用 4 个读数头可取得良好的效果，但增加更多的读数头往往会逐渐降低性价比。

选择圆光栅截面形式也是限制高次失真谐波的有效方法。如英国雷尼绍公司的圆光栅装置采用了专利锥面安装座，可有效地将圆光栅可能出现的偏心和扭曲转变为幅度较小的偏摆，大大降低对精度的影响。例如，锥面安装座将 200 mm 圆光栅的 1 μm 偏心度转变为偏摆幅度为 0.002° 的同心圆光栅，从而提高测量精度，而无须使用多个读数头。

偏摆是指圆光栅与待测部件同心安装，但其几何轴与旋转轴发生倾斜的情况（如图 3-32 所示）。从侧面观察（即径向），这种偏摆会使圆光栅的圆周每转一周发生一次正弦轴向运动。

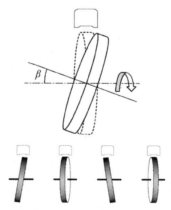

图 3-32　圆栅尺相对旋转轴倾斜时产生的偏摆误差

偏摆具有两种不同但细微的误差机制。

第一种机制。以直径 200 mm 圆光栅（带有轴向刻度）为例，安装时偏摆幅度为 0.1°。安装过程中，已经使用在栅尺表面上运行的千分表（DTI）将栅尺调整为同心。在旋转一周的过程中，不仅栅尺相对于读数头轴向移动±0.175 mm，栅尺刻度的扭摆角也会在其标称值的任一侧±0.1°的范围内变化。如果将读数头放在与 DTI 相同的位置（如图 3-33 所示），则产生的误差为二阶。然而，如果读数头从该点轴向位移 1 mm，轴向运动、扭摆角和读数头位置变化相结合，将在圆周处引起每转一次且呈现正弦变化的约±1.74 μm 的误差（±3.6 角秒）。

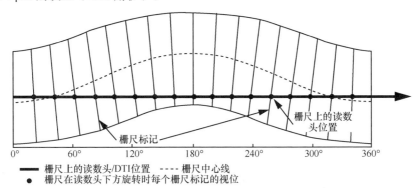

图 3-33　偏摆效应导致栅尺随旋转角度振荡

第二种机制。从正面看，圆形硬币呈圆形。如果在眼前偏摆这枚硬币，则呈椭圆形。偏摆圆栅尺的影响与之相似，具有产生每转两次误差的效应，该误差的大小与偏摆角的余弦成反比。这是一种二阶效应，在上述例子中，误差为±0.16 角秒。就大多数应用而言，该误差机制可以忽略不计。

因此，在安装圆光栅和读数头时，需要将读数头与装调时千分表的位置轨迹重合，才能降低测量误差。

计量标尺只是光栅系统的一部分，读数头也会影响总体误差预算。读数头引起的最显著的误差包括电子细分误差（SDE）、视差、安装稳定性、栅尺刻度精度等。

（1）电子细分误差

具有 3 600 个刻度的圆光栅，每 0.1°或 360 角秒有一个刻度。如果所需的分辨率比该栅距更精细，则需要读数头具有细分功能。细分中的任何非线性因素将导致周期误差，也称为电子细分误差。

以雷尼绍读数头为例，栅尺和读数头指示光栅产生的光学条纹随着栅尺的运动横向移动通过读数头光电探测器。这些条纹的强度呈现正弦变化，由读数头解码为两个相位相差 90°的正弦电压。如果在示波器上显示这两个相对电压，会生成一个圆形李萨如图形，每移动一个栅距该图形就旋转一次。如果该李萨如图形是完美的圆形，并且以原点为中心，则其旋转速度与栅尺的运动将完全一致；如果细分方法具有真正一致的角度分辨力，则读数头细分是完美的，否则就会出现电子细分误差。

电子细分误差受读数头调整（与栅尺旋转中心对准）、栅尺调整和栅尺清洁度影响，因此精心维护和谨慎安装系统非常重要。读数头的光学设计也决定了电子细分误差的性能。对于 20 μm 栅距圆光栅，电子细分误差通常为±30 nm（在 200 mm 圆光栅上为±0.06 角秒）。由于电子细分误差往往在高频率下发生，因此补偿几乎无法消除电子细分误差的效应，但在小距离范围内取平均值可能对某些应用有效。

（2）视差

如果栅尺与读数头之间的距离发生变化（例如由于圆光栅偏心、温度变化等），除非读数头与栅尺旋转中心线正确准直，否则将引起误差。当栅尺（相对于读数头）俯仰时，光栅读数头间隙改变将导致测量误差。如图 3-34 所示，光源的光入射在栅尺位置 4 上，但随着间隙的增加，探测器会读取位置 5 和位置 7，导致测量误差的产生。

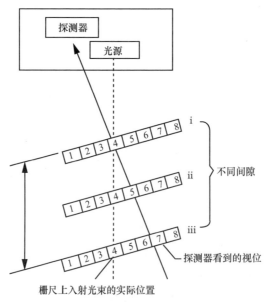

图 3-34　光栅读数头间隙改变引起的测量误差示意

（3）安装稳定性

牢固、稳定地安装读数头对于精确和重复的角度测量极为重要。系统的设计应使读数头不会随着姿态、负载、温度、振动等的变化而相对于栅尺旋转轴移动。如果系统意外产生较高的不可重复误差，则有必要检查以确保固定读数头的螺栓，以及相关支架和安装件没有随着时间推移而松动。

（4）栅尺刻度精度

在制造圆光栅时，制造商会将刻度直接刻在基体上（而不是刻在直线栅尺上，然后再固定到圆盘或圆环的圆周）。制造商可将栅尺坯件固定在心轴上，然后旋转心轴来确定每个刻度的位置。刻度刻完后，将刻后的栅尺从心轴上取下之前，测得的栅尺精度（刻度的实际位置与预期位置之间的差异）被称为"刻度误差"。重复该测量，此次使用正确调整的读数头，则除刻度误差外，误差还包含读数头引起的分量（主要是电子细分误差），该误差称为"系统误差"。

此时，如果取下圆光栅并将其重新安装在相同或不同的心轴上，并使用读数头检查其精度，所记录的误差又不同。该差异是由圆光栅初次安装与重新安装之间的偏心度和高阶不圆度变化引起的。

本案例中测得的总误差称为"安装误差"。该误差定义最能反映用户在现场实现的性能。综上所述可以得到，安装误差等于制造时进行刻度划分的误差、电子细分误差、安装差异的效应的总和。典型的 200 mm 圆光栅总安装误差组成见表 3-7。

表 3-7　典型的 200 mm 圆光栅总安装误差组成

误差类型	典型误差值/μm	典型误差值/角秒
刻度误差	0.5	1.0
系统误差	0.53	1.10
典型安装误差（1 个读数头）	2.5	5.2
典型安装误差（2 个读数头）	1.0	2.1

确定了运动控制系统所有误差源的影响之后，可以对达到装置技术规格所需的精度与未经补偿的圆光栅系统的预期性能进行比较。如果未经补偿的圆光栅系统无法达到所需的精度，有两种选择。

（1）选择具有更高规格的光栅系统。

（2）运用误差补偿技术，以消除性能短板。最有效的两种补偿方法是使用多读数头和误差补偿。

① 多读数头

安装两个对径读数头，可以消除偏心效应以及重复性误差的更高阶奇次谐波。这种方法还可以消除角度测量时轴承跳动的效应，但消除轴承跳动以实现准确的极坐标定位通常需要 4 个读数头。增加所使用的读数头数量将进一步减少重复性误差，但一般认为安装 4 个以上读数头的复杂性和成本远大于其优势。这种多读数头技术无须进行精心校准，在时间和测试系统设计方面都具有很大的益处。

② 误差补偿

如果选用的控制系统配置为使用误差补偿，则可以用误差补偿减少重复性误差。为使该技术奏效，在最后组装圆光栅系统之后，必须由原始设备制造商使用干涉仪或其他经认可的测量基准对其进行校准。安装人员不能依赖光栅制造商提供的任何校准证书，因为这会忽略安装过程中引起的任何误差，导致误差补偿毫无意义。优化误差补偿点的数量非常有利，圆光栅误差补偿的快速傅里叶变换如图 3-35 所示，其中第一谐波对应圆光栅偏心，是总安装误差的最大分量。

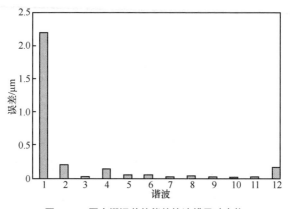

图 3-35　圆光栅误差补偿的快速傅里叶变换

对于正弦变化的周期误差，每个周期补偿 7 个点，可消除该频率下约 90% 的误差（即圆光栅偏心）。因此，100 个点误差补偿可补正前 14 个谐波中的大多数误差，但这可能会增加由剩余的更高次谐波引起的误差。需要注意的是，该技术对轴承跳动、轴扭曲或其他时间相关的误差源的效应没有影响。

3.3.3.3　伺服电机

人们想把"伺服机构"当作得心应手的驯服工具，根据控制信号的要求而动作。伺服电机一般分为直流伺服电机和交流伺服电机两大类。

直流伺服电机分为无刷直流电机和有刷直流电机，两者的特点对比见表 3-8。

表 3-8　无刷直流电机和有刷直流电机的特点对比

项目类别	无刷直流电机	有刷直流电机
结构	转子为永磁体，定子为电枢	转子为电枢，定子为永磁体
绕组及线圈连接	具备有刷电机特性，寿命长，无干扰，无须维修，噪声低，价格较高	星形环状连接，最简单的形式是三角形连接
散热	好	差
换向	用电子线路组成电子开关换向器	电刷和整流子机械接触
转子位置传感器	用霍尔元件、光学编码器等，或反电动势触发电路	由电刷自行渐进进行
反转	改变电子换向器开关顺序	改变端电压极性
优缺点比较	机械特性和控制特性好，寿命长、无干扰，噪声低，但成本较高	机械特性和控制特性好，成本低，噪声大，有电磁干扰

无刷直流电机体积小，重量轻，出力大，响应快，速度高，惯量小，转动平滑，力矩稳定；控制复杂，但容易实现智能化，其电子换向方式灵活，可以方波驱动换向或正弦波驱动换向；电机免维护，效率很高，运行温度低，电磁辐射很小，寿命长，可用于各种环境。

有刷直流电机成本低，结构简单，启动转矩大，调速范围宽，控制容易，但需要维护，且维护不方便（换碳刷）；会产生电磁干扰，对环境有要求。因此它可以用于对成本敏感的普通工业和民用场合。

交流伺服电机也是无刷电机，分为同步和异步电机，目前运动控制中一般用同步电机。它的功率范围大，具有大惯量，最高转动速度低，且随着功率的增大而快速降低，因而适合用于低速平稳运行。

伺服电机内部的转子是永磁体，驱动器控制的 U/V/W 三相电形成电磁场，转子在此磁场的作用下转动，同时电机自带的编码器反馈信号给驱动器，驱动器根据反馈值与目标值进行比较，调整转子转动的角度。伺服电机的精度决定于编码器的精度（线数）。

交流伺服电机是正弦波控制，转矩脉动小；直流伺服电机是梯形波控制。因此交流伺服电机更好一些，但直流伺服电机比较简单、便宜。

伺服电机是一种机电设备，可以根据所供应的电流和电压生成扭矩和速度。伺服电机是闭环系统的组成部分，根据伺服控制器利用反馈装置发出的命令提供扭矩和速度，以实现闭环。反馈装置向伺服控制器提供电流、速度或位置等信息，而伺服控制器则根据命令参数调整电机动作。

在更复杂的伺服电机系统中，为达到卓越性能，对多个嵌入式环路进行调优，以提供精确的运动控制。如图 3-36 所示，三环闭环控制系统由位置环路、速度环路和电流环路组成，这些环路均采用了精密的反馈元件。每个环路向后续环路发送信号，并检测反馈元件输出，实时更正，以匹配命令参数。

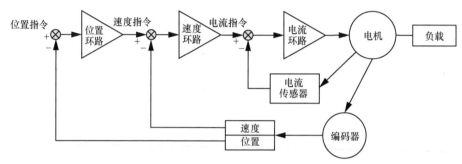

图 3-36　三环闭环控制系统

电流或扭矩环路为基本环路，电流与旋转电机中的扭矩（或直线电机中的力）成正比，从而提供加速度或推力。电流传感器用于提供流经电机的电流反馈信息。传感器向控制电子装置回送一个信号，通常是与电机电流成正比的模拟或数字信号，该信号应从命令信号中除去。当伺服电机的电流达到命令电流值时，环路将得到满足，直至电流降至低于命令电流值，然后，环路将增加电流直至达到命令电流值，并以亚秒级的更新速率继续循环。

速度环路以同样的方式运行，且电压与速度成正比。当速度降至低于命令速度时，速度环路向电流环路发送增加电流的命令（从而增加电压）。

位置环路接收可编程逻辑控制器（Programmable Logic Controller，PLC）或运动控制器的命令，然后 PLC 或运动控制器提供反馈至速度环路的速度命令，而速度环路又发出所需电流的命令，使电机以加速、保持原速或减速的方式移动至命令位置。这 3 个环路以经过优化的同步方式运行，以平稳精确地控制伺服机构。

伺服电机的极对数是一个很重要的技术指标，可以采用示波器法进行测试。示波器电压探头夹任意两相，手转电机一圈，此时波形的波峰数就是极对数，波峰波谷总数就是电机极数。如图 3-37 所示，电机极数为 12 个，极对数为 6 个。

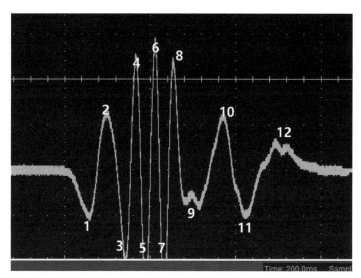

图 3-37　电机极对数测量方法

3.3.3.4　步进电机

步进电机与伺服电机相比有几个主要优势。步进电机的成本通常更低，具有通用机架，可提供转矩更低，布线成本更低，开环运动控制使机器集成和操作变得简单。步进电机结构如图 3-38 所示，步进电机通常由定子、转子、绕组 A、绕组 B、外壳等组成。

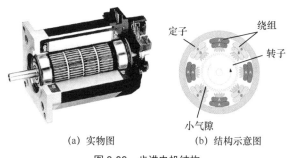

（a）实物图　　　　　（b）结构示意图

图 3-38　步进电机结构

步进电机将电脉冲信号转变为角位移，通过控制施加在电机线圈上的电脉冲顺序、频率和数量，可以实现对步进电机的转向、速度和旋转角度的控制。步进电机利用电磁学原理，将电能转换为机械能，由缠绕在电机定子齿槽上的绕组驱动。步进电机结构爆炸图如图 3-39 所示。

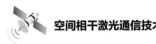
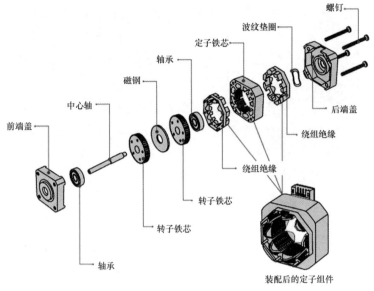

图 3-39　步进电机结构爆炸图

　　目前常用的步进电机为两相步进电机，有双极性和单极性两种绕组形式，如图 3-40 所示。双极性电机每相只有一个绕组线圈，电机连续旋转时电流要在同一线圈内依次变向励磁，驱动电路设计需要 8 个电子开关进行顺序切换；单极性电机每相有两个极性相反的绕组线圈，电机连续旋转时交替对同一相的两个绕组线圈进行通电励磁，驱动电路设计只需要 4 个电子开关。在双极性驱动模式下，因为每相的绕组线圈为 100% 励磁，所以双极性电机的输出力矩比单极性电机提高了约 40%。

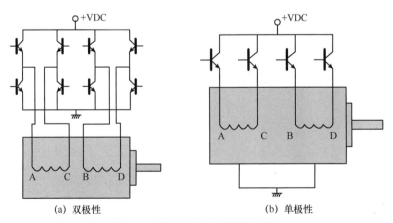

图 3-40　两相步进电机两种绕组形式

步进电机驱动器根据外来的控制脉冲和方向信号，通过其内部的逻辑电路，控制步进电机的绕组以一定的时序正向或反向通电，使得电机正向/反向旋转，或者锁定。以 1.8°两相步进电机为例：当两相绕组都通电励磁时，电机输出轴将静止并锁定位置。在额定电流下使电机保持锁定的最大力矩为保持力矩。如果其中一相绕组的电流发生了变向，则电机将顺着一个既定方向旋转一步（1.8°）。同理，如果是另外一相绕组的电流发生了变向，则电机将顺着与前者相反的方向旋转一步（1.8°）。当通过线圈绕组的电流按顺序依次变向励磁时，电机会顺着既定的方向实现连续旋转步进，运行精度非常高。1.8°两相步进电机旋转一周需 200 步。

步进电机以一个固定的步距角转动，就像时钟内的秒针。这个角度称为基本步距角，常见的基本步距角为 1.8°。步进电机通过脉冲信号进行控制，脉冲信号是一个电压反复在 ON 和 OFF 之间改变的电信号，每个 ON/OFF 周期被记为一个脉冲。单个脉冲信号指令使电机出力轴转动一步。对应电压 ON 和 OFF 情况下的信号电平被分别称为 "H" 和 "L"，如图 3-41 所示。

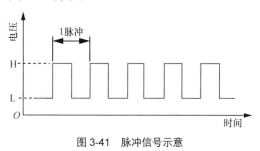

图 3-41　脉冲信号示意

步进电机的转动距离与施加到驱动器上的脉冲信号数（脉冲数）成正比。如图 3-42 所示，步进电机转动角度（电机出力轴转动角度）和脉冲数的关系为

$$\theta = \theta_s \times A \tag{3-41}$$

其中，θ 为电极输出轴转动角度，θ_s 为步距角，A 为脉冲数。

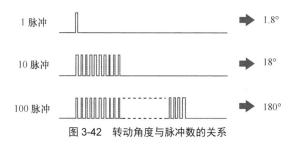

图 3-42　转动角度与脉冲数的关系

如图 3-43 所示，步进电机的转速与施加到驱动器上的脉冲信号频率成比例关系。即电机的转速（r/min）与脉冲信号频率（Hz）的关系（整步模式）为

$$N = \frac{\theta_s}{360} \times f \times 60 \qquad (3-42)$$

其中：N 为电机输出轴转速，单位为 r/min；f 为脉冲信号频率，单位为 Hz。

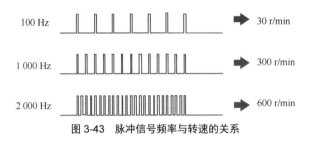

图 3-43　脉冲信号频率与转速的关系

3.4　光学系统设计

3.4.1　望远镜设计

望远镜又称光学天线，是空间激光通信系统中最重要的光学元件，主要承担高增益的光收发功能。为了满足空间激光通信系统高收发同轴精度的要求，通常采用的是收发同轴共光路的结构，这就对望远镜提出了收发隔离度的需求。

3.4.1.1　望远镜类型

望远镜分为两大类，一类是同轴望远镜，另一类是离轴望远镜。

同轴望远镜包括卡塞格林、带透射光学元件的卡塞格林、施密特-卡塞格林、马克苏托夫-卡塞格林等类型。

（1）卡塞格林望远镜

卡塞格林望远镜如图 3-44（a）所示，由法国医生卡塞格林发明。经典的卡塞格林望远镜由一个抛物面凹面镜主镜和一个双曲凸面镜次镜组成。由于采用折叠光路，因此望远镜的长度非常紧凑，其长度可以比焦距的三分之一短。这种类型的望远镜在空间激光通信终端中获得了大量应用，如北斗三号激光星间链路中的某激光终端就采用了该设计。

在装调和结构设计时，需要非常注意次镜相对主镜的对中和主次镜间隔控制，通常间隔需要控制在微米量级。由于采用了两片镜子，卡塞格林望远镜的视场比单反射镜的视场要大，可以做到 0.5°左右。次镜和主镜的尺寸比要控制在 0.2 以下，以降低发射光束功率的损失，增加接收的光纤耦合效率。

（2）带透射光学元件的卡塞格林望远镜

为了进一步提升卡塞格林望远镜的接收视场，可以在卡塞格林望远镜次镜后增加透射光学元件，将视场提升 1°以上。如图 3-44（b）所示，这种望远镜通常又被称为混合式望远镜。这种望远镜经常被用在天文观测和空间激光通信共用的光学系统中，既能保证大视场高光学质量，又能实现结构紧凑。但透射光学元件会带来收发隔离度的问题，设计时需要加以注意。

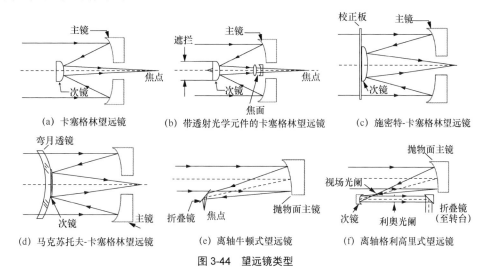

(a) 卡塞格林望远镜　　(b) 带透射光学元件的卡塞格林望远镜　　(c) 施密特-卡塞格林望远镜

(d) 马克苏托夫-卡塞格林望远镜　　(e) 离轴牛顿式望远镜　　(f) 离轴格利高里式望远镜

图 3-44　望远镜类型

（3）施密特-卡塞格林望远镜

另外一种混合式望远镜是施密特-卡塞格林望远镜，它是施密特望远镜和卡塞格林望远镜的结合，如图 3-44（c）所示。施密特设计了一个非球面板来校正球差，通常将该校正板放置在出瞳位置。施密特-卡塞格林望远镜可以实现 1°以上的衍射极限性能，通常这种望远镜会在业余天文爱好者的装备中看到。

（4）马克苏托夫-卡塞格林望远镜

马克苏托夫-卡塞格林望远镜是另外一种反射折射混合式望远镜，如图 3-44（d）所示。鲍沃斯和马克苏托夫发明了该望远镜。该望远镜采用球面主镜，这种设计可以实现数十度的视场，但代价是需要一个球形焦平面。与卡塞格林望远镜结合后，虽然视场会有所减小，但可以实现平面的焦平面。这种类型的望远镜可以达到非常高的光学质量，如 $\lambda/40$ 的波像差，但口径增加后会大大提升望远镜的重量。

离轴望远镜包括离轴牛顿式、离轴格利高里式等类型。

（1）离轴牛顿式望远镜

离轴牛顿式望远镜采用一个带一定曲率的单抛物面主镜，如图 3-44（e）所示。望远镜中的平面镜仅用来进行光路折转。这种望远镜没有多片反射镜结构紧凑，能够达到的衍射极限发散角的视场通常在 1° 以内。由于缺少对称性，这种望远镜通常难以装调。

（2）离轴格利高里式望远镜

图 3-44（f）为离轴格利高里式望远镜。第一个凹面的反射主镜聚焦后，再离焦后经过第二个凹面反射次镜后变为平行光。因此，该望远镜为无焦望远镜。共焦的位置是理想放置视场光阑的位置，可以有效拦截视场外的杂散光。该望远镜是离轴式，与卡塞格林望远镜相比不够紧凑。

3.4.1.2 望远镜的光学参数

卡塞格林望远镜的 F-数，或写作 $\dfrac{F}{\#}$，是望远镜焦距和口径的比值，表示为

$$\frac{F}{\#} = \frac{f}{D} = \frac{1}{2\mathrm{NA}} \tag{3-43}$$

其中，f 和 D 分别是望远镜的焦距和口径，NA 为望远镜的数值孔径。望远镜总的 $\dfrac{F}{\#}$ 一般为 $\dfrac{F}{15} \sim \dfrac{F}{8}$。主镜的 $\dfrac{F}{\#}$ 一般为 $\dfrac{F}{4} \sim \dfrac{F}{1.5}$。$\dfrac{F}{\#}$ 越小，越难以加工；$\dfrac{F}{\#}$ 越大，其离轴的特性就越差。但是 $\dfrac{F}{\#}$ 越小，望远镜的尺寸就越紧凑。不同类型望远镜的性质见表 3-9。

表 3-9 不同类型望远镜的性质

类型	中心遮挡	视场	相对长度	内部视场光阑	相对重量	管子
卡塞格林	是	约 0.5°	短	无	中等	开放
带透射光学元件的卡塞格林	是	>1°	短	无	中等	开放
施密特-卡塞格林	是	>1°	短至中等	无	中等到重	封闭
马克苏托夫-卡塞格林	是	>1°	中等	无	重	封闭
离轴牛顿式	否	≤0.25°	长	无	轻	开放
离轴格利高里式	否	约 0.5°	长	有	中等	开放

对于无焦望远镜，通常用放大倍数 M 来表征望远镜的参数。图 3-45 为典型无焦望

远镜。望远镜的放大倍数 M 表示为

$$M = \frac{D}{d} \tag{3-44}$$

其中，D 为入瞳的直径，d 为出瞳的直径。

在中继光路中，光束改变角度 θ_{inner} 时，外部光束的角度变化为 θ_{outer}，它们之间的关系为

$$\theta_{\text{outer}} = \frac{\theta_{\text{inner}}}{M} \tag{3-45}$$

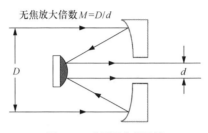

图 3-45　典型无焦望远镜

3.4.1.3　望远镜材料

适合望远镜的常用材料见表 3-10，表中列出了材料的密度、热胀系数、弹性模量等性质。这些材料分为 4 类：玻璃，如 BK-7、熔石英；陶瓷类型材料；金属材料；金属复合材料。

表 3-10　适合望远镜的常用材料

材料	密度/ ($g \cdot cm^{-3}$)	热胀系数/ ($1 \times 10^{-6} \cdot K^{-1}$)	弹性 模量/GPa	微屈服 强度/MPa	比热容/ ($J \cdot K^{-1} \cdot kg^{-1}$)	热导率/ ($W \cdot m^{-1} \cdot K^{-1}$)
铍合金 6061-T6	1.85	11.4	287	34	1 820	193
铝	2.7	23.5	69	124	960	175
ULE	2.2	0.03	67.7	—	766	1.13
BK-7	2.53	7.1	81	—	880	1.12
熔石英	2.02	0.56	73	—	741	0.37
Zerodur	2.53	0.05	91	—	821	1.46
Invar 36	8.03	0.54	145	7	502	13.8
钛	4.51	8.8	110	482	565	7.2
铝基碳化硅 30%	2.91	13	117	117	795	125
石墨环氧树脂	1.78	0.02	93	138	921	35

从表 3-10 中可以看出，每种材料都有各自的优点和缺点，应当根据加工制造水平、使用环境等确定材料的选择。反射式主次镜常用的材料为 ULE，透射式的镜片常用熔石英，镜筒结构材料使用低热胀系数的铟钢、碳化硅等。

当望远镜结构和主次镜选用相同的材料时，称为无热望远镜设计。改变温度并不改变焦平面位置，仅改变成像放大倍率，这种设计的温度适应范围更宽。

3.4.2　成像光学

成像光学一般位于望远镜之后，通常采用的是透射式的光学元件。成像光学主要承担的功能见表 3-11。

表 3-11　成像光学主要承担的功能

成像光学名称	功能
发射光路	将发射激光路由至望远镜；执行超前瞄准功能；执行光束整形功能；收发光学隔离；监视发射光功率
接收光路	将接收激光路由至探测器；滤除接收光中的背景光；不同视场光路的分离
共用光路	快速精跟踪收发光学；发射接收光路对准；提供冗余开关切换；提供结构安装；库德光路

收发光学隔离是空间激光通信系统中最重要的一个功能。收发隔离分为：捕获通道隔离、跟踪通道隔离、通信通道隔离。其中捕获通道隔离因为视场大，实现难度最高。

空间激光通信系统对隔离度的要求主要由发射和接收的损耗决定，降低发射到接收的损耗可以降低对隔离度的要求。发射和接收损耗由发射损耗、传输损耗和接收损耗 3 部分组成。发射损耗和接收损耗可以通过高质量的镀膜实现损耗的降低，传输损耗由发射天线增益、接收天线增益、自由空间传播损耗 3 部分组成。

以 100 mm 望远镜、40 μrad 光束发散角为例，假设发射效率为 0.8，接收效率为 0.6，链路距离为 5 000 km，可以得到发射到接收链路的总损耗为 −66.2 dB。按照发射到接收的串扰是接收信号光的 $\frac{1}{10}$ 估算，需要收发隔离度达到 76.2 dB。收发隔离度要求的计算如下

$$\beta_{\text{Isolation}} = G_{\text{t}} G_{\text{r}} \eta_{\text{t}} \eta_{\text{r}} \eta_{\text{link}} L_{\text{space}} + \beta_{\text{redun}} \tag{3-46}$$

其中，G_t 为发射增益，G_r 为接收增益，η_t、η_r、η_{link} 分别为发射、接收和链路透过率，L_{space} 为自由空间传输损耗，β_{redun} 为接收光功率与串扰光功率之比。

常用的隔离方式分为空间、偏振、波长 3 类。

（1）空间隔离

在空间上，发射孔径和接收孔径完全分开可以提供最高的隔离度，但会将收发光学尺寸增加一倍以上，这对于短距离激光链路比较实用。因为短距离通信通常要求发射发散角大，接收视场大，对于光学系统来说是小口径发射、大口径接收。

（2）偏振隔离

这种隔离技术通常用在链路距离比较远的情况中，此时要求激光终端的发射增益和接收增益都比较大，用于补偿自由空间传输损耗。图 3-46 为偏振隔离示意，目前多数激光终端均采用了偏振隔离技术。

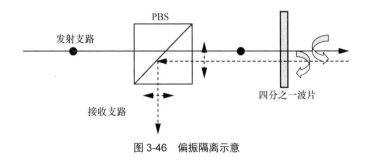

图 3-46　偏振隔离示意

（3）波长隔离

波长隔离是最容易实现的隔离方式，通过窄带滤光片实现发射和接收通道之间的串扰。这种方式可以实现 60 dB 以上的隔离度，但要求发射和接收通道之间波长要分开一定的距离。在 1 550 nm 波段，发射和接收通道的波长间隔通常需要大于 20 nm。对于采用波长隔离和偏振隔离的系统，激光通信终端不再具备互换性，需要配对使用，才能够实现链路的建立。收发波长隔离示意如图 3-47 所示。

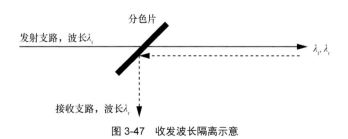

图 3-47　收发波长隔离示意

| 3.5 其他设计因素和考虑 |

3.5.1 背景光影响

背景光是空间激光通信链路特有的噪声，因为空间激光通信链路是一个开放的链路。假设 P_b 是探测器接收背景光功率，R_d 是探测器响应度。平均接收背景光电流表示为

$$I_b = P_b R_d \tag{3-47}$$

P_b 来源于恒星和天体背景辐射通量、接收望远镜及其光学结构散射光能量，甚至是发射天线及光学结构后向散射光能量，可写为

$$P_b = H_b \Omega_{\text{fov}} L_{\text{rec}} A_{\text{rec}} B_{\text{filter}} \tag{3-48}$$

当辐射源对探测器的张角小于接收探测器的视场角时

$$P_b = N_b L_{\text{rec}} A_{\text{rec}} B_{\text{filter}} \tag{3-49}$$

此时背景光噪声源可以看作点光源并完全被接收视场捕获。

式（3-48）及式（3-49）中 H_b 和 N_b 分别是大角度光源和点光源背景光辐射和辐照度能量密度，H_b 的单位为 W/(Sr·m²)，N_b 的单位为 W/m²。从式（3-49）可以看出 P_b 是辐照度能量密度 N_b（对辐射光源来说）、有效接收面积 A_{rec}、接收光学天线的传输损耗 L_{rec} 和接收带通滤波器的带宽 B_{filter} 的乘积。立体角的小角度近似为

$$\Omega_{\text{fov}} \approx \frac{\pi}{4} \theta_{\text{rec}}^2 \tag{3-50}$$

θ_{rec} 是接收探测器的全视场角，接收面积可以用口径直径 D_{aper} 和遮拦直径 D_{obs} 来表示

$$A_{\text{rec}} = \left[1 - \left(\frac{D_{\text{obs}}}{D_{\text{aper}}} \right)^2 \right] D_{\text{aper}}^2 \tag{3-51}$$

图 3-48～图 3-58 表示黑体辐射和视星等决定的恒星辐射和辐照度的 H_b 和 N_b 值。激光通信常用波段背景光辐照度和辐射强度见表 3-12、表 3-13。

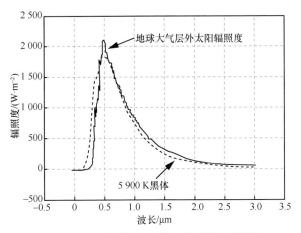

图 3-48　太阳辐射谱（理论值和大气层外部数据）

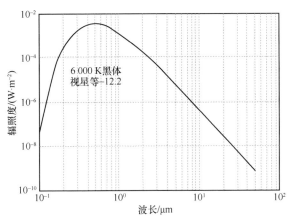

图 3-49　地球大气层外月球光谱辐照度

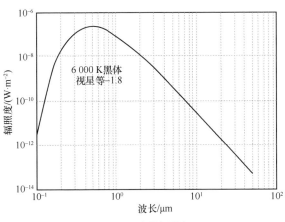

图 3-50　水星辐照度

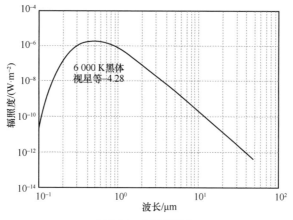

图 3-51　金星辐照度

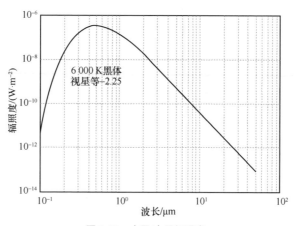

图 3-52　火星/木星辐照度

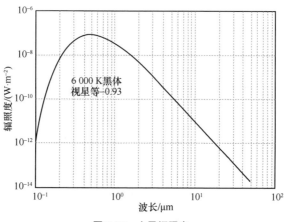

图 3-53　土星辐照度

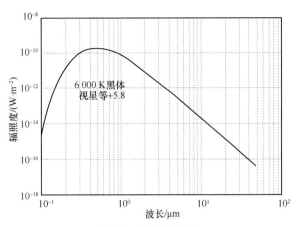

图 3-54　天王星辐照度

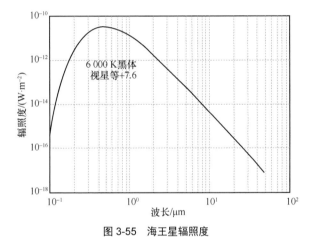

图 3-55　海王星辐照度

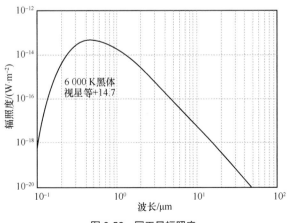

图 3-56　冥王星辐照度

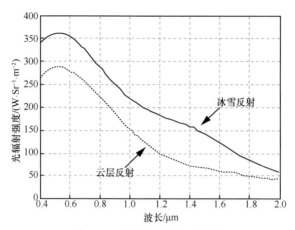

图 3-57　冰雪和云层光辐射强度

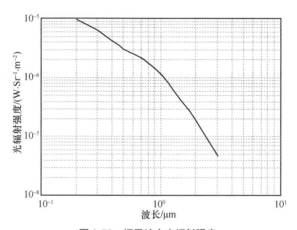

图 3-58　恒星综合光辐射强度

表 3-12　激光通信常用波段背景光辐照度（单位为 W/m²）

波长/μm	太阳	月亮	水星	金星	火星/木星	土星
0.53	1 842	0.002 7	1.8×10^{-7}	1.8×10^{-6}	2.8×10^{-7}	8.4×10^{-8}
0.85	940	0.001 5	9.5×10^{-8}	9.0×10^{-7}	1.5×10^{-7}	4.6×10^{-8}
1.06	748	0.001	7.2×10^{-8}	7.1×10^{-7}	1.1×10^{-7}	3.2×10^{-8}
1.3	411	0.000 54	3.7×10^{-8}	3.6×10^{-7}	5.6×10^{-8}	1.7×10^{-8}
1.5	204	0.000 24	1.7×10^{-8}	1.6×10^{-7}	2.5×10^{-8}	7.5×10^{-9}

表 3-13　激光通信常用波段背景光辐射强度（单位为 W/(Sr·m^2)）

波长/μm	云层反射	冰雪反射	星场
0.53	245	330	3.0×10^{-6}
0.85	180	220	1.4×10^{-6}
1.06	120	190	1.1×10^{-6}
1.3	50	140	6.0×10^{-7}
1.5	40	100	4.0×10^{-7}

背景光辐射会增加光电二极管的噪声电流，该电流与暗电流工程会形成散粒噪声。暗电流噪声通常取决于光电二极管的工作温度及其体积，噪声随着温度升高与体积增加而增大，因此可以通过冷却探测器或减小探测器尺寸来降低暗电流噪声。在光学通信系统中通常不采用冷却探测器的方法，原因如下：第一，大多数情况下，低于实验室露点温度的光学检测系统不允许有冷凝，需要干燥氮气组件的特殊处理和净化，生产成本大大提高；第二，除非探测器体积非常大，否则暗电流噪声并非主要噪声来源。

降低有效暗区域的原因和降低有效暗电流噪声不同，减少物理口径同样将导致光电二极管对空间电离辐射源的敏感性降低。不论是自然辐射还是人造辐射源，都要求设计者使用屏蔽光敏感设备。

保护环技术可有效电学隔离接收视场外的多余探测器材料，降低设备有效暗电流噪声量。有保护环的光电二极管示意如图 3-59 所示。

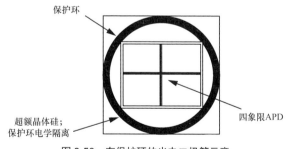

图 3-59　有保护环的光电二极管示意

3.5.2　提前量

在空间激光通信系统中，两个通信终端的距离较远且随平台存在相对运动，整个通信是动态过程。激光发射端的光束要指向接收端进行准确瞄准，必须考虑光束传输时间内发生的相对位置变化。由于两个终端存在相对运动，光传播的速度有限，发射光束需要提前瞄准，即相对于当前视线位置矢量有一定偏移角，才能准确到达接收终端，因此必须确切知道两个终端每时每刻的位置和速度，才能准确计算超前角。

空间激光通信终端通常搭载在卫星平台或其他天体上，天体位置和速度虽然时刻变化，但其运动却是按照固定轨道运行的。根据卫星星历（如：两行 TLE）预测数据，可以获得随时间变化的位置和速度参数序列，从而准确计算超前角。星历具体定义及星历解算方法详见附录 C。

如图 3-60 所示，A 卫星在 t 时刻的位置矢量用 $\boldsymbol{r}_A(t)$ 表示，速度矢量用 $\boldsymbol{v}_A(t)$ 表示；B 卫星在 t 时刻的位置矢量用 $\boldsymbol{r}_B(t)$ 表示，速度矢量用 $\boldsymbol{v}_B(t)$ 表示。在 t 时刻，终端 A 收到的信号光为终端 B 在 $(t-\Delta t_1)$ 时刻发出的激光。终端 A 发出的信号光需要指向终端 B 在 $(t+\Delta t_2)$ 时刻的位置。

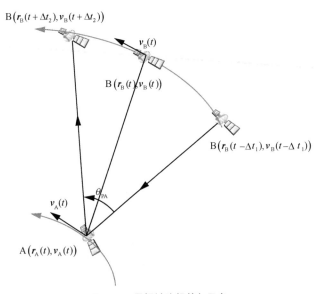

图 3-60　星间链路超前角示意

星间链路超前角时间流图如图 3-61 所示。

终端 A 在 t 时刻的接收链路矢量表示为

$$\boldsymbol{r}_{R\_AB}(t) = \boldsymbol{r}_B(t-\Delta t_1) - \boldsymbol{r}_A(t) \tag{3-52}$$

终端 A 在 t 时刻的发射链路矢量表示为

$$\boldsymbol{r}_{T\_AB}(t) = \boldsymbol{r}_B(t+\Delta t_2) - \boldsymbol{r}_A(t) \tag{3-53}$$

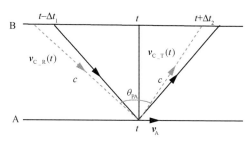

图 3-61　星间链路超前角时间流图

发射光束方向矢量表示为 $\boldsymbol{v}_{C\_T}(t)$ ，由于真空中光速 $c = 3 \times 10^8 \, \mathrm{m/s}$ 的有限性，在运动速度为 $\boldsymbol{v}_A(t)$ 的平台上发出的光束方向矢量表示为

$$\boldsymbol{v}_T(t) = \boldsymbol{v}_{C\_T}(t) + \boldsymbol{v}_A(t) \tag{3-54}$$

终端 A 发射链路矢量表示为

$$\boldsymbol{r}_{T\_AB}(t) = \boldsymbol{v}_T(t) \Delta t_2 \tag{3-55}$$

即

$$\boldsymbol{r}_B(t + \Delta t_2) - \boldsymbol{r}_A(t) = \left[\boldsymbol{v}_{C\_T}(t) + \boldsymbol{v}_A(t) \right] \Delta t_2 \tag{3-56}$$

因此，光束实际发射指向要比终端发射矢量提前，可表示为

$$\boldsymbol{v}_{C\_T}(t) = \frac{\boldsymbol{r}_B(t + \Delta t_2) - \boldsymbol{r}_A(t)}{\Delta t_2} - \boldsymbol{v}_A(t) \tag{3-57}$$

将终端 B 的位置矢量 $\boldsymbol{r}_B(t + \Delta t_2)$ 用运动速度矢量 $\boldsymbol{v}_B(t)$ 表示为

$$\boldsymbol{r}_B(t + \Delta t_2) = \boldsymbol{r}_B(t) + \boldsymbol{v}_B(t) \Delta t_2 \tag{3-58}$$

因此 $\boldsymbol{v}_{C\_T}$ 可写作

$$\boldsymbol{v}_{C\_T}(t) = \frac{\boldsymbol{r}_B(t) - \boldsymbol{r}_A(t)}{\Delta t_2} - \boldsymbol{v}_A(t) + \boldsymbol{v}_B(t) \tag{3-59}$$

同理，终端 A 接收光束矢量表示为 $\boldsymbol{v}_{C\_R}(t)$ ，与终端 A 的运动速度矢量 $\boldsymbol{v}_A(t)$ 共同合成接收光束的指向矢量

$$\boldsymbol{v}_R(t) = \boldsymbol{v}_{C\_R}(t) - \boldsymbol{v}_A(t) \tag{3-60}$$

终端 A 接收矢量表示为

$$\boldsymbol{r}_{R\_AB}(t) = \boldsymbol{v}_R(t) \Delta t_1 \tag{3-61}$$

$$\boldsymbol{r}_B(t - \Delta t_1) - \boldsymbol{r}_A(t) = [\boldsymbol{v}_{C\_R}(t) - \boldsymbol{v}_A(t)] \Delta t_1 \tag{3-62}$$

因此，实际接收光束矢量比终端接收矢量要提前，可表示为

$$v_{\text{C\_R}}(t) = \frac{r_{\text{B}}(t - \Delta t_1) - r_{\text{A}}(t)}{\Delta t_1} + v_{\text{A}}(t) \tag{3-63}$$

将终端 B 的位置矢量 $r_{\text{B}}(t - \Delta t_1)$ 用运动速度矢量 $v_{\text{B}}(t)$ 表示为

$$r_{\text{B}}(t - \Delta t_1) = r_{\text{B}}(t) - v_{\text{B}}(t)\Delta t_1 \tag{3-64}$$

因此 $v_{\text{C\_R}}(t)$ 可写作

$$v_{\text{C\_R}}(t) = \frac{r_{\text{B}}(t) - r_{\text{A}}(t)}{\Delta t_1} + v_{\text{A}}(t) - v_{\text{B}}(t) \tag{3-65}$$

在同一时刻终端 A 的收发时延近似相等，即 $\Delta t_1 \approx \Delta t_2$ ，式（3-59）和式（3-65）可写为

$$v_{\text{C\_T}}(t) = \frac{r_{\text{B}}(t) - r_{\text{A}}(t)}{\Delta t_1} - v_{\text{A}}(t) + v_{\text{B}}(t) \tag{3-66}$$

$$v_{\text{C\_R}}(t) = \frac{r_{\text{B}}(t) - r_{\text{A}}(t)}{\Delta t_1} + v_{\text{A}}(t) - v_{\text{B}}(t) \tag{3-67}$$

发射接收相对矢量表示为

$$\Delta v_{\text{AB}}(t) = v_{\text{C\_R}}(t) - v_{\text{C\_T}}(t) = 2\big[v_{\text{A}}(t) - v_{\text{B}}(t)\big] \tag{3-68}$$

从式（3-68）可以看出，发射接收的相对矢量等于终端 A、B 相对速度矢量的二倍。

采用两个不共线的矢量 $v_{\text{A}}(t)$ 和 $r_{\text{AB}}(t) = r_{\text{B}}(t) - r_{\text{A}}(t)$ 建立一个空间直角坐标系，3 个轴的单位矢量分别为

$$i = \frac{r_{\text{AB}}(t)}{|r_{\text{AB}}(t)|}, \quad j = \frac{\Delta v_{\text{AB}}(t) \times r_{\text{AB}}}{|\Delta v_{\text{AB}}(t) \times r_{\text{AB}}|}, \quad k = i \times j \tag{3-69}$$

如图 3-62 所示，j 垂直于终端 A、B 位置矢量 $r_{\text{AB}}(t)$ 和相对速度矢量 $\Delta v_{\text{AB}}(t)$ 构成的平面；k 与终端 A、B 位置矢量 $r_{\text{AB}}(t)$ 垂直。

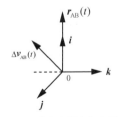

图 3-62　建立空间直角坐标系

终端 A、B 相对速度矢量 $\Delta \boldsymbol{v}_{\mathrm{AB}}(t)$ 由两部分构成：径向速度矢量 $\Delta \boldsymbol{v}_{\mathrm{AB\_}r}(t)$ 和切向速度矢量 $\Delta \boldsymbol{v}_{\mathrm{AB\_}t}(t)$，超前角定义为光束接收矢量与发射矢量的夹角，只取决于相对切向速度矢量 $\Delta \boldsymbol{v}_{\mathrm{AB\_}t}(t)$。为了获得切向分量，将发射接收相对速度矢量 $\Delta \boldsymbol{v}_{\mathrm{AB}}(t)$ 向 $\boldsymbol{k}$ 方向投影

$$\Delta \boldsymbol{v}_{\mathrm{AB\_}t}(t) = \Delta \boldsymbol{v}_{\mathrm{AB}}(t)\boldsymbol{k} = 2\left[\boldsymbol{v}_{\mathrm{A}}(t) - \boldsymbol{v}_{\mathrm{B}}(t)\right]\boldsymbol{k} = 2\left[\boldsymbol{v}_{\mathrm{A}\perp}(t) - \boldsymbol{v}_{\mathrm{B}\perp}(t)\right] \tag{3-70}$$

可求出超前角表达式为

$$\theta_{\mathrm{PPA}} = \frac{2\left[\boldsymbol{v}_{\mathrm{A}\perp}(t) - \boldsymbol{v}_{\mathrm{B}\perp}(t)\right]}{c} \tag{3-71}$$

对于星地链路而言，由于低轨卫星速度接近第一宇宙速度，可计算得到提前角 $\theta_{\mathrm{PPA}} \leqslant 52.7\,\mu\mathrm{rad}$，最大超前角在卫星过顶时出现。对于深空卫星通信星间链路，激光终端相对速度更大，提前角最大量会超过 $100\,\mu\mathrm{rad}$，远大于激光通信发散角，因此需要提前补偿。在实际系统中，实现超前角补偿还需要向激光终端进行坐标转换，通常采用方向余弦方便实现调整矢量的坐标转换。

单位矢量在坐标系三轴上的投影称为方向余弦。方向余弦是指以某个坐标系三轴的单位矢量在另一个坐标系中的方向余弦为列组成的矩阵。设有两个坐标系 A 和 B，它们之间的方向余弦矩阵表示为

$$\boldsymbol{C}_{\mathrm{B}}^{\mathrm{A}} = \begin{bmatrix} \boldsymbol{i}_{\mathrm{B}} \cdot \boldsymbol{i}_{\mathrm{A}} & \boldsymbol{j}_{\mathrm{B}} \cdot \boldsymbol{i}_{\mathrm{A}} & \boldsymbol{k}_{\mathrm{B}} \cdot \boldsymbol{i}_{\mathrm{A}} \\ \boldsymbol{i}_{\mathrm{B}} \cdot \boldsymbol{j}_{\mathrm{A}} & \boldsymbol{j}_{\mathrm{B}} \cdot \boldsymbol{j}_{\mathrm{A}} & \boldsymbol{k}_{\mathrm{B}} \cdot \boldsymbol{j}_{\mathrm{A}} \\ \boldsymbol{i}_{\mathrm{B}} \cdot \boldsymbol{k}_{\mathrm{A}} & \boldsymbol{j}_{\mathrm{B}} \cdot \boldsymbol{k}_{\mathrm{A}} & \boldsymbol{k}_{\mathrm{B}} \cdot \boldsymbol{k}_{\mathrm{A}} \end{bmatrix} \tag{3-72}$$

若把两个坐标系的三轴单位矢量看成三维矢量空间的两组基，则由线性空间的理论可知，方向余弦实际上是两组基之间的过渡矩阵。方向角矢量 $\boldsymbol{P}$ 在两个坐标系中满足

$$\begin{bmatrix} x_{\mathrm{A}} \\ y_{\mathrm{A}} \\ z_{\mathrm{A}} \end{bmatrix} = \boldsymbol{C}_{\mathrm{B}}^{\mathrm{A}} \begin{bmatrix} x_{\mathrm{B}} \\ y_{\mathrm{B}} \\ z_{\mathrm{B}} \end{bmatrix} \tag{3-73}$$

方向余弦具有以下特点。

（1）方向余弦是正交矩阵，有

$$\left(\boldsymbol{C}_{\mathrm{B}}^{\mathrm{A}}\right)^{-1} = \left(\boldsymbol{C}_{\mathrm{B}}^{\mathrm{A}}\right)^{\mathrm{T}} = \boldsymbol{C}_{\mathrm{A}}^{\mathrm{B}} \tag{3-74}$$

（2）方向余弦具有传递性，3 个坐标系 A、B、C 之间的方向余弦具有如下关系

$$\boldsymbol{C}_{\mathrm{C}}^{\mathrm{A}} = \boldsymbol{C}_{\mathrm{B}}^{\mathrm{A}}\boldsymbol{C}_{\mathrm{C}}^{\mathrm{B}} \tag{3-75}$$

3.5.3 多普勒频移

对于空间激光通信，接收端和发射端相对运动导致信号产生不同程度的频率移动，这也可称为多普勒波长漂移。多普勒波长漂移会降低接收信号的信噪比，提高误码率，导致通信质量下降。

如图 3-63 所示，若光源在 v 方向上以速率 v 运动，而光波的传播方向与 v 方向的夹角为 φ，对观察者而言，光波的多普勒频移为

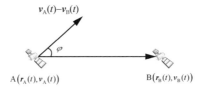

图 3-63　相对运动与多普勒频移

$$f_{\text{doppler}} = \left(\frac{\sqrt{1-\beta^2}}{1-\beta\cos\varphi} - 1 \right) f \tag{3-76}$$

式中，$\beta = \dfrac{v}{c}$，c 为真空中光速，$f = \dfrac{c}{\lambda}$ 为激光的主频，λ 为激光波长。由于 $c \gg v$，式（3-76）简化为

$$f_{\text{doppler}} = \frac{v\cos\varphi}{\lambda} \tag{3-77}$$

对于终端 A、B 通信链路，多普勒效应引起终端接收波长的频率变化值为

$$f_{\text{doppler}}(t) = \frac{\left| \boldsymbol{v}_{A}(t) - \boldsymbol{v}_{B}(t) \right| \cos\varphi}{\lambda} \tag{3-78}$$

其中

$$\cos\varphi = \frac{\left[\boldsymbol{v}_{A}(t) - \boldsymbol{v}_{B}(t) \right] \boldsymbol{r}_{AB}(t)}{\left| \boldsymbol{v}_{A}(t) - \boldsymbol{v}_{B}(t) \right| \left| \boldsymbol{r}_{AB}(t) \right|} \tag{3-79}$$

频率变化率为

$$f'_{\text{doppler}}(t) = \frac{\mathrm{d}f_{\text{doppler}}(t)}{\mathrm{d}t} \tag{3-80}$$

因此，A、B 两终端的径向速度引起终端接收的光载波频移表示为

$$f_{\text{doppler}}(t) = \frac{\left[v_{\text{A}}(t) - v_{\text{B}}(t) \right] r_{\text{AB}}(t)}{\lambda \left| r_{\text{AB}}(t) \right|} \tag{3-81}$$

根据频率与波长的关系 $f = \dfrac{c}{\lambda}$，得到频移与波长漂移的关系

$$f_{\text{doppler}} = \frac{\lambda_{\text{doppler}}}{\lambda^2} c \tag{3-82}$$

因此可以将式（3-82）中的频率表达形式转换为波长表达形式，得到多普勒波长漂移

$$\lambda_{\text{doppler}} = \frac{\lambda \left[v_{\text{A}}(t) - v_{\text{B}}(t) \right] r_{\text{AB}}(t)}{c \left| r_{\text{AB}}(t) \right|} \tag{3-83}$$

对于低轨卫星与地面站之间的通信，当低轨卫星的轨道经过地面站上空时，多普勒效应最严重。通过仿真可知，低轨卫星的多普勒频移范围和速度较大。对于轨道高度 400 km 的低轨卫星，多普勒频移范围为±4.8 GHz，最大变化率为 92 MHz/s。中轨卫星多普勒效应减弱，同步轨道卫星不存在多普勒频移问题。

3.5.4 时空参考系

卫星轨道运动是动力学问题。要解决具体动力学问题，首先需要选择适当的时空参考系。下面结合 2000 年以来国际天文学联合会（IAU）关于基本天文学的决议，介绍与卫星轨道力学有关的时空参考系的选择。

卫星轨道运动有明确的中心天体。处理这一类动力学问题，在时空参考系的选择上，除时间系统外，将设计各相应中心天体的地固坐标系和天球坐标系。对于地球卫星的运动而言，即地固坐标系和 J2000.0 地心天球坐标系。

下面主要阐述时空参考系的基本概念和时间系统。

3.5.4.1 参考系的基本概念和建立

参考系包括一套理论和数据处理方法、一组模型和常数、一个对应的参考架。例如，目前国际上通用的国际地球自转和参考系统服务（International Earth Rotation and Reference System Service，IERS）中的国际天球参考系（ICRS）包括 IERS 的天球参考架，即国际天球参考架（ICRF）；确定该参考架所采用的一组模型常数，即 IERS 规范；确定该参考架参考点（河外射电源或光学对应体）坐标值的一套理论和数据处理方法。参考系是多方面因素组成的系统，例如，国际天球参考系，它的原点在太阳系的质心，采用一组精确测量的河外射电源的坐标实现其坐标轴的指向，其基本平面（XY 平面）

接近 J2000.0 平赤道，X 坐标轴指向接近 J2000.0 平春分点。

与参考系对应的坐标系是用于描述物体位置、运动和姿态的一组数学工具。对于欧氏空间，坐标系的定义包括 3 个要素：坐标原点的位置、坐标轴的指向、坐标尺度。坐标系是理论定义的，因而没有误差可言。坐标系之间的转换关系包括原点间的平移、坐标轴方向的旋转及坐标尺度的调整。

参考架是数学上定义的坐标系的物理实现，它通过一定数量的物理点的标定坐标来实现，由标定了坐标值的一组物理点组成的框架被称为参考架。国际天球参考架作为国际天球参考系的实现，由一组精确测量的河外射电源的坐标实现其坐标轴的指向，并确定了 212 颗定义源作为定标的基准和坐标网络，这些河外射电源非常遥远，因此可以自行忽略。尽管如此，射电源的结构不稳定性，仍会导致参考架的不稳定，因此需要长期监测。而在光学波段由依巴谷星表给予实现，并将其命名为依巴谷天球参考架（HCRF）。有了参考架，其他天体的位置可以相对于这个框架进行描述，这样才能真正实现天体的位置及变化的定量描述。

总之，坐标系是理论概念的数学表示，参考架是坐标系的物理实现，参考系是包含理论概念和物理实体（参考架）的综合系统。

尽管参考系与坐标系在概念上有所区别，但在航天应用中，在不会引起误解的情况下，一般混用参考系与坐标系这两种称谓，如无必要以后不再说明。

为描述太阳系中各天体和航天器的位置和运动，需要在空间定义这样一个坐标系，其原点在太阳系（或地球等天体）质心，坐标框架相对于遥远的天体背景整体没有旋转。如果这样的坐标系得以实现，就认为相对于这个坐标系所描述的物体运动属于该物体本身相对于太阳系（或地心系）质心的运动。通常将符合这种要求的天球赤道坐标系称为基本天球坐标系，并用 FCCS（Fundamental Celestial Coordinate System）表示。其他各种使用到的天球坐标系都要与基本天球坐标系建立联系。

同时，为描述测站在地球上的位置和运动，需要在地球本体内定义这样一个坐标系，其原点在地球总质量（含流体部分）的质心，其标架相对于地球的平均岩石圈整体没有旋转。如果这样的坐标系得以实现，就认为，相对于这个坐标系描述的测站的运动属于该测站自身的运动，而这个坐标系相对于基本天球坐标系的运动是地球质心的平动和绕质心的自转运动。将符合这种要求的地球赤道坐标系称为基本地球坐标系，并用 FTCS（Fundamental Terrestrial Coordinate System）表示。其他各种使用到的地球坐标系都要与基本地球坐标系建立联系。其他天体（如月球、火星等）坐标系也采用类似的定义。

基本天球坐标系和基本地球坐标系的基本面（或基本方向）都和地球的动力学平面（或动力学轴）相联系。由于地球的各动力学轴的方向（自转角速度方向、自转角动量方向、最大惯量矩方向和轨道角动量方向）无相对于瞬时动力学轴的运动规律，只能给出瞬时坐标系和基本坐标系间的转换关系。

上述基本坐标系只是一个理想的物理定义，而依赖实体参考架实现的是全局的国际天球参考系和局部的地心天球参考系（GCRS），前者坐标原点在太阳系质心，而后者坐标原点从太阳系移至地球质心。还有国际地球参考系（ITRS），它是一种协议地球参考系（CTRS），即通常所说的地固参考系，目前仍符合 WGS84 地球引力场系统。

这里特别要说明一点：考虑到参考系的延续性，ICRS 的坐标轴与 FK5 参考系在 J2000.0 历元需尽量地保持接近。ICRS 的基本平面由 VLBI 观测确定，它的极与动力学参考系的极之间的偏差约为 20 毫角秒，导致这个偏差的原因比较复杂。ICRS 和 FK5 参考系（J2000.0 平赤道参考系）的关系由 3 个参数决定，分别是天极的偏差 ξ_0 和 η_0，以及经度零点差 $d\alpha_0$，它们的值（单位为毫角秒）分别为

$$\begin{cases} \xi_0 = -16.617 \pm 0.010 \\ \eta_0 = -6.819 \pm 0.010 \\ d\alpha_0 = -14.6 \pm 0.5 \end{cases} \tag{3-84}$$

于是 ICRS 和 J2000.0 平赤道参考系的关系可以写为

$$\boldsymbol{r}_{J2000.0} = \boldsymbol{B}\boldsymbol{r}_{ICRS} \tag{3-85}$$

其中，常数矩阵 $\boldsymbol{B} = R_1(-\eta_0)R_2(\xi_0)R_3(d\alpha_0)$ 称为参考架偏差矩阵，由 3 个小角度旋转组成；$\boldsymbol{r}_{J2000.0}$ 和 $\boldsymbol{r}_{ICRS}$ 是同一个单位矢量在不同参考系中的表示。在目前航天领域中，都理解为 J2000.0 平赤道参考系。那么，基本参考系就归结为 ICRS、GCRS 和 ITRS。

3.5.4.2　时间系统与儒略日

（1）质心力学时和地球时

在上述天球和地球两个参考系中，用作历表和动力学方程的时间变量基准是质心力学时（Barycentric Dynamical Time，TDB）和地球时（Terrestrial Time，TT）。关于地球时，曾经被称为地球动力学时（TDT），1991 年后改称地球时。两种动力学时（TDB、TT）的差别是由相对论效应引起的，它们之间的转换关系由引力理论确定。对实际应用而言，2000 年 IAU 决议给出了两者之间的转换公式，即

$$TDB = TT + 0^s.001\,657\sin(g) + 0^s.000\,022\sin(L - L_J) \tag{3-86}$$

其中，g 是地球绕日运行轨道的平近点角，$L-L_J$ 是太阳平黄经与木星平黄经之差，各由式（3-87）～式（3-90）计算，即

$$\begin{cases} g = 357°.53 + 0°.985\,600\,28t \\ L-L_J = 246°.00 + 0°.902\,517\,92t \end{cases} \tag{3-87}$$

$$t = \text{JD}(t) - 2\,451\,545.0 \tag{3-88}$$

这里的 JD(t) 是时刻 t 对应的儒略日，式（3-88）的适用时段为 1980—2050 年，误差不超过 30 μs。在地面附近，如果精确到毫秒量级，则近似地有

$$\text{TDB} = \text{TT} \tag{3-89}$$

在新的时空参考系下，已采用 IAU2009 天文常数系统（见附录 A），其中天文单位 au 采用了 IAU 2012 年决议，它与长度单位"米"直接联系起来，不再沿用过去的相对定义方法。该值就是 IAU2009 天文常数系统中的值，即

$$1\,\text{au} = 1.495\,978\,707\,00 \times 10^{11}\,\text{m} \tag{3-90}$$

（2）地球时间系统

关于时间基准，具体实现地球时的是原子时。用原子振荡周期作为计时标准的原子钟出现于 1949 年，1967 年第十三届国际计量大会规定铯-133 原子基态的两个超精细能级在零磁场下跃迁辐射振荡 9 192 631 770 周所持续的时间为一个国际制秒，其作为计时的基本尺度。以国际制秒为单位，1958 年 1 月 1 日世界时 0 时为原点的连续计时系统被称为原子时，简写为 TAI（Temps Atomique International）。从 1971 年起，原子时由设在法国巴黎的国际度量局（BIPM）根据遍布世界 50 多个国家计时实验室的 200 多座原子钟的测量数据加权平均得到，并发布原子时和地球时只有原点之差，两者的换算关系为

$$\text{TT} = \text{TAI} + 32^s.184 \tag{3-91}$$

原子时是当今最均匀的计时基准，其精度已接近 10^{-16} s，10 亿年内的误差不超过 1 s。

在地球上研究各种天体（包括各类人造天体）的运动问题，既需要一个反映天体运动过程的均匀时间尺度，又需要一个反映地面观测站位置（与地球自转有关）的测量时间系统。采用原子时作为计时基准前，地球自转曾长期作为这两种时间系统的统一基准。由于地球自转的不均匀性和测量精度的不断提高，问题也复杂化了，既要有一个均匀的时间基准，又要与地球自转相协调（联系到对天体的测量），因此，除均匀的原子时计时基准外，还需要一个与地球自转相连的时间系统，以及如何解决两种时间系统之间的协调机制。

恒星时（ST）。春分点连续两次过中天时间间隔被称为"恒星日"，那么，恒星时就是春分点的时角，它的数值 S 等于上中天恒星的赤经 α ，即

$$S = \alpha \tag{3-92}$$

这是经度为 λ 处的地方恒星时，与下述世界时密切相关的格林尼治恒星时 S_G 由式（3-93）给出，即

$$S_G = S - \lambda \tag{3-93}$$

格林尼治恒星时有真恒星时 GST 与平恒星时 GMST 之分。恒星时是由地球自转所确定的，那么地球自转的不均匀性就可通过其与均匀时间尺度的差别来测定。

世界时（UT）。与恒星时相同，世界时也是根据地球自转测定的世界时，记为 UT0，它对应瞬时极的子午圈。加上引起测站子午圈位置变化的地极移动的修正，就得到对应平均极的子午圈的世界时，记为 UT1，即

$$UT1 = UT0 + \Delta\lambda \tag{3-94}$$

其中，$\Delta\lambda$ 是极移修正量。

由于地球自转的不均匀性，UT1 并不是均匀的时间尺度。而地球自转不均匀性呈现 3 种特性：长期慢变化（每百年日长增加 1.6 ms）、周期变化（主要是季节变化，一年日长有 0.001 s 的变化，除此之外还有一些影响较小的周期变化）和不规则变化。这 3 种变化不易修正，只有周期变化可用根据多年实测结果给出的经验公式进行改正，改正值记为 ΔT_s ，由此引入世界时 UT2，即

$$UT2 = UT1 + \Delta T_s \tag{3-95}$$

相对而言，这是一个比较均匀的时间尺度，但它仍包含地球自转的长期变化和不规则变化，特别是不规则变化，其物理机制尚不清楚，至今无法改正。

周期项 ΔT_s 的振幅并不大，而 UT1 又直接与地球瞬时位置相关联，因此，对于一般精度要求不太高的问题，就用 UT1 作为统一的时间系统。而对于高精度问题，即使 UT2 也不能满足，必须寻求更均匀的时间尺度，这正是引进原子时作为计时基准的必要性。

国际原子时作为计时基准的起算点靠近 1958 年 1 月 1 日的 UT2 0 时，有

$$(TAI - UT2)_{1958.0} = -0.0039 \text{ s} \tag{3-96}$$

上述原子时是在地心参考系中定义的具有国际单位制秒长的坐标时间基准，从 1984 年起，其就取代历书时（ET）正式作为动力学中所需的均匀时间尺度。由此引入地球动力学时（1991 年后改称为地球时），它与原子时的关系是其根据 1977 年 1 月 1 日 $00^h00^m00^s$（TAI）对应 TDT 为 1977 年 1 月 $1^d.0003725$ 而来的。此起始历元

的差别就是该时刻历书时与原子时的差别，这样定义起始历元便于用 TT 系统代替 ET 系统。

协调世界时（UTC）。有了均匀的时间系统，就能解决对精度要求日益增高的历书时的要求，也就是时间间隔对尺度的均匀要求，但它无法代替与地球自转相连的不均匀的时间系统。应用中必须建立两种时间系统的协调机制，这就引入了协调世界时。这带来一些麻烦，国际上一直有各种争议和建议，至今仍无定论，还是保留两种时间系统，各有各的用途。

上述两种时间系统，在 1958 年 1 月 1 日世界时零时，TAI 与 UT1 之差约为 $(UT1-TAI)_{1958.0} = +0.003\,9\,s$。如果不加以处理，由于地球自转长期变慢，这一差别将越来越大，会导致一些不便之处。针对这种现状，为了兼顾对世界时时刻和原子时秒长两种需要，国际时间机构引入第 3 种时间系统，即协调世界时。该时间系统仍旧是一种"均匀"时间系统，其秒长与原子时秒长一致，而在时刻上则要求尽量与世界时接近。从 1972 年起规定两者的差值保持在 $\pm 0.9\,s$ 以内。为此，可能会在每年的年中或年底对 UTC 做 1 s 的调整（拨慢 1 s，也成为了闰秒）。具体调整由国际时间局根据天文观测资料做出规定，可以在 EOP 的网站上得到相关的和最新的调整信息。到 2021 年 7 月 1 日止，已调整 35 s，根据 IERS（国际地球自转服务）最新公报，在 2015 年 6 月 30 日最后 1 s 后引入闰秒，有

$$TAI = UTC + 36^s \tag{3-97}$$

由 UTC 到 UT1 具体的换算过程是，首先从 EOP 网站上下载最新的 EOP 数据（对于距离现在超过一个月的时间，采用 B 报数据，对于其他时间则采用 A 报数据），内插得到 ΔUT，然后计算得到 UT1 为

$$UT1 = UTC + \Delta UT \tag{3-98}$$

通常给出的测量数据对应的时刻 t，如不加说明，均为协调世界时。这是国际惯例。

儒略日。除上述时间系统外，在计算中常常会遇到历元的取法及几种年的长度问题。一种是贝塞尔年，或称假年，其长度为平回归年的长度，即 365.2421988 平太阳日。常用的贝塞尔历元是指太阳平黄经等于 280° 的时刻，例如 1950.0，并不是 1950 年 1 月 1 日 0 时，而是 1949 年 12 月 31 日 $22^h09^m42^s$（世界时），相应的儒略日为 2433282.4234。另一种就是儒略年，其长度为 365.25 平太阳日。儒略历元是指真正的年初，例如 1950.0，即 1950 年 1 月 1 日 0 时。显然，引用儒略年较为方便。因此，从 1984 年起，贝塞尔年被儒略年代替，这两种历元之间的对应关系见表 3-14。

为了方便和缩短有效字长，常用简化儒略日期（MJD）定义为

$$MJD=JD-2400000.5 \qquad (3-99)$$

例如，JD（1950.0）对应 MJD=33282.0。与上述两种年的长度对应的回归世纪（100年）和儒略世纪的长度分别为 365524.22 平太阳日和 36525 平太阳日。

表 3-14　两种历元的对应关系

贝塞尔历元	儒略历元	儒略日
1900.0	1900.000858	2415020.3135
1950.0	1949.999790	2433282.4234
2000.0	1999.998722	2451544.5333
1989.999142	1900.0	2415020.0
1950.000210	1950.0	2433282.5
2000.001278	2000.0	2451545.0

地球坐标系统。地球卫星轨道力学问题，主要涉及地心天球坐标系和国际地球参考系。目前仍符合 WGS84 地球引力场系统，考虑沿用的习惯，不必拘泥于学术上的文字定义，在没有特殊需要时，本书仍引用原来的地固坐标系名称。另外，关于地心天球坐标系，一般情况下可忽略参考架偏差，直接引用 J2000.0 平赤道坐标系作为地心天球坐标系，这意味着将式（3-85）中的参考架偏差矩阵 $\boldsymbol{B}$ 作为单位阵处理。

地固坐标系与地心天球坐标系之间的转换（I）IAU1980 规范下的转换关系如下。

分别用 $\boldsymbol{r}$ 和 $\boldsymbol{R}$ 表示卫星在地心坐标系（J2000.0 平赤道坐标系）$O\text{-}xyz$ 和地固坐标系 $O\text{-}XYZ$ 中的同一位置矢量。卫星的位置矢量在这两个坐标系之间的转换关系为

$$\boldsymbol{R}=(\mathbf{HG})\boldsymbol{r} \qquad (3-100)$$

其中，坐标转换矩阵 $(\mathbf{HG})$ 包含 4 个旋转矩阵，有

$$(\mathbf{HG})=(\mathbf{EP})(\mathbf{ER})(\mathbf{NR})(\mathbf{PR}) \qquad (3-101)$$

这里的 $(\mathbf{PR})$、$(\mathbf{NR})$、$(\mathbf{ER})$、$(\mathbf{EP})$ 分别是岁差、章动、地球自转和极移矩阵，分别由式（3-102）～式（3-105）表示，即

$$(\mathbf{EP})=R_y(-x_p)R_x(-y_p) \qquad (3-102)$$

$$(\mathbf{ER})=R_z(S_G) \qquad (3-103)$$

$$(\mathbf{NR})=R_x(-\Delta\varepsilon)R_y(\Delta\theta)R_y(-\Delta\mu)=R_x\left[-(\varepsilon+\Delta\varepsilon)\right]R_z(-\Delta\psi)R_x(\varepsilon) \qquad (3-104)$$

$$(\mathbf{PR})=R_z(-z_A)R_y(\theta_A)R_z(\zeta_A) \qquad (3-105)$$

式（3-102）中的 x_p、y_p 是极移分量；式（3-103）中的格林尼治平恒星时 S_G 由

式（3-105）计算得到

$$S_G = \bar{S}_G + \Delta\mu \tag{3-106}$$

这里的 μ 和 $\Delta\mu$ 是赤经岁差和章动，J2000.0 平赤道坐标系中的格林尼治平恒星时 $\bar{S}_G$ 由式（3-107）～式（3-108）计算得到。

$$\bar{S}_G = 18^h.697\,374\,558 + 879\,000^h.051\,336\,907T + 0^s.093\,104T^2 \tag{3-107}$$

$$T = \frac{1}{36\,525.0}\left[\mathrm{JD}(t) - \mathrm{JD}(\mathrm{J2000.0}) \right] \tag{3-108}$$

式中引数 t 是 UT1 时间，但计算其他天文量（岁差章动等）时，该引数 t 则为 TT。

式（3-105）中的岁差常数 ζ_A、θ_A、z_A 的计算公式为

$$\begin{cases} \zeta_A = 2\,306".218\,1T + 0".301\,88T^2 \\ \theta_A = 2\,004".310\,9T - 0".426\,65T^2 \\ z_A = 2\,306".218\,1T + 1".094\,68T^2 \end{cases} \tag{3-109}$$

θ_A 是赤纬岁差，相应的赤经岁差 μ 为

$$\mu = \zeta_A + z_A = 4\,612".436\,2T + 1".396\,56T^2 \tag{3-110}$$

式（3-104）中的 ε 是平黄赤交角。IAU（1980 年）章动序列给出的黄经章动 $\Delta\psi$ 和交角章动 $\Delta\varepsilon$ 的计算公式，包括振幅大于 $0".000\,1$ 的 106 项。考虑到一般问题涉及的轨道精度要求，只要取振幅大于 $0".005$ 的前 20 项即可。由于是周期项（最快的是月球运动周期项），没有累积效应，故小于 $0".005$ 的项引起的误差只相当于地面定位误差，为米级，对于时间而言的差别小于 $0^s.001$。取前 20 项的公式为

$$\begin{cases} \Delta\psi = \sum_{j=1}^{20}(A_{0j} + A_{1j}t)\sin\left[\sum_{i=1}^{5}k_{ji}a_i(t) \right] \\ \Delta\varepsilon = \sum_{j=1}^{20}(B_{0j} + B_{1j}t)\sin\left[\sum_{i=1}^{5}k_{ji}a_i(t) \right] \end{cases} \tag{3-111}$$

相应的赤经和赤纬章动 $\Delta\mu$ 和 $\Delta\theta$ 为

$$\begin{cases} \Delta\mu = \Delta\psi\cos\varepsilon \\ \Delta\theta = \Delta\psi\sin\varepsilon \end{cases} \tag{3-112}$$

其中，考虑岁差影响的平黄赤交角的计算公式为

$$\varepsilon = 23°26'21".448 - 46".815\,0t - 0".005\,9t^2 + 0".001\,813t^3 \tag{3-113}$$

在式（3-111）中，章动序列涉及的与太阳和月球位置有关的 5 个基本幅角

$\alpha_i (i=1,\cdots,5)$ 的计算公式为

$$
\begin{cases}
\alpha_1 = 134°57'46".733 + (1\,325^{\mathrm{r}} + 198°52'02".633)t + 31".310t^2 \\
\alpha_2 = 357°31'39".804 + (99^{\mathrm{r}} + 359°03'01".224)t - 0".577t^2 \\
\alpha_3 = 93°16'18".877 + (1\,342^{\mathrm{r}} + 82°01'03".137)t - 13".257t^2 \\
\alpha_4 = 297°51'01".307 + (1\,236^{\mathrm{r}} + 307°06'41".328)t - 6".891t^2 \\
\alpha_5 = 125°02'40".280 - (5^{\mathrm{r}} + 134°08'10".539)t + 7".455t^2
\end{cases}
\tag{3-114}
$$

其中，$1^{\mathrm{r}} = 360°$，章动序列前 20 项的有关系数见表 3-15。如果按米级精度考虑，式（3-111）右端的 A_{1j} 和 B_{1j} 除表 3-15 中列出的 A_{11} 和 B_{11} 外也可略去，但在具体工作中取多少项，要根据精度需要来定。以上公式中出现的 t，即儒略世纪数 T，但对应的是 TT，即

$$
t = \frac{1}{36\,525.0}\big[\mathrm{JD(TT)} - \mathrm{JD(J2000.0)}\big]
\tag{3-115}
$$

表 3-15　章动序列前 20 项有关系数

j	周期 日	k_{j1}	k_{j2}	k_{j3}	k_{j4}	k_{j5}	A_{0j} 0".000 1	A_{1j}	B_{0j} 0".000 1	B_{1j}
1	6 798.4	0	0	0	0	1	−171 996	−174.2	92 025	8.9
2	182.6	0	0	2	−2	2	−13 187	−1.6	5 736	−3.1
3	13.7	0	0	2	0	2	−2 274	−0.2	977	−0.5
4	3 399.2	0	0	0	0	2	2 062	0.2	−895	0.5
5	365.2	0	1	0	0	0	1 426	−3.4	54	−0.1
6	27.6	1	0	0	0	0	712	0.1	−7	0
7	121.7	0	1	2	−2	2	−517	1.2	224	−0.6
8	13.6	0	0	2	0	1	−386	−0.4	200	0
9	9.1	1	0	2	0	2	−301	0	129	−0.1
10	365.3	0	−1	2	−2	2	217	−0.5	−95	0.3
11	31.8	1	0	0	−2	0	−158	0	−1	0
12	177.8	0	0	2	−2	1	129	0.1	−70	0
13	27.1	−1	0	2	0	2	123	0	−53	0
14	27.7	1	0	0	0	1	63	0.1	−33	0
15	14.8	0	0	0	2	0	63	0	−2	0
16	9.6	−1	0	2	2	2	−59	0	26	0
17	27.4	−1	0	0	0	1	−58	−0.1	32	0
18	9.1	1	0	2	0	1	−51	0	27	0
19	205.9	2	0	0	−2	0	48	0	1	0
20	1 305.5	−2	0	2	0	1	46	0	−24	0

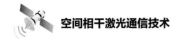

上述内容涉及的各旋转矩阵 $\boldsymbol{R}_x(\theta)$、$\boldsymbol{R}_y(\theta)$、$\boldsymbol{R}_z(\theta)$ 的计算见式（3-116）～式（3-118）

$$\boldsymbol{R}_x(\theta) = \begin{pmatrix} 1 & 0 & 0 \\ 0 & \cos\theta & \sin\theta \\ 0 & -\sin\theta & \cos\theta \end{pmatrix} \qquad (3\text{-}116)$$

$$\boldsymbol{R}_y(\theta) = \begin{pmatrix} \cos\theta & 0 & -\sin\theta \\ 0 & 1 & 0 \\ \sin\theta & 0 & \cos\theta \end{pmatrix} \qquad (3\text{-}117)$$

$$\boldsymbol{R}_z(\theta) = \begin{pmatrix} \cos\theta & \sin\theta & 0 \\ -\sin\theta & \cos\theta & 0 \\ 0 & 0 & 1 \end{pmatrix} \qquad (3\text{-}118)$$

注意，旋转矩阵 $\boldsymbol{R}(\theta)$ 是正交矩阵，有

$$\boldsymbol{R}^{\mathrm{T}}(\theta) = \boldsymbol{R}^{-1}(\theta) = \boldsymbol{R}(-\theta) \qquad (3\text{-}119)$$

式（3-119）中，上标 T 和 –1 分别代表矩阵的转置和矩阵的逆。

3.5.5　空间环境特性

地球辐射带是指在近地空间被地磁场捕获的高强度带电粒子区域，它是地球外层大气中的放射性粒子受地球重力场和磁场的影响集中起来的辐射能带。根据地球辐射带的结构和空间分布可分为内辐射带和外辐射带。地球辐射带是由美国学者范艾伦发现的，也叫范艾伦辐射带，通常会对航天器产生较大影响。离地面 2 000～8 000 km 的内辐射带称为范艾伦内带，离地面 5 000～20 000 km 的外辐射带称为范艾伦外带。为尽可能避免范艾伦内带的影响，延长卫星寿命，轨道高度的选择应尽量避开范艾伦带的影响。低地球轨道（LEO）卫星一般运行在范艾伦内带以下，同时为了减小大气阻力，轨道高度多在 400 km 以上。中地球轨道（MEO）卫星在范艾伦内带和外带之间。高地球轨道（GEO）卫星则在范艾伦外带以上。

空间高能带电粒子对航天器的影响主要体现在两个方面：一是对航天器的功能材料、电子元器件、生物及宇航员的总剂量效应；二是对大规模集成电路等微电子器件的单粒子效应（Single Event Effect，SEE）。

3.5.5.1　总剂量效应

空间带电粒子对航天器的总剂量损伤，主要有两种作用方式：一是电离作用，即入射粒子的能量通过吸收体的原子电离而被吸收，高能电子大都产生这种电离作用；

二是位移效应，即入射的高能粒子击中吸收体的原子，使其原子的位置移动而脱离原来所处晶格的位置造成晶格缺陷。高能粒子和重离子既产生电离作用，又产生位移作用。带电粒子中对辐射剂量贡献较大的主要是能量不高、作用时间较长的粒子成分，大多是内辐射带捕获的电子和质子、外辐射带的电子、太阳耀斑质子等。

总剂量效应将导致航天器上的各种电子元器件和功能材料等的功能漂移、功能衰退，严重时完全失效或损坏。如玻璃材料在受到严重辐射后会变黑、变暗，胶卷变得模糊不清；人体感到不舒服、患病或死亡；太阳电池输出功率降低；各种半导体器件功能衰退。如双极晶体管的电流放大系数降低、漏电流升高、反向击穿电压降低等，单极性器件（MOS 器件）的跨导变低、阈值电压漂移、漏电流升高等，运算放大器的输入失调变大、开环增益下降、共模抑制比变化等；光电器件及其他半导体探测器的暗电流增加、背景噪声增加等。这些器件的性能衰退甚至损坏，严重时将使航天器电子系统不能维持正常的工作状态，对航天器造成严重影响。

对于低轨卫星，100 krad（Si）的抗辐射性能已可满足使用要求；对于极轨任务，辐射剂量会更高，通常要求每年 100 krad（Si）～1 Mrad（Si）；对于同步轨道卫星，如通信卫星与气象卫星，辐射剂量为每年几 krad（Si）；对于金星、火星、木星、土星及更远的星际任务要求更严格。

表 3-16 总结了一系列元器件中介质材料的累积电离效应。按照器件是否存在主动或被动的电学或光学性能来进行分类。"√"表示器件对其介质材料的电离效应敏感，意味着当该器件应用于严酷的辐射环境时将存在一定的问题。

表 3-16　元器件中介质材料的累积电离效应

器件种类		电荷激发		结构改变	
		局部再捕获	电荷传输	价键改变	裂解
电荷存储	可变阈值晶体管	×	×	×	×
	存储光电传感器	×	√	×	√
	特殊 MIS 工艺器件，如 MOS 剂量计等	×	√	×	×
电荷发射	光发射器/倍增器，光电管/多极放大器	×	√	×	×
电荷传输	隧道发射阴极	×	×	×	×
	丝状开关器件	×	×	√	×
其他传导	热释探测器	×	×	×	√
	声表面波器件	×	×	×	×

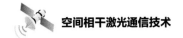

（续表）

器件种类		电荷激发		结构改变	
		局部再捕获	电荷传输	价键改变	裂解
被动电学器件	双极、MOS 和 CCD 器件	×	√	×	×
	约瑟夫森器件	×	×	×	×
	金属化分割器	×	√	√	×
	表面密封层	×	√	√	×
	介质基底	×	√	×	×
	电容绝缘体	×	√	√	√
	托脚（支脚）绝缘子	√	√	×	×
主动光学器件	光束调幅器	√	×	×	√
	光束转向器	√	×	×	√
存储介质	光结构开关	×	√	√	×
	光致变色存储器	√	√	√	×
	热塑存储器	×	×	√	√
荧光与显示介质	激光介质	√	×	√	×
	阴极发光荧光剂	√	×	√	×
	热致发光荧光剂	√	√	√	×
	闪烁器	√	×	√	√
	暗场显示器	√	×	√	×
被动光学器件	棱镜和滤光片	√	×	√	×
	干涉薄膜	√	×	√	×
	光导	√	×	√	√
	热控涂层	√	×	√	√
	玻璃剂量计	√	×	√	—
被动机械或热器件	防腐蚀涂层	×	√	√	√
	耐火材料层	×	×	√	√
	核燃料密封材料	×	—	√	√
	热绝缘体	√	√	√	√
	固体润滑剂系统	×	×	√	√

总剂量效应可导致航天器电子元器件或材料性能退化，甚至失效。其主要表现为：热控涂层开裂、变色，太阳吸收率和热发射率衰退；高分子绝缘材料、密封圈等强度降低、开裂；玻璃类材料变黑、变暗；双极晶体管电流放大系数降低、漏电流升高、反向击穿电压降低等；MOS 器件阈值电压漂移、漏电流升高；光电器件暗电流增加、背景噪声增加等。不同电子元器件和材料的电离总剂量效应见表 3-17。

表 3-17　不同电子元器件和材料的电离总剂量效应

分类	效应
金属氧化物半导体器件 （包括 N 沟道 MOS、PMOS、CMOS、CMOS/SOS/SOI 等）	阈值电压漂移； 驱动电流降低； 转换速度降低； 漏电流增加
双极结型晶体管 （Bipolar Junction Transistor, BJT）	放大倍数下降，尤其是在小电流情况下
结型场效应晶体管 （Junction Field Effects Transistor，JFET）	源极-漏极的漏电流增加
模拟微电子电路	补偿电压和补偿电流的变化； 偏置电流的变化； 增益退化
数字微电子电路	晶体管泄漏电流增加； 逻辑故障来自增益下降或者阈值电压漂移和开关速度下降
电荷耦合器件 （Charge Couple Device，CCD）	暗电流增加； MOS 晶体管效应； 电荷转移效率（CTE）的一些效应
主动像素传感器 （Active Pixel Sensor，APS）	基于 MOS 成像器电路的变化，包括像素放大器增益的变化
微电机结构 MEMS	转移的响应，由于在可移动部件附件的电介质层发生充电积聚，造成漂移
石英振荡晶体	频率漂移
光学材料 玻璃盖片 纤维光学 光学元件、涂层、仪器和闪烁体	吸收率增加； 吸收光谱的变化
聚合物表面（通常仅对暴露在航天器表面的材料来说比较重要）	力学性能退化； 介质性能改变

3.5.5.2 位移损伤效应机理

带电粒子入射材料或器件后，除通过电离作用产生总剂量效应外，还可能以不同的撞击方式使吸收体原子离开其位置，产生晶格缺陷，从而产生位移损伤。地球辐射带质子和太阳耀斑质子是航天器电子元器件和材料产生位移损伤效应的主要来源。

空间环境中高能辐射粒子与航天器元器件及材料发生原子作用过程，其结果使得晶格原子发生位移，空间中对器件位移损伤贡献最大的辐射粒子主要是质子和电子以及次级中子。位移损伤效应产生的缺陷能级对半导体器件性能的影响过程如图 3-64 所示。

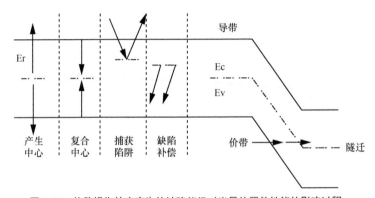

图 3-64　位移损伤效应产生的缺陷能级对半导体器件性能的影响过程

位移损伤效应对器件的影响作用包括：位移损伤形成的缺陷能级在禁带中心形成一个中间能级，使价带电子更容易跃迁到导带，从而增加器件的热载流子，使器件暗电流增加；位移损伤形成的缺陷能级在禁带中心形成一个复合中心，使导带中的电子和价带中的空穴复合，这种作用会使载流子寿命缩短；位移损伤形成的缺陷能级在禁带中心形成一个载流子陷阱，载流子陷阱捕获载流子后过一段时间再将它释放，在 CCD 器件中，这种作用会使电子转移效率降低；缺陷能级产生缺陷辅助隧迁效应，对 PN 结反偏电流有贡献。此外，位移损伤形成的缺陷能级会增加对载流子散射的贡献，使载流子迁移率下降。

位移损伤效应可对 CCD 器件、APS 器件、光电二极管、光电传感器等产生损伤，导致其性能退化，甚至失效。针对不同的光电器件，其位移损伤效应对其性能变化的影响也不同，具体见表 3-18。

表 3-18　位移损伤效应对不同光电器件性能的影响

技术分类	子类	效应
常用双极性器件	BJT	BJT 的放大系数退化，尤其是低电流状态下
	二极管	漏电流增加，正向压降增加
光电传感器类	CCD	CTE 退化，暗电流增加，热斑增加，亮柱增加，随机电报信号
	APS	暗电流增加，热斑增加，响应减少，随机电报信号
	光电二极管	光电流减少，暗电流增加
	光电传感器	放大系数退化，响应减少，暗电流增加
光发射二极管	LED	光功率输出减少
	激光二极管	光功率输出减少，阈值电流增加
光耦器件	—	电流转移率降低
太阳电池	Si、GaAs、InP 等	短路电流降低，开路电压降低，最大功率降低
光学材料	碱金属卤化物 Si	透射率下降
辐射探测器	半导体 γ 射线及 X 射线探测器 Si、HPGe、CdTe、CZT	电荷收集效率下降，时序特性较差，HPGe 展现出随温度的复杂变化
	半导体带电粒子探测器	降低电荷收集效率（校准变化，降低分辨率）

3.5.5.3　单粒子效应

单粒子效应是针对逻辑器件（如 FPGA）和逻辑电路的带电粒子辐射效应。当空间高能带电粒子轰击到大规模、超大规模电子器件时，会造成微电子器件的逻辑状态发生改变，从而使航天器产生异常和故障。它包括单粒子翻转、单粒子锁定以及单粒子烧毁等多种形式。

单粒子翻转指当高能带电粒子入射到微电子器件的芯片上时，在粒子通过的路径上将产生电离，电离形成的部分电荷在器件内部的电场作用下被收集。当收集的电荷超过临界电荷时，器件就会发生电状态翻转。如存储器单元存储的数据从"1"翻转到"0"，或者从"0"翻转到"1"，导致电路逻辑功能混乱，从而使计算机处理的数据产生错误，或者指令流产生混乱，导致程序跑飞。单粒子翻转不会使逻辑电路被损坏，它可以重新写入另一个状态，因此称之为软错误。虽然 SEU 并不产生硬件损伤，但它会导致航天器控制系统的逻辑状态紊乱，从而有可能对航天器产生灾难性的后果。SEU 现象早在 20 世纪 70 年代就已经在卫星上观测到，直到现在的各种航天器中仍然屡见不鲜，并出现过多颗卫星因为 SEU 问题而导致卫星失控和损坏的事件。

单粒子锁定与 CMOS 器件的结构有关。目前使用较多的体硅 CMOS 器件，其本身具有一个固有的 PNPN 4 层结构，即存在一个寄生可控硅。当高能带电粒子轰击该器件并在器件内部电离产生足够的电荷时，就有可能使寄生的可控硅在瞬间触发导通，从而引发单粒子锁定。

单粒子烧毁指具有反向偏置 PN 结的功率器件，当受到带电粒子的辐射时，在 PN 结耗尽区由于电离作用而产生一定数量的电荷。这些电荷在 PN 结耗尽区强大的反电场下加速运动，最终产生雪崩效应进而导致 PN 结被反向击穿，器件在强大的击穿电流作用下被烧毁。

引发单粒子效应的空间带电粒子主要是线性能量传输（LET）值较高的质子和重核离子。一般认为，单粒子效应的直接原因是重核离子的辐射，而质子通过与器件芯片发生核反应产生重核离子而引发单粒子效应。银河宇宙线、太阳宇宙线中的高能质子和重核离子，还有内辐射带中高能质子，都是在空间引发航天器电子器件单粒子效应的重要辐射源。南大西洋异常区和极区是发生单粒子效应的高发区，太阳质子事件（太阳耀斑爆发）期间，是发生单粒子效应的高发时段。

随着航天事业的发展，航天器上使用的微电子器件的体积越来越小，功耗越来越低，集成度越来越高，存储容量越来越大，使得器件的每一次状态改变所需的能量和电荷变得越来越小，导致单粒子效应日益严重。因此，在航天器上使用的微电子器件如何提高抗单粒子效应的能力，已经成为当前各国航天界普遍关注的热点问题。

3.5.5.4 低气压放电效应

在 1 000 Pa 以下压强下，气体分子平均自由程变大，带电粒子在电场中加速，与原子外层电子碰撞，使气体发生电离，易引起低气压放电。在 0.1 Pa 以及更低的压强下，由于缺乏可以被碰撞的分子，难以发生电离，低气压放电发生概率大大降低。

按照帕邢（Paschen）定律，带电导体间的击穿电压是气压与电极间距的乘积的函数，如图 3-65 所示。

从图 3-65 中可以看出，低气压环境比大气环境和真空环境更容易引起放电，即击穿电压最低，其中 V_b 为击穿电压，p 为气压，d 为电极间距。

低气压放电的阈值亦与气体成分相关，二氧化碳、氩气等会使低气压放电电压阈值降低 20% 以上，Viking（"海盗-2 号"）即在到达火星表面后，下行链路放大器由于电晕放电被烧毁（地面使用低气压氮气验证无法发现问题）。

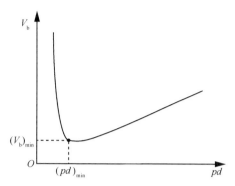

图 3-65　击穿电压（V_b）与气压和电极间距乘积（pd）的关系曲线

3.5.6　蒙气差

激光束在相邻的两个折射率不同的大气层面发生折射时依然遵守折射定律。大气折射率由大气密度所决定，大气密度主要受大气压强和温度这两个参数影响。一般而言，由于受到地球重力的影响，地球表面大气的压强随着高度的上升而减小，地表压强最高，因此，正常情况下，大气密度在低层大气中较大而在高层大气中较小。温度对大气密度的影响与大气压强正好相反，温度越高，气体越膨胀，空气越稀薄，因此密度也越小。

一般除逆温层外，大气温度随高度上升而下降。根据大气测量结果，在多数情况下，与气压变化相比，温度的上下差别并不是很大，因此温度对大气密度在垂直方向的影响远远小于气压。我们认为，空气密度随高度上升而变小，即折射率随高度上升而变小。

大气折射率的变化在水平方向要比垂直方向小 1～3 个量级。基于此，在研究光传输的大气折射效应时，可以忽略水平方向大气折射率的变化，将地球的大气层以地球球心为中心分割成无数个薄层。在薄层数量足够多的情况下，可认为其内部大气折射率均匀分布，因此光束在薄层内部传输时不发生偏折，折射仅发生在相邻两个薄层的界面。在这种假设的基础上，我们不难发现，若光束沿天顶方向传输，即沿垂直于薄层的方向入射，那么由折射定律可知，光束在传输路径上将不发生偏折。若光束沿非天顶方向传输，那么将相对每一薄层有一非零入射角，此时光束在传输路径上发生偏折，且由于在不同的天顶角下光束相对薄层的入射角不同，发生的偏折程度也将不同，因此在整层大气中传输时，光束发生的偏折程度还与所观测目标的天顶位置或出射光束的方向有关。

光束通过大气传输时，由于大气折射效应发生偏转，其偏转角称为蒙气差。波长不同的两束光以同样的发射角通过大气传输时，由于色散效应的影响，两束光逐步相互偏离。大气折射率是关于气温、气压及波长的函数，表示为

$$n = 1 + N(\lambda, T, e, P) = 1 + 77.6\left(1 + 7.52 \times \frac{10^{-3}}{\lambda^2}\right)\frac{p}{T} \times 10^{-8} \tag{3-120}$$

其中，波长 λ 单位为 μm，温度 T 单位为 K，大气压强 p 单位为 Pa。一般而言，50 km 以上的大气密度和气压很小，折射率近似为 1。温度和压强与海拔有关，其表达形式如式（3-121）所示

$$T(h) = \begin{cases} T_0 + \Delta_1 h, & h_0 \leqslant h \leqslant h_a \\ T_0 + \Delta_1 h_a, & h_a < h \leqslant h_b \\ T_0 + \Delta_1 h_a + \Delta_2(h - h_b), & h_b < h \leqslant h_c \\ T_0 + \Delta_1 h_a + \Delta_2(h_c - h_b) + \Delta_3(h - h_c), & h_c < h \leqslant h_d \end{cases} \tag{3-121}$$

其中，$T_0 = 288.15$ K 为标准大气下海平面温度，h_0 是站址海拔；$h_a = 11$ km、$h_b = 22$ km、$h_c = 32$ km、$h_d = 50$ km 分别为各温度转折点的海拔；温度变化率 Δ_1、Δ_2、Δ_3 分别为 -6.5 K/km、1.0 K/km、3.0 K/km。不同海拔的大气温度仿真结果如图 3-66 所示。

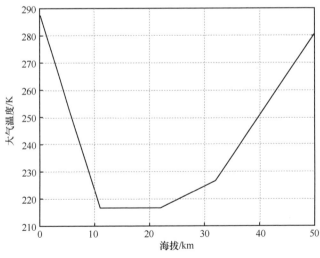

图 3-66 不同海拔的大气温度仿真结果

大气压强随海拔和温度的变化用式（3-122）的模型进行描述

$$p(h) = \begin{cases} p_0\left(1+\dfrac{\Delta_1 h}{T_0}\right)^{-\frac{Mg}{R\Delta_1}}, & h_0 \leqslant h \leqslant h_a \\[3mm] p(h_a)\mathrm{e}^{\left[-\frac{Mg(h-h_a)}{RT(h_a)}\right]}, & h_a < h \leqslant h_b \\[3mm] p(h_b)\left[1+\dfrac{\Delta_2(h-h_b)}{T(h_b)}\right]^{-\frac{Mg}{R\Delta_2}}, & h_b < h \leqslant h_c \\[3mm] p(h_c)\left[1+\dfrac{\Delta_3(h-h_c)}{T(h_c)}\right]^{-\frac{Mg}{R\Delta_3}}, & h_c < h \leqslant h_d \end{cases} \qquad (3\text{-}122)$$

其中，$M=28.966$ 为干燥空气相对分子质量，$g=9.8 \text{ m/s}^2$ 为重力加速度，$R=8.314 \text{ J/(mol·K)}$ 为通用气体常数；$p=1.013\,25\times10^5 \text{ Pa}$ 为海平面处标准大气压。不同海拔下的大气压强仿真结果如图 3-67 所示。

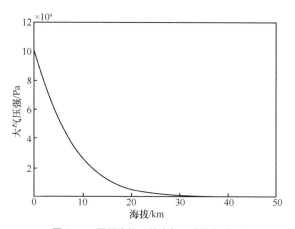

图 3-67　不同海拔下的大气压强仿真结果

由式（3-119）～式（3-121）可求得任一波长的光束在任一海拔上的大气折射率。如图 3-68 所示，将地球大气层分为 N 层，r_i 为第 i 层大气底部的海拔，地球半径 $R_e \approx 6\,371 \text{ km}$，光束某一天以顶角 θ_1 从海拔为 h_0 的地面站出射到达目标，在大气的折射作用下链路呈现弯曲状态。当分层数足够多时，可认为在某一层内光束呈现直线传播状态。

假设在第 i 层传输时在该层底部的出射角为 θ_i，到达第 $i+1$ 层底部时入射角为 e_i。光束在两层的边界处发生折射，折射角为 θ_{i+1}，即第 $i+1$ 层底部的出射角为 θ_{i+1}。那么

此时光线发生的偏振为 $\mathrm{d}\theta_i = \theta_{i+1} - e_i$，整个传输路径上产生的偏折可表示为

$$\mathrm{d}\theta(\lambda,\theta_1) = \sum_{i=1}^{N} \mathrm{d}\theta_i \qquad (3\text{-}123)$$

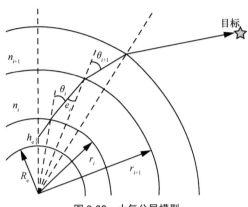

图 3-68　大气分层模型

由三角形正弦公式及折射定理有

$$\sin(e_i)r_{i+1} = \sin(\theta_i)r_i \qquad (3\text{-}124)$$

$$n_i \sin e_i = n_{i+1} \sin \theta_{i+1} \qquad (3\text{-}125)$$

可得 θ_{i+1} 和 e_i 的迭代表达式

$$\begin{cases} \theta_{i+1} = \arcsin\left(\dfrac{n_i r_i}{n_{i+1} r_{i+1}}\right)\sin\theta_i \\[4mm] e_i = \arcsin\left(\dfrac{r_i}{r_{i+1}}\sin\theta_i\right) \end{cases} \qquad (3\text{-}126)$$

其中，当 $i=1$ 时，θ_1 为目标视天顶距，在经过合适的大气分层处理后，可以通过计算机迭代的方式求出 θ_{i+1} 和 e_i，然后得出整条路径上的光线偏折 $\mathrm{d}\theta = \theta(\lambda,\theta_1)$。

空间激光通信常用的激光波长有 532 nm、808 nm、1 064 nm 和 1 550 nm 4 个波段。根据式（3-126），可以得到不同波长下蒙气色差随地面站仰角的变化曲线，如图 3-69 所示。

在地面站仰角超过 60°时，不同波长的蒙气色差变化较小，以 60°仰角为例仿真了不同波长与 400 nm 波长的蒙气色差。如图 3-70 所示，从中可以看出，随着波长差的增加，蒙气色差越来越大，在 1 550 nm 波长时的蒙气色差为–1.4 角秒。

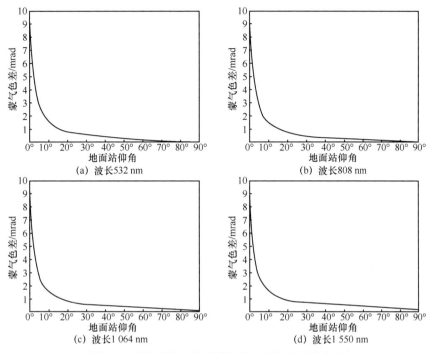

(a) 波长 532 nm

(b) 波长 808 nm

(c) 波长 1 064 nm

(d) 波长 1 550 nm

图 3-69　不同波长下蒙气色差随地面站仰角的变化曲线

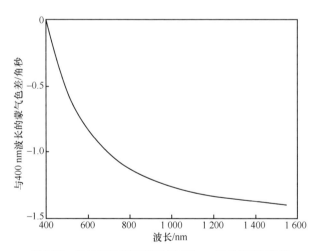

图 3-70　仰角 60°时不同波长与 400 nm 波长的蒙气色差

第 4 章

空间相干激光通信体系和结构

| 4.1　空间相干激光通信终端结构 |

空间相干激光通信终端与非相干激光通信终端相比,增加了本振种子光源、光学桥接器、光学锁相环等内容,其结构如图 4-1 所示。

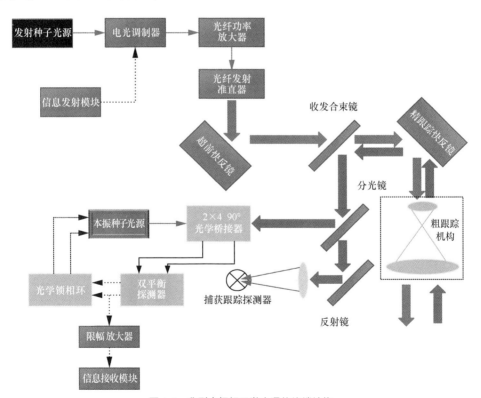

图 4-1　典型空间相干激光通信终端结构

空间相干激光通信终端包括通信发射、通信接收、捕获跟踪接收 3 个光路。通信发射光路由发射种子光源、电光调制器、光纤功率放大器、光纤发射准直器、超前快反镜、收发合束镜、精跟踪快反镜和粗跟踪机构组成。

发射种子光源为激光终端提供窄线宽、单频、单模、保偏的光源。一般为光纤输出，线宽要求小于 10 kHz，频率准确度要求小于 100 MHz，偏振消光比优于 20 dB。电光调制器通过信息发射模块将需要加载的通信信息变为电信号加载到电光调制器上，完成信息到光载波的加载。根据通信的类型，可以选择不同的电光调制器，具体选择见表 4-1。

表 4-1　电光调制器的选择

通信体制	电光调制器类型
相位调制（模拟）	相位调制器
BPSK 调制	相位调制器，M-Z 电光调制器
DPSK 调制	相位调制器，M-Z 电光调制器
QPSK 调制	IQ 电光调制器
QAM 调制	IQ 电光调制器
PPM 调制	M-Z 电光调制器

光纤功率放大器用于将调制后的弱信号光放大为强信号光，并且能够保证足够的消光比和光功率等指标，具体见表 4-2。

表 4-2　光纤功率放大器

项目	指标
工作模式	连续
偏振	保偏，消光比大于 17 dB
输出功率@−6 dBm 输入	2 W
工作波长范围	1 565～1 605 nm
输入光功率范围	−20～0 dBm
噪声系数（@−6 dBm 输入，1 595 nm 波长）	<8 dB
控制模式	自动电流控制，自动功率控制
输出光纤类型	PM1550，Panda
输入输出光纤接口	FC/APC

经过光纤功率放大器的信号光经过光纤发射准直器后将光纤光转化为空间光，空间光的尺寸根据望远镜的参数来确定。

一般情况下，要求光纤发射准直器的通光口径大于输出高斯光斑束腰直径的 1.7 倍，保证光斑不切趾，避免光收发隔离度的降低和传播中的菲涅耳衍射效应。

空间光经过超前快反镜后与接收信号光进行合束。超前快反镜有两个作用，一是补偿环境、应力等产生的收发光轴不同轴的问题；二是补偿空间激光通信链路之间的高速相对运动产生的超前瞄准角。超前瞄准角由于没有光反馈，一般工作在位置闭环、光开环的模式，因此要求超前快反镜的位置传感器的绝对精度要高，受空间环境影响小。在设计时也应选择温漂系数小的电子元器件。

收发合束镜用来将发射光信号和接收光信号合成空间同轴、同心的光束。常用的合束方法包括偏振合束、波长合束、偏振波长合束等。

合束后的光束经过精跟踪快反镜、收发望远镜和粗跟踪结构后发射出去，完成与对方激光终端的链路建立和稳定保持。

对方激光终端发射的信号激光经过收发望远镜将信号收集起来，经过精跟踪快反镜后，由收发合束镜将接收信号导入接收光路中。接收信号光经过分光镜分为捕获跟踪信号光和通信接收信号光。分光比应根据捕获跟踪探测器的灵敏度和接收信号光的功率确定，一般的分光比为 9:1。

捕获跟踪接收光路，经过透镜将光耦合到捕获跟踪探测器的焦平面，将角度的变化转化为焦平面光斑空间位置的变化，通过获取焦平面光斑的位置得到入射光光轴的变化，并得到脱靶量。

控制系统根据脱靶量控制粗跟踪机构和精跟踪机构完成捕获和跟踪，保证发射光束的高精度稳定指向。通信接收信号光经过光闭环后进入 90° 光学桥接器，与本振激光进行空间干涉，得到 IQ 两路光信号，经过双平衡探测器探测后，得到相位误差信号，由光学锁相环完成相位锁定。锁定后获得基带信号，经过限幅放大器进入信息接收模块，完成位同步、帧同步、网同步（如果有）后实现信息的解算和复原。

| 4.2　光学地面站结构 |

4.2.1　大气随机信道

4.2.1.1　大气吸收和散射

激光在大气信道中传输时，气体分子和气溶胶、水汽等，会引起激光的吸收和散射，造成激光功率的衰减。激光在大气信道中的功率衰减服从 Beer-Lambert 定律，表

示为

$$P(d) = P_0 e^{-\gamma d} \tag{4-1}$$

定义 $\tau = \dfrac{P(d)}{P_0}$ 为透过率；γ 为消光系数，一般与波长有关；d 为激光在信道中的传输距离。消光系数可以表示为

$$\gamma(\lambda) = \alpha(\lambda) + \beta(\lambda) = \alpha_m(\lambda) + \alpha_a(\lambda) + \beta_m(\lambda) + \beta_a(\lambda) \tag{4-2}$$

其中，α_m、β_m 代表分子吸收和散射，α_a、β_a 代表气溶胶等粒子的吸收和散射。

$\beta_m(\lambda)$ 可以用瑞利散射模型表征，它与波长的四次方成反比，波长越长，散射越弱。对于通信波长，一般选择在 1 550 nm 近红外波段，这一项可以忽略，只有在波长小于 400 nm 时才考虑这一项的影响。激光在大气信道中的功率衰减如图 4-2 所示。

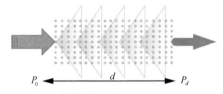

图 4-2 激光在大气信道中的功率衰减

定义大气信道的透过率为 2% 的信道长度为能见度 V。能见度用 Koschmieder 方程来表示

$$V = \frac{\ln\left(\dfrac{1}{\tau}\right)}{\gamma_{550\,nm}} = \frac{\ln\left(\dfrac{1}{0.02}\right)}{\gamma_{550\,nm}} = \frac{3.912}{\gamma_{550\,nm}} \tag{4-3}$$

从式（4-3）可以看出，能见度与消光系数有关。Kruse 给出了其他波长的消光系数的经验公式

$$\gamma(\lambda) \cong \frac{3.912}{V}\left(\frac{\lambda}{550}\right)^{-q} \tag{4-4}$$

其中

$$q = \begin{cases} 1.6, & V > 50 \text{ km} \\ 1.3, & 6 \text{ km} < V \leqslant 50 \text{ km} \\ 0.16V + 0.34, & 1 \text{ km} < V \leqslant 6 \text{ km} \\ V - 0.5, & 0.5 \text{ km} < V \leqslant 1 \text{ km} \\ 0, & V \leqslant 0.50 \text{ km} \end{cases} \tag{4-5}$$

4.2.1.2 大气湍流

激光在大气信道中传播时，由于折射率随时间和空间在随机变化，会对激光的传

播带来很大的随机光场起伏。大气折射率变化主要是太阳照射地球表面，导致地球表面附近的大气温度上升，大气密度变小，与上层的温度低的大气进行热随机交换导致的。大气折射率主要取决于温度和密度，因此最终体现在折射率起伏上，称之为大气湍流。为了描述洁净大气的湍流，假设大气是一个连续的流体。在流体力学中雷诺数（Reynolds Number）Re 是流体的惯性力和黏滞力的比值。

$$\text{Re} = \frac{V_c l}{V_k} \tag{4-6}$$

其中，V_c 和 l 是速度和长度；V_k 是运动黏度，单位是 m^2/s。

当雷诺数小于或等于 2 300 时，流体处于稳定的层流状态；当雷诺数超过 2 300 时，流体的运动开始变得不稳定，从层流向混沌状态过渡。数学上描述大气湍流非常困难，因此常用统计的方法进行描述。对于各向同性介质，Kolmogorov 分析得到风速的径向结构常数表示为

$$D_v(\boldsymbol{R}) = D_v(\boldsymbol{R}_1, \boldsymbol{R}_2) = \left\langle \left[v(\boldsymbol{R}_1) - v(\boldsymbol{R}_2) \right]^2 \right\rangle = \left\langle \left[v(\boldsymbol{R}_1) - v(\boldsymbol{R}_2 + \boldsymbol{R}) \right]^2 \right\rangle = C_v^2 R^{\frac{2}{3}}, \ l_0 \ll R \ll L_0 \tag{4-7}$$

其中，$\boldsymbol{R}_1$ 和 $\boldsymbol{R}_2$ 代表两个观测点矢量，$\langle\ \rangle$ 表平均，C_v^2 为风速结构常数。

Kolmogorov 得到了风速的三维功率谱，可以表示为

$$\varPhi_v(\kappa) = 0.033 C_v^2 \kappa^{-\frac{11}{3}}, \ \frac{1}{L_0} \ll \kappa \ll \frac{1}{l_0} \tag{4-8}$$

在光频波段，大气折射率可以近似表示为

$$n \approx 1 + 79 \times 10^{-6} \frac{p}{T} \tag{4-9}$$

其中，p 为大气压力，单位为 mbar（1 mbar=100 Pa）；T 为温度，单位为 K。

同样，可以得到大气折射率结构常数

$$D_n(\boldsymbol{R}) = D_n(\boldsymbol{R}_1, \boldsymbol{R}_2) = \left\langle \left[n(\boldsymbol{R}_1) - n(\boldsymbol{R}_2) \right]^2 \right\rangle = \left\langle \left[n(\boldsymbol{R}_1) - n(\boldsymbol{R}_2 + \boldsymbol{R}) \right]^2 \right\rangle = C_n^2 R^{\frac{2}{3}}, \ l_0 \ll R \ll L_0 \tag{4-10}$$

其中，C_n^2 为大气折射率结构常数，通常用于表征大气湍流的强度。根据大气折射率与温度的关系，可以得到

$$C_n^2 = \left(\frac{78p}{T^2} \times 10^{-6} \right)^2 C_T^2 \tag{4-11}$$

通过式（4-11），可以通过测量温度和压力获得大气折射率结构常数。

大气折射率结构常数与温度密切相关，在中午前后，大气湍流相对较强；在日落和黎明时间段，大气湍流相对较弱。

对于水平链路，大气折射率结构常数为常数，弱湍流时 C_n^2 大概在 1×10^{-17} $\text{m}^{-\frac{2}{3}}$ 数量

级，强湍流时 C_n^2 大概在 1×10^{-13} m$^{-\frac{2}{3}}$ 数量级。对于星地链路，大气湍流信道为斜程信道，最常用的模型是 Hufnagel-Valley 模型，表示为

$$C_n^2(h) = 0.005\,94\left(\frac{v}{27}\right)^2 \left(10^{-5} h\right)^{10} \exp\left(\frac{-h}{1\,000}\right) + 2.7 \times 10^{-16} \exp\left(\frac{-h}{1\,500}\right) + A_0 \exp\left(\frac{-h}{100}\right)$$

$$(4\text{-}12)$$

其中，h 为海拔，A_0 和 v 是要设置的参数，A_0 为地面湍流强度，v 为高空风速。

不同海拔的风速一般用 Bufton 风场模型表示

$$V(h) = \omega_s h + v_g + 30 \exp\left[-\left(\frac{h - 9\,400}{4\,800}\right)^2\right]$$

$$(4\text{-}13)$$

其中，ω_s 是剩余斜程连线角速度，v_g 是地面风速。

当 $A_0 = 1.7 \times 10^{-14}$ m$^{-\frac{2}{3}}$，$v = 21$ m/s 时，上述模型称为 HV 5/7。采用该模型，在 500 nm 波长的大气相干长度为 5 cm，等晕角为 7 μrad。该模型为定量模型，用于描述白天的星地斜程大气湍流。

在弱湍流时，一般采用 Kolmogorov 三维谱来描述大气湍流

$$\Phi_n(\kappa, h) = 0.033 C_n^2(h) \kappa^{-\frac{11}{3}}, \quad \frac{1}{L_0} \ll \kappa \ll \frac{1}{l_0}$$

$$(4\text{-}14)$$

从式（4-14）看出，功率谱和海拔 h 有关。修正 Von Karman 谱

$$\Phi_n(\kappa, h) = 0.033 C_n^2(h) \frac{\exp\left(\frac{-\kappa^2}{\kappa_m^2}\right)}{\left(\kappa^2 + \kappa_0^2\right)^{\frac{11}{6}}}, \quad \kappa \geqslant 0$$

$$(4\text{-}15)$$

其中，$\kappa_m = \dfrac{5.92}{l_0}$，$\kappa_0 = \dfrac{1}{L_0}$。

经过大气湍流信道后，接收到的光强会发生起伏，一般用闪烁系数来表示

$$\sigma_I^2 = \frac{\left\langle \left(I - \langle I \rangle\right)^2 \right\rangle}{\langle I \rangle^2} = \frac{\langle I^2 \rangle}{\langle I \rangle^2} - 1$$

$$(4\text{-}16)$$

$I = |E|^2$ 是信号辐照度。

采用雷托夫方法，可以将闪烁系数表示为

$$\sigma_I^2 = \exp(4\sigma_\chi^2) - 1 \approx 4\sigma_\chi^2$$

$$(4\text{-}17)$$

其中，σ_χ^2 为对数正态方差，对于下行平面波对数正态分布的方差表示为

$$\sigma_\chi^2 = 0.56 k^{\frac{7}{6}} (\sec\theta)^{\frac{11}{6}} \int_{h_0}^{h_0+L} C_n^2(h)(h-h_0)^{\frac{5}{6}} \mathrm{d}h \tag{4-18}$$

下行球面波对数正态分布的方差表示为

$$\sigma_\chi^2 = 0.56 k^{\frac{7}{6}} (\sec\theta)^{\frac{11}{6}} \int_{h_0}^{h_0+L} C_n^2(h)(h-h_0)^{\frac{5}{6}} \left(1 - \frac{(h-h_0)}{L}\right)^{\frac{5}{6}} \mathrm{d}h \tag{4-19}$$

对于上行平面波，对数正态分布的方差表示为

$$\sigma_\chi^2 = 0.56 k^{\frac{7}{6}} (\sec\theta)^{\frac{11}{6}} \int_{h_0}^{h_0+L} C_n^2(h)(h-h_0)^{\frac{5}{6}} \mathrm{d}h \tag{4-20}$$

上行球面波对数正态分布的方差表示为

$$\sigma_\chi^2 = 0.56 k^{\frac{7}{6}} (\sec\theta)^{\frac{11}{6}} \int_{h_0}^{h_0+L} C_n^2(h)(L+h_0-h)^{\frac{5}{6}} \left(1 - \frac{(L+h_0-h)}{L}\right)^{\frac{5}{6}} \mathrm{d}h \tag{4-21}$$

大气湍流引起的强度起伏符合对数正态分布，表示为

$$p_I(I) = \frac{1}{\sqrt{2\pi} I \sigma_I} \exp\left\{ -\frac{\left[\ln\left(\frac{I}{\langle I \rangle}\right) + \frac{1}{2}\sigma_I^2\right]^2}{2\sigma_I^2} \right\} \tag{4-22}$$

$\langle I \rangle$ 代表平均辐照度。不同强度起伏对数方差下的接收强度的概率分布如图 4-3 所示。

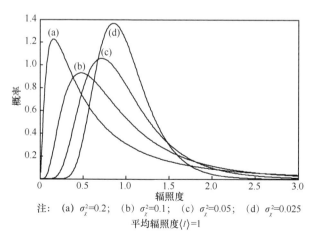

注：(a) $\sigma_\chi^2 = 0.2$；(b) $\sigma_\chi^2 = 0.1$；(c) $\sigma_\chi^2 = 0.05$；(d) $\sigma_\chi^2 = 0.025$
平均辐照度 $\langle I \rangle = 1$

图 4-3　不同强度起伏对数方差下的接收强度的概率分布

对于平面波传播，下行大气湍流信道的大气相干长度 r_0 可以表示为

$$r_0 = \left[0.423 \sec(\theta) k^2 \int_{h_0}^{h_0+L} C_n^2(h) \mathrm{d}h \right]^{-\frac{3}{5}} \tag{4-23}$$

经过大气湍流后，激光波面受到破坏，其相位结构常数功率谱表示为

$$D_\phi(\boldsymbol{R}) = 6.88 \left(\frac{\boldsymbol{R}}{r_0}\right)^{\frac{5}{3}} \qquad (4\text{-}24)$$

大气相干长度等于空间两点的相位变化方差，约等于 1 rad 的距离。r_0 与 $\lambda^{\frac{6}{5}}$ 成正比，λ 为波长，大气视宁度定义为

$$\text{视宁度} = \frac{\lambda}{r_0} \qquad (4\text{-}25)$$

到达角起伏扰动服从零平均高斯分布，其方差表示为

$$\sigma_{\alpha x}^2 = \sigma_{\alpha y}^2 = 0.182 \times \left(\frac{D}{r_0}\right)^{\frac{5}{3}} \left(\frac{\lambda}{D}\right)^2 \qquad (4\text{-}26)$$

其中，D 是接收望远镜口径，λ 为激光波长。大气信道的各向同性角可以表示为

$$\theta = \left[2.91 k^2 (\sec\theta)^{\frac{8}{3}} \int_{h_0}^{L+h_0} C_n^2(h) h^{\frac{5}{3}} \mathrm{d}h \right]^{-\frac{3}{5}} \qquad (4\text{-}27)$$

4.2.2　地面站典型设计

与传统的射频通信相比，星间激光通信具有通信速率高、保密性强、终端体积小和重量轻等优点，需要精准的 PAT 技术保证链路的建立和维持。与星间链路相比，星地链路由于受到云层遮挡、大气湍流等因素的影响，链路的可用度将会大大降低。

光学地面站设计需要考虑大气湍流随机信道的影响，尽可能提升通信链路的稳定性。

4.2.2.1　光学地面站设计要求

（1）选址要求

为了降低大气湍流效应对激光通信光束传播的影响，要求光学地面站尽量建在海拔高的站址，有效减小大气信道宽度。根据这个选址要求，现有的天文观测站大都符合高海拔、低湿度、晴天比例大、低大气湍流等要求。同时还需要考虑站址周围的配套基础设施，如交通、住宿、通信、电力等的保障。

如果是针对某些特定卫星的光学地面站，还需要考虑到站址与卫星的具体链路。如对于地球同步轨道，光学地面站应尽量放在低纬度地区，链路的仰角尽量高，保证把大气湍流的影响降至最低。为了保证地面站的可用度，通常要求地面站的方位角转动范围为 0°～360°，俯仰角的转动范围为 0°～90°，站址周围

尽量较少遮挡。

在光学地面站中，光学望远镜承担了光能量收集和背景光抑制两项功能，望远镜口径的大小取决于链路的预算。影响链路预算的主要是星上激光终端的光束发散角、发射光功率、链路距离等指标。地面站口径增加会显著提升接收光的能量，提升链路余量。但对于相干探测而言，不仅需要简单地增加口径，还需要保证大口径下接收波面的一致性，提升相干外差效率。

（2）地面站设计

以欧洲航天局的光学地面站为例分析地面站的结构和功能。该光学地面站完成了 SILEX、TerraSAR-X、LLCD 和 EDRS 等多个激光通信计划中的星地激光通信任务。欧洲航天局光学地面站的主要参数见表 4-3。

表 4-3　欧洲航天局光学地面站主要参数

参数	值
经度	16.510 1°W
纬度	28.299 5°N
海拔	2 393 m
技术	库德系统，不锈钢结构，SITAL 反射镜
入瞳直径	1 016 mm
库德焦距	36.5 m
望远镜瞄准机构	线性电动机，测速机，粗精编码器
开环指向精度	50 μrad

欧洲航天局光学地面站建筑的外部照片和剖面如图 4-4 所示。望远镜圆顶内部的照片如图 4-5 所示。

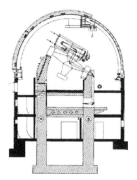

(a) 外部照片　　　　　　　　(b) 剖面

图 4-4　欧洲航天局光学地面站建筑的外部照片和剖面

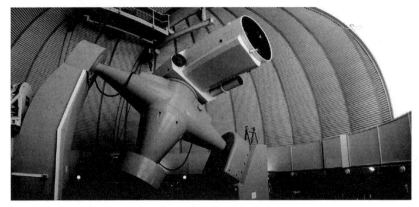

图 4-5　望远镜圆顶内部照片

地面站望远镜安装在地面站建筑的上层，由英氏支撑叉支撑。望远镜有两个用途：一是进行传统的天文观测，采用的是卡塞格林望远镜，焦距 13.3 m，视场为 45 角分，用于空间碎片观测；二是进行光学载荷测试，焦距 39 m，视场为 8 角分。为了避免中继光路产生湍流，将中继光路放置在真空管中进行传输。望远镜和后光路采用独立地基，尽可能减小外部环境的影响。

光学地面站的后光路位于库德房内，包括 PAT 系统的光学、驱动和探测部分，光学信号分析仪器和激光发射机。所有这些设备都放置在一个商业的 5 m×2 m 的光学平台上。

地面站后光路如图 4-6 所示，包括几个光学支路。第一个是接收支路，从望远镜接收到的信号光聚焦在库德焦点上，经过反射镜和准直镜将光束准直，并将入瞳重新成像于快反镜（FSM）表面。分束镜 1（BSM1）将可见光谱段光引入全库德视场相机中。该相机可以用来进行反照太阳卫星的观测和背景的监视，通过直接观测卫星可以进行瞄准验证。地面站望远镜后光路如图 4-7 所示。

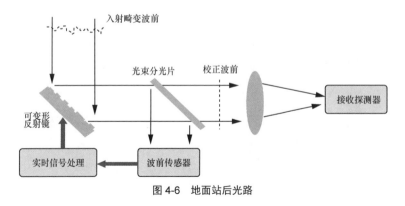

图 4-6　地面站后光路

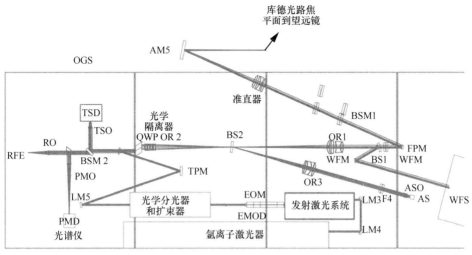

图 4-7　地面站望远镜后光路

　　快反镜用来进行捕获跟踪和大气的一阶波前倾斜的校正，该快反镜不仅要求口径大，还要求具备高带宽响应特性。经过快反镜的光由分束镜分出一部分进行波前探测，另一部分经过中继光路进入捕获探测器。再经过一个空间视场分束器，透射光再次被准直，然后经过一个光学隔离器，隔离发射光和接收光，隔离度可以达到 120 dB，光束经过一个滤波器和另外一个分色片，进入跟踪探测器和波前分析设备（包括接收波前测试、波长计、光谱分析仪和功率计等）。

　　发射光路从发射激光系统开始，激光器是氩离子激光器泵浦的 Titanium-sapphire 激光器。泵浦功率为 28 W，可以提供 7 W 的激光输出。选择该类型激光器的原因主要是其可以通过调节双折射滤光片实现 750～890 nm 波长的输出。光被激光器输出后经过电光调制器进行调制，分出一部分光进行分析，用于控制输出的波长和光功率。电光空间光调制器的调制速率可以达到 100 Mbit/s，码型为 NRZ。为了安全起见，在电光调制器后添加了一个机械开关，用于应急状态的激光遮挡。

　　输出的发射激光经过一个缩放系统，可以实现在望远镜出瞳处 40～300 mm 光束直径的调节，经过一个半波片调节偏振态。发射光路经过一个延迟网络，消除多路发射激光之间的相干性，降低大气湍流的影响。发射激光经过快反镜调节镜片，调整发射和接收光轴的指向一致性，同时也可以补偿星地链路的超前瞄准角。

　　（3）望远镜控制

　　望远镜控制主要任务如下。

　　① 初始化。用于检查望远镜的状态，进行自测试，为后续开展试验工作做准备。

② 捕获。读取捕获探测器的信号，一旦发现信标光，就会产生一个校正信号移动快反镜，保证信标光能够进入跟踪探测器的视场。同时发射支路的快反镜也校正了发射光轴。

③ 跟踪。一旦在跟踪探测器上发现信号，望远镜就进入了跟踪过程，将光斑锁定在中心 4 个像素上，闭环快反镜实现精跟踪。

④ 测量和数据记录。用于记录整个试验流程中的光谱分析仪、时钟、误码率等数据。

⑤ 望远镜控制。用于控制望远镜指向卫星位置，并且实现跟踪，数据来源于标准的空间轨迹数据文件。

表 4-4 列出了望远镜的主要接收和发射指标，其中涵盖了 PAT 分系统。

表 4-4　望远镜的主要接收和发射指标

指标	值
通信光	氩离子泵浦 Ti:Sap 激光器
激光功率（平均）	300 mW（出瞳）
激光光束束腰直径 $\frac{1}{e^2}$	40～300 mm，4 个高斯光束
通信波长	847 nm，调谐范围 843～853 nm
通信偏振态	左旋圆偏振
通信调制	NRZ，49.372 4 Mbit/s（固定数据速率）
数据接收探测器	Si：APD
数据接收视场	87.3 μrad
捕获探测器	Dalsa CA-D1-0128 帧转移 CCD 芯片，128 像素×128 像素，像元尺寸 16 μm×16 μm
捕获探测器帧率	30～400 Hz
单像素视场	20.5 μrad×20.5 μrad
捕获视场	2 327 μrad
跟踪传感器	Thomson TH7855A 帧转移 CCD 芯片，14 像素×14 像素，像元尺寸 23 μm×23 μm
跟踪传感器帧率	1 000 Hz 或 4 000 Hz
单像素视场	21.8 μrad×21.8 μrad
跟踪传感器视场	262 μrad
四象限探测	跟踪传感器中心 4 个像素
任务遥测记录	跟踪误差和照度 1 kHz
提前瞄准机构	单个两轴压电驱动快反镜，电容位置传感器
精跟踪机构	单个两轴电磁驱动快反镜，电感位置传感器

4.2.2.2　光学地面站 PAT 概述

因为光束发散角较小，因此光学 PAT 系统显得尤为重要。PAT 系统采用两个不同的探测器实现捕获跟踪对视场、探测精度、响应时间等的要求。第一个探测器为捕获探测器，其作用是首次探测接收到的信标光，并将发射信号光根据脱靶量指向调整后指向卫星，同时也将接收的信号光拉到跟踪探测器的视场内部。该探测器主要利用其高帧频实现稳定跟踪，跟踪时采用中心 4 个像素实现对目标的快速高精度闭环。3 个视场的关系和捕获跟踪过程如图 4-8 所示。

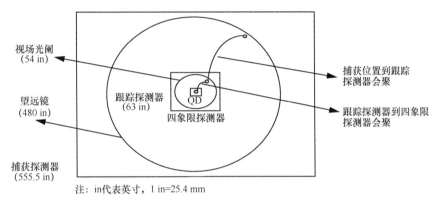

注：in代表英寸，1 in=25.4 mm

图 4-8　3 个视场的关系和捕获跟踪过程

从图 4-8 中可以看出，捕获探测器的视场最大，大于望远镜的接收视场；跟踪探测器的视场大于视场光阑的视场；四象限探测器位于跟踪探测器的中心 4 个像素。在捕获跟踪流程中，信标光斑经历了两次会聚过程，第一次为捕获位置到跟踪探测器会聚，第二次为跟踪探测器到四象限探测器会聚。

以欧洲航天局的 SILEX 计划中 Artemis 卫星对地面站的捕获跟踪流程为例进行说明，如图 4-9 所示。

第一步：星上激光终端和光学地面站均指向对方。Artemis 激光终端的口径为 250 mm，信标光波长为 800 nm。星上激光终端扫描，光学地面站凝视。

第二步：光学地面站探测到星上扫描的信标光，同时调整自身指向，保证地面站的上行信标光能够照亮卫星，将接收光斑从捕获探测器拉入跟踪探测器。

第三步：卫星收到地面站上行的信标光，同时停止信标光的扫描，将星上信标光重新指向地面站。地面站收到星上信标光后，星地开始双向跟踪，至此，星地捕获跟踪过程完成，可以转入通信阶段。

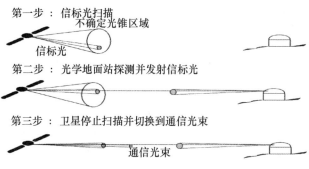

第一步 ： 信标光扫描
不确定光锥区域
信标光

第二步 ： 光学地面站探测并发射信标光

第三步 ： 卫星停止扫描并切换到通信光束
通信光束

图 4-9　Artemis 卫星对地面站的捕获跟踪流程

4.2.2.3　接收信号光信号强度和捕获概率

大气信道、光学透过率、地面站仰角等因素的影响，使得地面站接收到的光功率会产生大范围的变化。地面站的光功率在 100～7 000 pW 范围内。探测器接收到的光斑尺寸在湍流最小时的尺寸为 0.5″，在水平仰角时的光斑尺寸为 12″，光斑尺寸的定义为半峰全宽（FWHM）。捕获探测器和跟踪探测器的帧率、输出增益和探测阈值等参数会根据试验条件进行调整，保证捕获成功概率达到 0.999。两个探测器的主要性能指标分别见表 4-5、表 4-6。

表 4-5　捕获探测器的主要性能指标

主要性能参数	参数值
CCD 阵列尺寸	128 像素×128 像素
像元尺寸	16 μm×16 μm
有效视场（全视场）	480 in ×480 in（540 in ×540 in）
单像素视场	4.22 in×4.22 in
捕获成功概率	0.999
捕获算法	像素最大强度
脱靶量计算精度	±0.66 像素，每轴
帧率	1～400 Hz
输入信号光功率	100～3 000 pW
最大捕获时延	66.9 ms（指定 100 ms）

表 4-6　跟踪探测器的主要性能指标

主要性能参数	参数值
CCD 阵列尺寸	14 像素×14 像素
像元尺寸	23 μm×23 μm
有效视场（全视场）	54 in×54 in（63 in×63 in）
单像素视场	4.5 in×4.5 in
会聚算法	像素最大强度
四象限探测器	中心 2 像素×2 像素
跟踪算法	四象限中心算法，亚像素细分
信号增益	1、2、4、8 dB
输入信号光功率	94～7 400 pW
帧率	1 000～4 000 Hz

响应时间是最大的捕获流程中的持续时间。PAT 系统必须保证上行光束指向能够覆盖卫星，在这个过程中星上的信标光应该能够持续照亮地面站。地面站从探测到信标光到指向卫星完成的时间为 350 ms（最大为 384 ms）。

如果在这个时间内没有完成上行指向，就会导致星上信标光移动到下一个扫描点，不能完成双向的捕获跟踪。这个时间分为以下两部分。

（1）捕获持续时间。开始时间为捕获探测器探测到光信号时，结束时间为将光斑拉到跟踪探测器视场时，8'耗时应小于 200 ms。

（2）会聚时间。开始时间为跟踪探测器收到光信号时，结束时间为将光斑拉到四象限探测器中心视场时，54"耗时小于 150 ms。

上述时间还需要考虑星地传输时延，地球同步轨道的传输单程时延为 138 ms。星地链路时间预算如图 4-10 所示，光学地面站实际达到的时间性能见表 4-7。

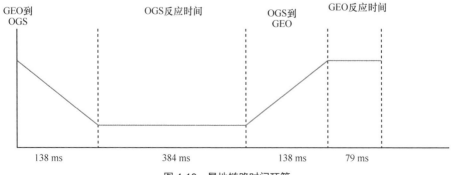

图 4-10　星地链路时间预算

表 4-7　光学地面站实际达到的时间性能

主要性能参数	参数值
探测时延	33 ms
捕获时延	平均 66 ms，最大 166 ms
地面站响应时间	平均 116 ms，最大 233 ms

PAT 系统在光闭环模式下，可以补偿大气湍流一阶项和望远镜引起的其他误差项。其补偿性能如图 4-11 所示，图中的实线表示外界的角度扰动大小随扰动频率的变化情况，虚线是光闭环后的剩余跟踪误差（残差）曲线。从图 4-11 中可以看出，PAT 系统在低频段（50 Hz 以下）有很好的补偿效果，但在高频段，受限于探测器的探测误差和执行器件的执行精度，对于外界扰动没有补偿效果，反而会增加剩余高频噪声。因此在设计时应合理设计跟踪带宽，降低总的剩余噪声。一般会定义扰动抑制比来判断 PAT 系统的扰动抑制能力，如式（4-28）所示。

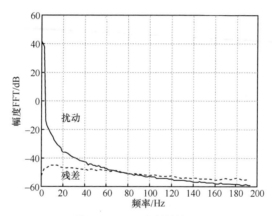

图 4-11　PAT 系统补偿性能

$$扰动抑制比 = \sqrt{\dfrac{\sum\limits_{f=0}^{f_{max}} 扰动功率}{\sum\limits_{f=0}^{f_{max}} 剩余噪声功率}} \qquad (4\text{-}28)$$

4.2.2.4　主控计算机概述

主控计算机分系统包括一系列功能和逻辑模块。其外部接口和功能如图 4-12 所示。主控计算机对外接口包括 PAT 系统、气象站、望远镜控制系统（TCS）、通信子系统计算机、载荷测试实验室等。

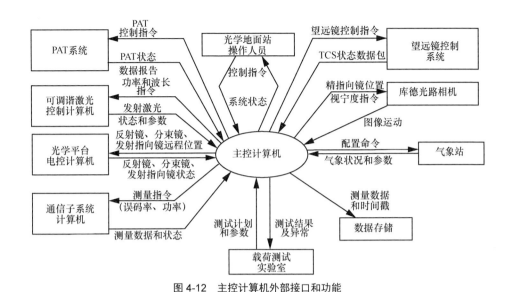

图 4-12　主控计算机外部接口和功能

逻辑模块的主要功能为执行测试计划和获取测试结果（如图 4-13 所示），主要用于通信试验任务的规划和实验数据的存储。

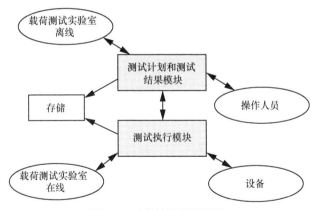

图 4-13　主控计算机逻辑模块

4.2.2.5　星地传输性能预测

下行信道采用平面波模型进行传输计算和性能预测。对于低仰角链路，考虑到大气湍流引起的强度闪烁饱和效应，采用了启发理论；对于高仰角链路，采用的是雷托夫弱湍流理论。

星地下行激光的传播效应与恒星下行传播的湍流效应是一样的，均可以近似为平面波，可以根据斜程大气随机信道的折射率结构常数 $C_n^2(z)$ 预测链路的行为。根据启发理论模型，可以计算出对数振幅扰动的空间协方差函数 $C_\chi(\boldsymbol{\rho})$。假设对数振幅符合正态随机分布，那么其强度扰动相对空间协方差函数 $C_I(\boldsymbol{\rho})$ 可以从对数振幅扰动中计算得到

$$C_I(\boldsymbol{\rho}) = \mathrm{e}^{4C_\chi(\boldsymbol{\rho})} - 1 \tag{4-29}$$

在接收端，由于望远镜口径有限，只能接收到很少一部分下行信号光功率，因此需要计算出望远镜接收功率的协方差函数 $C_\mathrm{p}(\boldsymbol{\rho})$。它与强度扰动空间协方差函数的关系表示为

$$C_\mathrm{P}(\boldsymbol{\rho}) = \int_S K_\mathrm{W}(\boldsymbol{\rho}')C_I(\boldsymbol{\rho}' + \boldsymbol{\rho})\mathrm{d}\boldsymbol{\rho}' \tag{4-30}$$

其中，$K_\mathrm{W}(\boldsymbol{\rho}')$ 为孔径光学传递函数。

一旦得到收集功率扰动的空间协方差函数，我们就可以利用泰勒假设计算出不同的横向风速收集功率扰动的时域协方差函数，风速的傅里叶变换产生了收集功率扰动谱密度 $S_\mathrm{p}(f)$。假设风速是一个正态随机分布，从收集功率扰动的空间协方差函数 $C_\mathrm{p}(\boldsymbol{\rho})$ 很容易计算收集功率对数振幅扰动空间协方差函数 $C_{\chi_\mathrm{p}}(\boldsymbol{\rho})$。零偏移条件下可以得到收集功率对数振幅方差 $\sigma_{\chi_\mathrm{p}}^2$，协方差函数的傅里叶变换可以得到收集功率对数振幅扰动谱 $S_{\chi_\mathrm{p}}(f)$。

欧洲航天局西班牙光学地面站的收集功率扰动对数振幅方差的计算结果如图 4-14 所示，望远镜口径为 1 m。

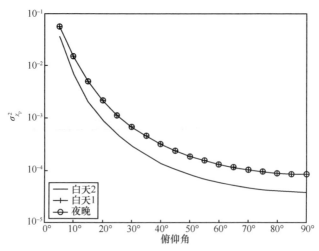

图 4-14　收集功率扰动对数振幅方差的计算结果

焦平面光斑的大小和抖动可以用大气相干长度 r_0 来表征，平面波时表示为

$$r_0 = \left[0.42k^2 \int_0^L C_n^2(z)\mathrm{d}z \right]^{-\frac{3}{5}} \qquad (4\text{-}31)$$

可以从到达角起伏空间协方差函数和泰勒假设估计出像动态运动特性。距离为 ρ、口径为 D 的两个望远镜，它们的到达角起伏空间协方差函数可以表示为

$$C_{1u2u}(\rho) = \frac{32\pi^2}{D^2} \times 0.033 \int_0^L C_n^2(z) \int_0^\infty k^{-\frac{8}{3}} J_1^2\left(\frac{D}{2}k\right) J_0(\rho k)\mathrm{d}k\mathrm{d}z \qquad (4\text{-}32)$$

其中，k 为空间频率，$C_n^2(z)$ 是从地面站到卫星的折射率结构常数。

用 $v\tau$ 替代式（4-32）中的 ρ（v 为沿路径的横向风速），可以得到到达角起伏的时域协方差函数 $C_u(\tau)$，到达角起伏的谱 $S_{\alpha_u}(f)$ 表示为

$$S_{\alpha_u}(f) = \int_{-\infty}^{\infty} C_u(\tau)\mathrm{e}^{-\mathrm{i}2\pi f\tau}\mathrm{d}\tau \qquad (4\text{-}33)$$

4.2.2.6　单光束上行链路模型

单光束上行链路模型仅考虑两种强度扰动源：一是轴上光度闪烁，光强闪烁不受光束漂移影响；二是光束漂移，光束漂移会引起强度抖动。上行链路模型如图 4-15 所示。

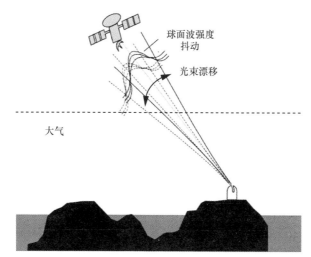

图 4-15　上行链路模型（球面波强度抖动叠加在受漂移效应影响的光束上）

为得到解析结果，进行如下假设：

① 轴上光强闪烁采用球面波模型进行计算；

② 光束漂移统计用下行平面波的到达角起伏进行处理，在计算时用上行光束的直

径代替接收口径 D。

当发射光束的发散角很大时，第一个假设非常实用。由于地面站的上行发散角可调，因此当发散角设置很小时，很难再用球面波近似来考虑轴上闪烁。卫星上收到的实时光强闪烁可以表示为

$$I = I_0 e^{2(\chi_s + \chi_w)} \tag{4-34}$$

其中，I_0 为光轴上的平均功率，χ_s 和 χ_w 分别为除光束漂移外产生的对数振幅扰动和光束漂移产生的对数振幅扰动。

湍流对高斯光束的影响表现为短曝光角半径 $\left(\dfrac{1}{e}\right)\Delta\theta$ 的均方根，χ_w 与瞬时光束角偏移量有关，表示为

$$\chi_w = -\frac{1}{2}\frac{\alpha^2}{\Delta\theta^2} \tag{4-35}$$

假设 χ_s 和 χ_w 为独立随机变量，定义新的变量 $\chi = \chi_s + \chi_w$，其对数振幅扰动的概率密度函数是两个独立随机变量概率密度函数的卷积，表示为

$$f_\chi(\chi) = \int_{-\infty}^{\infty} f_{\chi_w}(\chi') f_{\chi_s}(\chi - \chi') \mathrm{d}\chi' \tag{4-36}$$

其中，$f_{\chi_s}(\chi_s)$ 和 $f_{\chi_w}(\chi_w)$ 分别是 χ_s 和 χ_w 的概率密度函数。

χ_s 的正态概率分布表示为

$$f_{\chi_s}(\chi_s) = \frac{1}{\sqrt{2\pi}\sigma_{\chi_s}} e^{\frac{(\chi_s + \sigma_{\chi_s}^2)^2}{2\sigma_{\chi_s}^2}} \tag{4-37}$$

如果湍流引起的角度偏差 α_x 和 α_y 服从独立零平均正态分布，总的方差为 α_α^2，χ_w 是一个服从指数律的随机变量，其概率密度函数表示为

$$f_{\chi_w}(\chi_w) = U(-\chi_w)\left(\frac{\Delta\theta}{\sigma_\alpha}\right)^2 e^{\left(\frac{\Delta\theta}{\sigma_\alpha}\right)^2 \chi_w} \tag{4-38}$$

其中，$U(x)$ 是阶跃函数。将式（4-37）和式（4-38）代入式（4-36），可以得到

$$f_\chi(\chi) = \frac{1}{2}\left(\frac{\Delta\theta}{\sigma_\alpha}\right)^2 e^{\left(\frac{\Delta\theta}{\sigma_\alpha}\right)^2 \left\{\sigma_{\chi_s}^2\left[\frac{1}{2}\left(\frac{\Delta\theta}{\sigma_\alpha}\right)^2 + 1\right] + \chi\right\}} \mathrm{erfc}\left\{\frac{1}{\sqrt{2}}\sigma_{\chi_s}\left[\frac{\chi + \sigma_{\chi_s}^2}{\sigma_{\chi_s}^2} + \left(\frac{\Delta\theta}{\sigma_\alpha}\right)^2\right]\right\} \tag{4-39}$$

当 $\rho = 0$ 时，接收端球面波的大气对数振幅扰动空间协方差函数 $C_{\chi_s}(\rho)$ 的方差为 $\sigma_{\chi_s}^2$。χ_w 的空间协方差函数 $C_{\chi_w}(\rho)$ 表示为

$$C_{\chi_{\mathrm{w}}}(\rho) = \frac{C_{1u2u}^2(\rho)}{\Delta\theta^4} \qquad (4\text{-}40)$$

其中，$C_{1u2u}(\rho)$ 由式（4-32）得到，将其中的 D 替换为 $\sqrt{2}W_0$，W_0 是光强下降到 $\dfrac{1}{\mathrm{e}^2}$ 时的束腰半径，很明显可以得到

$$C_{1u2u}(0) = \sigma_\alpha^2 \qquad (4\text{-}41)$$

因为 χ_{s} 和 χ_{w} 是独立随机变量，所以变量 $\chi = \chi_{\mathrm{s}} + \chi_{\mathrm{w}}$ 的方差为两个独立变量方差的和。χ_{s} 的方差 $\sigma_{\chi_{\mathrm{s}}}^2 = \left(\dfrac{\sigma_\alpha}{\Delta\theta}\right)^4$，可以得到

$$\sigma_\chi^2 = \sigma_{\chi_{\mathrm{w}}}^2 + \left(\frac{\sigma_\alpha}{\Delta\theta}\right)^4 \qquad (4\text{-}42)$$

上述理论的有效性通过分布算法和分形相位屏算法进行了验证。采用的大气湍流模型为夜间湍流模型，仿真了 30° 和 90° 两个不同仰角的情况，如图 4-16 所示。从仿真结果可以看出，当发射激光的口径比较小时，对应光束的发散角比较大，数值的模拟结果和理论仿真结果的一致性比较好。随着发射口径的增加，数值模拟的结果与理论仿真结果差别越来越大。在仰角为 30°，发射口径小于 0.02 m 时两者基本一致；当仰角为 90°，发射口径小于 0.03 m 时两者基本一致。实际上，当光束漂移明显时，卫星接收到的光功率存在较严重的强度抖动。

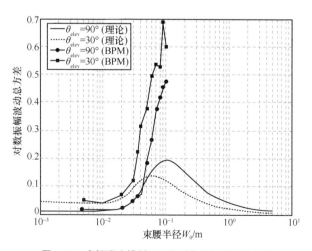

图 4-16　夜间湍流模型下卫星对数振幅波动总方差

利用泰勒假设，可以计算球面波的时域相关函数，通过计算大气单元切片在 z 距离

处 dz 长度对应的 $dC_{\chi_{\mathrm{S}}}(\rho)$，将 ρ 用 $\left(\dfrac{L}{z}\right)v\tau$ 代替，整个对数振幅扰动时域协方差函数可以表示为

$$C_{\chi}(\tau) = C_{\chi_{\mathrm{S}}}(\tau) + C_{\chi_{\mathrm{W}}}(\tau) \tag{4-43}$$

从式（4-43）可以看出，对数振幅扰动的瞬时谱可以计算得到

$$S_{\chi}(f) = \int_{-\infty}^{+\infty} C_{\chi} \mathrm{e}^{-\mathrm{j}2\pi f\tau} \mathrm{d}\tau \tag{4-44}$$

当 $\rho = 0$ 时，可以得到修正的光束漂移功率谱为

$$S_{\chi_{\mathrm{W}}}(f) = \int_{-\infty}^{+\infty} C_{\chi_{\mathrm{W}}}(\tau) \mathrm{e}^{-\mathrm{j}2\pi f\tau} \mathrm{d}\tau \tag{4-45}$$

4.2.2.7 多光束上行模型

多光束上行模型可以认为与多个扩展的 M 点光源模型相同。假设多个光源是相互独立的，可以得到空间协方差函数轴上表达式为

$$C_{\chi_{\mathrm{T}}}(r) = \frac{1}{M}\sum_{i=1}^{M} C_{\chi}^{\mathrm{S}}(r) + \frac{1}{M^2}\sum_{i=1}^{M}\sum_{j=1,\,j\neq i}^{M} C_{\chi}^{\mathrm{PR}}(\rho_i - \rho_j) \tag{4-46}$$

其中，$C_{\chi}^{\mathrm{S}}(r)$ 代表从地面到卫星的球面波对数振幅扰动的空间协方差函数，$C_{\chi}^{\mathrm{PR}}(r)$ 代表从卫星到地面的平面波对数振幅扰动的空间协方差函数，ρ_k 代表第 k 个光源的位置矢量。

对于光束漂移，联合概率密度函数表示为

$$f_{\alpha}(\alpha_{1x}, \alpha_{1y}, \alpha_{2x}, \alpha_{2y}, \cdots, \alpha_{Mx}, \alpha_{My}) = \frac{1}{(2\pi)^N |C|^{\frac{1}{2}}} \mathrm{e}^{-\frac{\alpha^{\mathrm{T}}|C|^{-1}\alpha}{2}} \tag{4-47}$$

其中，C 是角度扰动的协方差矩阵。将闪烁和漂移分量合在一起（$F_{L_{\mathrm{C}}} = F_{L_{\mathrm{T}}} + F_{L_{\mathrm{W}}}$），可以得到概率分布函数

$$F_{L_{\mathrm{C}}}(L_{\mathrm{C}}) = \int_{-\infty}^{+\infty} f_{L_{\mathrm{T}}}(L) F_{L_{\mathrm{W}}}(L_{\mathrm{C}} - L)\mathrm{d}L = f_{L_{\mathrm{T}}} \otimes F_{L_{\mathrm{W}}} \tag{4-48}$$

其中 $\otimes$ 代表卷积。图 4-17 表示 40 mm 口径情况下光束数量分别为 1、2、3、4 个时的退化概率。在光学地面站（可看作距离间隔 1 m 的方形）内，光束口径距离间隔变化对轴上闪烁效应的平均可忽略不计。图 4-17 中，对光束漂移带来的闪烁效应，多光束呈现出显著的平均效果，表现为随光束数量增加，超过给定退化损耗 L_0 的概率降低；当退化损耗 L_0 增大时，多光束平均效应更加显著。该方法适用于弱强度或中等强度的积分大气折射性湍流。

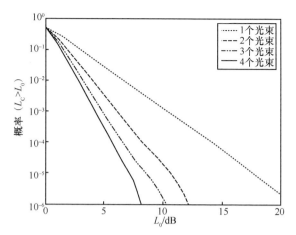

图 4-17 40 mm 口径情况下光束数量分别为 1、2、3、4 个时的退化概率

| 4.3 通信光和信标光收发系统结构 |

通信光承担着激光信息加载的任务，信标光承担着捕获和跟踪的任务。虽然它们承担的任务不同，但都需要有精确的指向，并且需要尽可能地保证两个激光光轴的一致性。常见的通信光和信标光的收发系统结构有以下几种。

4.3.1 通信光、信标光旁轴式结构

通信光、信标光旁轴式结构利用了信标光发散角大，通信光发散角小的特点。一般情况下，通信光的发散角小于 40 μrad。信标光为了快速完成捕获任务，要求其发散角远大于通信光的发散角，典型值为 400 μrad。通信光和信标光的发射口径相差 10 倍，也就是说信标光的发射口径很小，如图 4-18 所示。

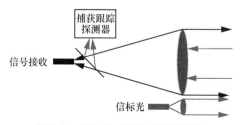

图 4-18 通信光、信标光旁轴式结构

这种结构中通信光和信标光不共光路，但由于信标光的口径很细，因此不太影响整个激光终端的体积和重量。这种方式发射信标光旁轴，接收信标光与通信收发共用一个望远镜系统，保证接收能量。它的优点是解决了信标光发射和接收之间的隔离度问题，可以使发射信标光和接收信标光之间的波长相同，易于配对使用；缺点是容易产生发射信标光的光轴和接收捕获跟踪探测器的光轴之间的不一致，严重时会导致捕获跟踪建链困难。

4.3.2 通信光、信标光同轴式结构

为了解决通信光、信标光旁轴式结构的问题，提出了通信光、信标光同轴式结构，如图 4-19 所示。这种结构的信标光和通信光采用同一个收发望远镜实现发射和接收。由于采用了共光路、同轴结构，因此，要求发射信标光的波长与接收信标光的波长分开，才能实现收发隔离满足要求。

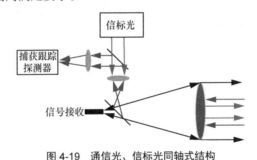

图 4-19 通信光、信标光同轴式结构

由于收发采用不同的激光波长，无法实现激光终端的可互换，因此对于动态链路建立是不利的。由于采用了同光路、同轴式结构，因此信标光的发散角也做到宽范围变化，可适应具体应用场景。

4.3.3 通信光、信标光合一式结构

前面两种通信光、信标光的结构都要求有独立的信标光，实现激光星间链路的建立和保持。由于没有独立的信标光，因此需要从通信光中分出一部分激光能量作为信标光实现捕获跟踪。通信光、信标光合一式结构如图 4-20 所示。

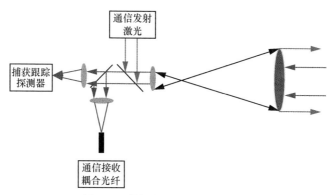

图 4-20　通信光、信标光合一式结构

通信发射激光通过偏振或波长将接收信号光和发射信号光进行合束，接收到的信号光经过能量分光片后，一少部分信号光作为信标光进入捕获跟踪探测器，大部分信号光进入通信接收耦合光纤。这种结构减少了一个信标光发射源，降低了系统的复杂度，但会带来3 个问题：一是信标光的发散角与通信光相同，带来扫描捕获时间的增加；二是由于采用了收发共光路同轴结构，隔离度实现难度大，因此需要在捕获阶段增加电子学隔离措施，发端和收端采用不同的强度调制频点实现隔离；三是固定的捕获、通信分光比会造成信号光能量的损失，特别是对于低速高灵敏通信系统的影响尤为明显。

综上所述，这种体系结构适用于高通信速率、不确定区域小的应用场景。

| 4.4　光学捕获跟踪系统结构 |

光学捕获跟踪系统包括捕获探测器、跟踪探测器、精跟踪快反镜、超前快反镜、粗跟踪机构几部分。其从系统结构上讲，可分为有粗跟踪结构和无粗跟踪结构两大类。无粗跟踪结构主要适用于两颗卫星相对关系固定的场景，或者利用卫星自身进行粗跟踪指向的两种情形，这里不展开讨论。

粗跟踪结构在捕获跟踪系统结构中扮演着最重要的角色，这里重点展开讨论粗跟踪结构。常见的粗跟踪结构包括经纬仪式、潜望镜式、单反射镜式、双棱镜式等 4 种。

4.4.1　经纬仪式

经纬仪式粗跟踪结构如图 4-21 所示，包括方位轴、俯仰轴、U 形架、望远镜、库德光路等部分。这种粗跟踪结构可以实现半球以上的跟踪范围，也是目前应用最为广泛的一种结构形式。它的优点是跟踪范围大，相位中心基本固定，可以减少对相位中心的影响；其缺点是望远镜随着 U 形架一起转动，因此转动惯量很大；另外望远镜热控、俯仰轴的控制和驱动线缆需要甩线到固定基座，这就会带来绕线产生的阻力矩，并有可能带来可靠性隐患。为了避免光信号甩线问题，通常采用库德光路解决该问题。望远镜口径大于 150 mm 时，均采用该结构，能够达到重量、转动范围等的最优化。

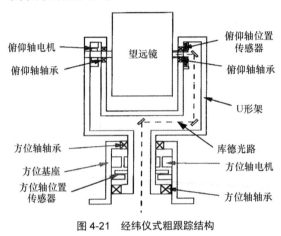

图 4-21　经纬仪式粗跟踪结构

采用库德光路，可以避免光纤的穿轴问题。光束在穿轴过程中，如果光束和俯仰轴、方位轴不重合，就会出现画圆的现象，引起后光路光斑的空间位置和角度随俯仰轴、方位轴的转动而变化。

经纬仪式激光通信终端在加工过程中存在误差，在装调过程中也存在偏差，使用过程中还有重力变形等因素会导致误差，如图 4-22 所示。望远镜的光轴指向或跟踪轴存在与理论值之间的偏差，因此需要通过指向模型修正达到提升指向精度的目的。

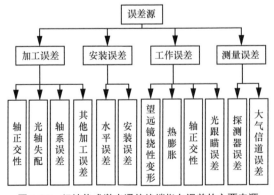

图 4-22　经纬仪式激光通信终端指向误差的主要来源

指向误差示意如图 4-23 所示。

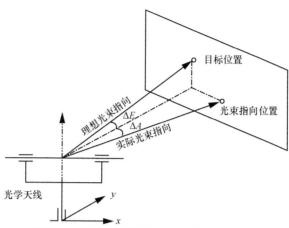

坐标定义：方位角和俯仰角都为0°时，望远镜的指向
+y轴为水平面内，正北方向，+x轴为正东方向

图 4-23　指向误差示意

在计算望远镜理论指向时，根据其方位和俯仰码盘值进行计算。因为方位轴的旋转会影响俯仰轴，因此应先执行俯仰轴旋转，再执行方位轴旋转。望远镜初始的向量 $\boldsymbol{P}(0,0)$ 表示为

$$\boldsymbol{P}(0,0)=\begin{pmatrix}0\\1\\0\end{pmatrix}\tag{4-49}$$

两轴经纬仪的旋转矩阵表示为

$$\boldsymbol{R}_{\mathrm{S}}=\boldsymbol{R}_A\boldsymbol{R}_E=\begin{pmatrix}\cos A & \sin A\cos E & -\sin A\sin E\\-\sin A & \cos A\cos E & -\cos A\sin E\\0 & \sin E & \cos E\end{pmatrix}\tag{4-50}$$

望远镜最终的光轴指向可以表示为

$$\boldsymbol{P}(A,E)=\boldsymbol{R}_{\mathrm{S}}(A,E)\boldsymbol{P}(0,0)=\begin{pmatrix}\sin A\cos E\\\cos A\cos E\\\sin E\end{pmatrix}=\begin{pmatrix}P_1\\P_2\\P_3\end{pmatrix}\tag{4-51}$$

同样，也可以通过指向矢量获得望远镜的方位角 A 和俯仰角 E 为

$$A=\arctan\left(\frac{P_1}{P_2}\right)\tag{4-52}$$

$$E = \arcsin P_3 \qquad (4\text{-}53)$$

造成水平误差的原因有两种：一种是置平不好，致使垂直轴偏离了铅垂线方向，这种情况在望远镜旋转时并不改变垂直轴在空间的指向，设垂直轴在空间的方位角为 a，其偏离铅垂线的角度为 b_2；另一种是仪器的水平轴和垂直轴不正交，设其偏角为 b_1。仪器的准直差是由望远镜的主光轴与水平轴不垂直引起的，不垂直量用 c 表示。二维转台的 3 个主要光轴差如图 4-24 所示。

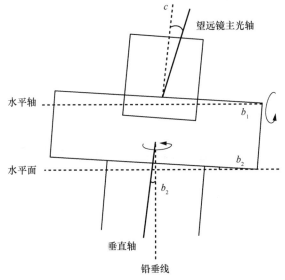

图 4-24　二维转台的 3 个主要光轴差

b_1 和 c 与仪器制造工艺有关，对同一台仪器这两个量可视为常量，根据目前的工艺水平可控制在角秒量级。b_1 和 c 对测量方位角和天顶距的影响表现为望远镜的视轴误差。

目前使用的模型可以归结为两种，一种是系数具有实际物理含义的基本参数模型，形式如下

$$\Delta A = X_1 + X_4 \tan E + X_5 \sec E + X_6 \cos A \tan E + X_7 \tan E \sin A \qquad (4\text{-}54)$$

$$\Delta E = X_2 + X_3 \cos E + X_6 \sin A + X_7 \cos A \qquad (4\text{-}55)$$

式中，ΔA 和 ΔE 为方位和高度的 $O\!-\!C$ 值（观测值与计算值之差），A、E 为理论方位和高度角，$X_1 \sim X_7$ 共 7 个系数各自的物理含义见表 4-8。

表 4-8　$X_1 \sim X_7$ 共 7 个系数各自的物理含义

系数	物理含义
X_1	方位零点差
X_2	高度零点差
X_3	镜筒重力变形差
X_4	水平轴与垂直轴不正交差
X_5	光轴与高度轴不正交差
X_6	方位轴东西倾斜差
X_7	方位轴南北倾斜差

4.4.2　潜望镜式

潜望镜式粗跟踪结构由两块平面反射镜组成，如图 4-25 所示。第一块平面反射镜称为方位轴反射镜，它的转动会带来方位角的变化；第二块平面反射镜称为俯仰轴反射镜，它的转动会带来俯仰角的变化。对于相干通信而言，需要保证出射光的偏振态是圆偏振光，两个反射镜都需要镀保偏高反膜。

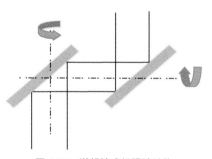

图 4-25　潜望镜式粗跟踪结构

潜望镜式粗跟踪结构具有扫描范围大，转动部件惯量小，粗跟踪和后面的收发望远镜及后光学耦合小，易于实现前后光路对接的优点。其缺点是运动包络大，方位轴和俯仰轴是偏心结构，在地面调试时需要进行配重。潜望镜式粗跟踪结构一般适用于小于 130 mm 的通光口径。

4.4.3　单反射镜式

单反射镜式粗跟踪结构采用一个反射镜实现方位轴和俯仰轴两个方向的角度扫

描，具有结构紧凑、体积小、重量轻的优点。单反射镜式粗跟踪结构在不同光束扫描范围内的口径要求如图 4-26 所示。这种粗跟踪结构可以实现方位轴的大范围扫描，但是俯仰轴由于受到镜面尺寸的影响，很难实现大角度扫描。根据入射角度的不同，对反射镜的尺寸要求如下

$$\Phi = \frac{D}{\cos\left(\theta_0 + \dfrac{\Delta\theta}{2}\right)} \tag{4-56}$$

其中，Φ 为反射镜的尺寸，D 为通光口径，θ_0 为初始入射角，$\Delta\theta$ 为光学俯仰扫描角度。

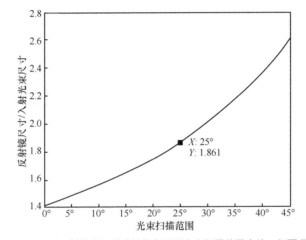

图 4-26　单反射镜式粗跟踪结构在不同光束扫描范围内的口径要求

从式（4-56）可以看出，随着光束扫描范围的扩大，反射镜的尺寸急剧增加，当光束扫描范围为 ±25° 时，反射镜的尺寸最小为入射光束的 1.861 倍。因此这种结构只能用在对俯仰角扫描范围要求较小的场合。由于采用单个反射镜实现了方位轴和俯仰轴两维的扫描，因此体积和重量都很小，但也存在俯仰轴线缆的穿轴问题。单反射镜式粗跟踪结构如图 4-27 所示。

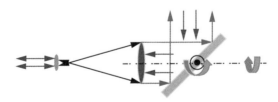

图 4-27　单反射镜式粗跟踪结构

4.4.4　双棱镜式

双棱镜式粗跟踪结构由两个相同的棱镜组成，两个棱镜背靠背放置，保证光束的平移量最小。旋转双棱镜式粗跟踪结构原理如图 4-28 所示。

(a) 夹角为180°　　　(b) 夹角为0°(向下光束)　　　(c) 夹角为0°(向上光束)

图 4-28　旋转双棱镜式粗跟踪结构原理

旋转双棱镜利用棱镜的折射产生光束的偏转，通过组合两个棱镜不同的状态实现在一定锥角范围内的扫描。图 4-28（a）中两个棱镜的夹角为 180°，两个棱镜等效为一个光学平板，只产生光束的平移，不产生角度偏转；图 4-28（b）中两个棱镜的夹角为 0°，此时产生向下的光束偏转角最大；图 4-28（c）中两个棱镜的夹角为 0°，此时产生向上的光束偏转角最大。

当两个棱镜的夹角较小时，产生的光束偏转角如图 4-29 所示。

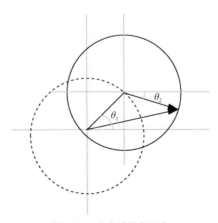

图 4-29　光束偏转角示意

第 1 个棱镜产生的角度偏转量为 A_1，第 2 个棱镜产生的角度偏转量为 A_2，根据图 4-29 可以得到水平方向的偏转角和垂直方向的偏转角为

$$\begin{cases} \theta_x = A_1 \cos\theta_1 + A_2 \cos\theta_2 \\ \theta_y = A_1 \sin\theta_1 + A_2 \sin\theta_2 \end{cases}$$

（4-57）

在实际使用中，一般选择 $A_1 = A_2 = A$ ，式（4-57）变为

$$\begin{cases} \theta_x = A\cos\theta_1 + A\cos\theta_2 \\ \theta_y = A\sin\theta_1 + A\sin\theta_2 \end{cases} \tag{4-58}$$

换算为方位角和俯仰角的形式

$$\begin{cases} \theta = \pi + \dfrac{\theta_1 + \theta_2}{2} \\ \varphi = 2A\cos\left(\dfrac{\theta_1 - \theta_2}{2}\right) \end{cases} \tag{4-59}$$

其中，A 为单个棱镜产生的光束偏转角，表示为

$$A = (n-1)\alpha \tag{4-60}$$

n 为棱镜折射率，α 为棱镜顶角。

当需要更精确的棱镜偏转角时，就需要用到矢量折射定律

$$\boldsymbol{B}_2 = \frac{n_1}{n_2}\boldsymbol{B}_1 + P\boldsymbol{N}_{12} \tag{4-61}$$

其中，$P = \sqrt{1 - \left(\dfrac{n_1}{n_2}\right)^2 \left[1 - (\boldsymbol{B}_1\boldsymbol{N}_{12})^2\right]} - \dfrac{n_1}{n_2}(\boldsymbol{B}_1\boldsymbol{N}_{12})$ ，n_1、n_2 分别为入射光和出射光的介质折射率，$\boldsymbol{N}$ 为界面法线矢量，由介质 1 指向介质 2，$\boldsymbol{B}_1$ 为入射光法线矢量，$\boldsymbol{B}_2$ 为出射光法线矢量。

利用光线追迹的方法实现光束偏转角的计算，假设入射光方向矢量为 $\boldsymbol{C}_1$ ，两个棱镜 4 个表面在 4 个平面内，表示为

$$\begin{cases} A_{x1}(x - x_1) + A_{y1}(y - y_1) + A_{z1}(z - z_1) = 0 \\ A_{x2}(x - x_2) + A_{y2}(y - y_2) + A_{z2}(z - z_2) = 0 \\ A_{x3}(x - x_3) + A_{y3}(y - y_3) + A_{z3}(z - z_3) = 0 \\ A_{x4}(x - x_4) + A_{y4}(y - y_4) + A_{z4}(z - z_4) = 0 \end{cases} \tag{4-62}$$

其中，$(0,0,z_1),(0,0,z_2),(0,0,-z_2),(0,0,-z_1)$ 为两个棱镜在旋转角度均为 $0°$ 时与 z 轴的交点。同时假设两个棱镜背靠背放置，平面的方程变为

$$\begin{cases} A_{x1}(x - 0) + A_{y1}(y - 0) + A_{z1}(z - z_1) = 0 \\ A_{z2}(z - z_2) = 0 \\ A_{z1}(z + z_2) = 0 \\ A_{x4}(x - 0) + A_{y4}(y - 0) + A_{z4}(z + z_1) = 0 \end{cases} \tag{4-63}$$

第 1 个棱镜的旋转角度为 θ_1 ，第 2 个棱镜的旋转角度为 θ_2 ，此时两个棱镜 4 个平

面的法线矢量分别表示为

$$N_1 = \begin{pmatrix} -\cos\theta_1 \sin\alpha \\ -\sin\theta_1 \sin\alpha \\ \cos\alpha \end{pmatrix} \tag{4-64}$$

$$N_2 = \begin{pmatrix} 0 \\ 0 \\ 1 \end{pmatrix} \tag{4-65}$$

$$N_3 = \begin{pmatrix} 0 \\ 0 \\ 1 \end{pmatrix} \tag{4-66}$$

$$N_4 = \begin{pmatrix} \cos\theta_2 \sin\alpha \\ \sin\theta_2 \sin\alpha \\ \cos\alpha \end{pmatrix} \tag{4-67}$$

旋转后的平面方程变为

$$\begin{cases} N_1 r_1 = 0 \\ N_2 r_2 = 0 \\ N_3 r_3 = 0 \\ N_4 r_4 = 0 \end{cases} \tag{4-68}$$

其中

$$r_1 = \begin{pmatrix} x \\ y \\ z-z_1 \end{pmatrix}, \quad r_2 = \begin{pmatrix} 0 \\ 0 \\ z-z_2 \end{pmatrix}, \quad r_3 = \begin{pmatrix} 0 \\ 0 \\ z+z_2 \end{pmatrix}, \quad r_4 = \begin{pmatrix} x \\ y \\ z+z_1 \end{pmatrix}$$

假设入射光方向矢量用 C_1 表示，该光线与 $z=z_{\text{in}}$ 平面的交点 Q_1 的坐标为 $(x_{\text{in}}, y_{\text{in}}, z_{\text{in}})$，光线方程表示为

$$\begin{cases} x = x_{\text{in}} + C_{1x} t \\ y = y_{\text{in}} + C_{1y} t \\ z = z_{\text{in}} + C_{1z} t \end{cases} \tag{4-69}$$

计算出该光线与第 1 个棱镜的第 1 个表面的交点 Q_2 的坐标为

$$\begin{cases} x_{11} = x_{\text{in}} + C_{1x} \dfrac{\cos\theta_1 \sin(\alpha) x_{\text{in}} + \sin\theta_1 \sin(\alpha) y_{\text{in}} - \cos(\alpha) z_{\text{in}} + \cos(\alpha) z_1}{\cos(\alpha) C_{1z} - \cos\theta_1 \sin(\alpha) C_{1x} - \sin\theta_1 \sin(\alpha) C_{1y}} \\[3mm] y_{11} = y_{\text{in}} + C_{1y} \dfrac{\cos\theta_1 \sin(\alpha) x_{\text{in}} + \sin\theta_1 \sin(\alpha) y_{\text{in}} - \cos(\alpha) z_{\text{in}} + \cos(\alpha) z_1}{\cos(\alpha) C_{1z} - \cos\theta_1 \sin(\alpha) C_{1x} - \sin\theta_1 \sin(\alpha) C_{1y}} \\[3mm] z_{11} = z_{\text{in}} + C_{1z} \dfrac{\cos\theta_1 \sin(\alpha) x_{\text{in}} + \sin\theta_1 \sin(\alpha) y_{\text{in}} - \cos(\alpha) z_{\text{in}} + \cos(\alpha) z_1}{\cos(\alpha) C_{1z} - \cos\theta_1 \sin(\alpha) C_{1x} - \sin\theta_1 \sin(\alpha) C_{1y}} \end{cases} \tag{4-70}$$

经过第 1 个棱镜第 1 个表面折射后的光线矢量为

$$C_2 = \frac{1}{n}C_1 + P_1 N_1 \tag{4-71}$$

其中，$P_1 = \sqrt{1 - \left(\frac{1}{n}\right)^2 \left[1 - \left(C_1 N_1\right)^2\right]} - \frac{1}{n}\left(C_1 N_1\right)$。

在第 1 个棱镜内部的光线方程可以表示为

$$\begin{cases} x = x_{11} + C_{2x}t \\ y = y_{11} + C_{2y}t \\ z = z_{11} + C_{2z}t \end{cases} \tag{4-72}$$

计算出该光线与第 1 个棱镜的第 2 个表面的交点 Q_3 的坐标为

$$\begin{cases} x_{12} = x_{11} + C_{2x}\dfrac{z_2 - z_{11}}{C_{2z}} \\[3mm] y_{12} = y_{11} + C_{2y}\dfrac{z_2 - z_{11}}{C_{2z}} \\[3mm] z_{12} = z_2 \end{cases} \tag{4-73}$$

经过第 1 个棱镜第 2 个表面折射后的光线矢量为

$$C_3 = nC_2 + P_2 N_2 \tag{4-74}$$

其中，$P_2 = \sqrt{1 - n^2 \left[1 - \left(C_2 N_2\right)^2\right]} - n\left(C_2 N_2\right)$。

在第 1 个棱镜和第 2 个棱镜间的光线方程可以表示为

$$\begin{cases} x = x_{12} + C_{3x}t \\ y = y_{12} + C_{3y}t \\ z = z_{12} + C_{3z}t \end{cases} \tag{4-75}$$

计算出该光线与第 2 个棱镜的第 1 个表面的交点 Q_4 的坐标为

$$\begin{cases} x_{21} = x_{12} - C_{3x}\dfrac{z_2 + z_{12}}{C_{3z}} \\[3mm] y_{21} = y_{12} - C_{3y}\dfrac{z_2 + z_{12}}{C_{3z}} \\[3mm] z_{21} = -z_2 \end{cases} \tag{4-76}$$

经过第 2 个棱镜第 1 个表面折射后的光线矢量为

$$C_4 = \frac{1}{n} C_3 + P_3 N_3 \tag{4-77}$$

其中，$P_3 = \sqrt{1 - \left(\frac{1}{n}\right)^2 \left[1 - (C_3 N_3)^2\right]} - \frac{1}{n}(C_3 N_3)$

在第 1 个棱镜和第 2 个棱镜间的光线方程可以表示为

$$\begin{cases} x = x_{21} + C_{4x} t \\ y = y_{21} + C_{4y} t \\ z = z_{21} + C_{4z} t \end{cases} \tag{4-78}$$

计算出该光线与第 2 个棱镜的第 2 个表面的交点 Q_5 的坐标为

$$\begin{cases} x_{22} = x_{21} - C_{4x} \dfrac{\cos\theta_2 \sin(\alpha) x_{21} + \sin\theta_2 \sin(\alpha) y_{21} + \cos(\alpha) z_{21} + \cos(\alpha) z_1}{\cos\theta_2 \sin(\alpha) C_{4x} + \sin\theta_2 \sin(\alpha) C_{4y} + \cos(\alpha) C_{4z}} \\[3mm] y_{22} = y_{21} - C_{4y} \dfrac{\cos\theta_2 \sin(\alpha) x_{21} + \sin\theta_2 \sin(\alpha) y_{21} + \cos(\alpha) z_{21} + \cos(\alpha) z_1}{\cos\theta_2 \sin(\alpha) C_{4x} + \sin\theta_2 \sin(\alpha) C_{4y} + \cos(\alpha) C_{4z}} \\[3mm] z_{22} = z_{21} - C_{4z} \dfrac{\cos\theta_2 \sin(\alpha) x_{21} + \sin\theta_2 \sin(\alpha) y_{21} + \cos(\alpha) z_{21} + \cos(\alpha) z_1}{\cos\theta_2 \sin(\alpha) C_{4x} + \sin\theta_2 \sin(\alpha) C_{4y} + \cos(\alpha) C_{4z}} \end{cases} \tag{4-79}$$

经过第 2 个棱镜第 2 个表面折射后的光线矢量为

$$C_5 = nC_4 + P_4 N_4 \tag{4-80}$$

其中，$P_4 = \sqrt{1 - n^2 \left[1 - (C_4 N_4)^2\right]} - n(C_4 N_4)$。

出射光束所在直线的方程为

$$\begin{cases} x = x_{22} + C_{5x} t \\ y = y_{22} + C_{5y} t \\ z = z_{22} + C_{5z} t \end{cases} \tag{4-81}$$

与平面 $z = z_{\text{out}}$ 的交点 Q_6 的坐标为

$$\begin{cases} x_{\text{out}} = x_{22} + C_{5x} \dfrac{z_{\text{out}} - z_{22}}{C_{5z}} \\[3mm] y_{\text{out}} = y_{22} + C_{5y} \dfrac{z_{\text{out}} - z_{22}}{C_{5z}} \\[3mm] z_{\text{out}} = z_{\text{out}} \end{cases} \tag{4-82}$$

通过上面的推导，可以得到从入射平面 $z = z_1$ 到出射平面 $z = -z_1$ 的光程为

$$L_{Path} = |Q_2Q_1| + |Q_3Q_2| + |Q_4Q_3| + |Q_5Q_4| + |Q_6Q_5| \tag{4-83}$$

假设光束正入射，$C_{1x} = 0$，$C_{1y} = 0$，$C_{1z} = 1$，中心轴上光线经过双棱镜时各个面的交点坐标分别为

$$Q_1(x_{in}, y_{in}, z_{in}), Q_2(x_{11}, y_{11}, z_{11}), Q_3(x_{12}, y_{12}, z_{12})$$
$$Q_4(x_{21}, y_{21}, z_{21}), Q_5(x_{22}, y_{22}, z_{22}), Q_6(x_{out}, y_{out}, z_{out})$$

从上面的推导过程可以看出，旋转双棱镜在实现光束扫描的同时会附加光程 L_{Path} 的变化，并且出射光束的中心位置 $Q_6(x_{out}, y_{out}, z_{out})$ 也发生了变化。从远场传播理论可以知道，光束在近场的平移会导致远场的线性相移，具体的相移量 ϕ_{add} 由空间频率 $\left(\dfrac{x}{z}, \dfrac{y}{z}\right)$ 的大小决定

$$\phi_{add} = e^{j\frac{2\pi}{\lambda z}(x_{out} \cdot x + y_{out} \cdot y)} \tag{4-84}$$

在远场条件下，衍射光斑局域在发散角范围内，发散角用 θ_x、θ_y 表示。通信链路保持要求跟踪精度优于十分之一光束发散角 θ_x，此时附加相移量应满足

$$\phi_{add} < e^{j\frac{2\pi}{\lambda z}\left(x_{out}\frac{\theta_x z}{10} + y_{out}\frac{\theta_y z}{10}\right)} = e^{j\left(\frac{8x_{out}}{5D} + \frac{8y_{out}}{5D}\right)} \tag{4-85}$$

考虑到双棱镜内部光程的变化，总的扫描引起的附加相移量为

$$\phi_{add-total} = \phi_{add} + 2\pi\frac{L_{Path}}{\lambda} \tag{4-86}$$

从式（4-60）可以看出，如果要实现大的角度扫描，需要增大棱镜顶角或者增加棱镜的折射率。增加顶角会导致光束的平移量和光程变化增加、棱镜厚度增加等问题。一般情况下，棱镜的顶角不超过 $10°$。对于通信波段而言，可以采用单晶硅作为棱镜材料，其折射率达到 3.486。以棱镜尺寸 150 mm，薄端厚度 10 mm，棱镜角度 $6.5°$，棱镜的放置方式为背靠背、间隔 2 mm 为例进行仿真。

图 4-30 为不同棱镜夹角对应的光斑中心平移量。其夹角为 $0°$ 时的平移量最大，达到 37.62 mm；夹角为 $180°$ 时平移量最小，约为 4 mm。在扫描时，除了会带来光斑中心的平移外还会引起发射光和接收光的附加相移，从而造成相位的扰动。如图 4-31 所示，夹角为 $0°$ 时的附加相移量最大，达到 8.143×10^5 rad。在光束发生偏转时，还会引起光斑形状的畸变，如图 4-32 所示。光束偏转角与棱镜夹角之间的关系如图 4-33 所示。

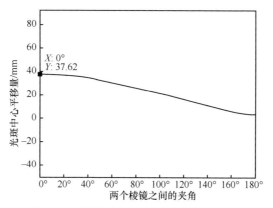

图 4-30 不同棱镜夹角对应的光斑中心平移量

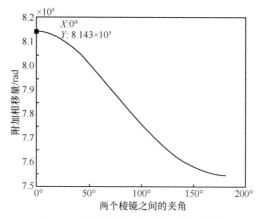

图 4-31 不同棱镜夹角对应的附加相移量

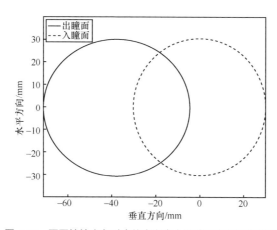

图 4-32 不同棱镜夹角对应的光斑中心平移和光斑形状畸变

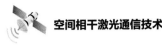

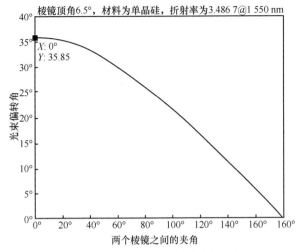

图 4-33　光束偏转角与棱镜夹角之间的关系

从式（4-59）～式（4-80）可以看出，双棱镜式粗跟踪结构的扫描角度与两个棱镜的旋转角度之间是三角函数关系，由棱镜旋转角度计算光束偏转角相对容易，也可以获得很高的精度。但根据需要光束偏转的方位角和俯仰角，逆向计算两个棱镜的位置是非常困难的，计算量很大，精度也难以保证，并且会存在双解问题。

常见的求逆向解的方法有两种，查表法和逐次逼近法。

（1）查表法

查表法的步骤分为两步：第一步通过正向解得到双棱镜角度和光束偏转角之间的对应关系；第二步根据需要的光束偏转角在第一步建立的数据库中查找最接近的一组棱镜角度。

这种方法在扫描角度大、扫描精度要求高的场景下，需要建立的数据库容量很大。以仿真的双棱镜参数为例，扫描范围为角度 35.85° 的圆形区域，要求扫描精度为 1 角秒时，需要建立的数据量为 52.33×10^9 条，这会占据巨大的存储资源和计算资源，不能满足实际的应用需求。

根据双棱镜扫描的轴向对称性可以知道，双棱镜扫描的俯仰角只与两个棱镜之间的夹角有关，利用这一性质可以大大减少数据量。具体步骤如下。

第一步，根据精度要求建立光束偏转俯仰角与两个棱镜之间夹角的数据库，还以上面的扫描参数和扫描精度为例，数据库的数据量为 129 060 条，数据量降低了 5 个数量级。

第二步，根据扫描角度的俯仰角 φ 得到两个棱镜之间的夹角 $\Delta\theta$。

第三步，假设第 1 个棱镜的角位置为 0°，第 2 个棱镜的角位置为 $\Delta\theta$，正向计算出光束扫描的方位角 θ_0。

第四步，根据扫描角度的方位角 θ 得到第 1 个棱镜和第 2 个棱镜最终的角位置分别为 $(\theta - \theta_0，\Delta\theta + \theta - \theta_0)$。

从上述 4 个步骤可以看出，扫描精度取决于数据库的精度，可以通过数据的密度获得所需的精度。如果需要光束的扫描角度为 $(\theta = 45°，\varphi = 23°)$，采用一维查表法得到的棱镜角度为 $(\theta_1 = 177.004°，\theta_2 = 271.053°)$，此棱镜角度对应的光束方位俯仰扫描误差均小于 1 角秒。

（2）逐次逼近法

利用近似公式计算出棱镜夹角和光束偏转俯仰角的关系，以及光束偏转角随两个棱镜的夹角的变化，如图 4-34、图 4-35 所示。

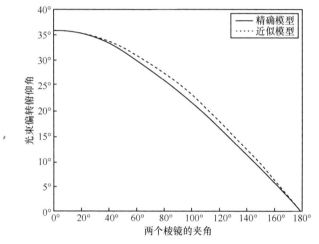

图 4-34　两个棱镜的夹角与光束偏转俯仰角的关系

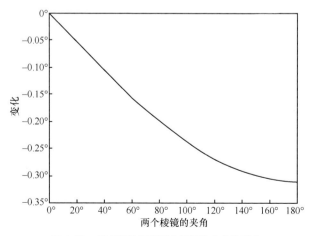

图 4-35　光束偏转角随两个棱镜的夹角的变化

还以光束偏转角（$\theta = 45°$，$\varphi = 23°$）为例进行计算。

第一步，利用近似公式得到两个棱镜角位置分别为 (174.908 4°,275.091 6°)，对应的光束实际偏转角为（$\theta = 45.952\ 2°$，$\varphi = 21.532\ 0°$）；

第二步，根据正向计算公式计算出偏转角误差（$\Delta\theta = -0.952\ 2°$，$\Delta\varphi = 1.468\ 0°$）；

第三步，根据 $\Delta\varphi$ 和近似光束偏转角与双棱镜交角变化率计算出需要改变的两个棱镜的夹角为 $-6.117\ 2°$；

第四步，$\Delta\theta$ 为两个棱镜需要共同增加的角度；

第五步，得到新的修正后的棱镜角位置为

$$\left(\theta_1 + \Delta\theta - \frac{\Delta\varphi}{2}, \quad \theta_1 + \Delta\theta - \frac{\Delta\varphi}{2} \right) = (177.014\ 8°,\ 271.080\ 8°);$$

第六步，计算出更新后的光束偏转角 (45.019 5°, 22.996 0°)；

第七步，重复第二步～第五步，得到新的棱镜角位置 (177.003 6°, 271.053 0°)，对应的光束指向误差均小于 1 角秒。

从查表法和逐次逼近法可以看出，两种方法均可以实现高精度光束指向的逆向运算。但第一种方法的精度取决于数据库建立的精度，需要实现存储该数据库；第二种方法不需要实现存储该数据库，逆向运算的精度取决于迭代的次数，对于一般应用迭代一次精度即可以满足需求，高精度场景需要进行两次迭代即可以达到角秒级的精度需求。

双棱镜式粗跟踪结构的闭环跟踪。对于闭环跟踪系统，采用近似公式和正向精确解即可以得到新的执行量。具体步骤如下。

第一步，根据棱镜当前角位置，利用正向精确解得到当前实际光束指向；

第二步，计算出目标光束指向与当前实际光束指向之间的方位角和俯仰角之差；

第三步，计算出棱镜的目标角位置。

假设两个棱镜的初始角位置为 (0°, 0°)，光束扫描的目标位置为 (45°, 23°)。按照上述步骤进行逆向解的计算。

第一步，根据棱镜当前角位置 (0°, 0°)，利用正向精确解得到当前实际光束指向 (180°, 35.847 2°)；

第二步，计算出目标光束指向与当前实际光束指向之间的方位角和俯仰角之差 (−135°, −12.847 2°)；

第三步，利用 45° 夹角时的光束偏转角与双棱镜交角变化率计算出棱镜的目标角位置

$$\left(\theta_1 + \Delta\theta - \frac{\Delta\varphi}{2},\ \ \theta_1 + \Delta\theta - \frac{\Delta\varphi}{2}\right) = (171.346\,0°, 278.654\,0°)$$

对应的光束扫描角度为 $(45.916\,5°, 19.774\,0°)$；

第四步，重复第二步～第三步，得到双棱镜的角位置为 $(176.830\,6°, 271.336\,4°)$，对应的光束扫描角度为 $(45.054\,2°, 22.892\,3°)$；

第五步，重复第二步～第三步，得到双棱镜的角位置为 $(177.010\,9°, 271.047\,7°)$，对应的光束扫描角度为 $(45.001\,1°, 23.002\,9°)$；

第六步，重复第二步～第三步，得到双棱镜的角位置为 $(177.003\,5°, 271.052\,9°)$，对应的光束扫描角度为 $(44.999\,975°, 22.999\,907°)$，此时逆向解的精度已经优于 1 角秒。

在实际应用中的迭代次数可以根据精度需求来确定，一般情况下经过 1 次迭代即可。

| 4.5　光学系统结构设计 |

空间激光通信系统需要在轨运行和工作，所有的光学元件均需要安装在指定的位置和角度，并且需要保证在整个长寿命周期（5～10 年）内保持相对不变。激光通信终端在发射过程中需要经历非常强的振动、冲击、加速度和声噪声的组合影响。经过力学等环境影响后，会造成光学元件从原来的舒适区移动到新位置，也会造成光学元件从原位置移动到结构的舒适区。在轨运行后所有的光学和结构元件都会产生失重，即常说的重力释放，导致结构的微形变。

正是由于这些因素的影响，空间激光通信系统需要大力开展结构设计，并进行静态和动态的仿真。结构设计通常需要借助计算机辅助软件进行，如 Pro-E、SolidWorks、UG 等。结构设计完成后的有限元分析软件有 Nastran、Ansys 等。另外，还需要考虑热温度梯度和热温度变化导致的光学元件的性能变化和光轴的改变。

主望远镜是光学系统中最重要的部分，其设计主要包括主镜支撑、主次镜连接和机械材料选择等方面的内容。主镜支撑分为中心支撑、背部支撑和周边支撑 3 种。

中心支撑是在反射镜的中心开一个中心孔，机械轴从中心孔穿过，用以支撑反射镜，有时辅以背部小面积支撑。此种固定方式只有中心受约束，其边缘处于自由释放状态，反射镜动态特性不好，所以在静止使用的中小型反射镜中，这种形式被较多地采用。

背部支撑通常为背部多点支撑，有3点、6点和9点支撑等。大型反射镜一般采用多点、多层的背部支撑形式。主反射镜的尺寸越大，支撑难度越大，支撑点的多少及其分布位置主要以变形均匀且变形量最小为目标。

周边支撑是以主反射镜的底面及某一个侧面为定位基准面的一种支撑方式。反射镜放置在周边相对封闭的镜座内，保证反射镜的底面及侧面与镜座接触良好。反射镜的其他定位面与镜座之间留有间隙，可以采用压板或胶粘的方式与主镜座固定。

为了避免支撑结构的变形对主反射镜面面型产生的不良影响，应当在适当位置设置柔性结构，例如反射镜与支撑结构连接处设置薄的筋板，以减小应力、应变对反射镜的影响。通过柔性环节产生的变形达到卸载及吸收应变的目的。柔性环节设计的重点在于柔度，柔度过大，主反射镜的动态刚度与整个组件的最大变形将不能满足光学设计的要求；柔度过小，主反射镜将受到应变的影响。

次镜支架作为主望远镜系统的重要组成部分，连接主反射镜与次镜的结构设计分为两种。第一种为A型的桁架结构，这种结构通过次镜支架直接将主镜座和次镜座连接起来，设计简单，降低了对镜筒的要求，可以有效地减轻系统的重量；第二种为将四翼梁结构作为次镜支架，这种结构通过外环与相机的遮光筒连接，要求相机遮光尽量少，以减小温度对两镜间距离的影响。

在光学设计中，主反射镜和次反射镜之间的间隔被压缩得很短，同时次反射镜的尺寸又很小，导致次反射镜的放大倍率很大，因此次反射镜的位置精度要求极严。为保证主望远镜在工作中与次反射镜距离不变，一般利用线膨胀系数小的殷钢杆连接，使得主次镜间隔随温度变化最小。

常用的结构材料性能见表4-9。

除了光学望远镜的光机结构外，还有很重要的光机结构是激光终端的后光路。所有的发射和接收光学元件都安装在后光路上，每个元件都要求6个自由度被约束，并且在测试、发射和在轨运行整个生命周期内不随着环境和温度发生变化。不同的光学元件有不同的安装方式，反射镜安装时应更加注重角度的变化和镜面面型的影响，透镜等透射光学元件安装时应注意应力双折射和平移引起的光学系统性能的改变。

表 4-9　常用的结构材料性能

材料	密度/ (g·cm⁻³)	弹性模量/ GPa	比模量/ (10^9N·mm·g⁻¹)	导热率/ (W·(m·℃))⁻¹	线膨胀系数/ (10^{-6} K⁻¹)
45 钢	7.85	201	2.57	48.15	11.59
钛合金 TC4	4.44	109	2.45	6.8	9.1
镁合金 MB15	1.8	44	2.44	125	28.8
铝合金 7A09	2.8	71	2.53	134	23.6
微晶玻璃	2.5～2.75	92	3.7	1.46	0.05
K9 玻璃	2.52	75	2.97	1.12	7.6

光学镜片常见的支撑结构材料见表 4-10。

表 4-10　光学镜片常见的支撑结构材料

材料	优点	缺点
铝	易于加工； 低成本； 高热导率	热膨胀系数大； 强度低
不锈钢	热膨胀系数接近玻璃； 抗腐蚀性好	难以加工； 密度大
铍	非常轻； 高比刚度； 热膨胀系数接近玻璃	高成本； 难以加工； 机械加工过程需要高效的排气系统
钛	密度轻； 抛光和研磨性能稳定； 热膨胀系数接近玻璃	高成本； 难以加工； 热导率低
殷钢	非常低的热膨胀系数	重，难以加工

近年来，胶和密封剂在光机结构中的应用比例越来越大。其带来的主要优点是将脆弱的玻璃和支撑金属材料进行了隔离。错误的光机结构设计会导致光学镜片的破裂和崩边。使用光学胶进行光学镜片的固定可以实现主动在线对准，先将紫外胶或其他胶涂抹在需要固定的地方，采用显微镜或干涉仪进行实时监测，在线通过人工或机械手进行调整，调整到位后通过紫外光进行固化。单组分硅橡胶也经常用于光学镜片的黏接。在使用胶和密封剂等材料时，需要关注它的质损。对于航天应用产品，总质损应小于 1%，再经过 125 ℃温度下 24 h 烘烤，收集可凝挥发物应小于 0.1%。常用的胶和密封剂见表 4-11。

表 4-11　常用的胶和密封剂

材料/供应商	抗拉强度 PSI	伸长率	可用温度范围/℉	热导率/(W·m⁻¹·K⁻¹)	总质损	收集可凝挥发物@25℃	体积膨胀系数
6-1104/Dow Corning	510	575%	−67～392	0.068	0.2%	0.03%	8.5×10^{-4}
6-1125/Dow Corning	550	520%	−67～392	0.073	0.2%	0.01%	8.5×10^{-4}
93-500/Dow Corning	790	110%	−85～392	0.085	0.2%	0.01%	9×10^{-4}
NOA 61/Norland	3 000	38%	−112～194	—	2.2%	0.01%	—
RTV 566/General Electric	925	130%	−175～600	—	0.1%	0.02%	—
RTV 516/General Electric	800	120%	−75～400	0.11	1.23%	0.42%	27×10^{-5}

第 5 章

相干激光通信系统

| 5.1 单频激光光源 |

5.1.1 激光线宽

对于相干激光通信系统而言，发射和本振激光器的相位噪声是最需要关注的技术指标。相位噪声通常是由激光器腔内的自发辐射引起的频率噪声带来的。频率噪声过程 $\mu(t)$ 用单边带的功率谱密度表示

$$S_\mu(f) = 2N_0 \tag{5-1}$$

相位噪声过程是频率噪声过程的积分，表示为

$$\phi(t) = \int_0^t \mu(t)\mathrm{d}t \tag{5-2}$$

这个过程有时被称为 Wiener-Levy 过程。有相位噪声的激光光波可以表示为

$$x(t) = \sqrt{P_{\mathrm{TX}}}\, \mathrm{e}^{\mathrm{i}[2\pi f_0 t + \phi(t) + \theta]} \tag{5-3}$$

其中，P_{TX} 代表激光器输出光功率，f_0 为激光器平均振荡频率。激光光波的输出谱可以表示为

$$S_x(f) = \frac{P_{\mathrm{TX}}}{\pi^2 N_0}\left[\frac{1}{1+\left(\dfrac{f-f_0}{\pi N_0}\right)^2}\right] \tag{5-4}$$

式（5-4）的线型服从洛伦兹分布，定义功率密度下降 3 dB 的全宽度为激光器的线宽 Δv ，则

$$\pi N_0 = f_{3\text{dB}} - f_0 = \frac{\Delta\nu}{2} \rightarrow N_0 = \frac{\Delta\nu}{2\pi} \tag{5-5}$$

相位噪声的功率谱密度可以表示为

$$S_\phi(f) = \frac{\Delta\nu}{\pi f^2} \tag{5-6}$$

激光线宽的测量可以采用延时自外差方法实现，也可以采用两台激光器拍频法实现，如图 5-1 所示。

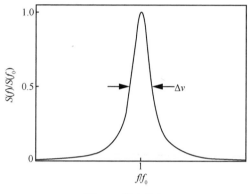

图 5-1　激光线宽

分布式反馈（DFB）激光器的典型线宽为 10 MHz，外腔激光器线宽一般为 10 kHz，半导体泵浦的 Nd：YAG 激光器线宽可以达到 1 Hz。输出激光信号的相位噪声不仅受到频率白噪声的影响，还受到 $\frac{1}{f}$ 噪声，或更高阶的频率噪声（频率闪变噪声）的影响，这些噪声可以通过稳定的热控进行降低。

相干激光通信采用的激光光源都是窄线宽的，典型值在 10 kHz，一般的光谱分析仪很难直接测量。激光线宽可以通过外差或零差干涉法进行测量，如图 5-2 所示。该方法的关键是需要一个稳定的、极窄线宽的本振激光源。在测试时，需要通过光谱分析仪将待测激光器和本振激光器的频差调节到光电探测器的带宽范围内。

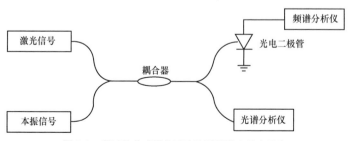

图 5-2　通过外差或零差干涉法测量激光线宽示意

如图 5-3 所示，当本振激光的线宽远小于待测激光器的线宽时，本振激光的光谱可以看作 δ 函数，此时测得的线宽即为待测激光的线宽，中心频率移至拍频频率处，这种方法适用于待测激光的线宽不是很窄的情况。如果待测激光的线宽非常窄，本振激光就非常难以选择。

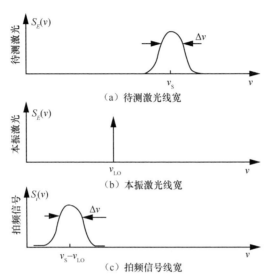

图 5-3　待测激光、本振激光和拍频信号线宽

为了解决这一问题，人们提出了延时自外差法进行线宽测量。这种方法需要一个很长的光纤延时线，如图 5-4 所示。

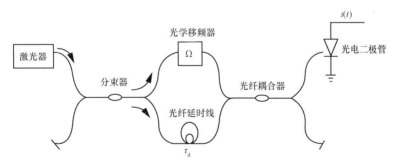

图 5-4　延时自外差法测量线宽示意

激光器出射的激光经过分束器后，一路经过光纤延时线，另外一路经过一个光学移频器，再由一个 2×2 光纤耦合器进行相干，干涉后的信号由光电探测器进行探测。当其中一路的延时 τ_d 大于相干时间 τ_c 时，分束后的两路信号激光和拍频信号线宽如图 5-5 所示。

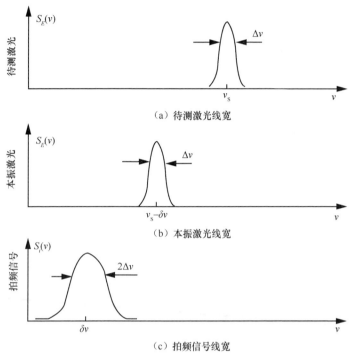

（a）待测激光线宽

（b）本振激光线宽

（c）拍频信号线宽

图 5-5　当 $\tau_d > \tau_c$ 时，待测激光、本振激光和拍频信号线宽

根据 Wiener-Khinchin 理论，一个函数的功率谱密度是其自相关函数的傅里叶变换

$$R_e(\tau) = \left[E(t)E(t-\tau)^*\right] = A^2\left\langle \exp\left[j\Delta\phi(t,\tau)\right]\right\rangle \qquad (5\text{-}7)$$

其中，*代表复共轭。〈 〉代表系综平均，$\Delta\phi(t,\tau) = \phi(t) - \phi(t-\tau)$ 代表激光器的相位抖动。

平均相位抖动方差 $\left\langle \Delta\phi(t,\tau)^2 \right\rangle$ 可以表示为

$$\left\langle \Delta\phi(t,\tau)^2 \right\rangle = \frac{2}{\pi}\int_{-\infty}^{+\infty}\sin^2\left(\frac{\omega\tau}{2}\right)S_f(\omega)\frac{\mathrm{d}\omega}{\omega^2} \qquad (5\text{-}8)$$

当激光器的线型为洛伦兹线型时

$$S_f(\omega) = 2\pi\Delta\nu \qquad (5\text{-}9)$$

此时的相位抖动为零平均、高斯分布的白噪声，其方差表示为

$$\left\langle \Delta\phi(t,\tau)^2 \right\rangle = 2\pi\Delta\nu|\tau| \qquad (5\text{-}10)$$

延时自外差法要求延时大于相干时间，不同的延时得到的效果不同。图 5-6 仿真了不同的延时与相干时间比下的功率谱。从图 5-6 中看出，只有延时大于相干时间时得到

的结果才可信。延时自外差法具备频率自跟踪能力，这与外差法相比具有很大优势。

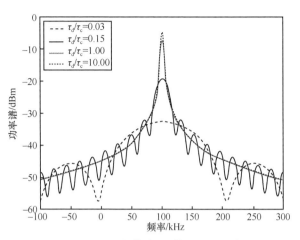

图 5-6　不同延时与相干时间下的功率谱

5.1.2　相对强度噪声

强度噪声是用来表征激光器输出光功率波动的一个物理量。经常用功率波动范围来表征强度噪声，一般要求激光器的相对强度噪声（RIN）小于 ±1%，它包含了所有频率的强度抖动。更加合理的应是计算功率波动的均方根（RMS）值，表示为

$$\delta P_{\mathrm{RMS}} = \sqrt{\left\langle \left[P(t) - \overline{P(t)} \right]^2 \right\rangle} \qquad (5\text{-}11)$$

根据 ISO 11554:2003 标准定义，总的相对强度噪声 $\mathrm{RIN}_{\mathrm{T}}$ 表示为

$$\mathrm{RIN}_{\mathrm{T}} = \frac{\left[\Delta P(t) \right]^2}{P_0^2} \qquad (5\text{-}12)$$

相对强度噪声转换到频域可以表示为

$$\mathrm{RIN} = \frac{1}{B} \frac{\left[\Delta P(\omega) \right]^2}{P_0^2} \qquad (5\text{-}13)$$

其中，B 为等效带宽，$\left[\Delta P(\omega) \right]^2$ 为制定频率下均方光强度抖动，P_0 为平均光功率，RIN 的单位一般为 dBc/Hz。

激光器的 RIN 有 3 种测量方法：直接测量法、互谱估计法以及相噪估计法。

直接测量法是目前最常用的 RIN 测量方法，其测量框图如图 5-7 所示。

图 5-7　RIN 直接测量法测量框图

激光器输出光经过光电探测器后将光功率信号 $P(t)$ 转换为电压信号 $V(t)$，再将该电压信号接入频谱分析仪中进行测量。

$$V(t) = RP(t) \tag{5-14}$$

其中，R 为光电探测器的响应度，单位为 V/W。

激光器的 RIN 是非常微弱的信号，相干激光通信激光器对 RIN 的要求一般低于−120 dBc/Hz。用噪声电压功率谱密度衡量 RIN 信号，其值一般在几十 nV $/\sqrt{\text{Hz}}$ 量级。

直接测量法对于光电探测器的要求比较严格，而互谱估计法可以解决这个问题。互谱估计法测量框图如图 5-8 所示。通过两个前置放大器后接互谱估计器完成激光器的 RIN 测量。

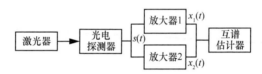

图 5-8　互谱估计法测量框图

两个放大器用两个电源分别供电，由于供电电源带来的干扰噪声以及放大器自身存在的噪声之间相互独立、互不相关，因此可以在互谱估计中消除。利用互谱估计可以有效地消除放大器噪声以及电源供电波动等因素对噪声测量的影响，保证测量精度。

假设放大器放大的 RIN 为 $s(t)$，两个放大器的等效输入噪声电压分别为 $n_1(t)$、$n_2(t)$，则放大器的输出信号分别为

$$x_1(t) = \int_0^\infty h_1(t) \big[s(t-u) + n_1(t-u) \big] \mathrm{d}u \tag{5-15}$$

$$x_2(t) = \int_0^\infty h_2(t) \big[s(t-u) + n_2(t-u) \big] \mathrm{d}u \tag{5-16}$$

$h_1(t)$、$h_2(t)$ 是两个放大器的脉冲响应函数，$x_1(t)$ 与 $x_2(t)$ 的互相关函数为

$$R_{x_1 x_2} = E\big[x_1(t) x_2(t-\tau) \big] \tag{5-17}$$

根据维纳-辛钦定理，宽平稳随机过程的功率谱密度是自相关函数的傅里叶变换，因此互谱密度为

$$S_{x_1 x_2}(\omega) = \int_{-\infty}^\infty R_{x_1 x_2}(t) \, \mathrm{e}^{-\mathrm{i}\omega t} \mathrm{d}t \tag{5-18}$$

假设 $s(t)$、$n_1(t)$、$n_2(t)$ 互不相关，可以得到

$$S_{x_1x_2}(\omega) = K_1(j\omega)K_2^*(j\omega)S_s(\omega) \qquad (5\text{-}19)$$

其中，$S_s(\omega)$ 为 RIN 信号的功率谱密度，$K_1(j\omega)$、$K_2(j\omega)$ 表示两个放大器的增益。式（5-19）说明通过两个放大器输出的互谱估计法可以得到 RIN 信号的功率谱密度，并且放大器噪声对 RIN 信号测量的影响可以得到消除。

相噪估计法。由于激光器 RIN 测量链路中会引入其他噪声，这些噪声不仅只有高斯噪声，还包含其他有色噪声。电子元器件一般都会存在粉红噪声，也就是 $\dfrac{1}{f}$ 噪声，该噪声主要分布在低频段，故其会对激光器 RIN 低频段的测量带来影响。相噪估计法为了提高测量精度，将测量放在电域的高频段进行，避免近直流端噪声的影响。其测量框图如图 5-9 所示。

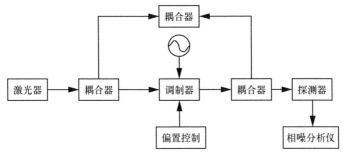

图 5-9　相噪估计法测量框图

单频点微波信号作为射频信号，通过调制器加载于待测激光器的输出光上，由于受到微波光链路中噪声的影响，其相位噪声会相应增加。单频点微波信号源的单边带相位噪声用 $L(f_m)$ 表示，经过测量链路后相位噪声 $L'(f_m)$ 为

$$L'(f_m) = \frac{P'_{\text{SSB}}}{P_{\text{out}}} = \frac{G_{\text{RF}}P_{\text{SSB}} + N_{\text{total}}}{G_{\text{RF}}P_{\text{in}}} = L(f_m) + \frac{k_{\text{B}}T + 2qI_{\text{dc}}Z_L + \text{RIN}I_{\text{dc}}^2Z_L}{P_{\text{out}}} \qquad (5\text{-}20)$$

其中，G_{RF} 为链路增益。根据式（5-20）可以得到激光器的 RIN 为

$$\text{RIN} = \frac{[L'(f_m) - L(f_m)]P_{\text{out}} - (k_{\text{B}}T + 2qI_{\text{dc}}Z_L)}{I_{\text{dc}}^2Z_L} \qquad (5\text{-}21)$$

5.1.3　波长

相干激光通信系统对于波长稳定性的要求比直接探测通信系统高。通常要求通信发射和本振激光器的波长准确度优于 1 pm，才能实现快速的频率捕获和相位跟踪，进

而实现稳定的通信解调和解码。波长稳定性一般用波长稳定度、波长准确度、波长变化率等参数进行表征。

激光器的波长与传输介质有关，因此通信领域采用光载波频率描述更为恰当，与传输介质没有关联。波长和频率的关系为

$$\lambda = \frac{c}{nf} \tag{5-22}$$

其中，$c=3\times10^8$ m/s 为真空中光速，n 为传输介质折射率，λ 为光载波波长，f 为光载波频率。

从式（5-22）可以看出，标准大气介质和真空介质的波长有细微的差别。标准大气的折射率 $n=1.000\ 29$。真空波长为 1 550 nm 时，在大气信道下的测量结果比真空波长短 449.37 pm。

目前，激光通信常用的波段在 1 550 nm 附近，具体可分为 O、E、S、C、L、U 共6 个波段，见表 5-1。

表 5-1　激光通信常用波段定义

波段	波长范围/nm	备注
O	1 260～1 360	初始波段
E	1 360～1 460	扩展波段
S	1 460～1 530	短波波段
C	1 530～1 565	常规波段
L	1 565～1 625	长波波段
U	1 625～1 765	超长波波段

波分复用（WDM）系统选择 193.1 THz 作为频率栅格的参考频率，对应波长为 1 552.524 4 nm。在进行波分复用通信时，为了兼顾通信容量和通道串扰等因素，需要通道之间间隔一定的频率。密集波分复用（DWDM）系统均匀的固定通路间隔定义为 12.5 GHz、25 GHz、50 GHz 以及 100 GHz 的正整数倍。稀疏波分复用（CWDM）系统均匀的固定通路间隔定义为 20 nm。

DWDM 系统的中心频率（单位为 THz）定义为

$$193.1 + nm \tag{5-23}$$

其中，n 是整数，包括正整数、0 和负整数；m 是通道间隔，包括 0.05 THz、0.1 THz 等。

CWDM 系统的中心波长（单位为 nm）定义为

$$1271 + nm \tag{5-24}$$

其中，n 是整数，包括正整数和 0，取值为 0～17；m 是通道间隔，取值为 20 nm。

以 DWDM 系统 100 GHz 频率间隔为例，通道编号和波长的对应关系见表 5-2。

表 5-2　DWDM 系统 100 GHz 频率间隔的通道编号和波长的对应关系

通道编号	频率/THz	真空波长/nm	通道编号	频率/THz	真空波长/nm
C17	191.7	1 563.86	C40	194.0	1 545.32
C18	191.8	1 563.05	C41	194.1	1 544.53
C19	191.9	1 562.23	C42	194.2	1 543.73
C20	192.0	1 561.41	C43	194.3	1 542.94
C21	192.1	1 560.61	C44	194.4	1 542.14
C22	192.2	1 559.79	C45	194.5	1 541.35
C23	192.3	1 558.98	C46	194.6	1 540.56
C24	192.4	1 558.17	C47	194.7	1 539.77
C25	192.5	1 557.36	C48	194.8	1 538.98
C26	192.6	1 556.55	C49	194.9	1 538.19
C27	192.7	1 555.75	C50	195	1 537.40
C28	192.8	1 554.94	C51	195.1	1 536.61
C29	192.9	1 554.13	C52	195.2	1 535.82
C30	193.0	1 553.33	C53	195.3	1 535.04
C31	193.1	1 552.52	C54	195.4	1 534.25
C32	193.2	1 551.72	C55	195.5	1 533.47
C33	193.3	1 550.92	C56	195.6	1 532.68
C34	193.4	1 550.12	C57	195.7	1 531.90
C35	193.5	1 549.32	C58	195.8	1 531.12
C36	193.6	1 548.51	C59	195.9	1 530.33
C37	193.7	1 547.72	C60	196	1 529.55
C38	193.8	1 546.92	C61	196.1	1 528.77
C39	193.9	1 546.12			

在设计通信系统时，尽量选择标准的波长，因为标准波长的激光光源和相应的元器件易于获得。相干激光通信系统要求波长的准确度优于 1 pm，由于卫星之间存在相对运动，还要求本振激光器的频率可以调谐，因此通常调谐的范围需要大于 50 pm。

5.2　光学桥接器

光学桥接器是空间相干激光通信的核心器件，作用是将接收信号光和本振光进行干涉，将光载波去掉，为后续的解调奠定基础。光学桥接器分为 180° 光学桥接器和90° 光学桥接器。为了达到更高的外差探测效率，最好选择自由空间型的桥接器，以达到信号光和本振光的最佳匹配。

5.2.1 180°光学桥接器

180°光学桥接器有两个光信号输入端，一个为信号光 E_S，另一个为本振光 E_{LO}，如图5-10所示。经过180°光学桥接器后有两个输出端，其光功率表示为

$$\begin{cases} P_0 = \dfrac{1}{2}E_S^2 + \dfrac{1}{2}E_{LO}^2 + \mathrm{Re}\left\{E_S^* E_{LO}\right\} \\ P_{180} = \dfrac{1}{2}E_S^2 + \dfrac{1}{2}E_{LO}^2 - \mathrm{Re}\left\{E_S^* E_{LO}\right\} \end{cases} \tag{5-25}$$

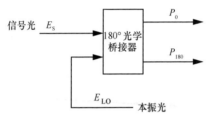

图5-10 180°光学桥接器原理框图

两路光信号输出后，经过光电转换后变为光电流信号

$$\begin{cases} I_0 = RP_0 \\ I_{180} = RP_{180} \end{cases} \tag{5-26}$$

其中，R 为光电探测器的响应度，单位为 $\mathrm{A/W}$。两路光电流信号经过平衡探测后，得到最终的信号输出为

$$I = R(P_0 - P_{180}) = 2R \cdot \mathrm{Re}\left\{E_S^* E_{LO}\right\} \tag{5-27}$$

最常用的一种180°光学桥接器实现方式如图5-11所示。

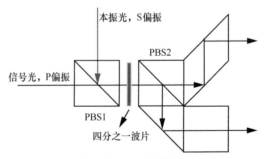

图5-11 最常用的180°光学桥接器实现方式

入射信号光的偏振态为水平方向线偏光，表示为

$$E_{\text{S}} = \begin{bmatrix} 1 \\ 0 \end{bmatrix} A_{\text{S}} e^{j\varphi_{\text{s}}}$$ （5-28）

本振光的偏振态为垂直方向线偏光，表示为

$$E_{\text{LO}} = \begin{bmatrix} 0 \\ 1 \end{bmatrix} A_{\text{LO}} e^{j\varphi_{\text{LO}}}$$ （5-29）

不同相位延迟，不同旋转角度的波片的琼斯矩阵表示为

$$\boldsymbol{J}_{\text{R}}(\phi,\theta) = \begin{pmatrix} \cos\left(\dfrac{\phi}{2}\right) + j\sin\left(\dfrac{\phi}{2}\right)\cos(2\theta) & j\sin\left(\dfrac{\phi}{2}\right)\sin(2\theta) \\ j\sin\left(\dfrac{\phi}{2}\right)\sin(2\theta) & \cos\left(\dfrac{\phi}{2}\right) - j\sin\left(\dfrac{\phi}{2}\right)\cos(2\theta) \end{pmatrix}$$ （5-30）

其中，ϕ 为波片的相位延迟，θ 为波片晶轴与 x 轴的夹角，逆时针为正。

四分之一波片，夹角为 θ 时的琼斯矩阵为

$$\boldsymbol{J}_{\text{R}}\left(\dfrac{\lambda}{4},\theta\right) = \begin{pmatrix} \dfrac{\sqrt{2}}{2} + j\dfrac{\sqrt{2}}{2}\cos(2\theta) & j\dfrac{\sqrt{2}}{2}\sin(2\theta) \\ j\dfrac{\sqrt{2}}{2}\sin(2\theta) & \dfrac{\sqrt{2}}{2} - j\dfrac{\sqrt{2}}{2}\cos(2\theta) \end{pmatrix}$$ （5-31）

二分之一波片，夹角为 θ 时的琼斯矩阵为

$$\boldsymbol{J}_{\text{R}}\left(\dfrac{\lambda}{2},\theta\right) = \begin{pmatrix} \cos(2\theta) & \sin(2\theta) \\ \sin(2\theta) & -\cos(2\theta) \end{pmatrix}$$ （5-32）

对于起偏器，其琼斯矩阵表示为

$$\boldsymbol{J}_{\text{P}}(\theta) = \begin{pmatrix} \cos^2(\theta) & \sin(\theta)\cos(\theta) \\ \sin(\theta)\cos(\theta) & \sin^2(\theta) \end{pmatrix}$$ （5-33）

经过 PBS 合束后，偏振态不变，再经过四分之一波片后，光场分别为

$$E_{\text{S1}} = \boldsymbol{J}_{\text{R}}\left(\dfrac{\lambda}{4},\theta\right) E_{\text{S}}$$ （5-34）

$$E_{\text{LO1}} = \boldsymbol{J}_{\text{R}}\left(\dfrac{\lambda}{4},\theta\right) E_{\text{LO}}$$ （5-35）

当 $\theta = \dfrac{\pi}{4}$ 时，式（5-34）～式（5-35）光场变为

$$E_{\text{S2}} = \begin{bmatrix} \dfrac{\sqrt{2}}{2} \\ j\dfrac{\sqrt{2}}{2} \end{bmatrix} A_{\text{S}} e^{j\varphi_{\text{s}}}$$ （5-36）

$$E_{\text{LO2}} = \begin{bmatrix} \text{j}\dfrac{\sqrt{2}}{2} \\[2mm] \dfrac{\sqrt{2}}{2} \end{bmatrix} A_{\text{LO}}\text{e}^{\text{j}\varphi_{\text{LO}}} \tag{5-37}$$

再经过 PBS2 透射后，式（5-36）~式（5-37）光场变为

$$E_{\text{S2P}} = \begin{bmatrix} 0 \\[2mm] \text{j}\dfrac{\sqrt{2}}{2} \end{bmatrix} A_{\text{S}}\text{e}^{\text{j}\varphi_{\text{S}}} \tag{5-38}$$

$$E_{\text{LO2P}} = \begin{bmatrix} 0 \\[2mm] \dfrac{\sqrt{2}}{2} \end{bmatrix} A_{\text{LO}}\text{e}^{\text{j}\varphi_{\text{LO}}} \tag{5-39}$$

透射的信号光和本振光的干涉信号光强变为

$$\begin{aligned}
P_0 &= \left(E_{\text{S2P}} + E_{\text{LO2P}}\right)\left(E_{\text{S2P}} + E_{\text{LO2P}}\right)^{*} \\
&= \left|E_{\text{S2P}}\right|^2 + \left|E_{\text{LO2P}}\right|^2 + E_{\text{LO2P}}E_{\text{S2P}}^{*} + E_{\text{S2P}}E_{\text{LO2P}}^{*} \\
&= \frac{1}{2}A_{\text{S}}^2 + \frac{1}{2}A_{\text{LO}}^2 + \frac{1}{2}A_{\text{LO}}A_{\text{S}}\text{e}^{\text{j}\left(\varphi_{\text{LO}} - \varphi_{\text{S}} - \frac{\pi}{2}\right)} + \frac{1}{2}A_{\text{LO}}A_{\text{S}}\text{e}^{\text{j}\left(\varphi_{\text{S}} - \varphi_{\text{LO}} + \frac{\pi}{2}\right)} \\
&= \frac{1}{2}A_{\text{S}}^2 + \frac{1}{2}A_{\text{LO}}^2 + A_{\text{LO}}A_{\text{S}}\sin(\varphi_{\text{LO}} - \varphi_{\text{S}})
\end{aligned} \tag{5-40}$$

再经过 PBS2 反射后，式（5-38）~式（5-39）光场变为

$$E_{\text{S2S}} = \begin{bmatrix} \dfrac{\sqrt{2}}{2} \\[2mm] 0 \end{bmatrix} A_{\text{S}}\text{e}^{\text{j}\varphi_{\text{S}}} \tag{5-41}$$

$$E_{\text{LO2S}} = \begin{bmatrix} \text{j}\dfrac{\sqrt{2}}{2} \\[2mm] 0 \end{bmatrix} A_{\text{LO}}\text{e}^{\text{j}\varphi_{\text{LO}}} \tag{5-42}$$

PBS2 反射的信号光和本振光的干涉信号光强变为

$$\begin{aligned}
P_{180} &= \left(E_{\text{S2S}} + E_{\text{LO2S}}\right)\left(E_{\text{S2S}} + E_{\text{LO2S}}\right)^{*} \\
&= \left|E_{\text{S2S}}\right|^2 + \left|E_{\text{LO2S}}\right|^2 + E_{\text{LO2S}}E_{\text{S2S}}^{*} + E_{\text{S2S}}E_{\text{LO2S}}^{*} \\
&= \frac{1}{2}A_{\text{S}}^2 + \frac{1}{2}A_{\text{LO}}^2 + \frac{1}{2}A_{\text{LO}}A_{\text{S}}\text{e}^{\text{j}\left(\varphi_{\text{LO}} - \varphi_{\text{S}} + \frac{\pi}{2}\right)} + \frac{1}{2}A_{\text{LO}}A_{\text{S}}\text{e}^{\text{j}\left(\varphi_{\text{S}} - \varphi_{\text{LO}} - \frac{\pi}{2}\right)} \\
&= \frac{1}{2}A_{\text{S}}^2 + \frac{1}{2}A_{\text{LO}}^2 - A_{\text{LO}}A_{\text{S}}\sin(\varphi_{\text{LO}} - \varphi_{\text{S}})
\end{aligned} \tag{5-43}$$

经过平衡探测后的光电流变为

$$I = R(P_0 - P_{180}) = 2RA_{LO}A_S\sin(\varphi_{LO} - \varphi_S) \tag{5-44}$$

5.2.2　90°光学桥接器

90°光学桥接器有两个光信号输入端，一个为信号光 E_S，另一个为本振光 E_{LO}，如图 5-12 所示。经过 90°光学桥接器后有 4 个输出端，其光功率表示为

$$\begin{cases} P_0 = \dfrac{1}{4}E_S^2 + \dfrac{1}{4}E_{LO}^2 + \dfrac{1}{2}\mathrm{Re}\left\{E_S^*E_{LO}\mathrm{e}^{\mathrm{j}\times 0\times\frac{\pi}{2}}\right\} \\[2mm] P_{180} = \dfrac{1}{4}E_S^2 + \dfrac{1}{4}E_{LO}^2 + \dfrac{1}{2}\mathrm{Re}\left\{E_S^*E_{LO}\mathrm{e}^{\mathrm{j}\times 2\times\frac{\pi}{2}}\right\} \\[2mm] P_{90} = \dfrac{1}{4}E_S^2 + \dfrac{1}{4}E_{LO}^2 + \dfrac{1}{2}\mathrm{Re}\left\{E_S^*E_{LO}\mathrm{e}^{\mathrm{j}\times 1\times\frac{\pi}{2}}\right\} \\[2mm] P_{270} = \dfrac{1}{4}E_S^2 + \dfrac{1}{4}E_{LO}^2 + \dfrac{1}{2}\mathrm{Re}\left\{E_S^*E_{LO}\mathrm{e}^{\mathrm{j}\times 3\times\frac{\pi}{2}}\right\} \end{cases} \tag{5-45}$$

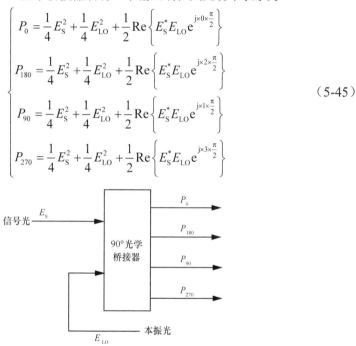

图 5-12　90°光学桥接器原理框图

90°光学桥接器实现方式如图 5-13 所示。

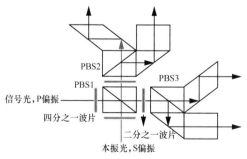

图 5-13　90°光学桥接器实现方式

入射信号光的偏振态为水平方向线偏光，表示为

$$E_S = \begin{bmatrix} 1 \\ 0 \end{bmatrix} A_S e^{j\varphi_s}$$ （5-46）

本振光的偏振态为垂直方向线偏光，表示为

$$E_{LO} = \begin{bmatrix} 0 \\ 1 \end{bmatrix} A_{LO} e^{j\varphi_{LO}}$$ （5-47）

信号光经过四分之一波片后的光场变为

$$E_{S2} = J_R \left(\frac{\lambda}{4}, \theta \right) E_{S1}$$ （5-48）

当 $\theta = \dfrac{\pi}{4}$ 时，式（5-48）光场变为

$$E_{S2} = \begin{bmatrix} \dfrac{\sqrt{2}}{2} \\ j\dfrac{\sqrt{2}}{2} \end{bmatrix} A_S e^{j\varphi_s}$$ （5-49）

本振光经过二分之一波片后的光场变为

$$E_{LO2} = J_R \left(\frac{\lambda}{2}, \theta \right) E_{LO1}$$ （5-50）

当 $\theta = \dfrac{\pi}{8}$ 时，式（5-50）光场变为

$$E_{LO2} = \begin{bmatrix} \dfrac{\sqrt{2}}{2} \\ -\dfrac{\sqrt{2}}{2} \end{bmatrix} A_{LO} e^{j\varphi_{LO}}$$ （5-51）

本振光反射和信号光透射 PBS 的光场表示为

$$E_{S2P} = \begin{bmatrix} 0 \\ j\dfrac{\sqrt{2}}{2} \end{bmatrix} A_S e^{j\varphi_s}$$ （5-52）

$$E_{LO2S} = \begin{bmatrix} \dfrac{\sqrt{2}}{2} \\ 0 \end{bmatrix} A_{LO} e^{j\varphi_{LO}}$$ （5-53）

经过二分之一波片后的光场为

$$E_{\text{S2P1}} = \boldsymbol{J}_{\text{R}}\left(\frac{\lambda}{2}, \theta\right) E_{\text{S2P}} \tag{5-54}$$

$$E_{\text{LO2S1}} = \boldsymbol{J}_{\text{R}}\left(\frac{\lambda}{2}, \theta\right) E_{\text{LO2S}} \tag{5-55}$$

当 $\theta = \dfrac{\pi}{8}$ 时，式（5-54）、式（5-55）光场变为

$$E_{\text{LO2S1}} = \begin{bmatrix} \dfrac{1}{2} \\[2mm] \dfrac{1}{2} \end{bmatrix} A_{\text{LO}} e^{j\varphi_{\text{LO}}} \tag{5-56}$$

$$E_{\text{S2P1}} = j \begin{bmatrix} \dfrac{1}{2} \\[2mm] -\dfrac{1}{2} \end{bmatrix} A_{\text{S}} e^{j\varphi_{\text{S}}} \tag{5-57}$$

再经过 **PBS** 的透射和反射光场分别如下

$$E_{\text{S2PP}} = \begin{bmatrix} 0 \\[2mm] \dfrac{1}{2} \end{bmatrix} A_{\text{S}} e^{j\varphi_{\text{S}}} \tag{5-58}$$

$$E_{\text{LO2SP}} = j \begin{bmatrix} 0 \\[2mm] \dfrac{1}{2} \end{bmatrix} A_{\text{LO}} e^{j\varphi_{\text{LO}}} \tag{5-59}$$

干涉信号光强变为

$$\begin{aligned}
P_0 &= (E_{\text{S2PP}} + E_{\text{LO2SP}})(E_{\text{S2PP}} + E_{\text{LO2SP}})^* \\
&= \frac{1}{4} A_{\text{S}}^2 + \frac{1}{4} A_{\text{LO}}^2 + \frac{1}{2} A_{\text{S}} A_{\text{LO}} \cos\left(\varphi_{\text{S}} - \varphi_{\text{LO}} - \frac{\pi}{2}\right)
\end{aligned} \tag{5-60}$$

反射光场

$$E_{\text{S2PS}} = \begin{bmatrix} \dfrac{1}{2} \\[2mm] 0 \end{bmatrix} A_{\text{S}} e^{j\varphi_{\text{S}}} \tag{5-61}$$

$$E_{\text{LO2SS}} = \begin{bmatrix} -\dfrac{1}{2} \\[2mm] 0 \end{bmatrix} A_{\text{LO}} e^{j\varphi_{\text{LO}}} \tag{5-62}$$

干涉信号光强变为

$$\begin{aligned}
P_{180} &= (E_{\text{S2PS}} + E_{\text{LO2SS}})(E_{\text{S2PS}} + E_{\text{LO2SS}})^* \\
&= \frac{1}{4} A_{\text{S}}^2 + \frac{1}{4} A_{\text{LO}}^2 - \frac{1}{2} A_{\text{S}} A_{\text{LO}} \cos\left(\varphi_{\text{S}} - \varphi_{\text{LO}} - \frac{\pi}{2}\right)
\end{aligned} \tag{5-63}$$

本振光透射和信号光反射 PBS 的光场表示为

$$E_{S2S} = \begin{bmatrix} \dfrac{\sqrt{2}}{2} \\ 0 \end{bmatrix} A_S e^{j\varphi_s} \tag{5-64}$$

$$E_{LO2P} = \begin{bmatrix} 0 \\ -\dfrac{\sqrt{2}}{2} \end{bmatrix} A_{LO} e^{j\varphi_{LO}} \tag{5-65}$$

经过二分之一波片后的光场为

$$E_{S2S1} = \boldsymbol{J}_R\left(\dfrac{\lambda}{2}, \theta\right) E_{S2S} \tag{5-66}$$

$$E_{LO2P1} = \boldsymbol{J}_R\left(\dfrac{\lambda}{2}, \theta\right) E_{LO2P} \tag{5-67}$$

当 $\theta = \dfrac{\pi}{8}$ 时，式（5-66）、式（5-67）光场变为

$$E_{LO2P1} = \begin{bmatrix} -\dfrac{1}{2} \\ \dfrac{1}{2} \end{bmatrix} A_{LO} e^{j\varphi_{LO}} \tag{5-68}$$

$$E_{S2S1} = \begin{bmatrix} \dfrac{1}{2} \\ \dfrac{1}{2} \end{bmatrix} A_S e^{j\varphi_s} \tag{5-69}$$

再经过 PBS 的透射和反射光场分别如下

$$E_{S2SP} = \begin{bmatrix} 0 \\ \dfrac{1}{2} \end{bmatrix} A_S e^{j\varphi_s} \tag{5-70}$$

$$E_{LO2PP} = \begin{bmatrix} 0 \\ \dfrac{1}{2} \end{bmatrix} A_{LO} e^{j\varphi_{LO}} \tag{5-71}$$

干涉信号光强变为

$$\begin{aligned} P_{90} &= (E_{S2SP} + E_{LO2PP})(E_{S2SP} + E_{LO2PP})^* \\ &= \dfrac{1}{4} A_S^2 + \dfrac{1}{4} A_{LO}^2 + \dfrac{1}{2} A_S A_{LO} \cos(\varphi_S - \varphi_{LO}) \end{aligned} \tag{5-72}$$

反射光场

$$E_{\text{S2SS}} = \begin{bmatrix} \dfrac{1}{2} \\ 0 \end{bmatrix} A_{\text{S}} e^{j\varphi_{\text{S}}} \tag{5-73}$$

$$E_{\text{LO2PS}} = \begin{bmatrix} -\dfrac{1}{2} \\ 0 \end{bmatrix} A_{\text{LO}} e^{j\varphi_{\text{LO}}} \tag{5-74}$$

干涉信号光强变为

$$\begin{aligned} P_{270} &= (E_{\text{S2SS}} + E_{\text{LO2PS}})(E_{\text{S2SS}} + E_{\text{LO2PS}})^* \\ &= \frac{1}{4}A_{\text{S}}^2 + \frac{1}{4}A_{\text{LO}}^2 - \frac{1}{2}A_{\text{S}}A_{\text{LO}}\cos(\varphi_{\text{S}} - \varphi_{\text{LO}}) \end{aligned} \tag{5-75}$$

将 P_0 和 P_{180}、P_{90} 和 P_{270} 分别经过光电平衡探测后，转化为光电流，变为

$$\begin{cases} I_{\text{I-Phase}} = R(P_{90} - P_{270}) = RA_{\text{S}}A_{\text{LO}}\cos(\varphi_{\text{S}} - \varphi_{\text{LO}}) \\ I_{\text{Q-Phase}} = R(P_0 - P_{180}) = RA_{\text{S}}A_{\text{LO}}\sin(\varphi_{\text{S}} - \varphi_{\text{LO}}) \end{cases} \tag{5-76}$$

光学桥接器的主要技术指标包括插损、平衡性、光程差、相位差、面型等。

（1）插损

光学桥接器有两个光信号输入，因为本振光属于本地产生，对于插损并不敏感，因此需要重点关注信号光支路的插损。从前面的分析可以看出，信号光经过 90° 光学桥接器后分为 4 路，对应有 4 个插损值。假设所有器件均没有损耗，每个输出通道的插损均为 6 dB。

（2）平衡性

平衡性主要指的是同相支路和正交相支路两路直流量的一致性指标。因为直流量的主要贡献为本振光的贡献，因此在调节平衡性的时候可以先把信号光关掉，通过调节前面的二分之一波片从而调节本振光两路的平衡性。

（3）光程差

光程差是输入信号光 4 个支路之间光程的差。光程差的要求与通信速率有关，假设通信速率为 R_{b}，要求光程差小于十分之一码元长度，即 $\dfrac{1}{10R_{\text{b}}}$。可得通信速率 $R_{\text{b}} = 10 \text{ Gbit/s}$ 时，光程差应小于 $\dfrac{1}{10R_{\text{b}}} = 10 \text{ ps}$。

（4）相位差

相位差指的是 IQ 两个支路输出信号的相位差偏离 90° 的值。这直接影响到信号的正交性，对后续的信号解调有重要的影响。

（5）面型

面型指的是光学桥接器从输入到输出整个光路产生的附加波像差，要求小于十分之一波长。

前面介绍的光学桥接器都是理想器件的情况，实际上每个光学器件均存在一定的偏离理想状态的情况。其主要影响的是光学桥接器的相位差。通过在理想光学桥接器模型中添加二分之一波片的方法可以调整相位差，如图 5-14 所示。

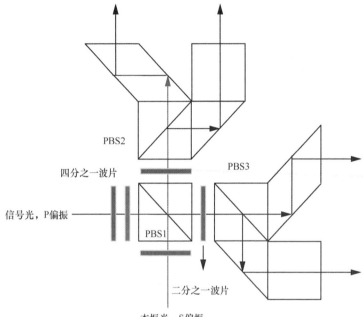

图 5-14　添加二分之一波片调整 90° 光学桥接器相位差

信号光经过二分之一波片和 45° 放置的四分之一波片后的光场表示为

$$E_{S1} = \begin{bmatrix} \dfrac{\sqrt{2}}{2}\cos(2\theta) + j\dfrac{\sqrt{2}}{2}\sin(2\theta) \\ j\dfrac{\sqrt{2}}{2}\cos(2\theta) + \dfrac{\sqrt{2}}{2}\sin(2\theta) \end{bmatrix} A_S e^{j\varphi_S} \tag{5-77}$$

本振光经过 $\theta = \dfrac{\pi}{8}$ 放置的二分之一波片后，光场表示为

$$E_{LO1} = \begin{bmatrix} \dfrac{\sqrt{2}}{2} \\ -\dfrac{\sqrt{2}}{2} \end{bmatrix} A_{LO} e^{j\varphi_{LO}} \tag{5-78}$$

本振光反射和信号光透射 PBS 的光场表示为

$$E_{\mathrm{S2P}} = \begin{bmatrix} 0 \\ \mathrm{j}\dfrac{\sqrt{2}}{2}\cos(2\theta) + \dfrac{\sqrt{2}}{2}\sin(2\theta) \end{bmatrix} A_{\mathrm{S}}\mathrm{e}^{\mathrm{j}\varphi_{\mathrm{s}}}$$

（5-79）

$$E_{\mathrm{LO2S}} = \begin{bmatrix} \dfrac{\sqrt{2}}{2} \\ 0 \end{bmatrix} A_{\mathrm{LO}}\mathrm{e}^{\mathrm{j}\varphi_{\mathrm{LO}}}$$

（5-80）

经过二分之一波片后的光场为

$$E_{\mathrm{S2P1}} = \boldsymbol{J}_{\mathrm{R}}\!\left(\dfrac{\lambda}{2},\,\theta\right) E_{\mathrm{S2P}}$$

（5-81）

$$E_{\mathrm{LO2S1}} = \boldsymbol{J}_{\mathrm{R}}\!\left(\dfrac{\lambda}{2},\,\theta\right) E_{\mathrm{LO2S}}$$

（5-82）

当 $\theta = \dfrac{\pi}{8}$ 时，式（5-81）、式（5-82）光场变为

$$E_{\mathrm{LO2S1}} = \begin{bmatrix} \dfrac{1}{2} \\ \dfrac{1}{2} \end{bmatrix} A_{\mathrm{LO}}\mathrm{e}^{\mathrm{j}\varphi_{\mathrm{LO}}}$$

（5-83）

$$E_{\mathrm{S2P1}} = \begin{bmatrix} \mathrm{j}\dfrac{1}{2}\cos(2\theta) + \dfrac{1}{2}\sin(2\theta) \\ -\mathrm{j}\dfrac{1}{2}\cos(2\theta) - \dfrac{1}{2}\sin(2\theta) \end{bmatrix} A_{\mathrm{S}}\mathrm{e}^{\mathrm{j}\varphi_{\mathrm{s}}}$$

（5-84）

再经过 PBS 的透射和反射光场分别如下

$$E_{\mathrm{S2PP}} = \begin{bmatrix} 0 \\ \dfrac{1}{2} \end{bmatrix} A_{\mathrm{S}}\mathrm{e}^{\mathrm{j}\varphi_{\mathrm{s}}}$$

（5-85）

$$E_{\mathrm{LO2SP}} = \begin{bmatrix} 0 \\ -\mathrm{j}\dfrac{1}{2}\cos(2\theta) - \dfrac{1}{2}\sin(2\theta) \end{bmatrix} A_{\mathrm{LO}}\mathrm{e}^{\mathrm{j}\varphi_{\mathrm{LO}}}$$

（5-86）

干涉信号光强变为

$$P_0 = (E_{S2PP} + E_{LO2SP})(E_{S2PP} + E_{LO2SP})^*$$
$$= \frac{1}{4}A_S^2 + \frac{1}{4}A_{LO}^2 - \frac{1}{2}A_S A_{LO}\sin(\varphi_S - \varphi_{LO} + 2\theta) \tag{5-87}$$

反射光场

$$E_{S2PS} = \begin{bmatrix} \frac{1}{2} \\ 0 \end{bmatrix} A_S e^{j\varphi_S} \tag{5-88}$$

$$E_{LO2SS} = \begin{bmatrix} j\frac{1}{2}\cos(2\theta) + \frac{1}{2}\sin(2\theta) \\ 0 \end{bmatrix} A_{LO} e^{j\varphi_{LO}} \tag{5-89}$$

干涉信号光强变为

$$P_{180} = (E_{S2PS} + E_{LO2SS})(E_{S2PS} + E_{LO2SS})^*$$
$$= \frac{1}{4}A_S^2 + \frac{1}{4}A_{LO}^2 + \frac{1}{2}A_S A_{LO}\sin(\varphi_S - \varphi_{LO} + 2\theta) \tag{5-90}$$

本振光透射和信号光反射 PBS 的光场表示为

$$E_{S2S} = \begin{bmatrix} \frac{\sqrt{2}}{2}\cos(2\theta) + j\frac{\sqrt{2}}{2}\sin(2\theta) \\ 0 \end{bmatrix} A_S e^{j\varphi_S} \tag{5-91}$$

$$E_{LO2P} = \begin{bmatrix} 0 \\ -\frac{\sqrt{2}}{2} \end{bmatrix} A_{LO} e^{j\varphi_{LO}} \tag{5-92}$$

经过二分之一波片后的光场为

$$E_{S2S1} = \boldsymbol{J}_R\left(\frac{\lambda}{2}, \theta\right) E_{S2S} \tag{5-93}$$

$$E_{LO2P1} = \boldsymbol{J}_R\left(\frac{\lambda}{2}, \theta\right) E_{LO2P} \tag{5-94}$$

当 $\theta = \dfrac{\pi}{8}$ 时，式（5-93）~式（5-94）光场变为

$$E_{LO2P1} = \begin{bmatrix} -\frac{1}{2} \\ \frac{1}{2} \end{bmatrix} A_{LO} e^{j\varphi_{LO}} \tag{5-95}$$

$$E_{\text{S2S1}} = \begin{bmatrix} \dfrac{1}{2}\cos(2\theta) + \text{j}\dfrac{1}{2}\sin(2\theta) \\ \dfrac{1}{2}\cos(2\theta) + \text{j}\dfrac{1}{2}\sin(2\theta) \end{bmatrix} A_{\text{S}}\text{e}^{\text{j}\varphi_{\text{S}}} \tag{5-96}$$

再经过 PBS 的透射和反射光场分别如下

$$E_{\text{S2SP}} = \begin{bmatrix} 0 \\ \dfrac{1}{2} \end{bmatrix} A_{\text{S}}\text{e}^{\text{j}\varphi_{\text{S}}} \tag{5-97}$$

$$E_{\text{LO2PP}} = \begin{bmatrix} 0 \\ \dfrac{1}{2}\cos(2\theta) + \text{j}\dfrac{1}{2}\sin(2\theta) \end{bmatrix} A_{\text{LO}}\text{e}^{\text{j}\varphi_{\text{LO}}} \tag{5-98}$$

干涉信号光强变为

$$\begin{aligned} P_{90} &= (E_{\text{S2SP}} + E_{\text{LO2PP}})(E_{\text{S2SP}} + E_{\text{LO2PP}})^{*} \\ &= \frac{1}{4}A_{\text{S}}^{2} + \frac{1}{4}A_{\text{LO}}^{2} + \frac{1}{2}A_{\text{S}}A_{\text{LO}}\cos(\varphi_{\text{S}} - \varphi_{\text{LO}} - 2\theta) \end{aligned} \tag{5-99}$$

反射光场

$$E_{\text{S2SS}} = \begin{bmatrix} \dfrac{1}{2}\cos(2\theta) + \text{j}\dfrac{1}{2}\sin(2\theta) \\ 0 \end{bmatrix} A_{\text{S}}\text{e}^{\text{j}\varphi_{\text{S}}} \tag{5-100}$$

$$E_{\text{LO2PS}} = \begin{bmatrix} -\dfrac{1}{2} \\ 0 \end{bmatrix} A_{\text{LO}}\text{e}^{\text{j}\varphi_{\text{LO}}} \tag{5-101}$$

干涉信号光强变为

$$\begin{aligned} P_{270} &= (E_{\text{S2SS}} + E_{\text{LO2PS}})(E_{\text{S2SS}} + E_{\text{LO2PS}})^{*} \\ &= \frac{1}{4}A_{\text{S}}^{2} + \frac{1}{4}A_{\text{LO}}^{2} - \frac{1}{2}A_{\text{S}}A_{\text{LO}}\cos(\varphi_{\text{S}} - \varphi_{\text{LO}} - 2\theta) \end{aligned} \tag{5-102}$$

将 P_0 和 P_{180}、P_{90} 和 P_{270} 分别经过光电平衡探测后，转化为光电流，变为

$$\begin{cases} I_{\text{1-Phase}} = R(P_{90} - P_{270}) = RA_{\text{S}}A_{\text{LO}}\cos(\varphi_{\text{S}} - \varphi_{\text{LO}} - 2\theta) \\ I_{\text{Q-Phase}} = R(P_{0} - P_{180}) = -RA_{\text{S}}A_{\text{LO}}\sin(\varphi_{\text{S}} - \varphi_{\text{LO}} + 2\theta) \end{cases} \tag{5-103}$$

从式（5-103）可以看出，通过旋转二分之一波片，可以实现 IQ 两路信号之间的相位差调整，调整量为 4θ。

另外一种方法是不增加二分之一波片，直接旋转四分之一波片。

入射信号光的偏振态为水平方向线偏光，表示为

$$E_S = \begin{bmatrix} 1 \\ 0 \end{bmatrix} A_S e^{j\varphi_s} \qquad (5\text{-}104)$$

本振光的偏振态为垂直方向线偏光，表示为

$$E_{LO} = \begin{bmatrix} 0 \\ 1 \end{bmatrix} A_{LO} e^{j\varphi_{LO}} \qquad (5\text{-}105)$$

信号光经过四分之一波片后的光场变为

$$E_{S2} = J_R\left(\frac{\lambda}{4}, \theta\right) E_{S1} = \begin{bmatrix} \dfrac{\sqrt{2}}{2} + j\dfrac{\sqrt{2}}{2}\cos(2\theta) \\ j\dfrac{\sqrt{2}}{2}\sin(2\theta) \end{bmatrix} A_S e^{j\varphi_s} \qquad (5\text{-}106)$$

本振光经过二分之一波片后的光场变为

$$E_{LO2} = J_R\left(\frac{\lambda}{2}, \theta\right) E_{LO1} \qquad (5\text{-}107)$$

当 $\theta = \dfrac{\pi}{8}$ 时，式（5-107）光场变为

$$E_{LO2} = \begin{bmatrix} \dfrac{\sqrt{2}}{2} \\ -\dfrac{\sqrt{2}}{2} \end{bmatrix} A_{LO} e^{j\varphi_{LO}} \qquad (5\text{-}108)$$

本振光反射和信号光透射 PBS 的光场表示为

$$E_{S2P} = \begin{bmatrix} 0 \\ j\dfrac{\sqrt{2}}{2}\sin(2\theta) \end{bmatrix} A_S e^{j\varphi_s} \qquad (5\text{-}109)$$

$$E_{LO2S} = \begin{bmatrix} \dfrac{\sqrt{2}}{2} \\ 0 \end{bmatrix} A_{LO} e^{j\varphi_{LO}} \qquad (5\text{-}110)$$

经过二分之一波片后的光场为

$$E_{S2P1} = J_R\left(\frac{\lambda}{2}, \theta\right) E_{S2P} \qquad (5\text{-}111)$$

$$E_{LO2S1} = J_R\left(\frac{\lambda}{2}, \theta\right) E_{LO2S} \qquad (5\text{-}112)$$

当 $\theta = \dfrac{\pi}{8}$ 时，式（5-112）光场变为

$$E_{\mathrm{LO2S1}} = \begin{bmatrix} \dfrac{1}{2} \\ \dfrac{1}{2} \end{bmatrix} A_{\mathrm{LO}} \mathrm{e}^{\mathrm{j}\varphi_{\mathrm{LO}}} \tag{5-113}$$

$$E_{\mathrm{S2P1}} = \mathrm{j} \begin{bmatrix} \dfrac{1}{2}\sin(2\theta) \\ -\dfrac{1}{2}\sin(2\theta) \end{bmatrix} A_{\mathrm{S}} \mathrm{e}^{\mathrm{j}\varphi_{\mathrm{s}}} \tag{5-114}$$

再经过 PBS 的透射和反射光场分别如下

$$E_{\mathrm{S2PP}} = \mathrm{j} \begin{bmatrix} 0 \\ -\dfrac{1}{2}\sin(2\theta) \end{bmatrix} A_{\mathrm{S}} \mathrm{e}^{\mathrm{j}\varphi_{\mathrm{s}}} \tag{5-115}$$

$$E_{\mathrm{LO2SP}} = \begin{bmatrix} 0 \\ \dfrac{1}{2} \end{bmatrix} A_{\mathrm{LO}} \mathrm{e}^{\mathrm{j}\varphi_{\mathrm{LO}}} \tag{5-116}$$

干涉信号光强变为

$$\begin{aligned} P_0 &= (E_{\mathrm{S2PP}} + E_{\mathrm{LO2SP}})(E_{\mathrm{S2PP}} + E_{\mathrm{LO2SP}})^* \\ &= \frac{1}{4}A_{\mathrm{LO}}^2 + \frac{1}{4}A_{\mathrm{S}}^2\sin^2(2\theta) + \frac{1}{2}A_{\mathrm{S}}A_{\mathrm{LO}}\sin(2\theta)\sin(\varphi_{\mathrm{S}}-\varphi_{\mathrm{LO}}) \end{aligned} \tag{5-117}$$

反射光场

$$E_{\mathrm{S2PS}} = \mathrm{j} \begin{bmatrix} \dfrac{1}{2}\sin(2\theta) \\ 0 \end{bmatrix} A_{\mathrm{S}} \mathrm{e}^{\mathrm{j}\varphi_{\mathrm{s}}} \tag{5-118}$$

$$E_{\mathrm{LO2SS}} = \begin{bmatrix} \dfrac{1}{2} \\ 0 \end{bmatrix} A_{\mathrm{LO}} \mathrm{e}^{\mathrm{j}\varphi_{\mathrm{LO}}} \tag{5-119}$$

干涉信号光强变为

$$\begin{aligned} P_{180} &= (E_{\mathrm{S2PS}} + E_{\mathrm{LO2SS}})(E_{\mathrm{S2PS}} + E_{\mathrm{LO2SS}})^* \\ &= \frac{1}{4}A_{\mathrm{LO}}^2 + \frac{1}{4}A_{\mathrm{S}}^2\sin^2(2\theta) - \frac{1}{2}A_{\mathrm{S}}A_{\mathrm{LO}}\sin(2\theta)\sin(\varphi_{\mathrm{S}}-\varphi_{\mathrm{LO}}) \end{aligned} \tag{5-120}$$

本振光透射和信号光反射 PBS 的光场表示为

$$E_{S2S} = \begin{bmatrix} \dfrac{\sqrt{2}}{2} + j\dfrac{\sqrt{2}}{2}\cos(2\theta) \\ 0 \end{bmatrix} A_S e^{j\varphi_S} \tag{5-121}$$

$$E_{LO2P} = \begin{bmatrix} 0 \\ -\dfrac{\sqrt{2}}{2} \end{bmatrix} A_{LO} e^{j\varphi_{LO}} \tag{5-122}$$

经过二分之一波片后的光场为

$$E_{S2S1} = \boldsymbol{J}_R\left(\frac{\lambda}{2}, \theta\right) E_{S2S} \tag{5-123}$$

$$E_{LO2P1} = \boldsymbol{J}_R\left(\frac{\lambda}{2}, \theta\right) E_{LO2P} \tag{5-124}$$

当 $\theta = \dfrac{\pi}{8}$ 时，式（5-123）、式（5-124）光场变为

$$E_{S2S1} = \begin{bmatrix} \dfrac{1}{2} + j\dfrac{1}{2}\cos(2\theta) \\ \dfrac{1}{2} + j\dfrac{1}{2}\cos(2\theta) \end{bmatrix} A_S e^{j\varphi_S} \tag{5-125}$$

$$E_{LO2P1} = \begin{bmatrix} -\dfrac{1}{2} \\ \dfrac{1}{2} \end{bmatrix} A_{LO} e^{j\varphi_{LO}} \tag{5-126}$$

再经过 PBS 的透射和反射光场分别如下

$$E_{S2SP} = \begin{bmatrix} 0 \\ \dfrac{1}{2} + j\dfrac{1}{2}\cos(2\theta) \end{bmatrix} A_S e^{j\varphi_S} \tag{5-127}$$

$$E_{LO2PP} = \begin{bmatrix} 0 \\ \dfrac{1}{2} \end{bmatrix} A_{LO} e^{j\varphi_{LO}} \tag{5-128}$$

干涉信号光强变为

$$\begin{aligned} P_{90} &= (E_{S2SP} + E_{LO2PP})(E_{S2SP} + E_{LO2PP})^* \\ &= \frac{1}{4}A_S^2 + \frac{1}{4}A_{LO}^2 + \frac{1}{4}A_S^2\cos^2(2\theta) - \frac{1}{2}A_S A_{LO}\cos(2\theta)\sin(\varphi_S - \varphi_{LO}) \\ &\quad + \frac{1}{2}A_S A_{LO}\cos(\varphi_S - \varphi_{LO}) \end{aligned} \tag{5-129}$$

反射光场

$$E_{\text{S2SS}} = \begin{bmatrix} \dfrac{1}{2} + j\dfrac{1}{2}\cos(2\theta) \\ 0 \end{bmatrix} A_{\text{S}}e^{j\varphi_{\text{s}}} \tag{5-130}$$

$$E_{\text{LO2PS}} = \begin{bmatrix} -\dfrac{1}{2} \\ 0 \end{bmatrix} A_{\text{LO}}e^{j\varphi_{\text{LO}}} \tag{5-131}$$

干涉信号光强变为

$$\begin{aligned} P_{270} &= (E_{\text{S2SS}} + E_{\text{LO2PS}})(E_{\text{S2SS}} + E_{\text{LO2PS}})^* \\ &= \frac{1}{4}A_{\text{S}}^2 + \frac{1}{4}A_{\text{LO}}^2 + \frac{1}{4}A_{\text{S}}^2\cos^2(2\theta) + \frac{1}{2}A_{\text{S}}A_{\text{LO}}\cos(2\theta)\sin(\varphi_{\text{S}} - \varphi_{\text{LO}}) \\ &\quad - \frac{1}{2}A_{\text{S}}A_{\text{LO}}\cos(\varphi_{\text{S}} - \varphi_{\text{LO}}) \end{aligned} \tag{5-132}$$

将 P_0 和 P_{180}、P_{90} 和 P_{270} 分别经过光电平衡探测后，转化为光电流，变为

$$\begin{cases} I_{\text{I-Phase}} = R(P_{90} - P_{270}) = RA_{\text{S}}A_{\text{LO}}\cos(\varphi_{\text{S}} - \varphi_{\text{LO}} + \Delta\phi) \\ I_{\text{Q-Phase}} = R(P_0 - P_{180}) = RA_{\text{S}}A_{\text{LO}}\sin(2\theta)\sin(\varphi_{\text{S}} - \varphi_{\text{LO}}) \end{cases} \tag{5-133}$$

其中，$\cos(\Delta\phi) = \dfrac{1}{\sqrt{1 + \cos^2(2\theta)}}$；　$\sin(\Delta\phi) = \dfrac{\cos(2\theta)}{\sqrt{1 + \cos^2(2\theta)}}$。

图 5-15 仿真了不同旋转角度下的相位补偿角，从图中可以看出，最大的相位补偿量为 ±45°。补偿最敏感的区域为晶轴取向 ±45° 的位置。此时波片旋转角与补偿角为 2 倍关系。

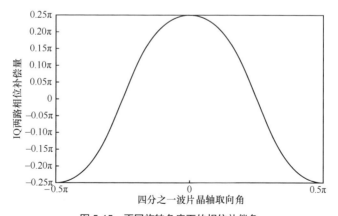

图 5-15　不同旋转角度下的相位补偿角

光学桥接器的相位误差需要测量才能进行补偿。相位误差分为两类：第一类，由

于延迟产生的相位误差；第二类，由于光学桥接器自身加工镀膜不完美造成的相位误差。第一类相位误差与信号频率有关，第二类相位误差与信号频率无关。这里重点讨论第二类相位误差的测量问题。

光学桥接器的 IQ 两个支路相位误差测量方法如图 5-16 所示。激光器发出的光经过光纤分束器后，一路光作为信号光直接进入 90°光学桥接器，另一路光经过声光移频器产生 Δf 后进入 90°光学桥接器。4 路光混频输出经过两对平衡探测器探测后，将电信号接入示波器进行探测。

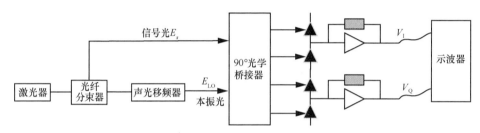

图 5-16 光学桥接器的 IQ 两个支路相位误差测量方法

为了降低探测器低频段的干扰，声光移频器的作用是将信号移至中频，通过中频信号的相位差就可以直接反映光学桥接器的相位差。当不存在相位误差时，两路信号的相位差为 90°。

$$\begin{cases} V_{\mathrm{I}} = A_{\mathrm{I}} \cos(2\pi\Delta f t + \phi_{\mathrm{I}}) \\ V_{\mathrm{Q}} = A_{\mathrm{Q}} \sin(2\pi\Delta f t + \phi_{\mathrm{Q}}) \end{cases} \tag{5-134}$$

可以通过时域信号直接测量两路信号的相位差，也可以通过频域信号得到两路信号各自的相位 ϕ_{I} 和 ϕ_{Q}，从而得到相位误差 $\phi_{\mathrm{E}} = \phi_{\mathrm{I}} - \phi_{\mathrm{Q}}$。

| 5.3 BPSK 相干通信技术 |

BPSK 通信的调制信号可以表示为

$$E(t) = E_0 \cos\left(2\pi f_c t + \pi m(t) + \varphi_0(t)\right) \tag{5-135}$$

其中，f_c 为载波频率，$m(t)$ 为调制信息，$\varphi_0(t)$ 为初始相位。

$$m(t) = \begin{cases} 0, & \text{信息为 “0”} \\ 1, & \text{信息为 “1”} \end{cases} \quad (5\text{-}136)$$

对应的光载波可以表示为

$$E(t) = \begin{cases} E_0 \cos(2\pi f_c t + \varphi_0), & \text{信息为 “0”} \\ -E_0 \cos(2\pi f_c t + \varphi_0), & \text{信息为 “1”} \end{cases} \quad (5\text{-}137)$$

将复振幅用矢量表示，横坐标为实部，纵坐标为虚部。BPSK 调制格式的星座图如图 5-17 所示。

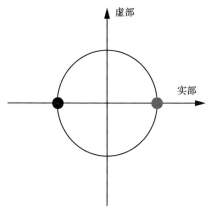

图 5-17　BPSK 调制格式的星座图

由于采用了相位调制，需要通过相干探测将载波去除，并且进行相位锁定后才能获得所需要的信息。假设本振激光的振幅电场表示为

$$E_{\text{LO}}(t) = E_{\text{LO0}} \cos\left[2\pi f_{\text{LO}} t + \varphi_{\text{LO0}}(t)\right] \quad (5\text{-}138)$$

本振光与信号光相干混频后获得的相位差表示为

$$\Phi(t) = 2\pi \Delta f t + \varphi_{\text{LO0}}(t) - \pi m(t) - \varphi_0(t) \quad (5\text{-}139)$$

其中，$\Delta f = f_{\text{LO}} - f_c$ 为干涉中频。

混频输出后的 IQ 两路电信号为

$$\begin{cases} V_{\text{I}} = A_{\text{I}} \cos\left[\Phi(t)\right] \\ V_{\text{Q}} = A_{\text{Q}} \sin\left[\Phi(t)\right] \end{cases} \quad (5\text{-}140)$$

要想获得源端加载的信息相位，必须实现本振光与信号光的相位锁定，即满足

$$\phi_{\mathrm{E}}(t) = 2\pi\Delta f t + \varphi_{\mathrm{LO0}}(t) - \varphi_0(t) = 0 \qquad (5\text{-}141)$$

此时，IQ 两路电信号为

$$\begin{cases} V_{\mathrm{I}} = \begin{cases} A_{\mathrm{I}}, & \text{信息为 “0”} \\ -A_{\mathrm{I}}, & \text{信息为 “1”} \end{cases} \\ V_{\mathrm{Q}} = 0 \end{cases} \qquad (5\text{-}142)$$

要实现相位的锁定，需要获得准确的 $\phi_{\mathrm{E}}(t)$，但混频后的相位差中包含了信号调制的相位成分，需要先将该成分去除。常见的几种鉴相方法包括 IQ 相乘法、平方反正切法、数字判决法等。

（1）IQ 相乘法

将得到的 IQ 电压信号直接相乘，得到鉴相用的信号

$$VV_{\phi_{\mathrm{E}}} = V_{\mathrm{I}} \times V_{\mathrm{Q}} = \frac{1}{2} A_{\mathrm{I}} A_{\mathrm{Q}} \sin\left[2\phi_{\mathrm{E}}(t)\right] \qquad (5\text{-}143)$$

IQ 相乘法得到的鉴相结果如图 5-18 所示，可以看出当相位误差较小时，鉴相信号近似为

$$VV_{\phi_{\mathrm{E}}} \approx \frac{1}{2} A_{\mathrm{I}} A_{\mathrm{Q}} \left[2\phi_{\mathrm{E}}(t)\right] \qquad (5\text{-}144)$$

相位误差：$\phi_{\mathrm{E}}(t) = \dfrac{VV_{\phi_{\mathrm{E}}}}{A_{\mathrm{I}} A_{\mathrm{Q}}}$。采用这种方法得到的鉴相信号容易受到接收信号光功率的影响，进而导致鉴相的精度受限。

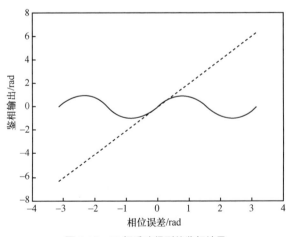

图 5-18　IQ 相乘法得到的鉴相结果

（2）平方反正切法

通过光学桥接器的 IQ 两路信号输出后，经过复数化后进行平方运算，再利用反正切运算就可以获取载波的相位误差

$$C_{IQ} = (A_I + jA_Q)^2 \tag{5-145}$$

$$\phi_E(t) = \arctan\left(\frac{V_I^2 - V_Q^2}{2V_I V_Q}\right) \tag{5-146}$$

（3）数字判决法

根据式（5-140）可以知道，两路输出信号可以表示为

$$\begin{cases} V_I = A_I \cos[\pi + \phi_E(t)] \\ V_Q = A_Q \sin[\phi_E(t)] \end{cases}, \text{信息为 "0"} \tag{5-147}$$

$$\begin{cases} V_I = -A_I \cos[\phi_E(t)] \\ V_Q = -A_Q \sin[\phi_E(t)] \end{cases}, \text{信息为 "1"} \tag{5-148}$$

含有相位误差时的外差输出信号星座图如图 5-19 所示。

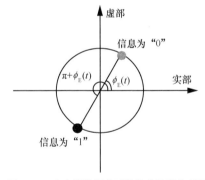

图 5-19　含有相位误差时的外差输出信号星座图

数字判决法的步骤为：

（1）从原始时域信号中选取 $V_I(t) > 0$ 的对应的 $V_I(t)$ 和 $V_Q(t)$，记为 $V_I'(t)$ 和 $V_Q'(t)$，舍弃 $V_I(t) \leqslant 0$ 时的那些点；

（2）利用 $V_I'(t)$ 和 $V_Q'(t)$ 可以计算出相位差。

从图 5-20 的仿真结果中可以看出，当相位误差为 $-\frac{\pi}{2} \sim \frac{\pi}{2}$ 时，鉴相结果与实际相位误差相同；当相位误差为 $\frac{\pi}{2} \sim \pi$ 时，鉴相结果比实际相位误差小 π；当相位误差为 $-\pi \sim -\frac{\pi}{2}$ 时，鉴相结果比实际相位误差大 π，也就是常说的 0、π 混叠问题。

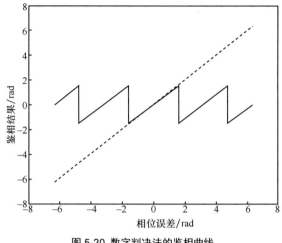

图 5-20 数字判决法的鉴相曲线

| 5.4 空间多模 DPSK 相干通信技术 |

激光通信系统用于超高数据速率的卫星对地面通信时，大气湍流信道会严重恶化信号光的空间强度和相位分布，造成外差效率的严重降低，导致通信误码率的增加，甚至链路中断。

最常用的解决星地大气湍流的手段是采用自适应光学技术实现对畸变波前的实时校正，从而有效提升外差效率。但目前自适应光学系统的闭环带宽均在 1 kHz 左右，对于高于 1 kHz 的扰动无法补偿；另外，激光通信终端的通信速率一直在提升，目前已经在 10 Gbit/s 以上。如果存在 1 ms 的数据终端，就会导致 10 Mbit 的数据丢失，并且无法通过纠错的手段弥补。

借鉴光纤通信中的 DPSK 调制通信技术，消除由色散、时间抖动等带来的误码率提升，属于时域自差分相干解调。空间激光经过星地链路传输后，到达地面接收端，变为空间多模光场。空间多模光场会严重影响外差效率，需要采用空间多模自差技术克服其影响。

二进制 DPSK 调制利用相邻码元载波相位的相对变化来表示数字信号的"1"码和"0"码。这时载波信号的相位与数字信号的"1"码或"0"码之间没有固定的对应关系。其相位变化关系是：当数字信号为"1"码时，载波相位移相 π，即本码元载波相位与前一码元载波相位相差 π；当数字信号为"0"码时，载波相位不变，即本码元载波相位与前一码元载波相位相同。

与绝对相移相同，上述的对应关系反过来也可以。即"1"码时载波相位不变，"0"

码时载波相位移相 π。

图 5-21 给出了 DPSK 信号的波形。

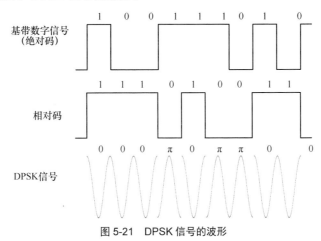

图 5-21　DPSK 信号的波形

实现相对相移键控的最常用方法是：先对基带数字信号进行差分编码，即由绝对码表示变为相对码（差分码）表示；然后对相对码进行绝对调相即得到 DPSK 信号。图 5-21 中给出的相对码波形就是由绝对码变换来的。因此相对相移键控信号产生的电路由两个部分组成：码型变换部分和绝对调相部分。其原理框图如图 5-22 所示。

图 5-22　DPSK 信号产生的原理框图

绝对码序列 $\{a_n\}$ 和相对码序列 $\{b_n\}$ 之间的关系为

$$b_n = b_{n-1} \oplus a_n（模2加）\tag{5-149}$$

$$a_n = b_{n-1} \oplus b_n（模2加）\tag{5-150}$$

即本时刻的相对码 b_n 等于本时刻的基带码 a_n（绝对码）与前一时刻相对码延迟 1 bit 后的 b_{n-1} 进行模 2 加。绝对码和相对码的基带信号对比如图 5-23 所示。

| 绝对码a_n | | 1 | 0 | 0 | 1 | 1 | 1 | 0 | 1 | 0 |
| 相对码b_n | 0 | 1 | 1 | 1 | 0 | 1 | 0 | 0 | 1 | 1 |

图 5-23　基带信号对比

卫星对地通信时，由于受到大气湍流的影响，会引入附加相位。

星上激光终端采用 DPSK 调制，调制后发射光的光场定义为

$$U_T(x,y;t_0) = A_T(x,y;t_0)e^{j[\varphi(t_0)+\theta_0]} \tag{5-151}$$

其中，$\varphi(t_0)$ 是时变相位信息，θ_0 是常数相位，$A_T(x,y;t_0)$ 是 t_0 时刻的振幅。差分相位和 $\Delta\varphi(t_i)$ 数据信息之间的关系表示为

$$\Delta\varphi(t_i) = \varphi(t_i) - \varphi(t_{i-1}) = \begin{cases} 0, & \text{信息为 “0”} \\ \pi, & \text{信息为 “1”} \end{cases} \tag{5-152}$$

其中，下标 i 代表第 i 个信息位，且有 $t_i - t_{i-1} = T_b$，T_b 是一个信息位持续时间。大信号光场通过大气湍流随机信道后，在接收器处接收到的波前像差变化的信号光为

$$U_S(x,y;t_i) = A_S(x,y;t_i)e^{j\left[\phi(t_i)+\frac{2\pi}{\lambda}W(x,y;t_i)+\theta_i\right]} \tag{5-153}$$

与光纤中的 DPSK 解调系统不同，自由空间光束传播会引起菲涅耳衍射，造成延迟相差 1 bit 的两个支路的空间光场不匹配，引起外差效率的下降。图 5-24 为光瞳匹配光学差分接收器示意，主要包括接收望远镜、具有不等臂长的马赫-曾德尔差分干涉仪和包括光学元件和电路部分的 90° 光学桥接器等。

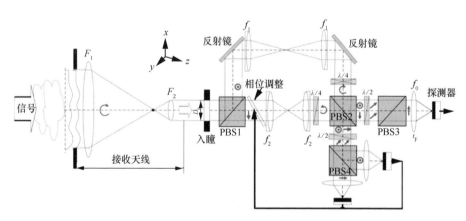

—— 电信号　—— 光信号　$\lambda/2$：二分之一波片　$\lambda/4$：四分之一波片　PBS：偏振分束器

图 5-24　光瞳匹配光学差分接收器示意

$W(x,y;t_i)$ 是由湍流效应引起的第 i 个数据比特时间的空间相位畸变波前，θ_i 是随机时变相位常数，$A_S(x,y;t_i)$ 是接收光的振幅。

通过不等臂光瞳匹配差分干涉仪，第 i 个比特的光场 $U_S(x,y;t_i)$ 和延迟信号光第 $(i-1)$ 个 bit 的光场 $U_S(x,y;t_{i-1})$ 进入 2×4 $90°$ 光学桥接器后，经过光电转换和平衡探测，光电流 $I(i)$ 表示为

$$
\begin{aligned}
I(i) &= \frac{e\eta A}{2h\nu Z_0} \iint_s \left[U_S(x,y;t_i) + U_S(x,y;t_{i-1}) \right]\left[U_S(x,y;t_i) + U_S(x,y;t_{i-1}) \right]^* \mathrm{d}x\mathrm{d}y \\
&= \frac{e\eta A}{2h\nu Z_0} \iint_s \Big[|U_S(x,y;t_i)|^2 + |U_S(x,y;t_{i-1})|^2 + U_S(x,y;t_{i-1})U_S^*(x,y;t_i) \\
&\quad + U_S^*(x,y;t_i)U_S(x,y;t_{i-1}) \Big]\mathrm{d}x\mathrm{d}y \\
&= \frac{e\eta A}{2h\nu Z_0} \iint_s \Big\{ |U_S(x,y;t_i)|^2 + |U_S(x,y;t_{i-1})|^2 \\
&\quad + 2A_S(x,y;t_i)A_S(x,y;t_{i-1})\cos\big[\phi(t_i) - \phi(t_{i-1}) \\
&\quad + \frac{2\pi}{\lambda}W(x,y;t_i) - \frac{2\pi}{\lambda}W(x,y;t_{i-1}) + \theta_i - \theta_{i-1} \big] \Big\}\mathrm{d}x\mathrm{d}y
\end{aligned}
\tag{5-154}
$$

其中，e 是电子电荷，η 为探测器的量子效率，A 是光电探测器表面的面积，h 是普朗克常数，ν 是接收光频率，Z_0 是特性阻抗。

式（5-154）分为三部分。第一部分和第二部分为直流项，第三部分为交流项（即信号项）。前两部分不携带信息，第三部分携带信息。当两个干涉的光场失配时，会造成外差效率的下降。

外差效率可以表示为

$$
\eta_H(i) = \frac{\iint_A U_S(x,y;t_i)U_S^*(x,y;t_{i-1})\mathrm{d}x\mathrm{d}y \iint_A U_S^*(x,y;t_i)U_S(x,y;t_{i-1})\mathrm{d}x\mathrm{d}y}{\iint_A |U_S(x,y;t_i)|^2 \mathrm{d}x\mathrm{d}y \iint_A |U_S(x,y;t_{i-1})|^2 \mathrm{d}x\mathrm{d}y}
\tag{5-155}
$$

考虑到传输速率达到每秒吉比特数量级，比特周期 $T=10^{-9}$ s，远大于大气湍流的波动频率（只有 kHz 数量级）。因此，我们可以得出 $W(x,y;t_i) = W(x,y;t_{i-1})$。$A_S(x,y;t_i) = A_S(x,y;t_{i-1})$ 和 $\theta_i - \theta_{i-1} \approx 0$，此时 $\eta_H(i) = 1$。也就是说，无论湍流引起的波前畸变有多少，均不会造成外差效率的降低。

保证外差效率为 1 的前提条件是，两个不同传输距离的光场仍然与输入平面的光场相同。采用 4f 转向系统可以达到光场传递的目的，经过 4f 转向系统后，其输出光场与输入光场是镜像关系，因此在透镜没有像差的理想条件下，$\eta_H(i) = 1$。

当考虑波前像差时，外差效率显著降低。图 5-25 简要显示了双 4f 系统光瞳匹配差分干涉仪的典型设计。两对共焦透镜具有相同的直径尺寸 $2r_1 = 2r_3$。不同的分支分别具有不同的焦距 f_1 和 f_2。瞳孔匹配是指双 4f 透镜组的入出瞳严格相同并匹配在光路的相同位置。实际上，光学元件会受到透镜表面曲率变化、单透镜或双透镜倾斜、聚焦透

镜的垂直中心偏移以及两透镜之间散焦距离大等不利因素的影响。光学器件的畸变会引起波前像差，从而改变干涉场的强度和相位分布，并产生两臂分支的相互匹配误差，引起外差效率的严重降低，造成误码率增加，以及通信系统的性能劣化。

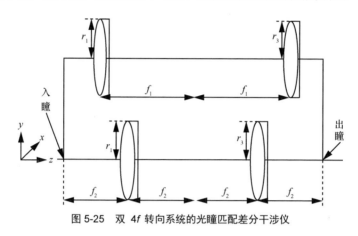

图 5-25　双 $4f$ 转向系统的光瞳匹配差分干涉仪

$4f$ 转向系统是该光接收机 DPSK 差分解调的关键部分，因此需要对信号光进行衍射传播分析来讨论透镜像差的影响。这里以长臂分支为例，图 5-26 为 $4f$ 转向系统示意。

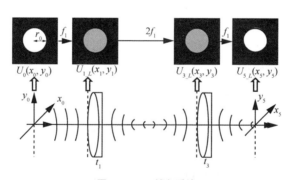

图 5-26　$4f$ 转向系统

对于双 $4f$ 转向系统的分支，距离差表示为 $\Delta = 4f_1 - 4f_2 = c/v_c$，其中 c 是真空中光速，v_c 是通信系统的数据速率。

衍射过程可以分为 3 个过程，标记 4 个观察平面（图 5-26）。在没有波前像差的情况下，二维光强度分布显示在 $4f$ 转向系统上方。(x_0, y_0)、(x_1, y_1)、(x_3, y_3) 和 (x_5, y_5) 为 4 个观察平面上对应的近轴坐标，前焦平面、透镜 t_1 平面、透镜 t_2 平面、透镜 t_3 平面和后焦平面对应的光场分布分别为：$U_0(x_0, y_0)$、$U_{1\_L}(x_1, y_1)$、$U_{3\_L}(x_3, y_3)$ 和 $U_{5\_L}(x_5, y_5)$。

为了对图 5-25 的几何结构进行简单分析，透镜 t_1 的前焦平面被垂直入射的单位振幅 $U_0(x_0, y_0) = P_0(x_0, y_0, r_0)$ 照射。$P_0(x_0, y_0, r_0)$ 是半径为 r_0 的入射光束的孔径函数，表示为

$$P_0(x_0, y_0, r_0) = \begin{cases} 0, & \sqrt{x_0^2 + y_0^2} < r_0 \\ 1, & \text{其他} \end{cases} \tag{5-156}$$

根据标量衍射理论，当传播距离为 f_1 时，应采用菲涅耳衍射公式进行计算，$U_{1\_L}(x_1, y_1)$ 表示为

$$U_{1\_L}(x_1, y_1) = \iint_\infty U_0(x_0, y_0) h(x_1 - x_0, y_1 - y_0) \mathrm{d}x_0 \mathrm{d}y_0 \tag{5-157}$$

其中，$h(x, y) = \dfrac{\mathrm{e}^{\mathrm{j}kz}}{\mathrm{j}\lambda z} \mathrm{e}^{\mathrm{j}\frac{\pi}{\lambda z}(x^2 + y^2)}$。

对于具有圆孔径函数 $P_t(x_1, y_1, z_1)$ 和像差 ΔW_1 的相变透镜，复振幅透射函数可以改写为

$$t_1(x_1, y_1) = \exp\left[-\mathrm{j}\frac{k}{2f_1}\left(x_1^2 + y_1^2\right)\right] \times \exp\left[(-\mathrm{j}k\Delta W_1)P_t(x_1, y_1, t_1)\right] \tag{5-158}$$

经过 $2f_1$ 的传播距离后，光场分布 $U_{3\_L}(x_3, y_3)$ 由式（5-159）给出

$$\begin{aligned} U_{3\_L}(x_3, y_3) = & \frac{\exp(\mathrm{j}k2f_1)}{\mathrm{j}\lambda 2f_1} \exp\left(-\mathrm{j}\frac{k}{4f_1}\left(x_3^2 + y_3^2\right)\right) \times \\ & \iint_\infty U_{1\_L}(x_1, y_1) t_1(x_1, y_1) \exp\left[\mathrm{j}\frac{k\left(x_1^2 + y_1^2\right)}{4f_1}\right] \times \exp\left[-\mathrm{j}\frac{k(x_1 x_3 + y_1 y_3)}{2f_1}\right] \mathrm{d}x_1 \mathrm{d}y_1 \end{aligned} \tag{5-159}$$

按式（5-159）同样的方法得到透镜 t_3 后焦平面的光场分布 $U_{5\_L}(x_5, y_5)$ 为

$$\begin{aligned} U_{5\_L}(x_5, y_5) = & \frac{\exp(\mathrm{j}kf_1)}{\mathrm{j}\lambda f_1} \exp\left[-\mathrm{j}\frac{k}{2f_1}\left(x_5^2 + y_5^2\right)\right] \times \\ & \iint_\infty U_3(x_3, y_3) t_3(x_3, y_3) \exp\left[\mathrm{j}\frac{k\left(x_3^2 + y_3^2\right)}{2f_1}\right] \times \exp\left[-\mathrm{j}\frac{k(x_5 x_3 + y_5 y_3)}{f_1}\right] \mathrm{d}x_3 \mathrm{d}y_3 \end{aligned} \tag{5-160}$$

如果忽略两个透镜孔径的有限范围和像差，则出瞳和入瞳的光场之间的关系可以表示为

$$U_{5\_L}(x_5, y_5) = \mathcal{F}\mathcal{F}\left[U_0(x_0, y_0)\right] = U_0(-x_0, -y_0) \tag{5-161}$$

其中，$\mathcal{F}$ 表示二维傅里叶变换。注意，相同的过程适用于相应衍射平面的复振幅 $U_{1\_S}(x_1,y_1)$、$U_{3\_S}(x_3,y_3)$ 和 $U_{5\_S}(x_5,y_5)$ 中的短臂分支。这样，不同分支后焦平面上的两个光场被匹配和干涉以进行外差检测。后焦平面上新的总干涉场 $U_5(x_5,y_5)$ 可以表示为

$$U_5(x_5,y_5) = U_{5\_L}(x_5,y_5) + U_{5\_S}(x_5,y_5) \tag{5-162}$$

干涉后的光功率表示为

$$P_r = U_5(x_5,y_5) \cdot U_5^*(x_5,y_5) \tag{5-163}$$

在探测器的 PIN 型光电二极管上，可以通过外差检测收集数据信息。当两个干涉光束在幅度和相位分布上都很好地匹配时，获得的信号光功率最大。

这里，$U_{5\_S}(x_5,y_5)$ 和 $U_{5\_L}(x_5,y_5)$ 的光场对应两个干涉光场，它们的外差效率表示为

$$\eta_{\text{HDI}} = \frac{\iint_A U_{5\_S}(x_5,y_5)U_{5\_L}^*(x_5,y_5)\mathrm{d}x_5\mathrm{d}y_5 \iint_A U_{5\_L}(x_5,y_5)U_{5\_S}^*(x_5,y_5)\mathrm{d}x_5\mathrm{d}y_5}{\iint_A \left|U_{5\_S}(x_5,y_5)\right|^2 \mathrm{d}x_5\mathrm{d}y_5 \iint_A \left|U_{5\_L}(x_5,y_5)\right|^2 \mathrm{d}x_5\mathrm{d}y_5} \tag{5-164}$$

事实上，外差效率直接通过信噪比影响接收系统的性能

$$\text{SNR} = \eta \frac{\eta_{\text{HDI}} P_r}{2h\nu B} \tag{5-165}$$

其中，B 是检测带宽，P_r 是入射光束的光功率。此外，我们通过计算相干接收机的误码率来预测激光通信系统的统计性能。误码率由 SNR 推导得出

$$\text{BER} = \frac{1}{2}\text{erfc}\left(\frac{\sqrt{\text{SNR}}}{2\sqrt{2}}\right) \tag{5-166}$$

其中，erfc 是互补误差函数。光相干通信系统中通常要求误码率小于或等于 10^{-9}，以保证良好的数据接收性能。从式（5-165）和式（5-166）可以看出，当外差效率迅速下降时，最小接收光功率急剧增加。我们将 P_r 定义为落在光电探测器上可以实现 10^{-9} 的误码率的最小入射光功率。当接收器的性能受到波前像差的影响时，所需的最小接收光功率 P_n 实际上会随着外差效率的减少而增加。用功率惩罚因子 ΔP 表示像差带来的影响，表示为

$$\Delta P = 10\log_{10}\left(\frac{P_0}{P_r}\right) \tag{5-167}$$

ΔP 表示保持相同的 BER$=10^{-9}$ 时所需的最小接收光功率的增加量，更小的 ΔP 意味着更好的光接收器性能。由于光瞳匹配光差分接收器的像差，因此 ΔP 的最小值受到外差效率的限制。

为了可视化像差对瞳孔匹配 DI 接收器性能的影响，我们考虑一个具有圆形孔径的

理想平面波作为入射到双 $4f$ 转向系统上的光束（如图 5-26 所示）。为简单起见，考虑长臂分支的光传输，因为两个分支的分析相同。在仿真过程中，参数采用以下值：$\lambda = 1\,064\,\text{nm}$，$v_C = 1.5\,\text{Gbit/s}$，$\varDelta = 200\,\text{mm}$，$r_0 = 2.5\,\text{mm}$，$f_1 = 75\,\text{mm}$，$f_2 = 125\,\text{mm}$，$r_1 = 10\,\text{mm}$，$r_3 = 10\,\text{mm}$。我们假设透镜的孔径尺寸大于通过孔径 D_0 后的光束的孔径尺寸。

（1）波前像差的公式

波前像差是光束波前与预期或参考表面的偏差。将像差引入理想波面意味着当存在像差时，参考光场与实际光场的关系表示为

$$u = u_0 \mathrm{e}^{-jkW(p,\theta)} \tag{5-168}$$

其中，u_0 表示没有像差的光场；$W(\rho,\theta)$ 是像差函数，可以以所有形式展开，并被描述为 Seidel 项

$$W(\rho,\theta) = \sum_{1,m,n} w_{1,m,n} x_0^1 \rho^m \cos^n(\theta) \tag{5-169}$$

其中，$w_{1,m,n}$ 为像差系数，x_0^1 为近轴近似下归一化物场坐标。光瞳半径坐标 ρ 在出瞳边缘归一化为等于 1 的值，θ 是极坐标中的瞳孔方位角，因此，$w_{1,m,n}$ 表示不同的像差项。

（2）波前像差的变化

透镜像差通过双 $4f$ 转向系统并入信号光的波前。5 个赛德尔像差中的每一个都被考虑用于验证的目的。表 5-3 显示了名称、归一化函数形式和像差系数。表 5-3 中表达式以笛卡尔坐标的形式显示，用于随后的数值模拟。

我们使用均方根（RMS）波前误差来指定波前质量。对于圆形瞳孔，将 σ^2 定义为透镜表面曲率的变化

$$\begin{aligned}
\sigma^2 &= \frac{1}{S_{\text{area}}} \iint_{S_{\text{area}}} \left[\Delta W(x,y) - \overline{\Delta W(x,y)} \right]^2 \mathrm{d}x\mathrm{d}y \\
&= \frac{1}{S_{\text{area}}} \iint_{S_{\text{area}}} \Delta W^2(x,y)\mathrm{d}x\mathrm{d}y - \left(\frac{1}{S_{\text{area}}} \right)^2 \left[\iint_{S_{\text{area}}} \Delta W(x,y)\mathrm{d}x\mathrm{d}y \right]^2
\end{aligned} \tag{5-170}$$

其中，$\Delta W(x,y)$ 代表不同的像差项，S_{area} 是光电探测器的积分面积。我们假设在之前的数值分析之后，每个像差的 $\sigma^2 \leqslant \dfrac{\lambda}{2}$。为了简化计算，可以将出瞳平面中的曲率设置为无穷大。

为了分析透镜像差的具体影响，将每个波前像差单独添加到仅长臂分支的透镜 t_1 和 t_3 后面的光场中。图 5-27 显示了 ΔP 与不同镜头像差的 RMS 波前误差之间关系的模拟结果，这些像差以 σ_{220}、σ_{040}、σ_{222}、σ_{131}、σ_{311} 的方差区分。这里 ΔP 的值设置为 0.5 dB，作为评估具有特定误码率的相干通信系统性能的标准。图 5-27 中的插图显示了 $0 \sim 1$ dB 功率损失的放大视图。

表 5-3　名称、归一化函数形式和像差系数

名称	像差系数	表达形式	RMS 误差 σ
离焦	$w_{220} = \dfrac{\sigma_{220}}{2\sqrt{3}}$	$\dfrac{(x^2+y^2)}{r_0^2}$	σ_{220}
球差	$w_{040} = \dfrac{2\sigma_{040}}{3\sqrt{5}}$	$\dfrac{(x^2+y^2)^2}{r_0^4}$	σ_{040}
像散	$w_{222} = 2\sigma_{222}$	$\dfrac{x^2}{r_0^2}$	σ_{222}
慧差	$w_{131} = \dfrac{\sigma_{131}}{2\sqrt{2}}$	$\dfrac{x(x^2+y^2)}{r_0^3}$	σ_{131}
畸变	$w_{311} = \dfrac{\sigma_{311}}{\sqrt{2}}$	$\dfrac{x}{r_0}$	σ_{311}

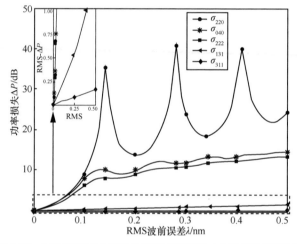

图 5-27　ΔP 与不同镜头像差的 RMS 波前误差之间关系的模拟结果

从图 5-27 中可以看出，σ_{131}、σ_{311} 两项像差对系统性能的影响较小。当 σ_{311} 的 RMS 畸变 $\leqslant \dfrac{\lambda}{2}$，$\sigma_{131}$ 的 RMS 慧差 $\leqslant \dfrac{\lambda}{2}$ 时，双 $4f$ 转向系统的性能仍然满足给定 BER<10⁻⁹ 所需的最小接收光功率要求。

其他像差，如离焦、球差和像散对瞳孔匹配光学差分接收器的影响最为严重，只有当它们的 σ_{220}、σ_{040}、σ_{222} 像差误差小于 0.025，且 $\Delta P \leqslant 0.5$ dB 时才会出现，以满足给定 BER<10⁻⁹ 的通信系统的要求。一个支路上的像差有时可以通过另一个支路的像差进行补偿，达到性能优化的效果。

下面以离焦为例进行分析。固定短臂不同的离焦量，只改变长臂的离焦量，就可以得到最优化的补偿结果，如图 5-28 所示。

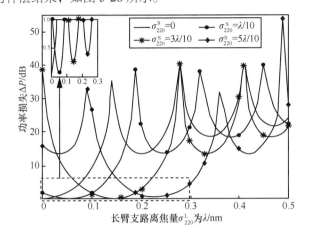

图 5-28　受两个分支场曲影响的功率损失 ΔP（插图显示功率损失的放大视图）

当短臂支路 RMS 的 $\sigma_{220}^{\mathrm{S}}$ 为 $\dfrac{\lambda}{10}$、$\dfrac{3\lambda}{10}$ 和 $\dfrac{5\lambda}{10}$ 时，为保证 $\Delta P \leqslant 0.5\ \mathrm{dB}$，长臂支路的 RMS 波前误差将落在以最优值为中心的有限范围内，$\sigma_{220}^{\mathrm{L}}$ 分别为 0.052λ、0.142λ 和 0.232λ 时可以补偿短支路的离焦量，满足 $\lambda \leqslant 0.5\ \mathrm{dB}$ 的条件，具有良好的性能。

图 5-29 和图 5-30 用同样的方法分析了球差和像散的补偿。当短臂支路的 RMS 球差 $\sigma_{040}^{\mathrm{S}}$ 为 $\dfrac{\lambda}{10}$、$\dfrac{3\lambda}{10}$ 和 $\dfrac{5\lambda}{10}$ 时，对应的 $\sigma_{040}^{\mathrm{L}}$ 中心值分别为 0.052λ、0.13λ 和 0.18λ 时，可以达到补偿的效果（图 5-29），但在 $\sigma_{040}^{\mathrm{S}} = 0.52\lambda$ 的情况下惩罚因子为 $0.8\ \mathrm{dB}$。

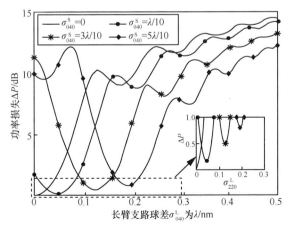

图 5-29　受透镜两个分支球差影响的功率损失 ΔP（插图显示功率损失的放大视图）

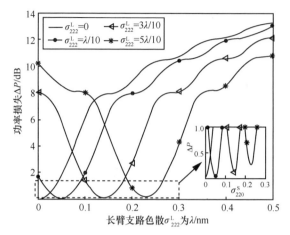

图 5-30　受透镜两个分支像散影响的功率损失 ΔP（插图显示功率损失的放大视图）

当短臂支路的像散像差 σ_{222}^{S} 为 $\lambda/10$、$3\lambda/10$、$5\lambda/10$ 时，长臂分支的像散像差分别为 0.05λ、0.14λ 和 0.22λ 时可以达到补偿效果。

对于特定的有方向性加工像差，可以通过机械安装的方法抵消其影响。以像散像差为例，可以通过绕光轴方向旋转一定的角度抵消其影响。图 5-31 仿真结果表明像散误差分别为 $4\lambda/100$、$3\lambda/100$、$2\lambda/100$ 和 $\lambda/100$ 时，都可以通过旋转镜头 t_3 降低其影响。通过仿真可知，在旋转角为 90° 时的补偿效果最好。

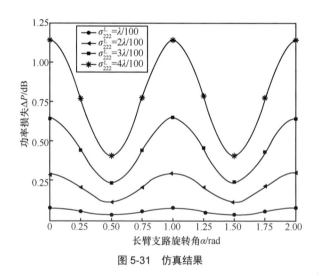

图 5-31　仿真结果

然而，除了光学元件由于自身设计或加工引起的像差外，还存在安装和装调误差。常见的安装误差由倾斜误差、离焦误差和平移误差 3 项组成。

在一个方向上倾斜角为 θ 的透镜 t_3 产生相对于所描绘的原始位置的轴向偏差，如图 5-32 所示。当透镜 t_3 在某一方向上产生倾斜角时，新的透镜透过率表达式改写为

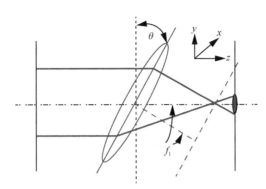

图 5-32　倾斜角为 θ 的透镜 t_3 示意

$$t_3'(x, y) = \exp\left[-\mathrm{j}\frac{k}{2}\left(\frac{x^2}{f_1\cos^2\theta} + \frac{y^2}{f_1}\right)\right] \times \mathrm{circle}\left[\sqrt{\left(\frac{x}{r_t\cos\theta}\right)^2 + \left(\frac{y}{r_t}\right)^2}\right] \qquad （5\text{-}171）$$

其中，x 方向的焦距变为 $f_1\cos^2\theta$ 导致后焦平面该方向的光斑色散。图 5-33 仿真了 3 种情况：情况 1，单透镜 t_3 在 x 方向产生倾斜角为 θ 的安装误差；情况 2，透镜 t_1 和 t_3 在 x 方向同时产生倾斜角为 θ 的安装误差；情况 3，透镜 t_1 和 t_3 分别沿 x 和 y 方向产生倾斜角为 θ 的安装误差。从图 5-33 中可以看出，当 $\theta < 0.031\ 4\ \mathrm{rad}$（约 1.8°）时，对功率惩罚因子的影响很小，可以忽略。当 θ 为更大角度时可以目测观察，调整后即可以满足要求。

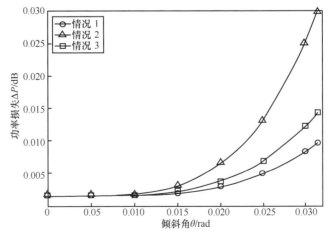

图 5-33　功率损失 ΔP 作为两个分支中透镜倾斜角 θ 的函数

另一个装调误差来自于两个透镜的中心平移误差。即一组 $4f$ 转向系统中的两个镜头中心相对于信号光衍射光轴的高度不同。图 5-34 所示为镜头的横向偏移 $(\Delta x, \Delta y)$ 时，引入了 $e^{j2\pi\left[\frac{\Delta x}{\lambda f_1}(x-\Delta x)+\frac{\Delta y}{\lambda f_1}(x-\Delta y)\right]}$ 的附加相移和相应后焦平面光场 $(\Delta x, \Delta y)$ 的偏移的情况，仿真结果如图 5-35 所示。当来自两个分支的光信号受到干扰时，由于透镜的非同轴特性导致的这种不匹配将重新分配强度和相位。

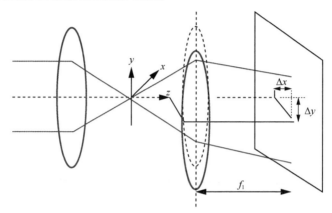

图 5-34　镜头中心偏移示意

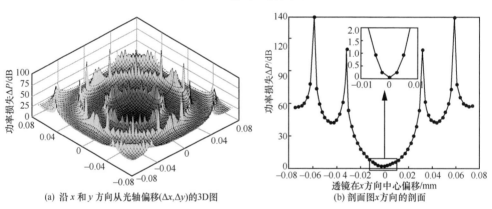

(a) 沿 x 和 y 方向从光轴偏移 $(\Delta x, \Delta y)$ 的 3D 图　　(b) 剖面图 x 方向的剖面

图 5-35　仿真结果

　　通过仿真可知，功率损失对中心位移距离非常敏感，需要将调整精度控制在 4 μm 以内才能满足要求。这对于一般的装配是比较困难的，也是装调的核心和难点所在。

　　在装调过程中还会产生两个透镜组离焦的情况，造成离焦像差，从而造成功率惩罚。定义 ΔL 为离焦距离，如图 5-36 所示，离焦会在出射焦平面处的光场上引入 $e^{-j\pi\Delta L\frac{(x^2+y^2)}{\lambda f_1^2}}$ 的附加相位。通过仿真，可知当离焦距离 $\Delta L \leqslant 1\,\mathrm{mm}$ 时，功率惩罚因子均可

以满足 $\Delta P \leqslant 0.5\,\text{dB}$ ，如图 5-37 所示。

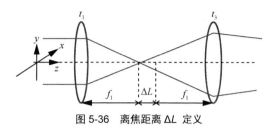

图 5-36　离焦距离 ΔL 定义

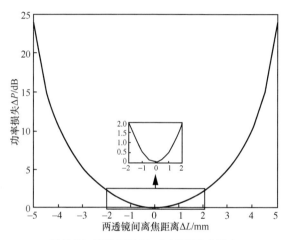

图 5-37　离焦距离 ΔL 对功率损失的影响

实际上，在通信速率比较高时，也可以不加 $4f$ 转向系统，达到大气湍流消除的作用。图 5-38 中仿真了不同大气湍流条件、不同通信速率条件下，空间多模自差干涉的性能。

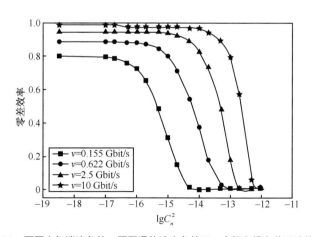

图 5-38　不同大气湍流条件、不同通信速率条件下，空间多模自差干涉的性能

从图 5-38 中可以看出，随着通信速率的提高，大气湍流的影响逐渐降低。这说明差分干涉方法对于高速率通信系统特别适用。当大气湍流较弱时，随着湍流的增加并不显著影响性能；当大气湍流达到一定程度时，会造成零差效率的急剧下降，在应用中需要关注主要工作场景的湍流强度情况。

| 5.5　正交相位调制零差相干通信技术 |

星间激光通信技术已经开展多次在轨试验，并部分进入试用阶段，但星地链路技术还处于试验阶段，距离试用还有比较大的差距。在星地激光通信应用中，信号光将通过随机大气湍流信道传播。湍流会导致接收望远镜前端的波前畸变。对于直接探测激光通信系统，大气湍流会影响空间光到探测器的耦合效率。对于相干探测激光通信系统，大气湍流不仅影响耦合效率，还会严重降低外差效率。相干探测通信接收机必须使用带有自适应波前补偿系统的小口径望远镜或大口径望远镜。

基于自零差检测的正交相位调制方法可以有效减轻大气湍流的影响。与空间多模 DPSK 通信技术不同，该方法不仅可以减轻湍流的影响，而且可以做到无级调节通信数据速率，非常适用于星地链路。

正交相位调制发射机的基本结构如图 5-39 所示。从激光光源中发射的光信号可以写成

$$E_1 = A_1 \cos(2\pi f t + \phi) \tag{5-172}$$

其中，f 是光信号的光学频率，ϕ 是光信号的初始相位。经过光纤偏振分束器后，信号激光被分成两个线性偏振激光输出，表示为 E_{1H} 和 E_{1V}

$$E_{1H} = A_{1H} \cos(2\pi f t + \phi_{1H}) \tag{5-173}$$

$$E_{1V} = A_{1V} \cos(2\pi f t + \phi_{1V}) \tag{5-174}$$

经过相位调制器 H 和相位调制器 V，信号被调制到 E_{1H} 和 E_{1V}。调制后的光场变为

$$E_{1H} = A_{1H} \cos\left[2\pi f t + \Delta\phi m(t) + \phi_{1H1}\right] \tag{5-175}$$

$$E_{1V} = A_{1V} \cos\left[2\pi f t - \Delta\phi m(t) + \phi_{1V1}\right] \tag{5-176}$$

其中，$\Delta\phi$ 是调制相位，$m(t)$ 表示二进制信息序列

$$\Delta\phi = \frac{\pi}{2} - \Delta \tag{5-177}$$

$$m(t) = \begin{cases} 1, \text{信息为 "1"} \\ 0, \text{信息为 "0"} \end{cases} \quad (5\text{-}178)$$

为了补偿两个光分支之间的随机相位差 $\phi_{1H1} - \phi_{1V1}$，在水平偏振分支中插入光纤移相器。

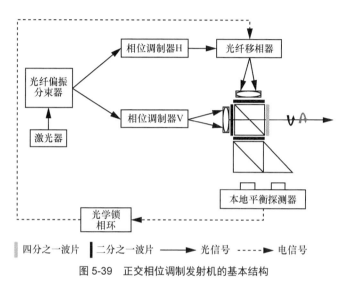

图 5-39　正交相位调制发射机的基本结构

用自零差法检测两个支路之间的相位差，本地平衡探测器输出为

$$\begin{aligned} V_{\text{phase\_error}} &= V_1 \cos\left[2\Delta\phi m(t) + \varphi_{1H1} - \varphi_{1V1} + \varphi_{\text{phase\_shifter}} \right] \\ &= V_1 \cos\left[(\pi - 2\Delta)m(t) + \varphi_{1H1} - \varphi_{1V1} + \varphi_{\text{phase\_shifter}} \right] \end{aligned} \quad (5\text{-}179)$$

当 $\Delta = 0$ 时，相位差可以写成如下形式

$$V_{\text{phase\_error}} = \begin{cases} -V_1 \cos(\varphi_{1H1} - \varphi_{1V1} + \varphi_{\text{phase\_shifter}}), & \text{信息为 "1"} \\ V_1 \cos(\varphi_{1H1} - \varphi_{1V1} + \varphi_{\text{phase\_shifter}}), & \text{信息为 "0"} \end{cases} \quad (5\text{-}180)$$

一般来说，"1" 和 "0" 的分布是随机且概率相等的。因为相位差是由外部环境变化引起的，所以变化率远远小于通信数据率。在这种情况下，相位差电压为零，因此无法获得相位差。为了获得两个支路之间的相位差，调制相位 $\Delta\phi$ 必须小于或大于 $\dfrac{\pi}{2}$。也就是说，要求 $|\Delta| \neq 0$，经过低通滤波后，相位误差电压正比于 $|\Delta|$。

$$V_{\text{phase\_error}} = \begin{cases} -V_1 \cos(-2\Delta + \varphi_{1H1} - \varphi_{1V1} + \varphi_{\text{phase\_shifter}}), & \text{信息为 "1"} \\ V_1 \cos(\varphi_{1H1} - \varphi_{1V1} + \varphi_{\text{phase\_shifter}}), & \text{信息为 "0"} \end{cases} \quad (5\text{-}181)$$

经过推导，可以得到普遍的结果

$$V_{\text{phase\_error}} = V_1 \sin(\varDelta)\sin(\varDelta + \varphi_{1H1} - \varphi_{1V1} + \varphi_{\text{phase\_shifter}})$$ （5-182）

平衡探测器直接输出的信号如图 5-40 所示。经过低通滤波后的相位误差信号如图 5-41 所示。

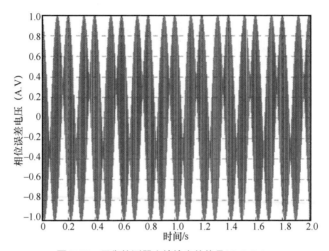

图 5-40　平衡检测器直接输出的信号($\varDelta=0.1\pi$)

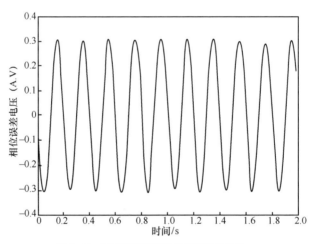

图 5-41　经过低通滤波后的相位误差信号

从上面的分析中，我们发现相位误差信号与 sin 成正比，而实际的相位差并不等于相位误差信号。它们之间存在恒定的相位偏移 $\varDelta$。因此，光学锁相环应该设置的锁定点是 $2\varDelta$，相位误差电压应该锁定到 $V_1 \sin(\varDelta)\sin(2\varDelta)$。当本地相位误差被锁定时，我们可以开始信号传输。

两路垂直偏振的光经过 45° 角度放置的四分之一波片后分别变为左旋圆偏振光和右旋圆偏振光。

在接收端，左旋圆偏振光和右旋圆偏振光由一个接收光学望远镜收集。接收到的信号激光先通过四分之一波片，这样接收到的激光就变成水平和垂直偏振光。接收中继光学结构如图 5-42 所示。四分之一波片也可以不加，同样可以实现相干平衡探测。

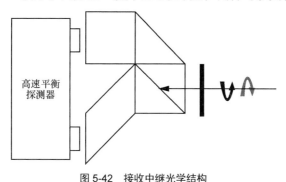

图 5-42　接收中继光学结构

经过星地链路后，接收到的光信号可以写成如下形式

$$E_{1Hr}(x,y,t) = A_{1Hr}(x,y,t)\cos\left[2\pi f\left(t - \frac{z}{c}\right) + \Delta\phi m(t) + \varphi_{1H1} + \varphi_{channel}(x,y,t) + \varphi_{phase\_shifter}\right]$$

（5-183）

$$E_{1Vr}(x,y,t) = A_{1Vr}(x,y,t)\cos\left[2\pi f\left(t - \frac{z}{c}\right) - \Delta\phi m(t) + \varphi_{1V1} + \varphi_{channel}(x,y,t) + \varphi_{phase\_shifter}\right]$$

（5-184）

其中，$A_{1Hr}(x,y,t)$ 和 $A_{1Vr}(x,y,t)$ 为星地大气湍流引起的时变光强分布，$\varphi_{channel}(x,y,t)$ 为星地大气湍流引起的时变光学波前分布。由于两种偏振光的传播路径相同，理论上强度和波前畸变是相同的。因此，在随机信道中可以获得高的外差效率。经过一个 180° 的光学桥接器，我们可以获得解调信号

$$E_r(x,y,t) = A_r(x,y,t)\cos\left[2\Delta\phi m(t) + \varphi_{1H1} - \varphi_{1V1} + \varphi_{phase\_shifter}\right]$$ （5-185）

如果相位锁定在发射机中，$\varphi_{1H1} - \varphi_{1V1} + \varphi_{phase\_shifter} = \Delta$，最终信号为

$$E_r(x,y,t) = A_r(x,y,t)\cos\left[2\Delta\phi m(t) + \Delta\right] = \begin{cases} -A_r(x,y,t)\cos(\Delta), & \text{信号为 "1"} \\ A_r(x,y,t)\cos(\Delta), & \text{信号为 "0"} \end{cases}$$

（5-186）

锁相的功率损耗如图 5-43 所示。一般情况下，我们选择 $\Delta = 9°$，相应的功率损失约为 0.5 dB。

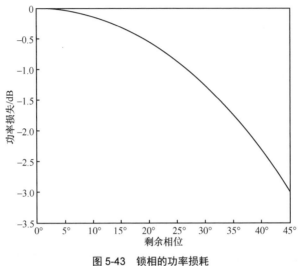

图 5-43　锁相的功率损耗

通过上述仿真过程可知，正交偏振相位调制通信技术可以克服大气湍流造成的时空干扰。与传统的 DPSK 调制/自零差检测方法相比，新方法可以无级调节通信数据速率。两个支路的相位误差锁定放在发射端，信噪比很高，能够达到很高的锁相精度。为了进一步减轻湍流的影响，该方法可以与多波长和大孔径方法相结合。

5.6　基于通道切换的相干光通信解调技术

PSK 零差相干探测可以实现更高的灵敏度，比 ASK 灵敏度提升 6 dB。零差相干探测虽然可以实现最高接收灵敏度，但是一般要求具有宽带光学锁相环结构，不易实现。外差探测要求探测器带宽至少为 2 倍码率（以 NRZ 码为例），当码率为 10 Gbit/s 甚至更高时，具有如此高的电子学带宽的后续处理电路也不容易实现。数字相干光接收机要求具有高速 ADC-DSP 处理电路，实现结构过于复杂。对于较低阶的 BPSK 调制方式，这种内差接收方案可以进行改进。

正交相干探测系统的同相和正交相的光电流可以表示为

$$i_I(t) = R\sqrt{P_S P_{LO}} s'(t) \cos\left[\theta_{err}(t)\right] \tag{5-187}$$

$$i_Q(t) = R\sqrt{P_S P_{LO}} s'(t) \cos\left[\theta_{err}(t)\right] \tag{5-188}$$

式（5-187）和式（5-188）中，$\theta_{\text{err}}(t) = 2\pi f_{\text{IF}}t + \varphi_{\text{S}}(t) - \varphi_{\text{LO}}(t)$，因为 $s'(t)$ 与单极性 NRZ 基带序列 $s(t)$ 的等价关系，$s'(t)$ 可以看作要恢复的双极性 NRZ 基带序列。下面的分析讨论中将 $s'(t)$ 作为要恢复的双极性 NRZ 基带序列。

在同相光电流以及正交相光电流的表达式中均含有基带序列，当存在频差且频差远小于码率时，两路光电流呈现正弦包络变化。由于同相和正交相 90° 的相位误差，因此两路光电流包络的峰值正好交替出现。能否利用任意一路光电流强于另外一路光电流幅值时解算出基带信号呢？答案是可行的。

由于 $\theta_{\text{err}}(t) = 2\pi f_{\text{IF}}t + \varphi_{\text{S}}(t) - \varphi_{\text{LO}}(t)$，当频差远小于通信码速率时，$\theta_{\text{err}}(t)$ 的变化周期远大于通信码长。也就是说，每个相位误差变化周期内可以实现多个信息位的传输。我们以一个相位周期 2π 为例进行分析。

首先将相位误差改写成

$$\theta_{\text{err}}(t) = 2\pi n + \theta(t)，\quad n \text{ 为整数}；\quad n = \frac{\theta_{\text{err}}(t) - \theta(t)}{2\pi}，\quad \theta \in \left[-\frac{\pi}{4}, \frac{7\pi}{4}\right] \quad (5\text{-}189)$$

定义 i_{dm} 为通道切换的输出信号，则通道切换过程可以描述为

$$i_{\text{dm}} = \begin{cases} i_{\text{I}}, & \theta(t) \in \left[-\dfrac{\pi}{4}, \dfrac{\pi}{4}\right)，\quad |i_{\text{I}}| > |i_{\text{Q}}| \\[2mm] i_{\text{Q}}, & \theta(t) \in \left[\dfrac{\pi}{4}, \dfrac{3\pi}{4}\right)，\quad |i_{\text{Q}}| > |i_{\text{I}}| \\[2mm] -i_{\text{I}}, & |i_{\text{I}}| > |i_{\text{Q}}| \\[2mm] -i_{\text{Q}}, & |i_{\text{Q}}| > |i_{\text{I}}| \end{cases} \quad (5\text{-}190)$$

综合上面过程，可以得到通道切换的输出信号 i_{dm} 的完整表达为

$$i_{\text{dm}}(\theta_{\text{err}}, t) = \left[\text{rect}\left(\frac{\theta_{\text{err}} - 2\pi n}{\dfrac{\pi}{2}}\right) - \text{rect}\left(\frac{\theta_{\text{err}} - 2\pi n - 2\pi}{\dfrac{\pi}{2}}\right) \right] i_{\text{I}}$$

$$+ \left[\text{rect}\left(\frac{\theta_{\text{err}} - 2\pi n - \dfrac{\pi}{2}}{\dfrac{\pi}{2}}\right) - \text{rect}\left(\frac{\theta_{\text{err}} - 2\pi n - \dfrac{3\pi}{2}}{\dfrac{\pi}{2}}\right) \right] i_{\text{Q}} \quad (5\text{-}191)$$

其中，rect 函数定义为

$$\text{rect}(x) = \begin{cases} 1, & |x| < 0.5 \\ 0.5, & |x| = 0.5 \\ 0, & |x| > 0.5 \end{cases} \quad (5\text{-}192)$$

将式（5-192）代入式（5-191），得到

$$i_{\mathrm{dm}}(\theta_{\mathrm{err}}, t) = \sum_{C=0}^{3} \mathrm{rect}\left(\frac{\theta_{\mathrm{err}} - 2\pi n - \dfrac{\pi C}{2}}{\dfrac{\pi}{2}}\right) R\sqrt{P_{\mathrm{S}}P_{\mathrm{LO}}}\, s'(t) \qquad （5\text{-}193）$$

根据式（5-193）可以得到基带信号 $s'(t)$ 的表达式

$$s'(t) = \mathrm{sgn}\left[i_{\mathrm{dm}}(t)\right] \qquad （5\text{-}194）$$

其中，$\mathrm{sgn}(x)$ 为符号函数，定义为

$$\mathrm{sgn}(x) = \begin{cases} 1, & x > 0 \\ 0, & x = 0 \\ -1, & x < 0 \end{cases} \qquad （5\text{-}195）$$

通道切换通信技术的关键是如何在不依赖 i_{I} 和 i_{Q} 外信号的情况下得到切换所需的触发信号。这里引入一个通道乘积信号

$$i_{\mathrm{mul}}(\theta_{\mathrm{err}}) = i_{\mathrm{I}} \times i_{\mathrm{Q}} = \frac{1}{2} R^2 P_{\mathrm{S}} P_{\mathrm{LO}} \sin(2\theta_{\mathrm{err}}) \qquad （5\text{-}196）$$

其中，乘积信号 i_{mul} 中不包含基带信号的调制相位，仅与误差相位 θ_{err} 有关。当 $\theta_{\mathrm{err}} = -\dfrac{\pi}{4}$ 和 $\dfrac{3\pi}{4}$ 时，乘积信号的幅值 i_{mul} 在谷值位置；当 $\theta_{\mathrm{err}} = \dfrac{\pi}{4}$ 和 $\dfrac{5\pi}{4}$ 时，乘积信号的幅值 i_{mul} 在峰值位置。利用这些特征其可以用来产生切换触发信号。

图 5-44 可以很清楚地说明整个切换过程，但是对于信号的峰谷值不好判断，如果对其做微分，检测过零点则要在实现上更加可靠，因为它不依赖于外界接收信号光功率。乘积信号的微分表示为

$$\frac{\mathrm{d}i_{\mathrm{mul}}}{\mathrm{d}t} = 2\pi R^2 P_{\mathrm{S}} P_{\mathrm{LO}} f_{\mathrm{IF}} \cos(2\theta_{\mathrm{err}}) \qquad （5\text{-}197）$$

微分信号的过零点检测，在数学上等价于做符号运算，而在实现上可以通过一个过零比较器来实现。所以触发源信号为

$$i_{\mathrm{trig}}(\theta_{\mathrm{err}}) = \mathrm{sgn}\left(\frac{\mathrm{d}i_{\mathrm{mul}}}{\mathrm{d}t}\right) = \mathrm{rect}\left(\frac{\theta_{\mathrm{err}} - 2\pi n}{\dfrac{\pi}{2}}\right) - \mathrm{rect}\left(\frac{\theta_{\mathrm{err}} - 2\pi n - \dfrac{\pi}{2}}{\dfrac{\pi}{2}}\right) +$$

$$\mathrm{rect}\left(\frac{\theta_{\mathrm{err}} - 2\pi n - 2\pi}{\dfrac{\pi}{2}}\right) - \mathrm{rect}\left(\frac{\theta_{\mathrm{err}} - 2\pi n - \dfrac{3\pi}{2}}{\dfrac{\pi}{2}}\right) \qquad （5\text{-}198）$$

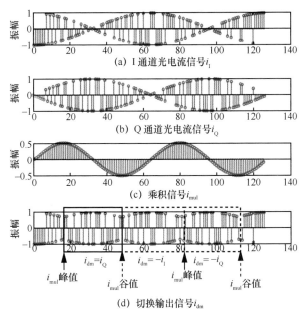

(a) I 通道光电流信号 i_I

(b) Q 通道光电流信号 i_Q

(c) 乘积信号 i_{mul}

(d) 切换输出信号 i_{dm}

图 5-44 通道切换示意

当 $\theta = -\dfrac{\pi}{4}$、$\dfrac{3\pi}{4}$ 时，触发源信号 i_{trig} 的上升沿作为 Q 通道切换到 I 通道的触发信号；

当 $\theta = \dfrac{\pi}{4}$、$\dfrac{5\pi}{4}$ 时，触发源信号 i_{trig} 的下降沿作为 I 通道切换到 Q 通道的触发信号。图 5-45 可以很清楚地表示出切换触发信号的产生过程。

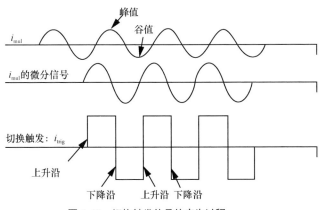

图 5-45 切换触发信号的产生过程

由切换触发信号的产生过程可以看出，在 θ_{err} 的一个 2π 周期内，触发信号会存在两个矩形波，即存在两个上升沿和两个下降沿：

①当 $-\dfrac{\pi}{4} < \theta < \dfrac{\pi}{4}$ 时，$\left| i_{\mathrm{I}} \right| > \left| i_{\mathrm{Q}} \right|$，则 $i_{\mathrm{dm}} = i_{\mathrm{I}}$；

②当 $\dfrac{3\pi}{4} < \theta < \dfrac{5\pi}{4}$ 时，$\left| i_{\mathrm{I}} \right| > \left| i_{\mathrm{Q}} \right|$，则 $i_{\mathrm{dm}} = -i_{\mathrm{I}}$。

切换输出信号均为 I 通道光电流信号，但是符号发生了翻转：

①当 $\dfrac{\pi}{4} < \theta < \dfrac{3\pi}{4}$ 时，$\left| i_{\mathrm{Q}} \right| > \left| i_{\mathrm{I}} \right|$，则 $i_{\mathrm{dm}} = i_{\mathrm{Q}}$；

②当 $\dfrac{5\pi}{4} < \theta < \dfrac{7\pi}{4}$ 时，$\left| i_{\mathrm{Q}} \right| > \left| i_{\mathrm{I}} \right|$，则 $i_{\mathrm{dm}} = -i_{\mathrm{Q}}$。

切换输出信号均为 Q 通道光电流信号，但是符号发生了翻转。其实数字化后就代表了极性翻转，对于这种有规律的翻转，通过在数字域交替翻转极性就可以解决。整个通道切换通信技术的实现原理基本框图如图 5-46 所示。

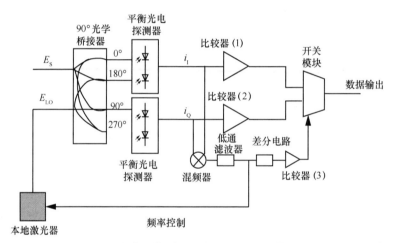

图 5-46　整个通道切换通信技术的实现原理基本框图

图 5-46 中，信号光和本振光经过 90° 光学桥接器和平衡光电探测器后，输出同相光电流 i_{I} 和正交相光电流 i_{Q}。比较器（1）和比较器（2）将同相信号和正交相信号进行数字化，便于后续数字模块的数字切换过程的实现。混频器实现同相和正交相信号的乘积运算，输出乘积信号 i_{mul}，经低通滤波器滤除高频噪声后经过差分电路和比较器（3）得到触发源信号 i_{trig}。切换模块输入 I 通道和 Q 通道以及切换触发源信号后，执行切换操作输出基带序列，其内部结构就如前述切换过程的数字化实现图（图 5-46）所示。至于其中的频率控制环路，就是根据乘积信号（频率为 2 倍的频差）来控制本振激光器的中心频率与信号光的中心频率保持在一定范围，对于 Gbit/s 速率一般为 1 MHz 量级。

通道切换相干通信技术的接收误码率可以表示为

$$\text{BER} = \frac{\int_{-\frac{\pi}{4}}^{\frac{\pi}{4}} \text{erfc}\left[\sqrt{\frac{RP_s}{2eB}}\cos(\theta_{err})\right]\text{d}\theta_{err}}{\frac{\pi}{2}} \qquad (5\text{-}199)$$

灵敏度的解析解难以解出，但是根据误码率情况可以仿真出灵敏度的数值，并与零差探测灵敏度进行对比。对比结果如图 5-47 所示。

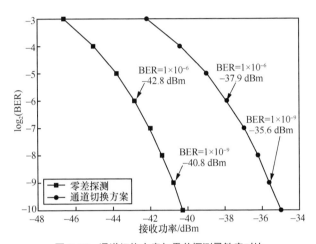

图 5-47　通道切换方案与零差探测灵敏度对比

从图 5-47 的仿真结果可以看出，通道切换通信探测技术与零差探测通信技术的灵敏度差异，随着误码率要求的增加逐渐增加，灵敏度差异最大为 6 dBm。

| 5.7　高阶调制通信技术 |

随着数字通信的发展，对频带利用率的要求不断提高，多进制数字调制系统得到了越来越广泛的应用。通常将状态数大于 2 的信号称为多进制信号。用多进制信号（也可由基带二进制信号变换而成）对载波进行调制，在接收端进行相反的变换，这种过程就称为多进制数字调制与解调。例如用 M 进制的数字信号去键控载波就能得到 M 进制的已调信号，一般取 $M = 2^n$（n 为大于 1 的正整数），则一个多进制的码元所传输的信息量为 $\log_2 M = n\,\text{bit}$，是二进制码元的 n 倍。根据基带信号控制的载波参数的不同，可以得到 M 进制幅移键控（MASK）、M 进制频移键控（MFSK），以及 M 进制相移键控（MPSK 或 MDPSK）3 种多进制数字调制信号。

多进制数字调制系统与二进制数字调制系统相比，在相同的码元传输速率条件下，多进制数字调制系统的信息传输速率是二进制数字调制系统的 $\log_2 M$ 倍；在相同的信息传输速率条件下，多进制数字调制系统中信号状态之间判决电平的间隔将会减小，因此在相同的噪声干扰下，多进制数字调制系统的误码率会增加，可靠性会降低。不过只要选择合理的方法，就可以适当提高通信系统的可靠性。

基于此，多进制键控得到了广泛的应用，特别是多进制相移键控系统应用更广，如 4PSK、8PSK、16PSK 等。本书重点介绍 MPSK 数字调制方式。

MPSK 即多进制相移键控，又被称为多相制。这种键控方式是多进制键控的主要方式。在 M 进制的相移键控信号中，用 M 个相位不同的载波分别代表 M 个不同的符号。如果载波有 2^n 个相位，它可以代表 n 位二进制码元的不同组合的码组。多进制相移键控也分为多进制绝对相移键控和多进制相对相移键控。常用的多进制相移键控方式有：4 相制、8 相制及 $2^n(n=4,5,\cdots,n)$ 相制等。

在 MPSK 信号中，载波相位有 M 种可能取值，$q_n = \dfrac{2\pi n}{M}(n=1,2,\cdots,M)$。因此 MPSK 信号可表示为

$$S(t) = \cos(\omega_0 t + \theta_n) = \cos\left(\omega_0 t + \frac{2\pi n}{M}\right) \tag{5-200}$$

若载波频率是基带信号速率的整数倍，则式（5-200）可改写为

$$\begin{aligned} S(t) &= \sum_n g(t - nT_s)\cos(\omega_0 t + \theta_n) \\ &= \cos(\omega_0 t)\sum_n g(t - nT_s)\cos(\theta_n) - \sin(\omega_0 t)\sum_n g(t - nT_s)\sin(\theta_n) \end{aligned} \tag{5-201}$$

式中，$g(t)$ 是高度为 1、宽度为 T_s 的矩形脉冲。

式（5-201）表明，MPSK 信号可等效为两个正交的 MASK 信号之和。MPSK 信号的带宽和 MASK 信号的带宽相同，表明 MPSK 系统是一种高效率的信息传输方式。当 M 增加时，载波间的相位差也随之减小，这就使它的抗噪声性能变差，因此，M 值不能太大。实际用得较多的是 4 相制和 8 相制相移键控。

（1）4 相制相移键控信号

MPSK 信号是相位不同的等幅信号，所以用矢量图对 MPSK 信号进行形象而简单的描述。在矢量图中通常以 0 相位载波作为参考矢量。图 5-48 中给出了 M 为 2、4、8

3 种情况下的矢量图。当初始相位为 $q = 0$ 和 $q = \dfrac{\pi}{M}$ 时，矢量图有不同的形式。

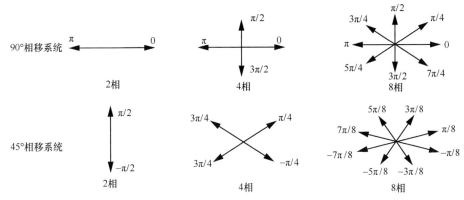

图 5-48 MPSK 系统相位矢量图

在 4 相制调相中，发送端在一个码元周期内传送 2 位码，把这种由两个码元构成一种状态的符号码元称为双比特码元。双比特码元共有 4 种组合 (00,01,10,11)，相应的周期内等分为 4 种相位，根据初始相位取值不同，有两种方式，即 $\left(0, \dfrac{\pi}{2}, \pi, \dfrac{3\pi}{2}\right)$ 和 $\left(\dfrac{\pi}{4}, \dfrac{3\pi}{4}, \dfrac{5\pi}{4}, \dfrac{7\pi}{4}\right)$，如图 5-48 所示。4 相制调相电路与这两种方式对应，分为 $\dfrac{\pi}{2}$ 调相系统和 $\dfrac{\pi}{4}$ 调相系统两种。两种系统的双比特码元和载波相位的对应关系见表 5-4。

表 5-4 两种系统的双比特码元和载波相位的对应关系

$\dfrac{\pi}{2}$ 调相系统			$\dfrac{\pi}{4}$ 调相系统		
双比特码元		载波起始相位	双比特码元		载波起始相位
A	B		A	B	
0	0	0	1	1	$\dfrac{\pi}{4}$
1	0	$\dfrac{\pi}{2}$	0	1	$\dfrac{3\pi}{4}$
1	1	π	0	0	$\dfrac{5\pi}{4}$
0	1	$\dfrac{3\pi}{2}$	1	0	$\dfrac{7\pi}{4}$

从表 5-4 中可以看出，相邻相位已调波对应的双比特码元之间，只有一位码不同。这种规律的码称为格雷码（又称循环码）。这种码型在解调时有利于减小相邻相位角误判时造成的误码，可以提升数字信号频段传输系统的可靠性。

（2）4 相制绝对调相与相对调相

4 相制调相分为绝对调相（记为 4PSK 或 QPSK）和相对调相（记为 4DPSK 或 QDPSK）两种。

绝对调相时载波相位与双比特码元之间有固定的对应关系；相对调相时载波相位与双比特码元之间无固定的对应关系，它是将前一时刻双比特码元对应的相位调相作为参考而确定的，其表达式为

$$\theta_{cn} = \theta_{cn-1} + \theta_n \qquad (5\text{-}202)$$

式中，θ_{cn} 为本时刻调相信号的载波相位；θ_{cn-1} 为前一时刻相对调相信号的载波相位；θ_n 为本时刻载波被绝对调相的相位。

产生 4PSK 信号的方法有很多种。常用的有相位选择法和正交调制法。相位选择法的原理框图如图 5-49 所示。

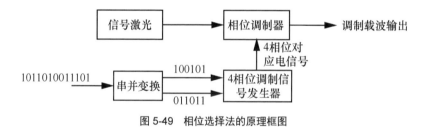

图 5-49　相位选择法的原理框图

正交调制法采用 3 个 M-Z 电光调制器实现，原理框图如图 5-50 所示。上支路 M-Z、下支路 M-Z 和总 M-Z 需要调节不同的偏置量才能实现正确的 QPSK 调制。偏置量是通过光反馈闭环进行控制的，从而实现稳定的调制性能。

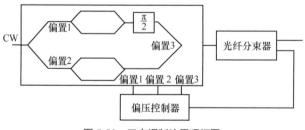

图 5-50　正交调制法原理框图

QPSK 信号的解调如下。

相对于调制而言，解调带来的挑战更大。QPSK 信号一般采用相干方式进行解调。QPSK 信号可以表示为

$$S(t) = \cos\left[\omega_0 t + \theta_n + \theta(t)\right] \tag{5-203}$$

式中，θ_n 是载波的调制相位，根据表 5-4 中双比特码元的取值确定。

信号光与本振光进入 2×4 $90°$ 光学桥接器后可以获得同相项和正交相项两路输出

$$i_{\text{inphase}}(t) = A_{\text{I}} \cos\left[\Delta\omega t + \theta_n + \Delta\theta(t)\right] \tag{5-204}$$

$$i_{\text{quadraphase}}(t) = A_{\text{Q}} \sin\left[\Delta\omega t + \theta_n + \Delta\theta(t)\right] \tag{5-205}$$

通过载波相位同步，满足以下条件

$$\Delta\omega t + \Delta\theta(t) = 0 \tag{5-206}$$

同步后的信号变为

$$i'_{\text{inphase}}(t) = A_{\text{I}} \cos(\theta_n) \tag{5-207}$$

$$i'_{\text{quadraphase}}(t) = A_{\text{Q}} \sin(\theta_n) \tag{5-208}$$

式（5-207）、式（5-208）通过判决即可恢复出调制信号，从而得到加载的信息。$90°$ 调制系统的判决准则见表 5-5。

表 5-5　$90°$ 调制系统的判决准则

调相角 θ_n	$i'_{\text{inphase}}(t)$ 的极性	$i'_{\text{quadraphase}}$ 的极性	判决器输出	
			I	Q
$\dfrac{\pi}{4}$	+	+	1	1
$\dfrac{3\pi}{4}$	−	+	0	1
$\dfrac{5\pi}{4}$	−	−	0	0
$\dfrac{7\pi}{4}$	+	−	1	0

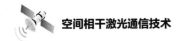

| 5.8　光学锁相环技术 |

5.8.1　激光器相位噪声性质

一个单频激光器的输出可以表示为

$$E_0(t) = [A + a(t)]\cos[2\pi f_0 t + \phi(t)] \tag{5-209}$$

其中，A 为激光器输出光场的平均振幅，$a(t)$ 为零均值的振幅噪声，$\phi(t)$ 中包含所有相对于标称激光器频率 f_0 和相位 $2\pi f_0 t$ 的频率和相位偏离。相位抖动 $\phi(t)$（以弧度为单位）包括随机的零均值相位噪声、初始相位以及由频率偏移和漂移所引起的相位的积分。

一般情况下，激光器振幅噪声可以通过平衡探测大大减弱，最终的影响远远小于激光器的相位噪声，因此这里仅讨论相位噪声的问题。

在忽略振幅噪声的情况下，考虑 $E_0(t)$ 的自相关函数，用复振幅 $z_0(t)$ 表示光场

$$z_0(t) = A\mathrm{e}^{\mathrm{j}[2\pi f_0 t + \phi(t)]} \tag{5-210}$$

它的自相关函数为

$$E[z_0(t_1)z_0^*(t_2)] = A^2\mathrm{e}^{\mathrm{j}2\pi f_0(t_1 - t_2)} E\left\{\mathrm{e}^{\mathrm{j}[\phi(t_1) - \phi(t_2)]}\right\} \tag{5-211}$$

从式（5-211）可以看出，仅当其相位过程的一次增量平稳时，这个期望值才是广义平稳的，否则其是非平稳的（一个过程是广义平稳的，是指如果它的自相关函数仅与时间差 $(t_1 - t_2)$ 有关，而与其他时间函数无关）。例如，激光器的频率以 $\varLambda\,\mathrm{Hz}/\mathrm{s}$ 的速率漂移，$\phi(t) = \dfrac{1}{2}\varLambda t^2$ 不存在其他任何相位抖动，式（5-211）变为

$$E[z_0(t_1)z_0^*(t_2)] = A^2\mathrm{e}^{\mathrm{j}2\pi f_0(t_1 - t_2)} E\left\{\mathrm{e}^{\mathrm{j}[\varLambda(t_1 - t_2)(t_1 + t_2)]}\right\} \tag{5-212}$$

自相关函数的结果与 $(t_1 - t_2)$ 和 $(t_1 + t_2)$ 都有关，因此，有频率漂移的激光器的自相关函数是非平稳的。

信号的频谱是理解信号性质很重要的工具，谱密度定义为自相关函数的傅里叶变换。一方面由于一维傅里叶变换仅对平稳的自相关函数才有定义，所以，只有自相关函数为平稳时标准的谱密度定义才有意义；另一方面，所有激光器都存在频率漂移问

题，在测量时间 T_m 内频率的漂移量 $\dfrac{\Lambda T_m}{2\pi}$ 比所需要的频率分辨率小得多的时候，仍然认为是平稳的。

一般不认为频率漂移是相位噪声的一个组成部分，也不是锁相环关注的重要问题。从这个例子可以知道，相位噪声谱的表达式中大多数成分是非平稳的，虽然相位噪声谱的表达式会存在理论上的矛盾，但是实际中的设计方法能够在大多数应用中获得成功。

在表征相位噪声时，通常可以使用下面几种不同的谱密度函数。

$W_{vo}(f)$：理论通带谱。

$\mathcal{L}_{vo}(\Delta f)$：$W_{vo}(f)$ 的归一化谱。

$W_{RF}(f)$，$P_{RF}(f)$：在频谱仪分析上观察到的激光器（外差后）信号 $E_0(t)$ 的近似谱。

$W_{\phi}(f)$：相位噪声 $\phi(t)$ 的基带谱。

$W_{\omega}(f)$：频率噪声 $\omega(t) = \dfrac{\mathrm{d}\phi(t)}{\mathrm{d}t}$ 的谱。

上面这些都是单边谱。假设与谱对应的信号或噪声在时域中是实数的，那么单边谱 $W(f)$ 与双边谱 $S(f)$ 的关系为

$$W(f) = 2S(f), \quad f \geqslant 0 \tag{5-213}$$

带通谱是随机过程的自相关函数的傅里叶变换。不考虑自相关函数的真实性质，认为标准谱是存在的，其单位为 V^2/Hz。图 5-51 定性地描述了激光器相位噪声带通理论谱特性。当不存在相位噪声时，它的频谱是位于 $f = f_0$ 的一条直线，即一个单位冲击函数。相位噪声的存在影响频谱展宽：较小的噪声引起较小的展宽；较大的噪声引起较大的展宽。

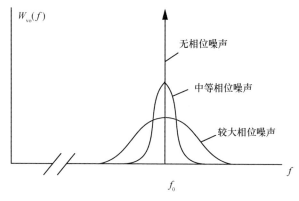

图 5-51　激光器相位噪声带通理论谱特性

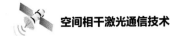

归一化谱 $\mathcal{L}_{\mathrm{vo}}(\Delta f)$ 表示为

$$\mathcal{L}_{\mathrm{vo}}(\Delta f) = \frac{W_{\mathrm{vo}}(f_0 + \Delta f)}{\frac{A^2}{2}} \qquad (5\text{-}214)$$

$\mathcal{L}_{\mathrm{vo}}(\Delta f)$ 是关于载波频率 f_0 的频偏处 1 Hz 带宽内的、相对于信号总功率的单边噪声功率。从数值上看，$\mathcal{L}_{\mathrm{vo}}(\Delta f)$ 的值通常用分贝的形式表示为 $10\log \mathcal{L}_{\mathrm{vo}}(\Delta f)$，单位是 dBc / Hz，dBc 是"相对于载波的 dB"，其中载波实际上是指信号的总功率；/Hz 指每 1 Hz 的带宽。

理论谱是一个随机过程的完整特性，也是从来都没有观察到的。我们所掌握的只是随机过程的一些样本函数。频谱分析仪是一种实验室仪器，它对信号进行测量，并显示信号的理论谱的近似值。图 5-52 是一种频谱分析仪的简化框图。

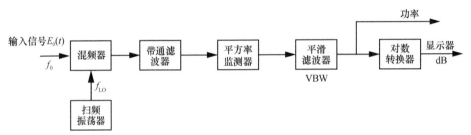

图 5-52　频谱分析仪的简化框图

信号频率 f_0 与本地扫频振荡器的频率 f_{LO} 相混频，所产生的差频 $(f_0 - f_{\mathrm{LO}})$ 被送入中心频率为 f_{IF}'、分辨率带宽为 RBW 的带通滤波器。这个带通滤波器的输出被送到平方率监测器，然后，再把平方率监测器的输出送到一个视频带宽为 VBW 的低通平滑滤波器。平滑滤波器的输出直接表示功率，或者通过一个对数转换器，再送到显示器，显示单位为 dB。

原始的测量数据并不能显示谱密度 $W_{\mathrm{RF}}(f)$，频谱显示的纵坐标表示位于一个分辨率带宽 RBW 内的信号功率（实际功率以 W 为单位，而不像方差那样以 V^2 为单位，这是因为分析仪的输入接头有一个典型值为 50 Ω 的精确终接电阻）。谱密度表示的是在 1 Hz 带宽内的功率。由于在大多数射频分析仪中，RBW 总是远大于 1 Hz，所以显示的并不是真正的谱密度。

假设信号源和频谱分析仪本身都没有相位噪声，因而加到分析仪上的信号的频谱是一条谱线。在这种情况下，显示器绘出的是分析仪中带通滤波器的频率响应。因此，对于实际的信号，分析仪所显示的是信号频谱与带通滤波器频率响应之间的频域卷积，测量时通常要求 RBW 远小于信号频谱带宽。归一化功率是对功率谱的积分，但是通常的做法是把功率谱的峰值用作归一化功率。仅当信号功率几乎全部落在分辨带宽内的时候才能达到很好的近似精度。

前面的几个谱都是实际射频信号 $E_0(t)$ 的谱，它们的峰值位于载波频率 f_0，而且在峰值两侧都有边带。由于在所有频偏处的显示分辨率都是相同的，因此如果要覆盖更远的边带，就会牺牲 f_0 邻近的细节。另外，任何实际的射频分析仪都有一定的动态范围，它必须能接纳信号的总功率而不过载，还必须能显示很弱的边带。在锁相环分析中，常用 $W_\phi(f)$ 描述相位噪声 $\phi(t)$ 低通单边谱，单位为 $\mathrm{rad}^2 / \mathrm{Hz}$。测量相位噪声的仪器简图如图 5-53 所示。

图 5-53　测量相位噪声的仪器简图

在实际中，虽然真正测到的是 $W_\phi(f)$，但遗憾的是纵坐标几乎总被显示为 $10\log_2(\mathcal{L}(\Delta f))$，这个数值被认为是在 Δf 频偏处的一个边带内的 1 Hz 带宽内的相对噪声。如果相位噪声幅度足够小，那就可以有 $\mathcal{L}(\Delta f) \approx \dfrac{W_\phi(f)}{2}$。只要对任何表示为 $10\log_2(\mathcal{L}(\Delta f))$ 的低通谱增加 3 dB 就可以得到正确的 $10\log_2(W_\phi(\Delta f))$。由于相位噪声是一个低频信号，因此谱的分析可以在数字域进行，采用傅里叶变换算法可以实现谱分析。

瞬时角频率 $\omega(t)$ 是相位 $\phi(t)$ 对时间的导数。如果相位 $\phi(t)$ 的傅里叶变换为 $\Phi(f)$，那么相位导数的傅里叶变换为 $\Omega(f) = \mathrm{j}2\pi f\Phi(f)$。一个能量无穷大的随机过程的傅里叶变换是不存在的，但谱密度函数的导数是可以使用傅里叶变换的，因此有

$$W_\omega(f) = 4\pi^2 f^2 W_\phi(f) \qquad (5\text{-}215)$$

式（5-215）是相位噪声谱 $\Phi(f)$ 的另一种基本测量方法。首先把信号 $E_0(t)$ 加到鉴频器上，它的输出就是频率调制 $\omega(t) = \dfrac{\mathrm{d}(\phi(t))}{\mathrm{d}t}$ 经过缩放后的信号。这个被恢复出来的频率调制信号被送到谱分析仪，而谱分析仪的输出就是 $W_\omega(f)$。然后把这个频率谱乘以 $\dfrac{1}{4\pi^2 f^2}$ 的权数，便得到所需的 $W_\phi(f)$。

相位噪声谱由连续谱和离散的谱线两个成分组成，其中连续谱是由随机相位噪声产生的，而离散的谱线来自周期性的干扰。比如，电源中的残余交流纹波、锁相环中

没有被完全抑制的鉴相器纹波以及来自周围环境的其他干扰。

激光器的连续相位噪声谱可以很好地近似为

$$W_\phi(f) \approx \frac{h_4}{f^4} + \frac{h_3}{f^3} + \frac{h_2}{f^2} + \frac{h_1}{f^1} + h_0 \tag{5-216}$$

其中，$h_n(n=0,1,2,3,4)$ 是一些与具体器件有关的系数，其量纲是 $\mathrm{rad}^2 \cdot \mathrm{Hz}^{n-1}$。在双对数坐标中，式（5-216）可以近似地用连接起来的直线段画出。如图 5-54 所示，图中每条线段被标有 $\frac{h_n}{f^n}$ 和以 dB/十倍频程为单位的双对数斜率。

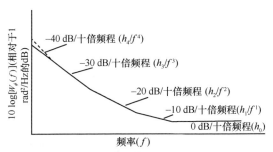

图 5-54 振荡器相位噪声谱的典型谱分量

$W_\phi(f)$ 中的 $\frac{h_2}{f^2}$ 项是由激光器中的白噪声引起的，它与线宽的关系已经得到充分研究。如果 $W_\phi(f) = \frac{h_2}{f^2}$，那么 $\mathcal{L}(\Delta f)$ 的表达式就是洛伦兹形的，即

$$\mathcal{L}(\Delta f) = \frac{\dfrac{h_2}{2}}{\left(\dfrac{\pi h_2}{2}\right)^2 + \Delta f^2} \tag{5-217}$$

该噪声谱具有以下性质：

• 半功率带宽（半高全宽）为 πh_2；

• 如果 $\Delta f^2 \gg \left(\dfrac{\pi h_2}{2}\right)^2$，那么 $\mathcal{L}(\Delta f) \approx \dfrac{h_2}{2\Delta f^2} = \dfrac{W_\phi(f)}{2}$。

假设锁相环的输入信号中有相位噪声谱密度 $W_{\phi i}(f)$，单位为 $\mathrm{rad}^2/\mathrm{Hz}$。由输入相位噪声引起的未跟踪相位噪声谱，即相位误差谱为

$$W_{\theta_e \phi i}(f) = W_{\phi i}(f)\left|E(f)\right|^2 \tag{5-218}$$

其中，$E(f)$ 为锁相环的误差响应。除了外部未跟踪相位噪声外，本振激光器自身的未跟踪相位噪声也具有相同的形式。总的锁相环未跟踪相位噪声的表达式为

$$W_{u\phi}(f) = W_{\phi}(f)\left|E(f)\right|^2 \qquad (5\text{-}219)$$

$$W_{\phi}(f) = W_{\phi i}(f) + W_{\phi o}(f) \qquad (5\text{-}220)$$

其中，下标 u 表示未跟踪的相位噪声，$W_{\phi o}(f)$ 为本振激光器的相位噪声谱密度。

由输入信号和本振激光器的相位噪声引起的相位误差的方差（单位为 rad^2）可以写为

$$\sigma_{\theta_u}^2 = \int_0^{\infty} W_{u\phi}(f)\mathrm{d}f = \int_0^{\infty} W_{\phi}(f)\left|E(f)\right|^2 \mathrm{d}f \qquad (5\text{-}221)$$

从式（5-221）可以看出，$E(f)$ 有一个高通的频率响应。增加锁相环的带宽可以减小未跟踪相位抖动，但会增加通带内的加性白噪声引起的相位噪声抖动。因此锁相环总的相位抖动方差表示为

$$\sigma_{\theta_o}^2 = \int_0^{\infty} W_{n'}(f)\left|H(f)\right|^2 \mathrm{d}f + \int_0^{\infty} W_{\phi}(f)\left|E(f)\right|^2 \mathrm{d}f \qquad (5\text{-}222)$$

$W_{n'}(f)$ 表示加性白噪声的功率谱密度。锁相环设计参数的目的是使得式（5-222）总的相位抖动降至最小。

5.8.2 光学锁相环组成和原理

锁相环的主要目的是将本地激光器信号 $u_{\mathrm{LO}}(t)$ 的频率和相位与接收光载波信号 $u_{\mathrm{S}}(t)$ 的频率和相位保持一致。锁相环包含 3 个必不可少的单元：鉴相器（Phase Detector，PD）、环路滤波器（Loop Filter，LF）和压控振荡器（Voltage Controlled Oscillator，VCO），如图 5-55 所示。PD 把接收信号光和本振光的相位差探测出来，环路滤波器将相位误差转化为控制电压。事实上，环路滤波器的说法不太严谨，比较合适的名称应该是环路控制器，其主要功能是建立反馈环路的动态特性，并向 VCO 提供合适的控制信号。任何对不需要信号的滤除都是次要任务，而且滤波任务是由另外的单元完成的。VCO 根据控制电压改变输出相位变化。锁相并非零相位误差，恒定的相位误差和起伏的相位误差都可能存在于锁相环中，但过大的相位误差会导致失锁。

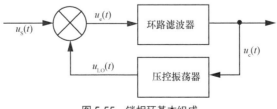

图 5-55 锁相环基本组成

锁相环带宽是最基本的一个特性。输入信号携带的信息包含在相位或频率中，假设输入信号因加入了加性噪声而变坏，锁相接收器的任务是正确地重建原始信号，并尽可能去除噪声。为了抑制噪声，锁相环求出一段时间内的误差平均值，并用平均值调整本振激光器的频率和相位。锁相环可以看成是一种让信号通过并把噪声滤除的滤波器。锁相环有两个重要特性：第一，它的带宽可以很窄，很窄的带宽可以剔除大量的噪声；第二，它能自动跟踪信号的频率。

接收信号光和本地激光信号在时域可以写为

$$u_S(t) = u_1 \sin(\omega_S t + \phi_S) \tag{5-223}$$

$$u_{LO}(t) = u_2 \sin(\omega_{LO} t + \phi_{LO}) \tag{5-224}$$

典型的 PD 是一个理想的乘法器，其输出为

$$
\begin{aligned}
u_e(t) &= K_{PD} u_S(t) U_{LO}(t) \\
&= \frac{K_{PD} u_1 u_2}{2} \left\{ \sin\left[(\omega_S + \omega_{LO})t + \phi_S + \phi_{LO} \right] + \sin\left[(\omega_S - \omega_{LO})t + \phi_S - \phi_{LO} \right] \right\}
\end{aligned} \tag{5-225}
$$

当频差为零，相位误差也比较小时，滤除和频项，式（5-225）变为

$$u_e(t) = \frac{K_{PD} u_1 u_2}{2} \sin(\phi_S - \phi_{LO}) \approx \frac{K_{PD} u_1 u_2}{2} (\phi_S - \phi_{LO}) \tag{5-226}$$

假设环路滤波器的脉冲响应函数为 $f(t)$，其输出表示为

$$u_C(t) = f(t) \otimes u_e(t) \tag{5-227}$$

其中，$\otimes$ 代表卷积。VCO 的传递函数表示为

$$\phi_{LO}(t) = G_{VCO} \int_0^t u_C(\tau) \mathrm{d}\tau \tag{5-228}$$

时域信号经过拉普拉斯变换后得到

$$U_e(s) = \frac{K_{PD} u_1 u_2}{2} \left[\varPhi_S(s) - \varPhi_{LO}(s) \right] \tag{5-229}$$

$$U_C(s) = F(s) U_e(s) \tag{5-230}$$

$$\varPhi_{LO}(s) = G_{VCO} \frac{U_C(s)}{s} \tag{5-231}$$

由式（5-229）~式（5-231）得到闭环传递函数为

$$H(s) = \frac{\varPhi_{LO}(s)}{\varPhi_S(s)} = \frac{s^{-1} G_{loop} F(s)}{1 + s^{-1} G_{loop} F(s)} \tag{5-232}$$

其中，$G_{loop} = G_{VCO} \dfrac{K_{PD} u_1 u_2}{2}$ 为环路增益。误差传递函数表示为

$$E(s) = 1 - H(s) = \frac{\Phi_e(s)}{\Phi_S(s)} = \frac{\Phi_S(s) - \Phi_{LO}(s)}{\Phi_S(s)} = \frac{1}{1 + s^{-1}G_{loop}F(s)} \qquad (5\text{-}233)$$

当环路滤波器确定后，就可以得到实际的传递函数。对于一阶主动环路滤波器，其传递函数表示为

$$F(s) = \frac{U_2}{U_1} = \frac{s\tau_2 + 1}{s\tau_1} \qquad (5\text{-}234)$$

滤波器实际上是比例积分（Proportional Integral，PI）控制器。将式（5-234）代入传递函数公式中得到闭环传递函数为

$$H(s) = \frac{G_{loop}\dfrac{(s\tau_2 + 1)}{\tau_1}}{s^2 + sG_{loop}\dfrac{\tau_2}{\tau_1} + \dfrac{G_{loop}}{\tau_1}} = \frac{2\zeta\omega_n s + \omega_n^2}{s^2 + 2\zeta\omega_n s + \omega_n^2} \qquad (5\text{-}235)$$

式中，定义 ω_n 和 ζ 分别为自然频率和阻尼因子，表示为

$$\omega_n = 2\pi f_n = \sqrt{\frac{G_{loop}}{\tau_1}} \qquad (5\text{-}236)$$

$$\zeta = \frac{\tau_2}{2}\sqrt{\frac{G_{loop}}{\tau_1}} = \frac{\omega_n\tau_2}{2} \qquad (5\text{-}237)$$

锁相环的等效带宽表示为

$$B_n = \int_0^\infty |H(f)|^2 \, df = \pi f_n\left(\zeta + \frac{1}{4\zeta}\right) \qquad (5\text{-}238)$$

对于一个锁相环而言，最重要的就是稳定性，可以采用根轨迹法分析不同环路增益时锁相环的稳定性。当传递函数的所有极点都位于左半平面时，系统是稳定的，也就是说需要其实部小于 0。一般选择 $\zeta = \dfrac{\sqrt{2}}{2}$，$G_{loop} = \dfrac{2\tau_1}{\tau_2^2}$ 以保证系统的性能最优。

5.8.3　光学锁相环的设计

（1）平衡锁相环

平衡锁相环基本组成如图 5-56 所示，包括 180° 光学桥接器和一个平衡探测器。这种锁相环的优点是可以大幅降低本振激光器强度噪声的影响，并且锁相带来的功率损失最小。

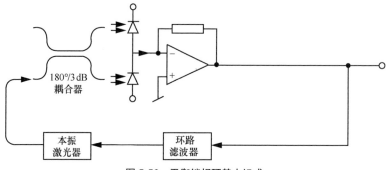

图 5-56 平衡锁相环基本组成

存在相位误差会导致两个支路的不平衡。为了获得相位误差，平衡探测器的跨阻放大器需要直流耦合输出，输出的信号可以直接用于后续的本振激光器的相位控制。平衡锁相环需要发射端有剩余载波，调制深度决定了用于锁相的光功率。平衡锁相环既适用于模拟调制也适用于数字调制。

（2）科斯塔斯锁相环/决策驱动锁相环

科斯塔斯锁相环将接收信号光分为同相支路（In-Phase Branch，I）和正交相支路（Quadrature-Phase Branch，Q）两部分，如图 5-57 所示。每个支路均采用平衡探测器进行光电探测，以达到降低本振激光器强度噪声的目的。通过 I、Q 信号相乘就可以得到相位误差，如果相位误差为 0，Q 支路的输出为 0。

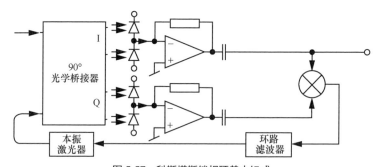

图 5-57 科斯塔斯锁相环基本组成

采用科斯塔斯锁相环，不需要发射端有剩余载波，平衡探测器可以采用交流耦合输出的形式。科斯塔斯锁相环需要用到 90° 光学桥接器，I/Q 支路的分光比决定了用于锁相的光功率的大小。决策驱动锁相环采用和科斯塔斯锁相环相同的光路，区别在于其乘法是在 I 支路判决电路之后进行的。Q 支路需要加入时延补偿使得 IQ 两个支路总时延相同。

（3）同步比特锁相环

同步比特锁相环是科斯塔斯锁相环的演变，但是不需要 90° 光学桥接器，其基本组成如图 5-58 所示。在大部分时间内，锁相环是开环的，接收机处于 I 支路输出状态。在设定的时间间隔，将本振激光器的相位改变 90°，此时接收机输出处于 Q 支路输出状态。利用时分的 IQ 信号就可以解算出相位误差，控制本振激光器输出完成相位锁定。在 Q 支路输出时，需要保证没有实际的通信信号，这就需要发射端配合。另外一种实现方法是定期在发射端改变 90° 相位，同样也可以达到获得相位误差的效果。

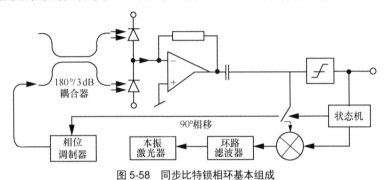

图 5-58　同步比特锁相环基本组成

（4）抖动锁相环

抖动锁相环的基本组成如图 5-59 所示。抖动锁相环不需要发射端有剩余载波，因此平衡探测器输出可以采用交流耦合形式，不能直接获得相位误差。在本振激光器上施加小的相位抖动，称为抖动信号。对于非零的相位误差，功率探测器输出中包含抖动频率成分，其振幅与相位误差成正比。通过同步解调，可以将误差信号解调出来。

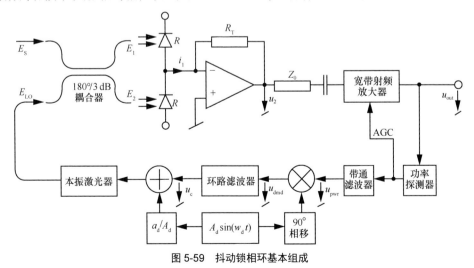

图 5-59　抖动锁相环基本组成

下面以抖动锁相环为例进行详细分析。接收信号光和本振光复振幅表示为

$$E_{\text{S}} = \sqrt{P_{\text{S}}}\text{e}^{\text{j}\phi_{\text{S}}}, E_{\text{LO}} = \sqrt{P_{\text{LO}}}\text{e}^{\text{j}\phi_{\text{LO}}} \tag{5-239}$$

经过 180° 光学桥接器后两路输出表示为

$$E_1 = \frac{1}{\sqrt{2}}(E_{\text{S}} + E_{\text{LO}}), E_2 = \frac{1}{\sqrt{2}}(E_{\text{S}} - E_{\text{LO}}) \tag{5-240}$$

经过光电转换后，得到的光电流表示为

$$i_{\text{pd}} = R|E|^2 \tag{5-241}$$

其中，R 为响应度，单位为 A/W。平衡探测器的光电流输出表示为

$$i_1 = i_{\text{pd1}} - i_{\text{pd2}} = 2R\sqrt{P_{\text{S}}P_{\text{LO}}}\cos(\phi_{\text{S}} - \phi_{\text{LO}}) \tag{5-242}$$

经过跨阻放大和功率放大后，得到的电压信号表示为

$$u_{\text{out}} = -G_{\text{RF}}R_{\text{T}}R\sqrt{P_{\text{S}}P_{\text{LO}}}\cos(\phi_{\text{S}} - \phi_{\text{LO}}) = -U_0\cos(\phi_{\text{S}} - \phi_{\text{LO}}) \tag{5-243}$$

其中，R_{T} 为跨阻，$\dfrac{G_{\text{RF}}}{2}$ 为增益系数。

在抖动锁相环中，ϕ_{S} 和 ϕ_{LO} 分别表示为

$$\phi_{\text{S}}(t) = \frac{\pi}{2} + \frac{\pi}{2}d(t) + \phi_{n\text{S}}(t) \tag{5-244}$$

$$\begin{aligned}\phi_{\text{LO}}(t) &= G_{\text{VCO}}\int_{-\infty}^{t}\left[u_{\text{c}}(\tau) + a_{\text{d}}\sin(\omega_{\text{d}}\tau)\right]\text{d}\tau + \phi_{n\text{LO}}(t)\\ &= G_{\text{VCO}}\int_{-\infty}^{t}\left[u_{\text{c}}(\tau)\right]\text{d}\tau - \frac{G_{\text{VCO}}a_{\text{d}}}{\omega_{\text{d}}}\cos(\omega_{\text{d}}\tau) + \phi_{n\text{LO}}(t)\end{aligned} \tag{5-245}$$

式中，$d(t)$ 代表发射端加载的通信信号，a_{d} 和 ω_{d} 代表抖动信号的幅度和角频率，$\phi_{n\text{S}}(t)$ 和 $\phi_{n\text{LO}}(t)$ 分别为接收信号光和本振激光器的相位噪声。整个相位误差可以写为

$$\phi_{\text{E}}(t) = \phi_{n\text{S}}(t) - \phi_{\text{LO}}(t) = \phi_{n\text{S}}(t) - \phi_{n\text{LO}}(t) - G_{\text{VO}}\int_{-\infty}^{t}\left[u_{\text{c}}(\tau)\right]\text{d}\tau + \phi_{\text{d}}\cos(\omega_{\text{d}}t) \tag{5-246}$$

最终的输出 $u_{\text{out}}(t)$ 可以表示为

$$u_{\text{out}}(t) = -U_0\cos\left[\frac{\pi}{2} + \frac{\pi}{2}d(t) + \phi_{\text{E}}(t)\right] = U_0 d(t)\cos\left[\phi_{\text{E}}(t)\right] \tag{5-247}$$

从式（5-247）可以看出 $\phi_{\text{E}}(t)$ 的存在会降低接收信号的幅度，引起信噪比的降低。锁相环的目的是将 $\phi_{\text{E}}(t)$ 降至最低。

光学锁相环的性能取决于相位噪声的抑制效果。主要的噪声包括本振激光器相位抖动、接收信号光和本振光相位噪声、散粒噪声、1/f 频率噪声、本振光的强度噪声。

其中 $1/f$ 频率噪声可以通过激光器的精密温控或增加极点的方法消除，本振光的强度噪声通过平衡探测器消除，这里不予分析。

相位误差的方差定义为

$$\sigma_{\mathrm{E}}^2 = E\left(\phi_{\mathrm{E}}^2\right) - \left\{E\left[\phi_{\mathrm{E}}(t)\right]\right\}^2 \tag{5-248}$$

因此可以得到

$$\sigma_{\mathrm{E,dither}}^2 = \frac{1}{2}\phi_{\mathrm{d}}^2 = \frac{1}{2}\left(\frac{a_{\mathrm{d}}G_{\mathrm{VCO}}}{\omega_{\mathrm{d}}}\right)^2 \tag{5-249}$$

$$\sigma_{\mathrm{E,pn}}^2 = \frac{3\pi\Delta\nu}{4B_n} \tag{5-250}$$

$$\sigma_{\mathrm{E,sn}}^2 = \frac{q\omega_{\mathrm{d}}^2}{RP_{\mathrm{S}}a_{\mathrm{d}}^2 G_{\mathrm{VCO}}^2}B_n \tag{5-251}$$

总的相位误差为

$$\sigma_{\mathrm{E}}^2(\phi_{\mathrm{d}}, B_n) = \sigma_{\mathrm{E,dither}}^2 + \sigma_{\mathrm{E,pn}}^2 + \sigma_{\mathrm{E,sn}}^2 \tag{5-252}$$

对变量 ϕ_{d} 和 B_n 求偏导数，当偏导数都等于零时，相位误差的方差最小。

$$\begin{cases} \dfrac{\partial \sigma_{\mathrm{E}}^2}{\partial \phi_{\mathrm{d}}} = 0 \\[2mm] \dfrac{\partial \sigma_{\mathrm{E}}^2}{\partial B_n} = 0 \end{cases} \tag{5-253}$$

求解方程组（5-253），得到最优的 ϕ_{d} 和 B_n 为

$$\phi_{\mathrm{d}} = \left(\frac{2qB_n}{RP_{\mathrm{S}}}\right)^{\frac{1}{4}} \tag{5-254}$$

$$B_n = \sqrt{\frac{3\pi RP_{\mathrm{S}}\Delta\nu\phi_{\mathrm{d}}^2}{4q}} \tag{5-255}$$

第 6 章

跟瞄光机械系统

| 6.1 复合轴光跟瞄原理 |

激光通信终端需要完成大范围、超高精度、高带宽光束瞄准和跟踪，同时还要保证通信、信标、探测等光路的发射接收光轴一致，需要采用复合轴光跟瞄技术才能满足上述要求。

6.1.1 粗跟踪系统原理

粗跟踪系统的主要功能是完成终端粗指向、粗跟踪等功能。粗跟踪系统一般包括两个跟踪轴，两轴相互配合完成矢量控制，达到两维跟踪的目的。粗跟踪系统的原理框图如图 6-1 所示。

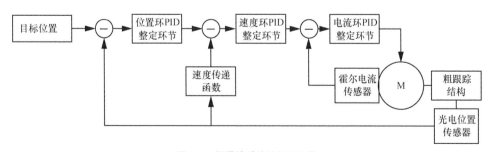

图 6-1 粗跟踪系统的原理框图

如图 6-1 所示，粗跟踪系统通常采用以经典 PID 控制为基础的三环控制。这种控制方法设计简单，并且参数易于调节，广泛应用于大多数激光通信终端中。其设计方法的一般过程有：首先利用扫频法获得跟瞄系统控制模型的频率特性曲线，通过系统辨识方法获得被控对象传递函数；然后根据被控对象的控制模型进行控制器设计；最后通过调节控制器参数满足系统精度要求。在实际工程应用中，方位轴的角度范围远大于俯仰轴，并且转动惯量也稍大一些，受轴系摩擦以及负载的影响较大。因此如果方位轴的控制器设计合理且满足系统要求，那么俯仰轴的设计方法与之相同，同样能够达到系统要求。

（1）电流环

电流环作为三环控制的最内环，其主要作用是加强系统内环抗干扰能力，抑制电机反电动势的影响，保证跟瞄系统能够快速、准确地跟踪给定电流值，稳定伺服系统力矩。通常电流环的带宽都很高，这样可以使得速度环被控对象增益变大。利用霍尔电流传感器对系统的电流值进行采样，对电流环进行系统建模。电流环可以等效成逆变器环节和电流滤波环节串联二阶传递函数，一般可以表示为

$$G_a = \frac{k_a}{(\tau_v s + 1)(\tau_f s + 1)} \tag{6-1}$$

（2）速度环

速度环作为三环控制中最关键的一环，其主要作用是提高系统的快速动态响应特性，增强系统的抗鲁棒能力。在电流环闭环的状态下，速度环的开环控制对象模型可以简化为

$$G_v = \frac{a_v}{s(s + b_v)} \tag{6-2}$$

在实际应用中，激光通信终端的速度信息是通过光电位置传感器的位置差分得到的。基于此可以设计一个低通滤波器来消除高频噪声的干扰。低通滤波器的传递函数为

$$G_{vf} = \frac{a_{vf}}{s + b_{vf}} \tag{6-3}$$

（3）位置环

位置环作为粗跟踪系统的最外环，其主要作用是提高系统的位置跟踪精度，保持系统在低速状态下的稳定跟踪。由于速度环的截止频率远大于位置回路的截止频率，因此可以将速度环状态回路近似为一阶惯性环节。

位置环的设计方法与速度环基本相同，控制器结构采用超前滞后的形式，表示为

$$G_{cp} = \frac{k_{cp}(b_{cp1} \cdot s + 1)(b_{cp2} \cdot s + 1)}{(a_{cp1} \cdot s + 1)(a_{cp2} \cdot s + 1)} \tag{6-4}$$

PID 控制器算法有位置 PID、连续系统数字式 PID、增量式 PID、步进式 PID 和模拟 PID 等。PID 控制器由于简单和易于实现，被用来控制伺服系统，在所有控制系统中，超过 90% 采用了 PID 控制器。

数字式 PID 控制算法，经过拉普拉斯变换，产生典型数字式 PID 控制器的结构。假设 in(k) 为给定控制输入值，out(k) 为被控对象输出值，$e(k)$ 为控制偏差值，有

$$e(k) = \text{in}(k) - \text{out}(k) \tag{6-5}$$

计算控制系统的输出量 Δu 为

$$\Delta u = k_p \left(e + \frac{1}{T_I} \int_0^t e \mathrm{d}t + T_D \frac{\mathrm{d}e}{\mathrm{d}t} \right) \tag{6-6}$$

其中，t 为积分时间，k_p 为比例增益，T_I 为积分时间常数，T_D 为微分时间常数。数字式 PID 控制器的输入输出数学表达式为

$$u(k) = k_p e(k) + k_I \sum_{k=0}^{\infty} e(k) + k_D \left[e(k) - e(k-1) \right] \tag{6-7}$$

式中，k_p 为比例系数，$k_I = \Delta t \dfrac{k_p}{T_I}$ 为积分系数，$k_D = \dfrac{k_p T_D}{\Delta t}$ 为微分系数，Δt 为积分采样间隔时间。

当执行机构需控制量为增量时，采用增量式 PID 控制器，输入输出表达式为

$$\Delta u(k) = k_p \left[e(k) - e(k-1) \right] + k_I e(k) + k_D \left[e(k) - 2e(k-1) + e(k-2) \right] \tag{6-8}$$

模拟 PID 控制器的传递函数为

$$D(s) = \frac{U(s)}{E(s)} = K_p \left(1 + \frac{1}{T_I s} + T_D s \right) \tag{6-9}$$

PID 控制器的基本结构如图 6-2 所示。

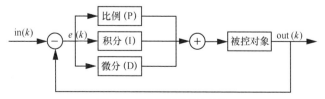

图 6-2　PID 控制器基本结构

在 PID 控制器中，比例控制的作用是改变系统的幅值范围，但不改变相位。比例环节主要对比例系数进行调节。系统偏差出现后，调节器立即进行纠偏，调节控制系统。比例环节虽然调节的范围大，但是调节的精度不高，比例系数一般为整数值，能有效减小系统误差，不能消除稳态误差。当 k_p 太小时，系统稳定性较好，响应动作较慢，纠正偏差需要的时间较长，调节范围比较小，可能不能使系统稳定下来。积分环节通过累计作用影响系统，只要系统偏差不等于零，就不停累计，直至偏差减小，最终消除稳态误差。积分时间长，消除系统静差时间长，但可以减小超调量，提高系统稳定性；积分时间短，消除系统静差时间短。当导致系统超调量增大时，动态响应迟缓。为加快系统响应速度，缩短响应时间，当系统出现偏差时，对偏差量立即做出反应，消除下一时刻的偏差。因此，需加入微分环节控制系统，超前控制，减小误差。微分环节可预测误差变化趋势，克服系统惯性，减小超调量，使系统更稳定，动态响应特性更好，但微分作用太强易引起信号失真。

（4）PID 参数整定方法

PID 参数整定的核心是改变控制器的各种参数，使得系统特性和过程特性相匹配，理想曲线与实际曲线相符合，改善控制系统的动态指标和静态指标，得到性能更优的控制系统，提高系统的动态、静态特性，阶跃响应、稳态特性，达到控制系统较好的特性曲线。

参数整定方法分为计算整定法和工程整定法。计算整定法要建立数学模型，然后使用编程语言将其写入可以进行仿真分析的软件中，得到理论的曲线，对其结果进行分析和研究。计算整定法有对数频率特性法和根轨迹法。工程整定法不需要建立数学模型，在现场整定过程中控制系统，此种整定方法比较简单，容易掌握。工程整定法有凑试法、临界比例法、经验法和衰减曲线法等。

凑试法按照比例、积分、微分的顺序，积分时间无穷大，微分时间为零，比例控制系数按照经验值设定，把比例控制系统用在实际控制系统中。将比例控制系数从小到大依次进行整定，得到了一条令人满意的 1/4 衰减过渡过程曲线。若有积分环节作用，将比例控制系数设为 5/6，积分系数由大到小依次进行设置；如果调节器需要加入微分的作用，则把微分系数设置为积分时间的 1/4~1/3，由小到大进行调节。PID 调节器采用凑试法进行参数整定，使系统具有更加稳定的性能。但是，此方法不够准确，试验次数多，得到的结果并不理想。单独采用比例控制，若响应时间、超调量、静差等均已达到要求，只使用增益进行调节，若不满足特性要求，则加入微分时间、积分时间参数进行调节。如果没有得到理想曲线，则应适当地调整或重新凑试，最终使曲线与控制要求相符合。

　　临界比例法调节器采用纯比例控制，有一定的局限性，控制系统不允许进行多次反复振荡。比例系数从小到大调节，直到得到等幅振荡过程曲线。曲线相邻两个波峰间的时间间隔称为临界振荡周期，这时候的等幅振荡比例系数就是临界比例系数。

　　经验法是根据积累的理论知识，借鉴他人经验和数据，做少量参数值改变，得到准确合适的基准参数值，使曲线和数据显示出良好的各项特性；然后依据相应的公式或者定理，使用基准参数值推导出 PID 参数值。

　　衰减曲线法参数整定，要求达到指定衰减率，调节过程基本规律是采用纯比例，即微分时间为无穷大，积分时间为零，观察整定过程的衰减率，改变比例度、衰减比，以达到要求。根据经验数据得出初始参数，衰减曲线法有 4:1 衰减曲线法和 10:1 衰减曲线法，适用于不同情况参数整定。

6.1.2　精跟踪系统原理

　　精跟踪系统的主要作用是完成对于粗跟踪抑制后残留误差的进一步抑制，让抑制之后的结果满足跟踪指标。如图 6-3 所示，精跟踪系统一般包括光斑检测单元、伺服执行单元、信息处理单元等。

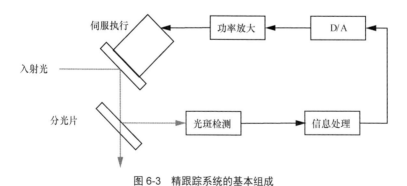

图 6-3　精跟踪系统的基本组成

　　光斑检测单元主要完成对光斑图像的处理及中心位置的精密检测。在精跟踪系统工作过程中，入射信标光束在光斑检测单元探测器上会聚成光斑；通过光斑成像位置可以计算出信标光束的入射角度，据此来确定信标发射端的空间位置。根据精跟踪要求的宽带、高精度的特点，光斑检测单元要具有非常高的采样频率和检测精度。可选用的器件主要有：QD、CCD 及 CMOS 等。

伺服执行单元根据信息处理单元的计算结果，实时调整接收端内部光路的方向角度，完成对光斑脱靶量的修正，最终实现收发两端的光束精对准。可选用的执行机构主要包括机械式和非机械式两种器件。机械式器件主要包括 PZT 振镜、电磁振镜、二维摆镜等，非机械式器件主要包括声光、液晶、电光等器件。

信息处理单元内部集成了图像采集、滤波、光斑中心计算、控制补偿、脱靶量实时输出等功能，常用的处理器有 FPGA 和 DSP 两大类。

6.1.3 复合轴光跟瞄原理

复合轴光跟瞄系统包括粗跟踪系统、精跟踪系统、超前瞄准系统三大部分。复合轴光跟瞄系统的基本组成如图 6-4 所示。

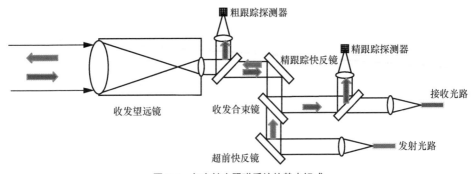

图 6-4　复合轴光跟瞄系统的基本组成

复合轴光跟瞄有很多种实现方案，如卸载式、双闭环式、开闭环组合式等。

（1）卸载式复合轴光跟瞄方案

从复合轴光跟瞄系统的基本组成可以看出，光跟瞄的最终目的是将接收到的信号光准确地稳定在接收探测器的中心位置，同时将发射的信号光稳定照射到对方激光终端。

当激光链路完成捕获和粗跟踪后，激光终端精跟踪探测器开始有接收光斑的脱靶量信息，此时精跟踪系统开始启动闭环，完成接收信号光准确稳定在精跟踪探测器的中心位置。由于精跟踪系统的闭环带宽远高于粗跟踪系统的闭环带宽，因此即便只有精跟踪系统启动，也能实现接收光轴的稳定。但由于激光链路相对运动范围大，精跟踪系统的跟踪范围受限，很快就会超出精跟踪系统的跟踪范围，造成链路中断。

为了解决高精度、宽带和大范围、低速跟踪的问题，提出了卸载式复合轴光跟瞄方案，具体实现方案如图 6-5 所示。

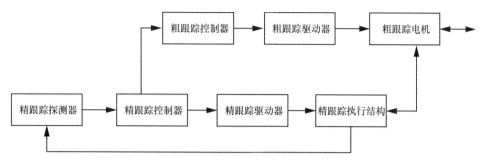

图 6-5 卸载式复合轴光跟瞄方案

采用卸载式复合轴光跟瞄方案后，整个光跟瞄均采用精跟踪探测器，粗跟踪探测器可以不工作，粗跟踪结构的执行量需要从精跟踪执行结构的实际位置给出。粗跟踪结构的主要目的是将精跟踪执行结构保持在其工作点附近的小区域内，既能实现大角度，又能实现高精度光跟瞄。

（2）双闭环式复合轴光跟瞄方案

采用卸载式复合轴光跟瞄方案需要通过一个探测器解耦出粗精两个跟踪系统的执行量。如果采用粗精两个独立的环路进行双闭环跟踪，实现复合轴可以达到大范围高精度跟踪的目的，其实现方案如图 6-6 所示。

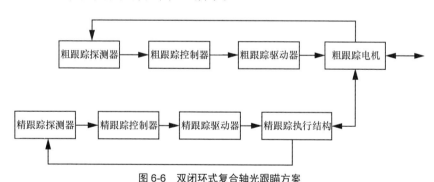

图 6-6 双闭环式复合轴光跟瞄方案

双闭环式复合轴光跟瞄方案需要同时用到粗跟踪探测器和精跟踪探测器，并且需要将粗跟踪探测器放置在精跟踪执行结构之前，才能保证有脱靶量信号产生。粗跟踪系统的主要作用是保证接收的信号光光轴基本与收发望远镜的光轴保持一致，剩余的跟踪残差在精跟踪系统的跟踪范围之内。精跟踪系统的主要目的是补偿粗跟踪系统的剩余残差和外界环境的角度扰动。

双闭环式复合轴光跟瞄系统实现简单，鲁棒性强，无须粗精跟踪误差量的解耦，但需要同时开启两个探测器，导致终端功耗上升。对于有信标光的通信终端，还需要一直开启信标光。对于无信标光的通信终端，需要一直分出部分信号光能量用于粗跟踪，造成功率损失。由于存在粗跟踪点和精跟踪点画圆问题，还需要实时调整粗跟踪点，使得精跟踪系统始终处于跟踪范围内。

（3）开闭环组合式复合轴光跟瞄方案

如图 6-7 所示，星间激光链路都属于轨道目标，因此可以根据星历和自身的姿态信息实时解算出粗跟踪结构需要的执行量，精跟踪系统用于补偿粗跟踪结构开环运动的剩余角度残差。当长期运动在开环模式时，由于受到激光终端二维指向结构自身的精度和姿态测量精度等影响，往往会造成粗跟踪结构的误差累积。为了避免这一效应，可以定期根据精跟踪系统偏离中心位置的量进行系统误差的修正。

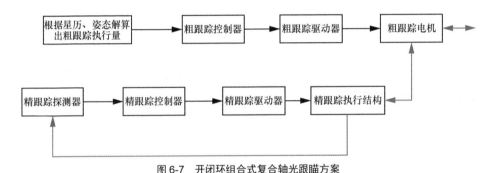

图 6-7   开闭环组合式复合轴光跟瞄方案

这种方法利用已知的轨道信息，对于大角度机动的链路非常有用，将大动态利用粗跟踪结构预先进行了补偿，可以大大缓解实时跟踪环路带宽压力。

| 6.2　位置误差信号探测技术 |

6.2.1　四象限探测器位置误差信号探测技术

星间激光链路由于距离遥远，由激光终端接收到的光一般可以近似为理想平面波。为了保证四象限探测器的线性探测范围，同时保证探测精度，需要选择合适的光斑大小，保证系统性能。

在设计四象限探测器进行角误差探测时，一般将光斑尺寸控制在四象限探测器尺寸的一半，这样既能保证探测精度，又能兼顾探测范围。假设四象限探测器的直径为 D_{QD}，入射光束直径为 D_{Beam}，聚焦透镜焦距为 f，四象限探测器与焦平面的距离为 Δf，入射光束的波长为 λ。

根据衍射公式可以计算出焦平面上艾里斑的光斑直径为

$$D_{Airy} = 2.44 \frac{\lambda}{D_{Beam}} f \qquad (6\text{-}10)$$

如果要达到所需的光斑直径，需要的聚焦透镜的焦距应为

$$D_{Airy} = 2.44 \frac{\lambda}{D_{Beam}} f = \frac{D_{QD}}{2} \qquad (6\text{-}11)$$

$$f = \frac{D_{Beam} \times D_{QD}}{2 \times 2.44 \times \lambda} \qquad (6\text{-}12)$$

以 $D_{Beam} = 10\ \text{mm}$，$D_{QD} = 1\ \text{mm}$，$\lambda = 1.55\ \mu\text{m}$ 为例，计算出 $f = 1.3221\ \text{m}$。这会造成光路过长，并且探测的视场很小，因此一般不通过增加焦距的方法实现光斑尺寸的增加。焦距的大小通过探测视场确定，探测视场为 Φ_{QD}，得到透镜的焦距为

$$f = \frac{\dfrac{D_{QD}}{2}}{\tan \Phi_{QD}} \qquad (6\text{-}13)$$

按照探测器视场为 3 mrad 计算，得到 f=166.66 mm。如图 6-8 所示，可计算出离焦量近似为

$$\Delta f = f \frac{\dfrac{D_{QD}}{2}}{D_{Beam}} = 8.33\ \text{mm} \qquad (6\text{-}14)$$

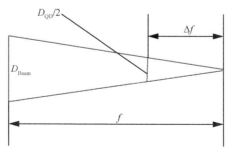

图 6-8　计算离焦量示意

仿真得到 QD 感光面上的光斑图案如图 6-9 所示，为标准的菲涅耳衍射光斑。

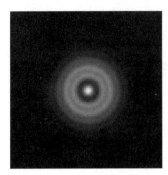

图 6-9   仿真得到的 QD 感光面上的光斑图案

QD 的 4 个探测单元的输出分别记为 V_1、V_2、V_3、V_4，对应第一～第四象限。计算得到归一化的输出为

$$V_x = \frac{V_1 + V_4 - V_2 - V_3}{V_1 + V_2 + V_3 + V_4} \tag{6-15}$$

$$V_y = \frac{V_1 + V_2 - V_3 - V_4}{V_1 + V_2 + V_3 + V_4} \tag{6-16}$$

当存在噪声时，归一化的输出为

$$V_x' = \frac{V_1 + V_4 - V_2 - V_3 + eV_1 + eV_4 - eV_2 - eV_3}{V_1 + V_2 + V_3 + V_4 + eV_1 + eV_2 + eV_3 + eV_4} \tag{6-17}$$

$$V_y' = \frac{V_1 + V_2 - V_3 - V_4 + eV_1 + eV_2 - eV_3 - eV_4}{V_1 + V_2 + V_3 + V_4 + eV_1 + eV_2 + eV_3 + eV_4} \tag{6-18}$$

其中，eV_1、eV_2、eV_3、eV_4 分别为 4 路输出中的噪声电压，它们的方差分别为 $\sigma_{V_1}^2$、$\sigma_{V_2}^2$、$\sigma_{V_3}^2$、$\sigma_{V_4}^2$，假设 4 路输出的噪声相同，记为 σ_V^2，我们定义信噪比为

$$\mathrm{SNR_{QD}} = \frac{(V_1 + V_2 + V_3 + V_4)^2}{4\sigma_V^2} \tag{6-19}$$

在小角度近似情况下，得到光斑在 QD 上的位移量为

$$\Delta r = (\tan\theta)(f - \Delta f) \tag{6-20}$$

因为 QD 不在聚焦透镜的焦平面之上，入射光束的平移也会造成 QD 上光斑的平移，从而造成 QD 探测角度出现误差。假设光束平移量为 ΔD，引起 QD 上光斑的平移量为 $\dfrac{\Delta D}{f}\Delta f$，对应的角度测量误差约为 $\dfrac{\Delta D}{f(f - \Delta f)}\Delta f$。没有光束平移误差时，仿真得到的

偏转角度和 QD 归一化输出之间的曲线如图 6-10 所示。

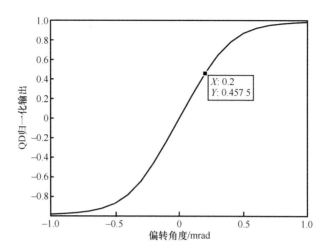

图 6-10　仿真得到的偏转角度和 QD 归一化输出之间的曲线

根据曲线可以得到四象限的斜率为 0.437 2 mrad。

四象限探测器在使用时，需要尽量避免入射光斑的平移，常见的做法为在入射聚焦透镜前放置一个光阑，保证接收光斑始终完全覆盖光阑，从而消除平移带来的检测误差问题，如图 6-11 所示。

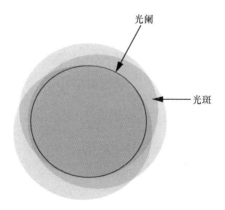

图 6-11　孔径光阑消除平移误差示意

四象限探测器的探测斜率会受到光斑尺寸的影响，这就会导致光斑形状的各向异性引起的探测斜率的各向异性。需要通过实际测量进行补偿，才能实现高精度的准确位置探测。

在采用 QD 作为位置探测器件时，其归一化探测精度与信噪比的关系可以表示为

$$\sigma_{QD} = \frac{1}{\sqrt{SNR_{QD}}} \qquad (6\text{-}21)$$

图 6-12 是计算机仿真结果和理论结果对比，两者可以完全吻合。

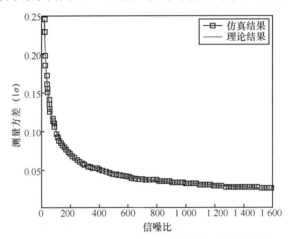

图 6-12　计算机仿真结果和理论结果对比

6.2.2　焦平面探测器位置误差探测技术

从四象限探测器的分析可知，为了兼顾视场和精度，要求接收的信噪比足够高，才能够实现高的细分精度。采用焦平面探测器可以有效缓解这一问题，视场问题通过焦平面阵列实现，精度问题通过像素细分实现。通过视场和精度的分离，可以提升接收灵敏度和探测精度。

对于焦平面探测器而言，选择合适的光斑尺寸是非常重要的。在有探测器噪声的情况下，增加光斑尺寸会造成每个像素的信噪比降低；减小光斑尺寸，会造成对光斑细分精度的提升。因此在入射光功率一定时，需要选择合适的光斑尺寸，达到最优的位置误差探测精度。

假设接收激光终端口径为 200 mm，望远镜放大倍数为 20 倍，那么进入焦平面探测器会聚透镜前的光斑尺寸为 10 mm。假设入射光功率是定值，通过改变会聚透镜的焦距 f，改变焦平面探测器上的光斑尺寸。定义信噪比为

$$SNR_{focal} = \frac{(RP_r)^2}{\sigma_{pixel}^2} \qquad (6\text{-}22)$$

其中，R 为焦平面探测器的响应率，P_r 为进入相机的光功率。

光斑尺寸与检测精度的关系如图 6-13 所示，仿真了在相机有效位数为 5 bit，信噪比为 12 100 时，通过改变相机镜头的焦距，对应的光斑检测精度变化情况。从仿真结果可以看出，检测精度先随着光斑尺寸的增加迅速提升，达到最优值后又缓慢下降。图 6-13 中的最优光斑尺寸为艾里斑主瓣直径，是像元尺寸的 5 倍。

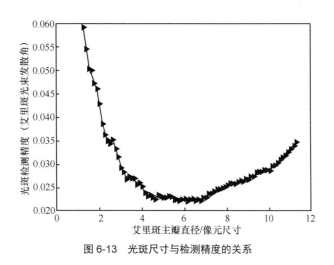

图 6-13　光斑尺寸与检测精度的关系

6.2.3　光学章动位置误差探测技术

光学章动是加在系统中周期性的扰动。当信号光出现角度误差时这种周期性扰动导致的信号起伏中便包含了角度误差的信息。通过信号起伏规律，可以提取角度误差信号。

6.2.3.1　基于光纤章动的角度误差探测基本原理

图 6-14 为利用光纤章动探测角度误差的精跟踪系统，信号光经过望远镜的粗跟踪系统进入该系统的视场。该系统以高带宽章动的光纤为角度误差探测器，从图 6-15 中可以看出，若信号光处于对准的状态，即光纤围绕着信号光的中心扫描，则接收到的功率为恒定值。如果存在角度误差，则光斑在聚焦耦合面上产生平移，从而导致光纤接收到的功率周期性变化。角度误差信息就包含在功率信号中，结合控制压电陶瓷管扫描器的同步信号，通过一定的算法可以计算出角度误差。

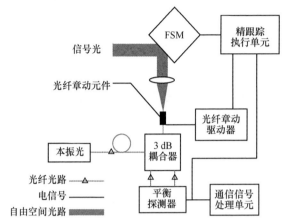

图 6-14　利用光纤章动探测角度误差的精跟踪系统

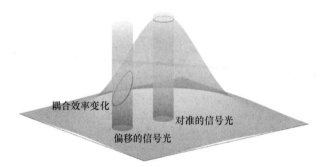

图 6-15　不同对准误差耦合效率变化示意

　　发射端发出的激光经过远距离传输到达接收望远镜，经过接收光学系统后，在焦平面的场分布为艾里斑，将光纤固定在焦点处，让光束耦合到光纤中。对于透射式光学接收系统，接收的光学系统可以等效为焦距为 f 的薄透镜。光纤模场可以表示为

$$M(r) = \sqrt{\frac{2}{\pi \omega_0^2}} e^{-\frac{r^2}{\omega_0^2}} \tag{6-23}$$

入射平面波的光场为

$$U_{\mathrm{A}}(r) = P_{\mathrm{A}}(r) \tag{6-24}$$

其中，$P_{\mathrm{A}}(r) = \begin{cases} 1, & \varepsilon \leqslant \dfrac{r}{R} \leqslant 1 \\ 0, & \text{其他} \end{cases}$，$\dfrac{r}{R}$ 为遮拦比。

当光纤存在章动时，光纤的模场变为

$$M(x,y) = \sqrt{\frac{2}{\pi \omega_0^2}} \mathrm{e}^{-\frac{[x-\Delta r \cos(2\pi f_1 t)]^2 + [y-\Delta r \sin(2\pi f_1 t)]^2}{\omega_0^2}} \qquad (6\text{-}25)$$

入射光存在角度误差入射时，其光场表示为

$$U_{\mathrm{A}}(x,y) = P_{\mathrm{A}}(r)\mathrm{e}^{\mathrm{j}\frac{2\pi}{\lambda}\left[\sin(\theta_{1x})x + \sin(\theta_{1y})y\right]} \qquad (6\text{-}26)$$

在光纤端面，接收信号光的光场变为

$$U_{\mathrm{AF}}(x,y) = \mathcal{F}\left\{ P_{\mathrm{A}}(x,y)\mathrm{e}^{\mathrm{j}\frac{2\pi}{\lambda}\left[\sin(\theta_{1x})x + \sin(\theta_{1y})y\right]} \right\}\Bigg|_{f_x=\frac{x}{\lambda f}, f_y=\frac{y}{\lambda f}} \qquad (6\text{-}27)$$

此时的空间光到光纤的耦合效率表示为

$$\eta_{\mathrm{couple}}\left[\theta_{1x}, \theta_{1y}, \Delta r \cos(2\pi f_1 t), \Delta r \sin(2\pi f_1 t)\right] =$$

$$\frac{\left| \iint_{-\infty}^{\infty} U_{\mathrm{AF}}^*(x,y)M(x,y)\mathrm{d}x\mathrm{d}y \right|^2}{\iint_{-\infty}^{\infty}\left|U_{\mathrm{AF}}(x,y)\right|^2\mathrm{d}x\mathrm{d}y \iint_{-\infty}^{\infty}\left|M(x,y)\right|^2\mathrm{d}x\mathrm{d}y} \qquad (6\text{-}28)$$

根据对称性可知，空间光到光纤的耦合效率只与接收信号光场的中心和光纤模场的中心距离 R 有关。

$$\begin{aligned} R(t) &= \sqrt{\left[f\sin\theta_{1x} - \Delta r \cos(2\pi f_1 t)\right]^2 + \left[f\sin\theta_{1y} - \Delta r \sin(2\pi f_1 t)\right]^2} \\ &= \sqrt{\left(f\sin\theta_{1x}\right)^2 + \left(f\sin\theta_{1y}\right)^2 + (\Delta r)^2 - 2f\sin(\theta_{1x})\Delta r \cos(2\pi f_1 t) - 2f\sin(\theta_{1y})\Delta r \sin(2\pi f_1 t)} \end{aligned} \qquad (6\text{-}29)$$

在章动探测中，耦合进入光纤的光功率、章动位置为已知量，需要求解入射光的角度误差 θ_{1x}、θ_{1y}。从式（6-29）可以看出，当 $t = nT$，$nT + \dfrac{T}{2}$，$nT + \dfrac{2T}{2}$，$nT + \dfrac{3T}{2}$ 时，$R(t)$ 表示为

$$R(t) = \begin{cases} \sqrt{\left(f\sin\theta_{1x} - \Delta r\right)^2 + \left(f\sin\theta_{1y}\right)^2}, & t = nT \\[2mm] \sqrt{\left(f\sin\theta_{1x}\right)^2 + \left(f\sin\theta_{1y} - \Delta r\right)^2}, & t = nT + \dfrac{T}{2} \\[2mm] \sqrt{\left(f\sin\theta_{1x} + \Delta r\right)^2 + \left(f\sin\theta_{1y}\right)^2}, & t = nT + \dfrac{2T}{2} \\[2mm] \sqrt{\left(f\sin\theta_{1x}\right)^2 + \left(f\sin\theta_{1y} + \Delta r\right)^2}, & t = nT + \dfrac{3T}{2} \end{cases} \qquad (6\text{-}30)$$

在小角度近似情况下，外差效率和 $R(t)$ 的关系可以近似用高斯函数表示，接收到的光功率为

$$P_r(t) = P_{r0}\eta[R(t)] = P_{r0}e^{\frac{[R(t)]^2}{\omega_{cp}^2}} \tag{6-31}$$

对式（6-31）两边求对数，得到

$$\ln P_r(t) = \ln P_{r0} - \frac{[R(t)]^2}{\omega_{cp}^2} \tag{6-32}$$

时延 τ 的光功率表示为

$$\ln P_r(t+\tau) = \ln P_{r0} - \frac{[R(t+\tau)]^2}{\omega_{cp}^2} \tag{6-33}$$

将时延分别为 τ_1、τ_2 的两个公式相减，得到

$$\begin{aligned}
&\ln P_r(t+\tau_1) - \ln P_r(t+\tau_2) = \\
&\frac{[R(t+\tau_2)]^2}{\omega_{cp}^2} - \frac{[R(t+\tau_1)]^2}{\omega_{cp}^2} = \\
&\frac{2f\sin(\theta_{1x})\Delta r\{\cos[2\pi f_1(t+\tau_1)] - \cos[2\pi f_1(t+\tau_2)]\}}{\omega_{cp}^2} - \\
&\frac{2f\sin(\theta_{1y})\Delta r\{\sin[2\pi f_1(t+\tau_2)] - \sin[2\pi f_1(t+\tau_1)]\}}{\omega_{cp}^2}
\end{aligned} \tag{6-34}$$

令 $[\ln P_r(t+\tau_1) - \ln P_r(t+\tau_2)]\omega_{cp}^2 = c(t)$；$\cos[2\pi f_1(t+\tau_1)] - \cos[2\pi f_1(t+\tau_2)] = a_x(t)$；$\{\sin[2\pi f_1(t+\tau_2)] - \sin[2\pi f_1(t+\tau_1)]\} = a_y(t)$，式（6-34）可以简化为

$$2f\sin(\theta_{1x})\Delta r a_x(t) - 2f\sin(\theta_{1y})\Delta r a_y(t) = c(t) \tag{6-35}$$

当 θ_{1x} 和 θ_{1y} 很小时，式（6-35）变为

$$2f\theta_{1x}\Delta r a_x(t) - 2f\theta_{1y}\Delta r a_y(t) = c(t) \tag{6-36}$$

从式（6-36）可以看出，已经完成了关于 θ_{1x} 和 θ_{1y} 的线性化，可以采用最小二乘法进行误差量的求解

$$\begin{cases}
\int_0^{\Delta T}\{2f\Delta r[a_x(t)]^2\theta_{1x} - 2f\Delta r a_x(t)a_y(t)\theta_{1y} - c(t)a_x(t)\}dt = 0 \\
\int_0^{\Delta T}\{-2f\Delta r a_x(t)a_y(t)\theta_{1x} + 2f\Delta r[a_x(t)]^2\theta_{1y} - c(t)a_y(t)\}dt = 0
\end{cases} \tag{6-37}$$

再定义几个参数

$$A_{11} = \int_0^{\Delta T} 2f\Delta r[a_x(t)]^2 dt \tag{6-38}$$

$$A_{12} = \int_0^{\Delta T} \left[-2f\Delta r a_x(t) a_y(t) \right] \mathrm{d}t \qquad (6\text{-}39)$$

$$B_1 = \int_0^{\Delta T} c(t) a_x(t) \mathrm{d}t \qquad (6\text{-}40)$$

$$A_{21} = \int_0^{\Delta T} \left[-2f\Delta r a_x(t) a_y(t) \right] \mathrm{d}t \qquad (6\text{-}41)$$

$$A_{22} = \int_0^{\Delta T} 2f\Delta r \left[a_x(t) \right]^2 \mathrm{d}t \qquad (6\text{-}42)$$

$$B_2 = \int_0^{\Delta T} c(t) a_y(t) \mathrm{d}t \qquad (6\text{-}43)$$

列出最小二乘法的线性方程组，为

$$\begin{pmatrix} A_{11} & A_{12} \\ A_{21} & A_{22} \end{pmatrix} \begin{pmatrix} \theta_{1x} \\ \theta_{1y} \end{pmatrix} = \begin{pmatrix} B_1 \\ B_2 \end{pmatrix} \qquad (6\text{-}44)$$

求解式（6-44），就可以得到

$$\begin{pmatrix} \theta_{1x} \\ \theta_{1y} \end{pmatrix} = \begin{pmatrix} A_{11} & A_{12} \\ A_{21} & A_{22} \end{pmatrix}^{-1} \begin{pmatrix} B_1 \\ B_2 \end{pmatrix} \qquad (6\text{-}45)$$

6.2.3.2　基于光学章动的角度误差探测基本原理

上面讨论了基于光纤章动的角度误差探测原理，在空间光相干探测系统中，可以用光学章动的方法进行误差探测，将入射光束进行小范围的角度章动，引起外差效率的变化，通过外差效率的变化解算光束的角度偏差。基于光学章动的角度误差探测原理与基于光纤章动的角度误差探测原理相同，在此不再赘述，具体可以查阅相关文献。

| 6.3　摩擦对光跟瞄的影响 |

激光星间链路大多属于低角速度链路。摩擦是影响系统低速性能的重要因素，同时摩擦也是一种复杂的、非线性的、具有不确定性的物理现象。利用摩擦模型可以大幅改善光跟瞄系统的性能。摩擦模型分为静态摩擦模型和动态摩擦模型。

6.3.1　静态摩擦模型

控制中常用的几种摩擦模型见表6-1。

表 6-1　控制中常用的几种摩擦模型

名称	表达式	图示
库伦模型	$F = F_c \, \text{sgn}(v)$	摩擦力F，F_c，0，速度v，$-F_c$
库伦黏滞摩擦模型	$F = F_c \, \text{sgn}(v) + \beta v$	摩擦力F，F_c，0，速度v，$-F_c$
静摩擦+库伦黏滞摩擦模型	$F = \begin{cases} F_e, & v=0\text{且}|F_e|<F_s \\ F_s \, \text{sgn}(F_e), & v=0\text{且}|F_e|\geqslant F_s \\ F_c \, \text{sgn}(v)+\beta v, & v\neq 0 \end{cases}$	摩擦力F，F_s，F_c，0，速度v，$-F_c$，$-F_s$
Stribeck 模型	$F = \begin{cases} F_{st}(v), & v\neq 0 \\ F_e, & v=0\text{且}|F_e|<F_s \\ F_c \, \text{sgn}(F_e), & \text{其他} \end{cases}$	摩擦力F，F_s，F_c，0，速度v，$-F_c$，$-F_s$

　　库伦模型是最简单的摩擦模型，但是它的应用却是最多的，其表达式为

$$F = F_c \, \text{sgn}(v) \tag{6-46}$$

F 表示系统的摩擦力，v 表示物体的相对运动速度，F_c 代表库伦摩擦力的数值大小。库伦模型没有说明零速度时摩擦力的大小。

　　库伦黏滞摩擦模型在库伦模型的基础上加上了黏滞摩擦阻尼力，虽然它还是没有

规定速度为零时的摩擦力大小，但是更具有一般性，其表达式如下

$$F = F_c \, \text{sgn}(v) + \beta v \tag{6-47}$$

其中，β 表示黏滞摩擦系数，F_c 同样表示库伦摩擦力的数值大小。

一个物体要想运动，必须有外力作用，而这个能够使它运动的最小的外力就与静摩擦力大小相同，方向相反。因此，静摩擦力的表达式为所施加的外力的函数，即

$$F = \begin{cases} F_e, & v = 0 \text{ 且 } |F_e| < F_s \\ F_s \, \text{sgn}(F_e), & v = 0 \text{ 且 } |F_e| \geqslant F_s \\ F_c \, \text{sgn}(v) + \beta v, & v \neq 0 \end{cases} \tag{6-48}$$

其中，F_e 表示所施加的外力，F_s 表示两个接触面间的最大静摩擦力。

在速度比较小的时候，摩擦力随着速度的增加而减小的现象称为 Stribeck 效应，其可以用非线性函数表示为

$$F_{st}(v) = \left[F_c + (F_s - F_c) e^{-\left| \frac{v}{v_s} \right|^{\delta_s}} \right] \text{sgn}(v) + \beta v \tag{6-49}$$

其中，v_s 代表 Stribeck 速率（定义 Stribeck 效应存在的区域），δ_s 一般取 2。

Stribeck 提出两个接触面由静止开始相对运动时，它们之间的摩擦力是连续变化的，此时 Stribeck 模型可以表示为

$$F = \begin{cases} F_{st}(v), & v \neq 0 \\ F_e, & v = 0 \text{ 且 } |F_e| < F_s \\ F_c \, \text{sgn}(F_e), & \text{其他} \end{cases} \tag{6-50}$$

6.3.2　动态摩擦模型

DahI 摩擦模型是基于对控制系统进行仿真的目的而提出的。该模型在自适应摩擦补偿算法中得到了应用。DahI 用一个微分方程对压力应力曲线建立模型。令 x 为位移，F 为摩擦力，F_c 为库伦摩擦力，DahI 摩擦模型可以表示为

$$\frac{\mathrm{d}F}{\mathrm{d}x} = \sigma \left[1 - \frac{F}{F_c} \text{sgn}(v) \right]^{\alpha} \tag{6-51}$$

其中，σ 是刚性系数，α 是决定压力应力曲线形状的参数，通常取 1。如果取 $|F|$ 摩擦力的初值 $|F(0)| < F_c$，那么摩擦力 $|F|$ 的值将永远不大于 F_c。

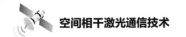

为了获得时间域上的 DahI 摩擦模型，对时间进行求导，得到

$$\frac{\mathrm{d}F}{\mathrm{d}t} = \frac{\mathrm{d}F}{\mathrm{d}x}\frac{\mathrm{d}x}{\mathrm{d}t} = \frac{\mathrm{d}F}{\mathrm{d}x}v = \sigma\left[1 - \frac{F}{F_c}\mathrm{sgn}(v)\right]^{\alpha}v \tag{6-52}$$

LuGre 模型能够准确地对摩擦的各种动静态特性进行描述。在 LuGre 模型中，假设两个互相接触的刚体之间是以弹性钢毛形式相互接触的，其产生的摩擦力矩表示为

$$M_{\mathrm{fss}} = \mathrm{sgn}(\dot{\theta})\left[M_{\mathrm{fc}} + (M_{\mathrm{fs}} - M_{\mathrm{fc}})\mathrm{e}^{-\left(\frac{\dot{\theta}}{\dot{\theta}_s}\right)^2}\right] + \sigma_2\dot{\theta} \tag{6-53}$$

以 $M_{\mathrm{fs}} = 60$，$M_{\mathrm{fc}} = 30$，$\dot{\theta}_s = 0.03$，$\sigma_2 = 0.03$ 进行仿真，仿真结果如图 6-16 所示。

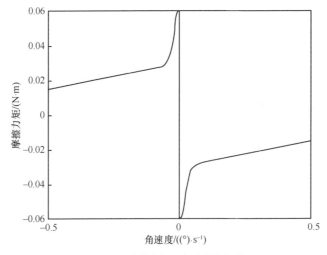

图 6-16　摩擦力矩和角速度的关系

第 7 章

激光终端地面检测验证技术

| 7.1　光束远距离传输模拟原理 |

　　星间激光通信技术被认为是解决微波瓶颈的有效手段，是未来空间通信发展的一大趋势，近年来已成为国内外的研究热点，其终端性能的地面检测验证亦成为重要的研究方向。星间激光通信中，光信号需在自由空间传输几千至几万千米才被接收。如何在地面对星间激光通信终端的接收功能和通信性能进行检测与验证是一个亟待解决的问题。直接检测受场地限制和大气影响基本不现实。

　　目前国外普遍采取的是半物理半仿真的方法，但它不能给出星间通信距离与误码率的关系，不能全面评估星间激光通信终端的通信能力。理想的方法是在地面进行星间通信链路的模拟并进行测试。这需要首先实现远距离激光光束传输的实验室空间物理模拟。

　　傅里叶变换透镜可实现光束近场分布到远场分布的转换。日本考虑采用长焦距的平行光管来实现光束的较远距离传输模拟，设计和研制了 17.5 m 焦距的平行光管，模拟最大为 50 km 的传输距离。

　　采用光学傅里叶变换加级联光学放大的方法可以实现超长焦距的傅里叶光学变换，同时结合有限口径的接收来实现超远距离光束的等效传输，由此可进行星间激光通信终端的通信性能评估。该模拟方案属全物理仿真，不需要任何参数即可在实验室内对星间激光通信终端进行远距离接收功能和通信性能检测，直接给出通信距离与误码率的关系。

　　星间激光通信终端都工作在远场条件下。设发射端的光场复振幅分布为 $u_t(x_0, y_0)$，则在距离 z 的接收端处光强分布 $I_z(x, y)$ 为

$$I_z(x,y) = \frac{I_0}{(\lambda z)^2} \left| \iint_{-\infty}^{\infty} u_t(x_0, y_0) e^{-j\frac{2\pi}{\lambda z}(xx_0 + yy_0)} dx_0 dy_0 \right|^2 \tag{7-1}$$

式中，z 为传输距离，λ 为通信波长。

一个焦距为 f 的傅里叶变换透镜可实现光束近场分布到远场分布的转换。假设输入光场同样为 $u_t(x_0, y_0)$，在透镜后焦平面处的光强分布 $I_f(x,y)$ 表示为

$$I_f(x,y) = \frac{I_0}{(\lambda f)^2} \left| \iint_{-\infty}^{\infty} u_t(x_0, y_0) e^{-j\frac{2\pi}{\lambda f}(xx_0 + yy_0)} dx_0 dy_0 \right|^2 \tag{7-2}$$

式中，f 为傅里叶变换平行光管的焦距。式（7-1）和式（7-2）的差别仅在于 z 和 f。如将此远场波面进行放大，设放大率为 β，在理想情况下，放大像面的光强分布 $I_i(x,y)$ 为

$$I_i(x,y) = \frac{I_0}{(\lambda \beta f)^2} \left| \iint_{-\infty}^{\infty} u_t(x_0, y_0) e^{-j\frac{2\pi}{\lambda \beta f}(xx_0 + yy_0)} dx_0 dy_0 \right|^2 \tag{7-3}$$

其中，$i = \beta f$，称为等效物理传输距离。

实际上，激光通信终端接收到的光功率不仅与接收入瞳处的光功率密度有关，还与激光终端的接收口径有关，表示为

$$P_{LCTz} = I_z(x,y) A_{LCTz} \tag{7-4}$$

$$P_{LCTi} = I_i(x,y) A_{LCTiz} \tag{7-5}$$

其中，P_{LCTz} 为激光终端在距离 z 处接收到的实际光功率，A_{LCTz} 为激光终端在距离 z 处的等效接收口径。P_{LCTi} 为激光终端在距离 i 处接收到的实际光功率，A_{LCTi} 为激光终端在距离 i 处的等效接收口径。

远距离传输的目的是模拟激光终端接收到的实际光功率与在轨运行环境相同，即关系式为

$$P_{LCTz} = P_{LCTi} \tag{7-6}$$

可以得到

$$z = \beta f \sqrt{\frac{A_{LCTz}}{A_{LCTi}}} \tag{7-7}$$

从上面的分析可以看出，在实验室模拟传输距离为 z 处激光终端的接收光功率可以通过两个手段：第一个是增加傅里叶变换透镜的等效焦距；第二个是增加实际激光终端接收面积与等效终端接收面积的比。

以传输距离为 45 000 km，接收激光终端的等效接收口径为 250 mm 为例，采用单模保偏光纤作为终端等效接收口径，口径等效为 10 μm，此时需要傅里叶变换透镜的焦距为 $\beta f = 1800\ \text{m}$。

考虑到实际光学系统总会存在传输损耗，用 η_t 表示，此时等效传输距离的式（7-7）改写为

$$z = \beta f \sqrt{\frac{A_{\text{LCT}z}}{\eta_t A_{\text{LCT}i}}} \tag{7-8}$$

在式（7-8）中，又增加了传输损耗这个调控量，可以通过调控传输损耗改变等效模拟传输距离。

星间激光通信终端的口径一般在 50～250 mm，通信距离为几百至十几万千米。据此特点，自由空间激光光束远距离传输模拟器主要由大口径、长焦距傅里叶变换平行光管和三级成像放大器组成，系统光路如图 7-1 所示。

三级成像放大器的放大倍率分别为 β_1、β_2、β_3，傅里叶变换透镜的焦距 $f = 15\ \text{m}$，每一级像面用 1～20 mm 的小孔进行采样接收。对于口径为 50～250 m 的星间激光通信系统，其远场条件为大于 3～62.5 km 这个范围，这是需要模拟的最近距离。

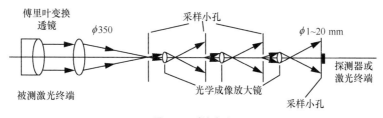

图 7-1　系统光路

设计完成的傅里叶变换透镜和光学成像放大镜皆为高质量的光学元件，成像质量小于衍射极限。其剩余波像差产生的影响可用小像差近似下的斯特列尔判断进行估算，斯特列尔光强 S 的定义为有像差衍射图形中的最大亮度与无像差衍射图形的最大亮度之比。如波像差均方根满足条件：$\sigma_W < \dfrac{1}{k} = \dfrac{\lambda}{2\pi}$（$k$ 为波数），S 可近似表示为

$$S \approx 1 - (k\sigma_W)^2 \tag{7-9}$$

其中，σ_W 可以通过式（7-10）计算得到

$$\sigma_W = \sqrt{\frac{1}{\pi} \int_0^1 \int_0^{2\pi} W^2 r \, \mathrm{d}r \, \mathrm{d}\varphi} \tag{7-10}$$

r、φ 为归一化的孔径坐标。从上面的分析可以看出，傅里叶变换透镜的波像差仅仅影响了接收到的光功率。该损耗可以计入传输损耗之中。

远距离传输模拟装置在完成设计、加工和装调后，需要进行参数标校。这主要是由于以上过程中的每个环节均可能存在偏差，造成模拟精度下降。参数标定选择理想发射光源。最容易产生的发射光场为平面波光场，表示为

$$E_1(x,y) = AP_1(x,y) \tag{7-11}$$

其中，A 为复振幅，$P_1(x,y)$ 为孔径函数。$P_1(x,y)$ 表示为

$$P_1(x,y) = \begin{cases} 1, & \sqrt{x^2+y^2} \leqslant \dfrac{d_t}{2} \\ 0, & \sqrt{x^2+y^2} > \dfrac{d_t}{2} \end{cases} \tag{7-12}$$

通过理论计算可以得到，在传输距离 $z_i = \beta f$ 处的光强分布为

$$I_{z_i}(x,y) = |A|^2 \left(\frac{\pi d_t^2}{4\lambda z_i}\right)^2 \left[\frac{2J_1\left(\dfrac{\pi d_t \sqrt{x^2+y^2}}{\lambda z_i}\right)}{\dfrac{\pi d_t \sqrt{x^2+y^2}}{\lambda z_i}}\right]^2 \tag{7-13}$$

如果发射激光终端的孔径函数 $P_1(x,y)$ 为矩形，表示为

$$P_1(x,y) = \text{rect}\left(\frac{x}{a}, \frac{y}{b}\right) = \begin{cases} 0, & \left|\dfrac{x}{a}\right| > \dfrac{1}{2} \text{ 或} \left|\dfrac{y}{b}\right| > \dfrac{1}{2} \\ 1, & \left|\dfrac{x}{a}\right| \leqslant \dfrac{1}{2} \text{ 且} \left|\dfrac{y}{b}\right| \leqslant \dfrac{1}{2} \end{cases} \tag{7-14}$$

此时，在传输距离 $z_i = \beta f$ 处的光强分布为

$$I_{z_i}(x,y) = |A|^2 \left(\frac{ab}{4\lambda z_i}\right)^2 \left[\text{sinc}\left(\frac{ax}{\lambda z_i}, \frac{by}{\lambda z_i}\right)\right]^2 \tag{7-15}$$

理想平面波远场传输光场分布如图 7-2 所示。

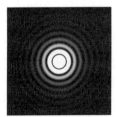 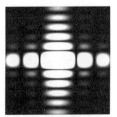

(a) 圆孔径　　　　　　　(b) 矩形孔径

图 7-2　理想平面波远场传输光场分布

标定的核心是要分离出等效焦距和模拟系统传输效率两个物理量，前者与模拟距离呈线性关系，后者与模拟距离的开方呈线性关系。

具体标定步骤如下：

（1）产生口径为 d_t、功率为 P_t 的标准平面波，计算出 $A = \sqrt{\dfrac{4P_t}{\pi d_t^2}}$；

（2）在模拟距离 z 处测量得到光强分布 $I_z(x, y)$；

（3）根据实测光强分布 $I_z(x, y)$ 计算得到艾里斑的主瓣宽度 D_{Airy}；

（4）计算出傅里叶变换透镜和多级放大的等效模拟距离 $z_i = \dfrac{D_{\text{Airy}} d_t}{2.44\lambda}$；

（5）在光功率采样处，测量得到激光功率 $I_m(0, 0)$；

（6）根据式（7-15）计算出满足 $I_{z_i}(0, 0) = I_m(0, 0)$ 的距离 z，对应此时的传输损耗（含几何损耗）为 $\eta_{\text{sum}} = \left(\dfrac{z_i}{z}\right)^2$；

（7）最终得到远距离传输模拟系统的实际模拟传输距离为

$$z = \beta f \sqrt{\frac{1}{\eta_{\text{sum}} \Delta\eta}} \tag{7-16}$$

其中，$\Delta\eta$ 为可变传输损耗，在实际模拟系统中，通过改变 $\Delta\eta$ 值就可以实现模拟传输距离的改变。

7.2 卫星激光通信终端光跟踪检测数理基础

星间激光通信终端包含激光通信系统和光学瞄准、捕获和跟踪系统两大部分，其性能测试验证必须在地面实验室完成后才能保证其在轨正常运行。在空间中，发射终端到接收终端的距离为数千千米到数万千米，属于光学远场衍射；在地面模拟中，从检测发射终端到被测接收终端的距离只有数米，属于光学近场衍射。

7.2.1 空间实际条件下的远场衍射

光束从发射终端 A 到接收终端 B 传播的物理模型如图 7-3 所示。图 7-3 建立了空间传输坐标系 $xyz - o$。发射终端 A 坐标系表示为 $x_t y_t z_t - o_t$，原点 o_t 位于发射终端 A 出瞳中心位置，出瞳平面定义为 $x_t o_t y_t$ 平面，发射终端 A 的转动角度为 $\theta_1(\theta_{1x}, \theta_{1y})$。接收终端 B 坐标系表示为 $x_r y_r z_r - o_r$，原点 o_r 位于激光接收终端 B 入瞳中心位置，入瞳平面定义为 $x_r o_r y_r$ 平面，接收终端 B 的转动角度为 $\theta_2(\theta_{2x}, \theta_{2y})$。两收发终端存在相对平动，表示为 $\boldsymbol{R}(X_0, Y_0)$。

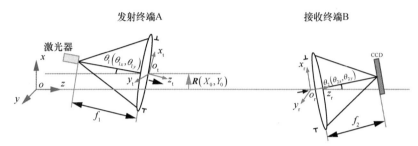

图 7-3　光束从发射终端 A 到接收终端 B 传播的物理模型

透镜孔径的透过率可用 $p(x, y) = \mathrm{cyl}(r / d)$ 表示，其中

$$\mathrm{cyl}\left(\frac{r}{d}\right) = \begin{cases} 1, 0 \leqslant r < \dfrac{d}{2} \\ \dfrac{1}{2}, & r = \dfrac{d}{2} \\ 0, & r > \dfrac{d}{2} \end{cases} \tag{7-17}$$

激光器发射光束可近似为单色点光源

$$e_1(x_t, y_t : z_t = -f_1) = A\delta(x_t, y_t) \tag{7-18}$$

点光源光场 $e_1(x_t, y_t : z_t = -f_1)$ 经过距离 f_1 在空间传播后，在紧靠发射端透镜之前的平面上产生的复振幅分布为

$$e_2(x_t, y_t : z_t = 0) = e_1(x_t, y_t : z_t = -f_1) \otimes \left\{ \frac{1}{\mathrm{j}\lambda f_1} \exp\left(\mathrm{j}\frac{2\pi}{\lambda}f_1\right) \exp\left[\mathrm{j}\frac{\pi}{\lambda f_1}(x_t^2 + y_t^2)\right] \right\} \tag{7-19}$$

光场 $e_2(x_t, y_t : z_t = 0)$ 经过发射透镜，引入了对于入射波前的位相调制以及有限孔径对入射波前大小范围的限制

$$e_3(x_t, y_t : z_t = 0) = e_2(x_t, y_t)p_1(x_t, y_t)\exp\left[-\mathrm{j}\frac{\pi}{\lambda f_1}(x_t^2 + y_t^2)\right] = \frac{A}{\mathrm{j}\lambda f_1}\exp\left(\mathrm{j}\frac{2\pi}{\lambda}f_1\right)p_1(x_t, y_t) \tag{7-20}$$

从式（7-20）可以看出，光场 $e_3(x, y)$ 为孔径受限的平面波光场。其中位相因子

$\dfrac{A}{\mathrm{j}\lambda f_1}\exp\left(\mathrm{j}\dfrac{2\pi}{\lambda}f_1\right)$ 仅表示常量位相变化，不影响平面上位相的相对空间分布，分析时可忽略。

发射端存在角度偏转和相对接收端的位置平动。发射终端 A 坐标系 $x_t y_t z_t - o_t$ 与空间传输坐标系 $xyz - o$ ，z_t 轴与 z 轴的夹角为 θ_t ，与 x 轴的夹角为 $(90° - \theta_{1x})$ ，与 y 轴的夹角为 $(90° - \theta_{1y})$ 。坐标平移变换表示为： $x = x_t + X_0$ ， $y = y_t + Y_0$ 。

发射场 $e_3(x_t, y_t)$ 在空间传输坐标系 $xyz - o$ 可表示为 $e_3'(x, y)$

$$e_3'(x, y) = e_3(x, y)\exp\left[-\mathrm{j}\dfrac{2\pi}{\lambda}(x\sin\theta_{1x} + y\sin\theta_{1y})\right] \otimes \delta(x - X_0, y - Y_0) \qquad (7\text{-}21)$$

定义发射终端出瞳中心处 $z = 0$ ，接收终端入瞳中心坐标为 $(0, 0, z_{AB})$ 。发射场 $e_3'(x, y)$ 通过空间传播到达接收端，空间卫星之间的传播距离符合远场夫琅禾费衍射条件，即 $z \gg \dfrac{\pi d^2}{\lambda}$ 。根据标量衍射理论，接收面光场表示为

$$e_4(x, y, z_{AB}) = \dfrac{1}{\mathrm{j}\lambda z_{AB}}\exp\left(\mathrm{j}\dfrac{2\pi z_{AB}}{\lambda}\right)\exp\left[\mathrm{j}\dfrac{\pi}{\lambda z_{AB}}(x^2 + y^2)\right] \times \mathcal{F}\left[e_3'(x, y)\right]_{f_x = \frac{x}{\lambda z_{AB}}, f_y = \frac{y}{\lambda z_{AB}}}$$

$$(7\text{-}22)$$

其中， $\mathcal{F}\left[e_3'(x, y)\right]_{f_x = \frac{x}{\lambda z_{AB}}, f_y = \frac{y}{\lambda z_{AB}}}$ 用 $E_3'(f_x, f_y)$ 表示

$$E_3'(f_x, f_y) = E_3(f_x, f_y) \otimes \delta\left(f_x + \dfrac{\sin\theta_{1x}}{\lambda}, f_y + \dfrac{\sin\theta_{1y}}{\lambda}\right)\exp\left[-\mathrm{j}2\pi(X_0 f_x + Y_0 f_y)\right]$$

$$= E_3\left(\dfrac{x}{\lambda z_{AB}} + \dfrac{\sin\theta_{1x}}{\lambda}, \dfrac{y}{\lambda z_{AB}} + \dfrac{\sin\theta_{1y}}{\lambda}\right)\exp\left[-\mathrm{j}2\pi\left(X_0\dfrac{x}{\lambda z_{AB}} + Y_0\dfrac{y}{\lambda z_{AB}}\right)\right]$$

$$(7\text{-}23)$$

代入式（7-22）中，得

$$e_4(x, y, z_{AB}) = \dfrac{1}{\mathrm{j}\lambda z_{AB}}\exp\left(\mathrm{j}\dfrac{2\pi z_{AB}}{\lambda}\right)\exp\left[\mathrm{j}\dfrac{\pi}{\lambda z_{AB}}(x^2 + y^2)\right] \times$$

$$E_3\left(\dfrac{x}{\lambda z_{AB}} + \dfrac{\sin\theta_{1x}}{\lambda}, \dfrac{y}{\lambda z_{AB}} + \dfrac{\sin\theta_{1y}}{\lambda}\right)\exp\left[-\mathrm{j}2\pi\left(X_0\dfrac{x}{\lambda z_{AB}} + Y_0\dfrac{y}{\lambda z_{AB}}\right)\right]$$

$$(7\text{-}24)$$

实际情况下接收终端入瞳中心坐标为 $(x, y) = (0, 0)$ ，且接收口径相对于发射光斑很小，接收面等效为平面波，二次相位 $\exp\left[\mathrm{j}\dfrac{\pi}{\lambda z_{AB}}(x^2 + y^2)\right]$ 可以看作常数项，且

$$E_3\left(\frac{x}{\lambda z_{AB}}+\frac{\sin\theta_{1x}}{\lambda},\frac{y}{\lambda z_{AB}}+\frac{\sin\theta_{1y}}{\lambda}\right)\approx E_3\left(\frac{\sin\theta_{1x}}{\lambda},\frac{\sin\theta_{1y}}{\lambda}\right),\ \text{则}$$

$$e_4(x,y,z_{AB})=\frac{1}{j\lambda z_{AB}}\exp\left(j\frac{2\pi z_{AB}}{\lambda}\right)\times E_3\left(\frac{\sin\theta_{1x}}{\lambda},\frac{\sin\theta_{1y}}{\lambda}\right)\exp\left[-j2\pi\left(X_0\frac{x}{\lambda z_{AB}}+Y_0\frac{y}{\lambda z_{AB}}\right)\right]$$

（7-25）

接收终端 B 坐标系 $x_r y_r z_r - o_r$ 与空间传输坐标系 $xyz - o$，z_r 轴与 z 轴的夹角为 θ_2，与 x 轴的夹角为 $(90°-\theta_{2x})$，与 y 轴的夹角为 $(90°-\theta_{2y})$。

接收场 $e_4(x_r,y_r)$ 在接收终端坐标系 $x_r y_r z_r - o_r$ 中可表示为 $e_4'(x_r,y_r)$

$$e_4'(x_r,y_r)=e_4(x_r,y_r)\exp\left[j\frac{2\pi}{\lambda}(x_r\sin\theta_{2x}+y_r\sin\theta_{2y})\right]$$

（7-26）

该光场经过接收透镜对光场的孔径限制与位相调制，得到终端接收光场

$$e_5(x_r,y_r:z_r=0)=e_4'(x_r,y_r)p_2(x_r,y_r)\exp\left[-j\frac{\pi}{\lambda f_2}(x_r^2+y_r^2)\right]$$

（7-27）

接收光场 $e_5(x_r,y_r:z_r=0)$ 经过接收终端透镜的傅里叶变换在后焦平面处位置探测器 CCD 平面上产生的跟踪误差信号 $e_6(x_r,y_r:z_r=f_2)$ 表示为

$$e_6(x_r,y_r:z_r=f_2)=\frac{1}{j\lambda f_2}\exp\left(j\frac{2\pi f_2}{\lambda}\right)\exp\left[j\frac{\pi}{\lambda f_2}(x_r^2+y_r^2)\right]\times$$
$$\mathcal{F}\left\{e_5(x_r,y_r)\exp\left[j\frac{\pi}{\lambda f_2}(x_r^2+y_r^2)\right]\right\}_{f_x=\frac{x_r}{\lambda f_2},f_y=\frac{y_r}{\lambda f_2}}$$

（7-28）

显然透镜相位因子可以消去傅里叶变换函数中的二次相位因子，因此，在接收终端 B 的光学接收透镜焦平面上的光场表示为

$$e_6(x_r,y_r:z_r=f_2)=\frac{1}{j\lambda f_2}\exp\left(j\frac{2\pi f_2}{\lambda}\right)\exp\left[j\frac{\pi}{\lambda f_2}(x_r^2+y_r^2)\right]$$
$$\mathcal{F}\left[e_4'(x_r,y_r)p_2(x_r,y_r)\right]_{f_x=\frac{x_r}{\lambda f_2},f_y=\frac{y_r}{\lambda f_2}}$$

（7-29）

根据傅里叶变换性质，式（7-29）可写为

$$e_6(x_r,y_r:z_r=f_2)=\frac{1}{j\lambda f_2}\exp\left(j\frac{2\pi f_2}{\lambda}\right)\exp\left[j\frac{\pi}{\lambda f_2}(x_r^2+y_r^2)\right]\left[E_4'(f_x,f_y)\otimes P_2(f_x,f_y)\right]_{f_x=\frac{x_r}{\lambda f_2},f_y=\frac{y_r}{\lambda f_2}}$$

（7-30）

经过光场变量替换和卷积运算，推导出焦平面 CCD 的光场为

$$e_6(x_r, y_r : z_r = f_2) = \frac{1}{j\lambda f_2}\exp\left(j\frac{2\pi f_2}{\lambda}\right)\frac{1}{j\lambda z_{AB}}\exp\left(j\frac{2\pi z_{AB}}{\lambda}\right)\exp\left[j\frac{\pi}{\lambda f_2}(x_r^2 + y_r^2)\right]\times$$

$$E_3\left(\frac{\sin\theta_{1x}}{\lambda}, \frac{\sin\theta_{1y}}{\lambda}\right)\times\left[\delta\left(\frac{x_r}{\lambda f_2} + \frac{X_0}{\lambda z_{AB}} - \frac{\sin\theta_{2x}}{\lambda}, \frac{y_r}{\lambda f_2} + \frac{Y_0}{\lambda z_{AB}} - \frac{\sin\theta_{2y}}{\lambda}\right)\otimes P_2\left(\frac{x_r}{\lambda f_2}, \frac{y_r}{\lambda f_2}\right)\right]$$

$$（7-31）$$

光强表示为

$$I_6(x_r, y_r : z_r = f_2) = |e_6(x_r, y_r : z_r = f_2)|^2 = \left(\frac{1}{\lambda^2 z_{AB} f_2}\right)^2\left[E_3\left(\frac{\sin\theta_{1x}}{\lambda}, \frac{\sin\theta_{1y}}{\lambda}\right)\right]^2\times$$

$$\left[\delta\left(\frac{x_r}{\lambda f_2} + \frac{X_0}{\lambda z_{AB}} - \frac{\sin\theta_{2x}}{\lambda}, \frac{y_r}{\lambda f_2} + \frac{Y_0}{\lambda z_{AB}} - \frac{\sin\theta_{2y}}{\lambda}\right)\otimes P_2\left(\frac{x_r}{\lambda f_2}, \frac{y_r}{\lambda f_2}\right)\right]^2$$

$$（7-32）$$

其中，$\left(\dfrac{1}{\lambda^2 z_{AB} f_2}\right)^2\left[E_3\left(\dfrac{\sin\theta_{1x}}{\lambda}, \dfrac{\sin\theta_{1y}}{\lambda}\right)\right]^2$ 代表发射终端转动引起的光强分布变化；

$\delta\left(\dfrac{x_r}{\lambda f_2} + \dfrac{X_0}{\lambda z_{AB}} - \dfrac{\sin\theta_{2x}}{\lambda}, \dfrac{y_r}{\lambda f_2} + \dfrac{Y_0}{\lambda z_{AB}} - \dfrac{\sin\theta_{2y}}{\lambda}\right)$ 代表两终端相对平动和接收端转动引起的

焦平面光场在 CCD 上的平移；$P_2\left(\dfrac{x_r}{\lambda f_2}, \dfrac{y_r}{\lambda f_2}\right)$ 为接收光学系统的点扩散函数。

终端的相对平动来自卫星平台的相对轨迹运动，而终端转动包含两个方面：一是终端本身用于跟踪时的偏转；二是卫星平台抖动引起的终端转动。

因此可以得到以下结论：

（1）CCD 接收光斑形状只与接收端光学系统的传递函数有关，而与发射系统无关；

（2）发射终端的转动在接收终端 CCD 上只产生接收信号的强度变化，不产生光斑位置移动，当发射光斑全部偏离接收口径视场时接收信号强度为零；

（3）发射终端和接收终端的相对平动及接收终端的角度偏转将带来接收终端 CCD 上的光斑位置移动，其脱靶量表示为

$$\begin{cases}\Delta x_r = f_2\sin\theta_{2x} - \dfrac{X_0 f_2}{z_{AB}} \\[2mm] \Delta y_r = f_2\sin\theta_{2y} - \dfrac{Y_0 f_2}{z_{AB}}\end{cases}$$

$$（7-33）$$

7.2.2　地面模拟条件下的近场衍射

发射场 $e_3'(x, y)$ 通过空间传播到达接收端。空间卫星之间的传播实际条件为近场菲涅耳近似，即 $z \gg \sqrt[3]{\dfrac{\pi}{4\lambda}\left[(x_4-x_3)^2+(y_4-y_3)^2\right]_{\max}}$ 。接收面光场表示为

$$
\begin{aligned}
e_4(x, y, z_{AB}) &= \frac{1}{j\lambda z_{AB}}\exp\left(j\frac{2\pi z_{AB}}{\lambda}\right) \\
&\iint_{-\infty}^{\infty} e_3'(\alpha, \beta)\exp\left\{j\frac{\pi}{\lambda z_{AB}}\left[(x-\alpha)^2+(y-\beta)^2\right]\right\}d\alpha d\beta \\
&= \frac{1}{j\lambda z_{AB}}\exp\left(j\frac{2\pi z_{AB}}{\lambda}\right)\exp\left[j\frac{\pi}{\lambda z_{AB}}(x^2+y^2)\right] \\
&\iint_{-\infty}^{\infty} e_3'(\alpha, \beta)\exp\left[j\frac{\pi}{\lambda z_{AB}}(\alpha^2+\beta^2)\right]\exp\left[-j\frac{2\pi}{\lambda z_{AB}}(x\alpha+y\beta)\right]d\alpha d\beta
\end{aligned}
\tag{7-34}
$$

根据附录 A，二次项相位函数积分的主要贡献均来自 $\left(-\sqrt{\dfrac{\pi\lambda z_{AB}}{2}}, \sqrt{\dfrac{\pi\lambda z_{AB}}{2}}\right)$ 区间。近场情况下，有限宽度二次项相位函数的傅里叶变换解析解可采用稳相法求得

$$
\begin{aligned}
&\iint_{-\infty}^{+\infty} e_3'(\alpha, \beta)\exp\left[j\frac{\pi}{\lambda z_{AB}}(\alpha^2+\beta^2)\right]\exp\left[-j\frac{2\pi}{\lambda z_{AB}}(x\alpha+y\beta)\right]d\alpha d\beta \\
&= \lambda z_{AB}e_3'(x, y)\exp\left[-j\frac{\pi}{\lambda z_{AB}}\left(x^2+y^2+\frac{\pi}{4}\right)\right]
\end{aligned}
\tag{7-35}
$$

检测用的参考终端由激光平行光管和光学扫描器组成，检测系统的口径 D 应大于被测终端的口径 d ，因此在被测终端处 $\phi = \left(D-2\sqrt{\dfrac{\pi\lambda z_{AB}}{2}}\right)$ 范围内的光场可以近似写为

$$
e_4(x, y, z_{AB}) = -j\exp\left(j\frac{2\pi z_{AB}}{\lambda}-\frac{\pi}{4}\right)e_3'(x, y)
\tag{7-36}
$$

此外，两终端相对移动时保证检测系统的发射波面尺寸（在 $\phi = \left(D-2\sqrt{\dfrac{\pi\lambda z_{AB}}{2}}\right)$ 范围）能够全部覆盖被测终端光学天线。

在接收终端坐标系 $x_r y_r z_r - o_r$ 下，接收场 $e_4(x, y)$ 可表示为 $e_4'(x_r, y_r)$ 。

$$e_4'(x_r, y_r) = e_4(x_r, y_r) \exp\left[\mathrm{j}\frac{2\pi}{\lambda}(x_r \sin\theta_{2x} + y_r \sin\theta_{2y})\right] \tag{7-37}$$

待测终端入瞳孔径函数为 $p_2(x_r, y_r)$，其直径小于 ϕ，此时入瞳后的光场经过接收透镜对光场的孔径限制与位相调制，得到终端接收光场 $e_5(x_r, y_r : z_r = 0)$

$$e_5(x_r, y_r : z_r = 0) = e_4'(x_r, y_r) p_2(x_r, y_r) \exp\left[-\mathrm{j}\frac{\pi}{\lambda f_2}(x_r^2 + y_r^2)\right] \tag{7-38}$$

$e_5(x_r, y_r : z_r = 0)$ 经过接收终端透镜的傅里叶变换，在后焦平面处位置探测器 CCD 平面上产生的跟踪误差 $e_6(x_r, y_r : z_r = f_2)$ 可表示为

$$
\begin{aligned}
e_6(x_r, y_r : z_r = f_2) = {} & \\
\frac{1}{\mathrm{j}\lambda f_2} \exp\left(\mathrm{j}\frac{2\pi f_2}{\lambda}\right) & \exp\left[\mathrm{j}\frac{\pi}{\lambda f_2}(x_r^2 + y_r^2)\right] \times \\
\mathcal{F}\left\{e_5(x_r, y_r) \exp\left[\mathrm{j}\frac{\pi}{\lambda f_2}(x_r^2 + y_r^2)\right]\right\} & _{f_x = \frac{x_r}{\lambda f_2}, f_y = \frac{y_r}{\lambda f_2}}
\end{aligned}
\tag{7-39}
$$

显然透镜相位因子可以消去傅里叶变换函数中的二次相位因子，因此，在接收终端 B 的光学接收透镜焦平面上的光场表示为

$$
\begin{aligned}
e_6(x_r, y_r : z_r = f_2) = {} & \mathrm{j}\frac{1}{\lambda f_2} \exp\left(\mathrm{j}\frac{2\pi f_2}{\lambda}\right) \exp\left[\mathrm{j}\frac{\pi}{\lambda f_2}(x_r^2 + y_r^2)\right] \times \\
& \mathcal{F}\left\{e_4(x_r, y_r) \exp\left[\mathrm{j}\frac{2\pi}{\lambda}(x_r \sin\theta_{2x} + y_r \sin\theta_{2y})\right] p_2(x_r, y_r)\right\}_{f_x = \frac{x_r}{\lambda f_2}, f_y = \frac{y_r}{\lambda f_2}}
\end{aligned}
\tag{7-40}
$$

将式（7-36）代入式（7-40）

$$
\begin{aligned}
e_6(x_r, y_r : z_r = f_2) = {} & \mathrm{j}\frac{1}{\lambda f_2}\frac{A}{\lambda f_1} \exp\left(\mathrm{j}\frac{2\pi f_2}{\lambda}\right) \\
& \exp\left[\mathrm{j}\frac{\pi}{\lambda f_2}(x_r^2 + y_r^2)\right] \exp\left(\mathrm{j}\frac{2\pi}{\lambda}f_1\right) \times \exp\left(\mathrm{j}\frac{2\pi z_{AB}}{\lambda} - \frac{\pi}{4}\right) \times \\
& \mathcal{F}\left\{p_1(x_r - X_0, y_r - Y_0)p_2(x_r, y_r) \exp\left\{-\mathrm{j}\frac{2\pi}{\lambda}\left[(x_r - X_0)\sin\theta_{1x} + (y_r - Y_0)\sin\theta_{1y}\right]\right\}\right. \\
& \left. \exp\left[\mathrm{j}\frac{2\pi}{\lambda}(x_r \sin\theta_{2x} + y_r \sin\theta_{2y})\right]\right\}_{f_x = \frac{x_r}{\lambda f_2}, f_y = \frac{y_r}{\lambda f_2}}
\end{aligned}
\tag{7-41}
$$

相对移动时，需保证被测终端光学能够全孔径接收检测系统发射的波面，因此

$$e_6(x_r, y_r : z_r = f_2) =$$

$$j\frac{A}{\lambda^2 f_1 f_2} \exp\left(j\frac{2\pi f_2}{\lambda}\right) \exp\left[j\frac{\pi}{\lambda f_2}(x_r^2 + y_r^2)\right] \exp\left(j\frac{2\pi}{\lambda}f_1\right) \times \exp\left(j\frac{2\pi z_{AB}}{\lambda} - \frac{\pi}{4}\right) \times$$

$$\mathcal{F}\left\{p_2(x_r, y_r) \exp\left\{-j\frac{2\pi}{\lambda}\left[(x_r - X_0)\sin\theta_{1x} + (y_r - Y_0)\sin\theta_{1y}\right]\right\}\right.$$

$$\left.\exp\left[j\frac{2\pi}{\lambda}(x_r \sin\theta_{2x} + y_r \sin\theta_{2y})\right]\right\}\bigg|_{f_x = \frac{x_r}{\lambda f_2}, f_y = \frac{y_r}{\lambda f_2}}$$

（7-42）

根据傅里叶变换性质

$$e_6(x_r, y_r : z_r = f_2) = j\frac{A}{\lambda^2 f_1 f_2} \exp\left(j\frac{2\pi f_2}{\lambda}\right) \exp\left[j\frac{\pi}{\lambda f_2}(x_r^2 + y_r^2)\right] \exp\left(j\frac{2\pi}{\lambda}f_1\right)$$

$$\exp\left(j\frac{2\pi z_{AB}}{\lambda} - \frac{\pi}{4}\right) \times \left[\delta\left(f_x + \frac{\sin\theta_{1x}}{\lambda} - \frac{\sin\theta_{2x}}{\lambda}, f_y + \frac{\sin\theta_{1y}}{\lambda} - \frac{\sin\theta_{2y}}{\lambda}\right) \otimes P_2(f_x, f_y)\right]\bigg|_{f_x = \frac{x_r}{\lambda f_2}, f_y = \frac{y_r}{\lambda f_2}}$$

（7-43）

其光强表示为

$$I_6(x_r, y_r : z_r = f_2) = |e_6(x_r, y_r : z_r = f_2)|^2 =$$

$$\left(\frac{A}{\lambda^2 f_1 f_2}\right)^2 \times \left|\delta\left[\frac{x_r}{\lambda f_2} + \frac{(\sin\theta_{1x} - \sin\theta_{2x})}{\lambda}, \frac{y_r}{\lambda f_2} + \frac{(\sin\theta_{1y} - \sin\theta_{2y})}{\lambda}\right] \otimes P_2\left(\frac{x_r}{\lambda f_2}, \frac{y_r}{\lambda f_2}\right)\right|^2$$

（7-44）

其中，$\left(\dfrac{A}{\lambda^2 f_1 f_2}\right)^2$ 代表待测终端和参考终端焦距引起的功率衰减；

$\delta\left[\dfrac{x_r}{\lambda f_2} + \dfrac{(\sin\theta_{1x} - \sin\theta_{2x})}{\lambda}, \dfrac{y_r}{\lambda f_2} + \dfrac{(\sin\theta_{1y} - \sin\theta_{2y})}{\lambda}\right]$ 代表发射终端和接收终端转动引起的

焦平面光场在 CCD 平面上的平移；$P_2\left(\dfrac{x_r}{\lambda f_2}, \dfrac{y_r}{\lambda f_2}\right)$ 代表接收光学系统的点扩散函数。

因此，在地面模拟条件下的近场衍射误差信号光强分布具有如下特点：

（1）接收光强分布与待测终端和参考终端焦距的平方成反比，应选择合适的参考
终端焦距满足链路衰减需求；

（2）检测用系统与被测接收终端的相对平移不会在被测终端产生跟踪误差
信号；

（3）检测系统的转角（或光束偏转角）$\theta_1'(\theta_{1x}', \theta_{1y}')$ 和接收终端的转角 $\theta_2'(\theta_{2x}', \theta_{2y}')$ 都将产

生跟踪误差信号的角度变化。其脱靶量表示为

$$
\begin{cases}
\Delta x_r' = f_2 \left(\sin \theta_{2x}' - \sin \theta_{1x}' \right) \\
\Delta y_r' = f_2 \left(\sin \theta_{2y}' - \sin \theta_{1y}' \right)
\end{cases}
\tag{7-45}
$$

7.3 模拟远场传播的近场光学跟瞄检验装置

根据空间条件下的远场衍射和地面模拟条件下的近场衍射理论，在近场条件下可采用检测系统的光束角度偏转来模拟远场条件下的终端相对平移(X_0, Y_0)和接收终端的角度偏转 $\theta_2(\theta_{2x}, \theta_{2y})$。只需使得地面模拟条件和远场条件下 x、y 方向上的 CCD 脱靶量相等

$$
\begin{cases}
\Delta x_r' = \Delta x_r \\
\Delta y_r' = \Delta y_r
\end{cases}
\tag{7-46}
$$

即

$$
\begin{cases}
f_2 \left(\sin \theta_{2x}' - \sin \theta_{1x}' \right) = f_2 \left(\sin \theta_{2x} - \dfrac{X_0}{z_{AB}} \right) \\
f_2 \left(\sin \theta_{2y}' - \sin \theta_{1y}' \right) = f_2 \left(\sin \theta_{2y} - \dfrac{f_2 Y_0}{z_{AB}} \right)
\end{cases}
\tag{7-47}
$$

具体模拟通常采用发射光束偏转法或接收终端偏转法。

7.3.1 发射光束偏转法

只改变地面检测系统的发射终端光束出射角度 θ_{1x}'、θ_{1y}'，且满足式

$$
\begin{cases}
\sin \theta_{1x}' = \dfrac{X_0}{z_{AB}} - \sin \theta_{2x} \\
\sin \theta_{1y}' = \dfrac{Y_0}{z_{AB}} - \sin \theta_{2y}
\end{cases}
\tag{7-48}
$$

即可实现地面近场模拟实际在轨远场脱靶量变化。该方法可以实现检测系统与被测终端完全独立，被测终端转动不会影响检测系统的模拟精度，但存在模拟转动范围相对较小的问题。如图 7-4 所示，激光平行光管产生的大口径平行光束

通过光束扫描器向被测终端发射，光束扫描器模拟卫星之间相对运动有关的角度变化轨迹，被测终端跟踪该光束并同时发射信号光束。该光束的空间位置（即跟踪精度）可以在激光平行光管的 CCD 上进行测量。平行光管中的反射镜可以用于被测终端的卫星平台抖动模拟，发射终端光束出射角度 θ'_{1x}、θ'_{1y} 改变采用双棱镜旋转的原理。

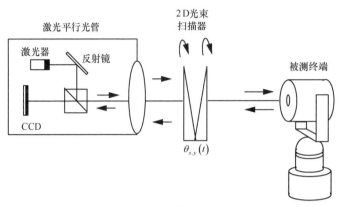

图 7-4 发射光束偏转法地面光学系统

7.3.2 接收终端偏转法

只改变接收终端偏转角度 θ'_{2x}、θ'_{2y}，且满足式（7-49）

$$
\begin{cases}
\sin \theta'_{2x} = \sin \theta_{2x} - \dfrac{X_0}{z_{AB}} \\[2mm]
\sin \theta'_{2y} = \sin \theta_{2y} - \dfrac{Y_0}{z_{AB}}
\end{cases}
\qquad (7\text{-}49)
$$

也可实现地面近场模拟实际在轨远场脱靶量变化。该方法一般将被测终端安装在检测转台上，检测系统与被测终端存在相互耦合问题。被测终端转动会影响检测系统的模拟精度。采用该方法时，应充分考虑被测终端的干扰力矩影响。如图 7-4 所示，激光平行光管产生的大口径平行光束向被测终端发射；将被测终端放置在二维检测转台上，由二维检测转台带动被测终端产生所需的 θ'_{2x}、θ'_{2y}；被测终端根据 CCD 上的脱靶量实现对接收光束的动态跟踪，完成单终端性能检测。接收终端偏转法地面光学系统如图 7-5 所示。

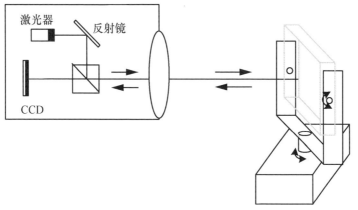

图 7-5　接收终端偏转法地面光学系统

也可同时改变发射终端和接收终端的偏转角度，满足式（7-50）

$$\begin{cases} \sin\theta'_{2x} - \sin\theta'_{1x} = \sin\theta_{2x} - \dfrac{X_0}{z_{AB}} \\ \sin\theta'_{2y} - \sin\theta'_{1y} = \sin\theta_{2y} - \dfrac{f_2 Y_0}{z_{AB}} \end{cases} \tag{7-50}$$

该方法虽然也可实现地面近场模拟实际在轨远场脱靶量变化，但需要发射终端和接收终端角度同步改变，实现难度较大。通常采用发射光束偏转法和接收终端偏转法两种方法。

7.4　卫星激光通信双终端双向远距离传输模拟与地面检测装置

在近场条件下采用单激光通信终端检测系统的检测方案，通过光束角度偏转可以模拟远场条件下两个终端的相对平移和接收终端的角度偏转，但无法模拟发射终端角度偏转引起的接收强度起伏，也不能对两个激光通信终端进行相互跟瞄和通信性能的直接检测和验证。

为了克服上述不足，进一步设计了卫星激光通信双终端双向远距离传输模拟与地面检测的系统装置，主要用于卫星激光通信终端的瞄准、捕获和跟踪及通信性能的检测和验证。

7.4.1 空间光采样双终端双向远距离动态模拟系统

双终端双向远距离空间光采样动态模拟系统的原理如图 7-6 所示。激光终端 A 放置在旋转平台上，发射波长为 λ_1 的激光光束，出瞳发射光场为 $A_0(x,y)$，转台转动引入激光终端 A 的偏转角 $\theta_A(\theta_{Ax}, \theta_{Ay})$，出射光场可表示为

$$A(x,y) = A_0(x,y)\exp\left[-jk(x\sin\theta_{Ax} + y\sin\theta_{Ay})\right] \tag{7-51}$$

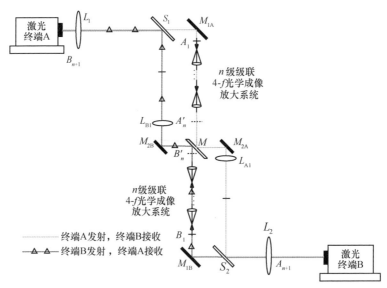

图 7-6　双终端双向远距离空间光采样动态模拟系统的原理

经过傅里叶变换透镜 L_1（焦距 f_A）、分色片 S_1 与反射镜 M_{1A}，在后焦平面 A1 的光场分布为 $A(x,y)$ 的傅里叶变换

$$
\begin{aligned}
A_1(x,y) &= \frac{\exp(jkf_A)}{j\lambda f_A}\mathcal{F}\left[A(x,y)\right] \\
&= \frac{\exp(jkf_A)}{j\lambda f_A}\mathcal{F}\left[A_0(x,y)\right]\otimes\delta\left(f_x + \frac{\sin\theta_{Ax}}{\lambda}, f_y + \frac{\sin\theta_{Ay}}{\lambda}\right)_{f_x=\frac{x}{\lambda f_A}, f_y=\frac{y}{\lambda f_A}}
\end{aligned}
\tag{7-52}
$$

第 $n(n\geq 1)$ 级 4-f 光学成像放大系统由两个焦距为 f_{n1} 和 f_{n2} 的单透镜组成。f_{n1} 透镜的后焦平面和 f_{n2} 透镜的前焦平面重合，放大倍率 $M_n = \dfrac{f_{n2}}{f_{n1}}$。第 n 级中心采样 4-f 光学成像放大系统的出瞳面与第 $n+1$ 级中心采样 4-f 光学成像放大系统的入瞳面重合。其联

合放大倍率 $M_{4f} = M_1 \times M_2 \times \cdots \times M_n$，在每一级中心采样 4-$f$ 光学成像放大系统的入瞳面上放置孔径函数为 $p(x, y)$ 的小孔光阑，对光场中心进行采样。

透镜 L_1 焦平面 A_1 与第一级 4-f 光学成像放大系统的入瞳面重合，在 4-f 光学成像放大系统入瞳面上放置孔径函数为 $p(x, y)$ 的小孔光阑，对光场中心进行采样。因此入瞳面光场表示为

$$A_{1p}(x, y) = A_1(x, y)p(x, y) \tag{7-53}$$

经过第一级 4-f 光学成像放大系统，在出瞳面光场表示为

$$A_1'(x, y) \frac{\exp(\mathrm{j}kf_{11})}{\mathrm{j}\lambda f_{12}} \frac{\exp(\mathrm{j}kf_{12})}{\mathrm{j}\lambda f_{11}} \mathcal{F}\left\{ \mathcal{F}\left[A_{1p}(x, y) \right] \right\} = \exp\left[\mathrm{j}k(f_{11} + f_{12}) \right] (-1)\frac{1}{M_1} A_{1p}\left(-\frac{x}{M_1}, -\frac{y}{M_1} \right) \tag{7-54}$$

经过 n 级级联 4-f 光学成像放大系统，在第 n 级 4-f 光学成像放大系统的出瞳面 A_n 处的光场表示为

$$A_n'(x, y) = \exp\left[\mathrm{j}k\sum_{i=1}^{n}(f_{i1} + f_{i2}) \right] (-1)^n \frac{1}{M_{4f}} A_{1p}\left[\frac{(-1)^n x}{M_{4f}}, \frac{(-1)^n y}{M_{4f}} \right] =$$
$$\exp\left[\mathrm{j}k\sum_{i=1}^{n}(f_{i1} + f_{i2}) \right] (-1)^n \frac{1}{M_{4f}} A_1\left[\frac{(-1)^n x}{M_{4f}}, \frac{(-1)^n y}{M_{4f}} \right] p\left[\frac{(-1)^n x}{M_{4f}}, \frac{(-1)^n y}{M_{4f}} \right] \tag{7-55}$$

A_n 既是第 n 级 4-f 光学成像放大系统的出瞳面，又与发射望远镜的入瞳面重合。经双面反射镜 M、反射镜 M_{2A} 反射到达发射望远镜。发射望远镜包含两个透镜，目镜 L_{A1} 焦距为 f_{A1}、傅里叶变换透镜 L_2 焦距为 f_B，其放大倍率表示为 $M_{AB} = \dfrac{f_B}{f_{A1}}$，与前述 n 级 4-f 光学成像放大系统构成的联合放大倍数为 $M_A = M_{AB}M_{4f}$。分色片 S_2 对波长 λ_1 反射，激光终端 B 位于发射望远镜出瞳处，光场表示为

$$A_{n+1}'(x, y) = \exp\left[\mathrm{j}k\sum_{i=1}^{n}(f_{i1} + f_{i2}) \right] \exp\left[\mathrm{j}k(f_{A1} + f_B) \right] (-1)^{n+1} \frac{1}{M_A} \times$$
$$A_1\left[\frac{(-1)^{n+1} x}{M_A}, \frac{(-1)^{n+1} y}{M_A} \right] p\left[\frac{(-1)^{n+1} x}{M_A}, \frac{(-1)^{n+1} y}{M_A} \right] \tag{7-56}$$

为保证放大后的光场与远场一致，$n+1$ 应为偶数。考虑到激光终端 B 转台引入的转动角度 $\theta_B(\theta_{Bx}, \theta_{By})$，最终接收光场可表示为

$$B_r(x, y) = A_{n+1}'(x, y)\exp\left[-\mathrm{j}\frac{2\pi}{\lambda}(x\sin\theta_{Bx} + y\sin\theta_{By}) \right] \tag{7-57}$$

将式（7-52）~式（7-56）代入式（7-57）后，与远场衍射公式对比可知，$A_{n+1}'(x, y)$ 代表激光终端 A 发射光场经过距离 $z = f_A M_A$ 后到达激光终端 B 的光场分布，从而在实

验室条件下模拟了卫星空间远场的远距离 z 的传输情况；发射光场的角度倾斜导致在傅里叶变换透镜焦平面上平移，从而导致激光终端 B 的强度改变。式（7-57）右侧第二项表示激光终端 B 接收角度转动引起的 CCD 脱靶量变化。

激光终端 B 出瞳发射光场 $B_0(x,y)$，转台转动引入激光终端 B 的偏转角 $\theta_B(\theta_{Bx},\theta_{By})$，通过傅里叶透镜 L_2 进行远场变换。透镜 L_2 的焦平面位于第一级 4-f 光学成像放大系统的入瞳面上。4-f 光学成像放大系统入瞳面上放置孔径函数为 $p(x,y)$ 的小孔光阑，对光场中心进行采样，经过 n 级级联 4-f 光学成像放大系统，总放大倍数为 M_{4f}。发射望远镜系统的入瞳面与第 n 级 4-f 光学成像放大系统的出瞳面重合，且放大倍数记为 $M_{BA}=\dfrac{f_A}{f_{B1}}$，与前述 n 级级联 4-f 光学成像放大系统构成的联合放大倍数为 $M_B=M_{BA}M_{4f}$。激光终端 A 放置在透镜 L_1 的焦平面上。

由图 7-6 可以看出，空间光采样双向双终端远距离动态模拟系统要求所有透镜的出入瞳面完全重合，对光路调整要求非常高；同时由于只能通过改变 4-f 光学成像放大系统级数或倍率实现模拟距离的改变，因此需要重新调整系统以达到不同距离模拟的效果。

7.4.2　光纤采样双终端双向远距离动态模拟系统

光纤采样双终端双向远距离等效地面模拟空间链路的动态变化过程如图 7-7 所示。两个链路的激光终端 A 和 B 作为被测单元安装在旋转平台上，利用转台通过二维转动模拟卫星轨道和姿态造成的相对角度变化，并利用光纤衰减器模拟实际远场传播距离功率衰减。

图 7-7　光纤采样双终端双向远距离等效地面模拟空间链路的动态变化过程

激光终端 A 发射光信号，光场表示为

$$A(x,y)=A_0(x,y)\exp\left[-jk(x\sin\theta_{Ax}+y\sin\theta_{Ay})\right] \tag{7-58}$$

经平行光管 1 的傅里叶变换透镜 f_1 到达焦平面处，焦平面光场表示为

$$A_1(x,y) = \frac{\exp(jkf_1)}{j\lambda f_1} \mathcal{F}\big[A(x,y)\big]$$

$$= \frac{\exp(jkf_1)}{j\lambda f_1} \mathcal{F}\big[A_0(x,y)\big] \otimes \delta\left(f_x + \frac{\sin\theta_{Ax}}{\lambda}, f_y + \frac{\sin\theta_{Ay}}{\lambda}\right)_{f_x=\frac{x}{\lambda f_A}, f_y=\frac{y}{\lambda f_A}} \tag{7-59}$$

通过单模光纤对成像光斑进行耦合，耦合效率为

$$\eta = \frac{\left|\int A_1^*(x,y) A_{\text{fiber}} \mathrm{d}s\right|^2}{\int \left|A_1(x,y)\right|^2 \mathrm{d}s \int \left|A_{\text{fiber}}\right|^2 \mathrm{d}s} \tag{7-60}$$

其中，光纤模场 A_{fiber} 可表示为

$$A_{\text{fiber}} = \frac{\sqrt{2}}{\sqrt{\pi}\omega} \exp\left(-\frac{x^2+y^2}{\omega^2}\right) \tag{7-61}$$

当激光终端 A 的发射光场 $A(x,y)$ 为平面光场时，平行光管 1 焦平面光场 $A_1(x,y)$ 表示为

$$A_1(x,y) = \frac{\exp(jkf_1)}{j\lambda f_1} \frac{\pi d^2}{4\lambda f_1} \frac{2\mathrm{J}_1\left[\dfrac{d\pi\sqrt{(x+f_1\sin\theta_{Ax})^2+(y+f_1\sin\theta_{Ay})^2}}{\lambda f_1}\right]}{\dfrac{d\pi\sqrt{(x+f_1\sin\theta_{Ax})^2+(y+f_1\sin\theta_{Ay})^2}}{\lambda f_1}} \tag{7-62}$$

光纤接收随着激光终端 A 跟踪瞄准偏差的变化，耦合进光纤的功率值发生相应改变，可计算不同角度偏差下的光纤耦合功率，如图 7-8 所示。

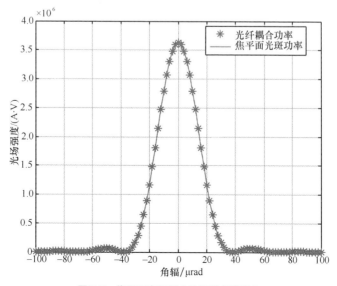

图 7-8　焦平面光纤耦合功率随角度变化

从图 7-8 中可以看出，耦合过程等效于光纤对成像光斑的功率采样，C 为光纤等效采样面积，可以通过光纤平面和高斯光场的耦合效率求出。耦合进光纤的光强表示为

$$I_{\text{fiberA}} = C \left[\frac{\pi d^2}{4\lambda f_1} \frac{2 J_1 \left(\dfrac{d\pi \sqrt{(\sin\theta_{Ax})^2 + (\sin\theta_{Ay})^2}}{\lambda} \right)}{\dfrac{d\pi \sqrt{(\sin\theta_{Ax})^2 + (\sin\theta_{Ay})^2}}{\lambda}} \right]^2 \tag{7-63}$$

耦合后的光信号以高斯光场的形式在单模光纤中传播

$$A_{\text{fiberA}} = \sqrt{I_{\text{fiberA}}} \frac{\sqrt{2}}{\sqrt{\pi}\omega} \exp\left(-\frac{x^2 + y^2}{\omega^2} \right) \tag{7-64}$$

经过光纤衰减器 1（衰减系数为 β）功率衰减后，到达出射光纤端面，其光场表示为

$$A_{\text{fiberB}}(x, y) = \sqrt{I_{\text{fiberB}}} \frac{\sqrt{2}}{\sqrt{\pi}\omega} \exp\left(-\frac{x^2 + y^2}{\omega^2} \right) \tag{7-65}$$

其中，$I_{\text{fiberB}} = I_{\text{fiberA}}\beta$，为衰减后的光强。出射光纤端面放置在平行光管 2 透镜后焦平面，经过平行光管 2 透镜傅里叶变换，光场被位于平行光管 2 透镜前焦平面的激光终端 B 接收

$$\begin{aligned} A_2(x, y) &= \frac{\exp(\text{j}kf_2)}{\text{j}\lambda f_2} \mathcal{F}\left[A_{\text{fiberB}}(x, y) \right]_{f_x = \frac{x}{\lambda f_2}, f_y = \frac{y}{\lambda f_2}} \\ &= \frac{\exp(\text{j}kf_2)}{\text{j}\lambda f_2} \sqrt{2\pi I_{\text{fiberB}}}\, \omega \exp\left[-\left(\frac{\pi\omega}{\lambda f_2} \right)^2 (x^2 + y^2) \right] \end{aligned} \tag{7-66}$$

由式（7-66）可知，到达激光终端 B 处的光场为束腰半径 $W_0 = \dfrac{\lambda f_2}{\pi\omega}$ 的高斯光束。激光终端 B 的接收天线口径远小于接收天线处的光斑尺寸 $2W_0$。接收光场可近似为平面波

$$A_B(x, y) = \frac{\sqrt{2\pi I_{\text{fiberB}}}\, \omega}{\text{j}\lambda f_2} \exp(\text{j}kf_2) \tag{7-67}$$

考虑到激光终端 B 存在跟踪瞄准角度偏差 $\theta_B(\theta_{Bx}, \theta_{By})$，接收光场最终表示为

$$B(x, y) = A_B(x, y) \exp\left[-\text{j}\frac{2\pi}{\lambda}(x\sin\theta_{Bx} + y\sin\theta_{By}) \right] \tag{7-68}$$

激光终端 B 发射光信号的过程与上述情况相似：发射光场经过平行光管 2 透镜傅里叶变换，光斑在焦平面耦合进光纤后进行功率衰减，出射光纤端面放置在平行光管 1 透镜后焦平面，经过平行光管 1 透镜傅里叶变换，以近似平面波的形式被位于平行光管 1 透镜前焦平面的激光终端 A 接收。

根据上述分析，可以得到以下结论。

（1）对比激光终端 A 发射光场在空间远场传播距离 z 的远场衍射公式，地面传输模拟公式对应如下

$$\frac{\pi d^2}{4\lambda z} = \frac{\omega\sqrt{2\pi C\beta}}{\lambda f_2}\frac{\pi d^2}{4\lambda f_1} \qquad (7\text{-}69)$$

从而求得在实验室条件下模拟距离 z 时的衰减因子为

$$\beta = \frac{1}{2\pi C}\left(\frac{\lambda f_1 f_2}{\omega z}\right)^2, \quad \beta \leqslant 1 \qquad (7\text{-}70)$$

系统的 f_1、f_2、ω 确定后可以求得模拟空间传输距离

$$z \geqslant \frac{\lambda f_1 f_2}{\omega\sqrt{2\pi C}} \qquad (7\text{-}71)$$

因此系统可模拟的最小空间传输距离为 $z_{\min} = \dfrac{\lambda f_1 f_2}{\omega\sqrt{2\pi C}}$。

（2）$I_{\text{fiberA}} = C\left[\dfrac{\pi d^2}{4\lambda f_1}\dfrac{2J_1\left(\dfrac{d\pi\sqrt{(\sin\theta_{Ax})^2 + (\sin\theta_{Ay})^2}}{\lambda}\right)}{\dfrac{d\pi\sqrt{(\sin\theta_{Ax})^2 + (\sin\theta_{Ay})^2}}{\lambda}}\right]^2$ 表示发射光场的角度 $\theta_A(\theta_{Ax}, \theta_{Ay})$

倾斜导致激光终端 B 的强度改变。式（7-68）中的 $\exp\left[-j\dfrac{2\pi}{\lambda}(x\sin\theta_{Bx} + y\sin\theta_{By})\right]$ 表示激光终端 B 接收角度转动引起的 CCD 脱靶量变化。

7.4.3　光学再生双终端双向动态远距离传输模拟系统

光纤采样双终端双向地面模拟系统既可以实现发射终端角度转动引起的接收光强起伏，又可以实现接收终端处的波面角度变化，但无法实现对系统传输时延的模拟。如图 7-9 所示，采用探测器加再生发射激光的方法，可以在实验室内实现对任意传输时延的模拟。

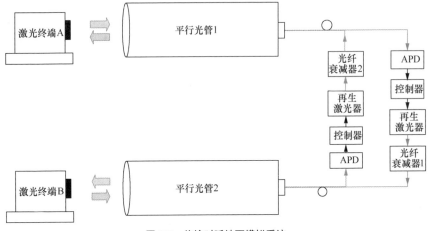

图 7-9 传输时延地面模拟系统

激光终端 A 发射光信号，经过平行光管傅里叶变换透镜到达后焦平面，经光纤采样后进入 APD 进行光电探测，采样后的光强表示为 $I_{\text{fiberA}}(t)$。根据该光强控制再生激光器，产生再生光强

$$I_{\text{laserA}}(t) = \kappa I_{\text{fiberA}}\left(t - \frac{z}{c}\right) \tag{7-72}$$

其中，κ 为再生增益因子。经过光纤衰减器和平行光管 2 后，到达激光终端 B 的光场表示为

$$B(x,y;t) = \frac{\exp(jkf_2)\sqrt{2\pi\kappa I_{\text{fiberA}}\left(t - \dfrac{z}{c}\right)\beta\omega}}{j\lambda f_2}\exp\left[-j\frac{2\pi}{\lambda}(x\sin\theta_{Bx} + y\sin\theta_{By})\right] \tag{7-73}$$

（1）与远场衍射公式对比可知，激光终端 A 发射光场经过距离 z 后，得到对应公式为

$$\frac{\pi d^2}{4\lambda z} = \frac{\omega\sqrt{2\pi C\kappa\beta}}{\lambda f_2}\frac{\pi d^2}{4\lambda f_1} \tag{7-74}$$

从而求得在实验室条件下模拟距离 z 时的衰减因子 β_{total} 为

$$\beta_{\text{total}} = \kappa\beta = 2\pi C\left(\frac{\omega z}{\lambda f_1 f_2}\right)^2 \tag{7-75}$$

因此，通过改变再生增益因子 κ 可实现的模拟最小空间传输距离为

$$z_{\min} = \frac{\lambda f_1 f_2}{\omega \sqrt{2\pi C \kappa}} \tag{7-76}$$

（2）$I_{\text{fiberA}} = C \left[\dfrac{\pi d^2}{4 \lambda f_1} \dfrac{2\mathrm{J}_1 \left(\dfrac{d\pi \sqrt{(\sin \theta_{Ax})^2 + (\sin \theta_{Ay})^2}}{\lambda} \right)}{\dfrac{d\pi \sqrt{(\sin \theta_{Ax})^2 + (\sin \theta_{Ay})^2}}{\lambda}} \right]^2$ 表示发射光场的角度 $\theta_A (\theta_{Ax}, \theta_{Ay})$ 倾

斜导致激光终端 B 的强度改变；式（7-68）中的 $\exp\left[-\mathrm{j}\dfrac{2\pi}{\lambda}(x \sin \theta_{Bx} + y \sin \theta_{By})\right]$ 表示激

光终端 B 接收角度转动引起的 CCD 脱靶量变化。

（3）由公式 $I_{\text{fiberA}}\left(t - \dfrac{z}{c}\right)$ 可以看出，激光终端 B 在 t 时刻的接收光场为激光终端 A

在 $(t - \tau)$ 时刻发出的信号光场。τ 根据模拟距离 z 计算得到

$$\tau = \frac{z}{c} \tag{7-77}$$

第 8 章

激光光束质量检测技术

| 8.1 激光光束发散度测量技术 |

激光光束的发散角对链路预算非常重要，发散角越小，远场的增益就越大，同时对跟瞄精度的要求也就越高，因此精确地测量激光光束的发散角至关重要。

发散角用 θ_{div} 表示，一般定义为

$$\theta_{\mathrm{div}} = \frac{D_{\mathrm{Beam}}}{z} \tag{8-1}$$

其中，D_{Beam} 为在传播距离 z 处的光斑直径，z 代表传播距离，应满足 $z \gg \dfrac{\pi d_{\mathrm{t}}^2}{\lambda}$ 的远场条件。从式（8-1）可以看出，测量发散角的关键是光斑直径的定义。一般有半高全宽法、$\dfrac{1}{\mathrm{e}^2}$ 法和二阶中心矩法 3 种。前两种方法易于理解，第 3 种方法可以表示为

$$\begin{cases} D_{\mathrm{Beam}x} = \dfrac{4\sqrt{\displaystyle\int_{-\infty}^{\infty}\int_{-\infty}^{\infty}(x-\overline{x})^2 f(x,y)\mathrm{d}x\mathrm{d}y}}{\sqrt{\displaystyle\int_{-\infty}^{\infty}\int_{-\infty}^{\infty}f(x,y)\mathrm{d}x\mathrm{d}y}} \\[3mm] D_{\mathrm{Beam}y} = \dfrac{4\sqrt{\displaystyle\int_{-\infty}^{\infty}\int_{-\infty}^{\infty}(y-\overline{y})^2 f(x,y)\mathrm{d}x\mathrm{d}y}}{\sqrt{\displaystyle\int_{-\infty}^{\infty}\int_{-\infty}^{\infty}f(x,y)\mathrm{d}x\mathrm{d}y}} \\[3mm] D_{\mathrm{Beam}xy} = \dfrac{4\sqrt{\displaystyle\int_{-\infty}^{\infty}\int_{-\infty}^{\infty}(x-\overline{x})(y-\overline{y}) f(x,y)\mathrm{d}x\mathrm{d}y}}{\sqrt{\displaystyle\int_{-\infty}^{\infty}\int_{-\infty}^{\infty}f(x,y)\mathrm{d}x\mathrm{d}y}} \end{cases} \tag{8-2}$$

其中，$f(x,y)$ 为远场光强分布、$\overline{x}$、$\overline{y}$ 为光斑质心，表示为

$$
\begin{cases}
\bar{x} = \dfrac{\displaystyle\int_{-\infty}^{\infty}\int_{-\infty}^{\infty} x f(x,y)\,\mathrm{d}x\,\mathrm{d}y}{\sqrt{\displaystyle\int_{-\infty}^{\infty}\int_{-\infty}^{\infty} f(x,y)\,\mathrm{d}x\,\mathrm{d}y}} \\[6mm]
\bar{y} = \dfrac{\displaystyle\int_{-\infty}^{\infty}\int_{-\infty}^{\infty} y f(x,y)\,\mathrm{d}x\,\mathrm{d}y}{\sqrt{\displaystyle\int_{-\infty}^{\infty}\int_{-\infty}^{\infty} f(x,y)\,\mathrm{d}x\,\mathrm{d}y}}
\end{cases}
\tag{8-3}
$$

从上面 3 种方法可知，发散角的测量转化为光场在远场光强分布的测量，最常用的方法为平行光管焦平面测量法，如图 8-1 所示。

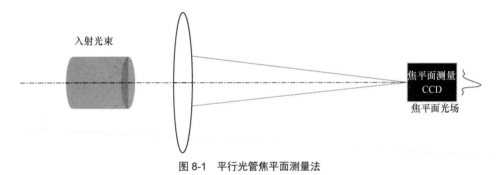

图 8-1　平行光管焦平面测量法

假设平行光管的焦距为 f ，焦平面光场光强分布为 $I(x,y)$ ，根据光强分布，即可得到发散角。下面以高斯光束为例计算 3 个发散角，归一化高斯光场的光强分布可以表示为

$$
I(r) = \frac{2}{\pi\omega^2}\mathrm{e}^{-\frac{2r^2}{\omega^2}}
\tag{8-4}
$$

根据式（8-4）可以得到半高全宽光斑直径为

$$
D_{\mathrm{Beam-FWHM}} = 2\omega\sqrt{\frac{\ln 2}{2}} = 1.177\,4\omega
\tag{8-5}
$$

在此光斑直径内的能量占比为 50%。

$\dfrac{1}{\mathrm{e}^2}$ 光强的光斑直径为

$$
D_{\mathrm{Beam}} - \frac{1}{\mathrm{e}^2} = 2\omega
\tag{8-6}
$$

在此光斑直径内的能量占比为 86.47%。

采用二阶中心矩法的光斑直径表示为

$$D_{\text{Beam}-2x} = 2\omega \qquad\qquad (8\text{-}7)$$

$$D_{\text{Beam}-2y} = 2\omega \qquad\qquad (8\text{-}8)$$

对于艾里斑光场分布，同样可以得到 3 种情况下的光斑直径

$$D_{\text{Beam}-\text{FWHM}} = 0.421\,84 D_{\text{Airy}} \qquad\qquad (8\text{-}9)$$

$$D_{\text{Beam}-1/\text{e}^2} = 0.877\,01 D_{\text{Airy}} \qquad\qquad (8\text{-}10)$$

通过发散角的测量可以非常直观地表征光束的远场增益，但是如果出现发散角超出设计值的情况，很难准确定位是哪种像差，哪个位置引起的波前畸变，因此需要开展激光光束的波面检测，才能实现波面的定量描述。

| 8.2　激光光束波面测量技术 |

一般来说，星间激光通信系统的通信距离为数千千米到数万千米之间。这就要求各发射终端所发出的激光光束达到高度的平行性，即要求激光终端出瞳处的波面为平面才能达到衍射极限的发散角。

待测波面相对于理想参考波面的偏差被称为波差。波差函数 $W(x, y)$ 在数学上一般可以表示成一个泽尼克多项式之和，而多项式的系数可以直接表征一些常见的像差。

图 8-2 表示在理想的光学系统情况下，被测波面与参考波面及波差之间的关系，从图中我们可以看出，有 3 个相关物理参数是可以被直接测量的，它们是

（1）波差 W；

（2）在接收光瞳处波差 W 的导数；

（3）横向像面偏差 T。

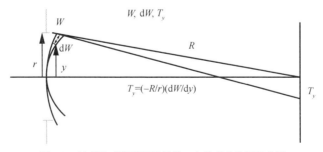

图 8-2　波前传感器所要测量的 3 个物理参数及其关系

根据图 8-2 给出的几何关系，经过简单的推导可以得出横向像面偏差与 W 在 y 轴和 x 轴上的关系为

$$T_y = -\frac{R}{r}\frac{\mathrm{d}W}{\mathrm{d}y}, T_x = -\frac{R}{r}\frac{\mathrm{d}W}{\mathrm{d}x} \tag{8-11}$$

其中，x、y 分别表示波面在 x 方向和 y 方向上的倾斜量，R 为待测波面的曲率半径，r 为波面光阑半径。

波面光学测量方法有两种：直接法和间接法。在直接法中，待测波面通过光学装置产生一个标准参考波面，待测波面与标准参考波面的干涉图能够直接反映待测波面存在的波差。间接法基于待测波面的变化率来估算波面本身。传统上间接法有两种方式：一种是几何型，通过测量待测波面上离散取样点的等效折射角来表达波面的变化率；另一种是剪切干涉型，通过待测波面与自身复制面干涉的比较求得波面的变化率，横向剪切干涉仪是其最典型的干涉仪。

8.2.1　直接波前传感器

（1）点衍射干涉法

点衍射干涉仪（PDI）是一种结构十分简单的自参照干涉仪，它最初由 Ray Smatt 博士发明并建造。它是在单块半透基底薄片的中心开出一个微小透明窗口的装置，其一般结构如图 8-3 所示。外层的半透薄膜能阻隔一定的光强，起到强度滤波器的作用，而中心的小孔能使光束通过后发生衍射，起到空间滤波器的作用。

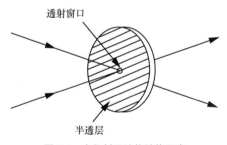

图 8-3　点衍射干涉仪结构示意

点衍射干涉法是把带有波差的入射波面聚焦到点衍射圆盘上，大部分的入射光透过半透层，很小一部分光束通过透射窗口发生衍射，产生一个标准球面波，这个球面波就成为标准参考波面。在点衍射干涉仪的另一边，透射的入射波面与标准球面波发

生干涉，产生点衍射干涉图样，其原理如图 8-4 所示。一般来说，PDI 波面传感器有 1/15～1/10 的峰谷值波面误差，测量重复性则取决于干涉图判别系统的自动化程度。因此可以通过选择合理的干涉图数量求出平均值，提高重复精度。

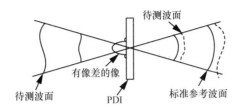

图 8-4　点衍射干涉仪工作原理

点衍射干涉仪用途广泛，早在 1979 年，PDI 波面传感器就被美国机载激光实验室用于测量光束导向器的 CO_2 激光波面质量。图 8-5 为用于波面测量的点衍射干涉装置示意。目前商业上用的点衍射干涉装置较为成功的是 Ealing 公司制造的。他们的点衍射干涉装置以云母作为基底，先在基底中心用静电黏附一个微小的玻璃球；然后对整个云母基底覆盖镀金半透膜；最后用干燥空气去除中心的玻璃小球，在镀金云母基底中心留下直径为 3～4 μm 的小孔窗口，这便制成了点衍射干涉仪的主体部分。

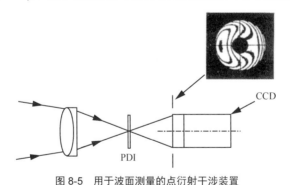

图 8-5　用于波面测量的点衍射干涉装置

点衍射干涉仪比较适用于会聚光束的测量，对于平行光束在测量中需要附加会聚透镜。当被测光束的口径较大时，附加透镜引入的像差将会严重影响测量结果。

（2）径向剪切干涉法

构成径向剪切干涉的方法有很多种，一种典型的利用附加两组互为倒置的伽利略望远镜改进的马赫-曾德尔干涉仪（Mach-Zehnder Interferometer）类径向剪切干涉仪如图 8-6 所示。其中一个望远镜用来压缩波面，而另一个用来扩展波面。

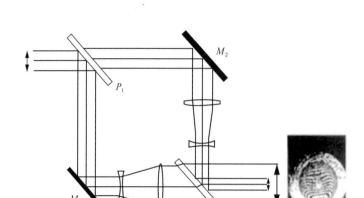

图 8-6　改进的马赫-曾德尔干涉仪类径向剪切干涉仪

　　两波面在重合区域发生干涉，若经过扩束后的波面相对于经过压缩后的波面在它们的重叠区域只有十分之一波长或者更小的差异，就可以认为在这个区域中它能够作为标准参考波面。这时，干涉条纹的式样可以仅归因于压缩的波面区域，即与原始的入射波面直接相关。当干涉图样的结果被记录以后，就能通过一系列标准的干涉条纹分析步骤来推知原始波面的状况。

　　显然，望远镜的像质将直接影响干涉仪的测量精度，在使用大口径的条件下，要达到高精度的测量是困难的。

8.2.2　间接波前传感器

（1）平板横向剪切干涉法及朗奇光栅横向剪切法

　　横向剪切干涉计量，就是通过横向移动被测波面，使原始波面和错位波面之间产生重叠并发生干涉，从而产生横向剪切干涉图。图 8-7 给出一种简单有效的平行平板激光横向剪切干涉结构，其中光束从平板的两个平面反射，产生两个横向错位的波面。

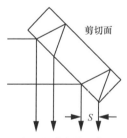

图 8-7　平行平板激光横向剪切干涉结构

如波面波差表示为 $W(x, y)$，其中 (x, y) 是波面上 P 点的坐标，则当此波面在 x 方向上的剪切量为 S 时，同一点 P 处的错位波面的波差为 $W(x - S, y)$，原始波面和错位波面在 P 点叠加后的光程差为

$$DW = W(x, y) - W(x - S, y) \qquad (8\text{-}12)$$

即横向剪切干涉仪要测定的量。

事实上还存在许多横向剪切干涉装置，如以雅明（Jamin）干涉仪为基础的平行光横向剪切干涉装置；以马赫-曾德尔干涉仪为基础的平行光横向剪切干涉装置等。

另外，光栅对光束也起到横向剪切的作用，特别是那些称为朗奇光栅的低频方型狭缝光栅。入射光束通过朗奇光栅后分解为不同衍射级次，衍射角的大小取决于光栅的周期，在接收面上不同级次（一般指衍射光的 0 级和 ±1 级）的衍射光因重叠而发生干涉，其干涉图如图 8-8 所示。基于衍射原理的朗奇光栅检验法是一种特殊的横向剪切干涉法。

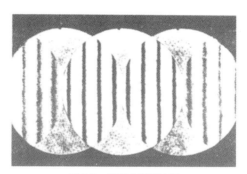

图 8-8　朗奇光栅干涉图

平行平板横向剪切干涉仪、改进的雅明横向剪切干涉仪和改进的马赫-曾德尔横向剪切干涉仪都存在同样的一个问题：因为目视观察最多只能计数到一对干涉条纹，所以最小只能测量一个波长波差的波面，不能直接测量衍射极限波面。此外，平行平板横向剪切干涉仪虽然结构十分简单，但是两个错位波面之间引入了很大的光程差，不能用于测量时间相干性差的激光，如某些半导体激光器等。光栅衍射将引入附加像差，而且光栅的尺寸有限，一般还需要增加会聚透镜，所以不适用于对大口径衍射极限波面的检测。

（2）哈特曼检测法以及夏克-哈特曼方法

哈特曼检测法是一种通过利用取样光阑测量波面取样点在像面上的横向像面偏差 T，来得知波面在取样点局部偏差的波面检测方式。哈特曼检测法按预定的方式在波面通过的若干位置处，用带有小孔的光阑对波面取样，当取样点之间彼此保持一定关系

时，就能够得出波面无像差的大小和再现波面，如图 8-9 所示。采用哈特曼检测法检测波面时假设待测波面在各取样点之间的变化是渐变的而不是突变的。

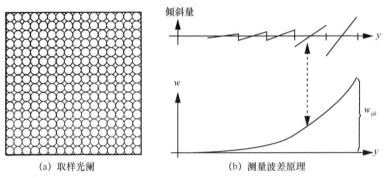

| (a) 取样光阑 | (b) 测量波差原理 |

图 8-9　哈特曼检测法取样光阑及其测量波差的原理

哈特曼检测法检测波面误差的主要难点之一是，在求横向像面偏差 T 的数据处理过程中引入了误差。如果所用的检测方法能通过几个互不相干的手段得到给定结果，则误差可以大幅减少，解决可靠性问题的最好方法是通过多次重复测量求平均值。

为了提高各取样点小孔的光束通过率，采用一大块拥有相同小透镜的阵列代替取样光阑，这种方法叫夏克-哈特曼方法，如图 8-10 所示。它由美国亚利桑那大学光学中心的 Roland Shark 博士首先采用。哈特曼检测法经常被用于检测大型天文望远镜的主镜。美国麻省理工学院（MIT）利用 3×3 哈特曼取样光阑来检测白沙武器试验场的高能激光束质量。夏克-哈特曼方法还被用于检验哈勃太空望远镜光学模拟器。

哈特曼检测方法的主要原理是采用列阵孔径机进行波面采样，如同平行光管测量，每一采样点波面斜率的测量探测均受采样孔径的衍射极限角的分辨能力限制。因为采样孔径远远小于被测波面直径，采样孔径的衍射极限角远远大于哈特曼阵列全口径（被测波面口径）的衍射极限，所以以哈特曼检测方法的光学测量精度和最小可探测波高由采样孔径尺寸决定。测量大口径衍射极限波面还有许多工作待做。

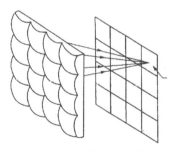

图 8-10　夏克-哈特曼微透镜阵列

为了解决上述问题，上海光机所刘立人研究员提出并设计了一种新颖的互补双剪切波面干涉装置，旨在检测星间激光通信中半导体激光输出大口径激光光束的波面质量。它的结构如图 8-11 所示，由输入雅明光学平板，右下、右上、左下和左上 4 块互补放置的倾斜移位楔板，以及输出雅明光学平板和接收屏组成。

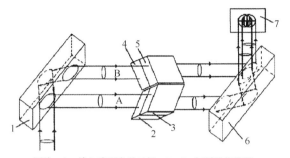

图注：1：输入雅明光学平板；2～5：倾斜移位楔板；
6：输出雅明光学平板；7：接收屏

图 8-11　互补双剪切波面干涉测量装置的结构

此结构的特点在于，被测光束经扩束准直系统，成为具有一定口径的光束后，以 45°角入射雅明光学平板，光束一部分被前表面反射（A），另一部分进入平板后被后表面反射后再经前表面折射而出射（B），两光束继续平行传输。设平行于 x 轴的方向为剪切方向，此时原来的被测波面被分为两束沿 x 轴方向剪切的光束。两光束分别以同样的入射角入射到倾斜角相互补偿的左上、右上和左下、右下 4 块倾斜移位楔板上，产生平移和偏转（所谓相互补偿是指经左上、右上和左下、右下倾斜移位楔板出射的光束对于光轴的偏离角符号相反），如图 8-11 所示，两光束以与输入雅明光学平板相反的方式经过输出雅明光学平板后输出，光束部分重叠，在接收屏上产生上下双层的横向剪切干涉图样。图 8-12 为其干涉条纹示意。

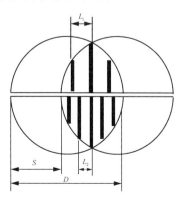

图 8-12　互补剪切干涉条纹示意

互不干涉横向剪切干涉仪的剪切量由中间两对平板产生，单个平板产生的剪切量可以写为

$$S = d\sin\theta - \frac{d\sin(2\theta)}{\sqrt{n^2 - \sin^2\theta}}$$ （8-13）

其中，d 为剪切平板的厚度，θ 为光束相对剪切板的入射角度，n 为折射率。可以通过调节入射角度改变剪切量，从而适应不同的光束口径大小。

楔板的楔角用于产生剪切干涉的背景条纹，产生背景条纹的宽度 Δd 表示为

$$\Delta d = \frac{\lambda}{\Delta\alpha}$$ （8-14）

其中，λ 代表激光波长，$\Delta\alpha$ 代表两个楔板共同产生的楔角，这里上半部分的楔角 $\Delta\alpha_u = \Delta\alpha_3 + \Delta\alpha_5$，下半部分的楔角 $\Delta\alpha_d = \Delta\alpha_2 + \Delta\alpha_4$。

入射波面的波前相位 $W(x,y)$ 可以写为

$$W(x,y) = \frac{x^2 + y^2}{R^2} W_{\max}$$ （8-15）

其中，R 代表光束的半径，$W_{\max}$ 代表口径内的最大波高。

入射光场表示为

$$A(x,y) = A_0 \mathrm{e}^{jkW(x,y)}$$ （8-16）

上半部分剪切干涉的光场可以写为

$$B_u(x,y) = A(x+S,y)\mathrm{e}^{jk\Delta\alpha_3 x} + A(x-S,y)\mathrm{e}^{-jk\Delta\alpha_5 x}$$ （8-17）

上半部分的干涉光强分布为

$$B_u(x,y)B_u^*(x,y) = |A_0|^2 + |A_0|^2 + 2|A_0|^2 \cos\left[k\left(\Delta\alpha_3 + \Delta\alpha_5 + \frac{4S}{R^2}W_{\max}\right)x\right]$$ （8-18）

下半部分剪切干涉的光场可以写为

$$B_d(x,y) = A(x+S,y)\mathrm{e}^{-jk\Delta\alpha_2 x} + A(x-S,y)\mathrm{e}^{jk\Delta\alpha_4 x}$$ （8-19）

下半部分的干涉光强分布为

$$B_d(x,y)B_d^*(x,y) = |A_0|^2 + |A_0|^2 + 2|A_0|^2 \cos\left[k\left(\Delta\alpha_2 + \Delta\alpha_4 - \frac{4S}{R^2}W_{\max}\right)x\right]$$ （8-20）

从上面的分析可以看出，上半部分和下半部分的干涉场均为沿 x 方向的均匀直条纹，两对楔板产生的条纹为干涉背景条纹，被检测波面的波高对于上半部分引起的条纹密度增加（减小），下半部分引起的条纹密度减小（增加），增加或减小取决于波

面是会聚还是发散。

当入射光为平面波时，$W_{max} = 0$，此时上半部分的干涉条纹与下半部分的干涉条纹宽度完全相同。其他情况下，干涉条纹的空间频率差表示为

$$\Delta f = \frac{\Delta\alpha_3 + \Delta\alpha_5 + \dfrac{8S}{R^2}W_{max} - \Delta\alpha_2 - \Delta\alpha_4}{\lambda} \tag{8-21}$$

在楔板加工时，可以保证 $\Delta\alpha_3 = \Delta\alpha_5 = \Delta\alpha_2 = \Delta\alpha_4 = \Delta\alpha$，式（8-21）可以简化为

$$\Delta f = \frac{8S}{\lambda R^2}W_{max} \tag{8-22}$$

由此，可以计算出待测波面的波高为

$$W_{max} = \frac{\Delta f R^2 \lambda}{8S} \tag{8-23}$$

这种干涉方法，由于其横向剪切光束近似等光程，所以适合非相干测量，即能够进行白光干涉。通过差动剪切干涉，只要测量上下两部分条纹间距的相对变化，就能达到测量高精度、大口径的衍射极限激光波面的目的。利用 He-Ne 激光作为光源的两次测量互补双剪切干涉图如图 8-13 所示。

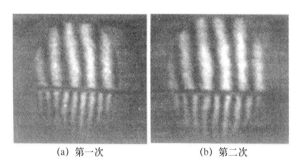

(a) 第一次　　　　　　　　　　(b) 第二次

图 8-13　利用 He-Ne 激光作为光源的两次测量互补双剪切干涉图

星间激光通信终端的激光光束具有如下特点：

- 光束口径大（达 250 mm）；
- 波面接近衍射极限；
- 通信速率高，导致光谱宽而相干长度接近零。

为实现有效的波面检测，波面分析方法要求达到：测量精度和最小可探测波高小于衍射极限波面；适合非相干测量，即能够进行白光干涉；能够测量的口径大于 250 mm。

在诸多可以利用的波面检测技术中，并不是所有的技术都适合大口径衍射极限或

接近衍射极限波面检测。采用直接检测法中的点衍射干涉仪和径向剪切干涉仪测量衍射极限的波面，需要待测光学系统所引起的附加像差远小于待测波面的波相差，这种高精度光学系统的零件制作是极为昂贵和困难的。而用几何方法的哈特曼检验法的测量精度相对较低，因而原则上无法测量用于星间激光通信中的远场衍射极限波面。

星间激光通信中普遍采用半导体激光器作为信号光源。半导体激光的相干长度一般在毫米量级，而众多横向剪切干涉仪在光路中所引起的光程差一般远大于这个量级，这使得在接收时很难得到高质量的干涉条纹。在待测波面的波差小于一个波长时，由于观察不到一个以上的条纹，基本上无法进行正确的测量，所以采用一般的横向剪切干涉法要达到衍射极限波面的测量精度只能与衍射极限波面的波差相当。

采用互补双剪切波面干涉测量仪，应用双通道附加相互补偿倾斜角的上下两个载波（有限背景条纹）干涉图的差动检测，使两路光束到达干涉屏时接近等程。在接收屏上能得到高对比度和清晰的差动干涉条纹，不仅解决上述方法的不足，而且能够以较高的精度完成衍射极限波面的测量，有效地解决星间激光通信中衍射极限波面波差的检测问题。

第 9 章

相干激光通信系统设计举例

9.1 低轨卫星 – 低轨卫星相干激光通信系统

低轨卫星–低轨卫星相干激光通信链路距离相对较短，一般小于 4 500 km。在这种链路距离下采用相干通信技术可以有效减小激光通信终端的收发口径，从而达到缩小体积和降低功耗的目的。

9.1.1 链路预算

低轨卫星–低轨卫星相干激光通信系统采用无独立信标方案，激光通信终端口径为 80 mm，信标光和信号光的分光比为 1:9，通信速率为 5 Gbit/s，通信体制为 BPSK/零差相干探测，纠错码选用 RS（255, 223），可以达到 -47 dBm@1×10^{-7} 的接收灵敏度。低轨卫星–低轨卫星通信链路预算见表 9-1。通过链路预算可知，在发射功率 2 W 的情况下，通信链路的冗余可以达到 5.94 dB，满足链路可靠性的要求。

表 9-1　低轨卫星–低轨卫星通信链路预算

序号	预算项目	预算值	备注
1	发射功率	33.01 dBm	2 000 mW
2	发射损耗	-0.97 dB	透过率 0.8
3	发射增益	101.99 dB	发散角 45 μrad
4	瞄准损失	-1.39 dB	瞄准误差 3 μrad
5	自由空间传播损失	-274.51 dB	链路距离 4 500 km

（续表）

序号	预算项目	预算值	备注
6	接收天线增益	107.47 dB	接收天线口径 0.08 m
7	接收损耗	−1.43 dB	接收透过率 0.72（含 1:9 分光损失）
8	光纤耦合损失	−5.23 dB	耦合效率 0.3（包括静态和动态损失）
9	接收光功率	−41.06 dBm	—
10	接收灵敏度	−47.00 dBm@1×10^{-7}	5 Gbit/s，RS 编码增益 3 dB
11	链路冗余	5.94 dB	—

在计算激光终端入瞳处光功率密度时，可以采用式（9-1）计算

$$P_r = \frac{\text{EIRP}}{4\pi z^2} \qquad (9\text{-}1)$$

其中，EIRP 为等效全向辐射功率。当发射光场为高斯光时，可以表示为

$$\text{EIRP} = \frac{32P_t}{\theta_{\text{div}}^2} \qquad (9\text{-}2)$$

P_t 为发射光功率。

按照链路预算中的技术指标可以得到

$$\text{EIRP} = 105 \text{ dBW}, \quad P_r = 124.2 \text{ }\mu\text{W} / \text{m}^2 \qquad (9\text{-}3)$$

低轨卫星–低轨卫星捕获链路预算见表 9-2。

表 9-2　低轨卫星–低轨卫星捕获链路预算

序号	预算项目	预算值	备注
1	发射功率	33.01 dBm	2 000 mW
2	发射损耗	−0.97 dB	透过率 0.8
3	发射增益	101.99 dB	发散角 45 μrad
4	瞄准损失	−1.39 dB	瞄准误差 3 μrad
5	自由空间传播损失	−274.51 dB	链路距离 4 500 km
6	接收天线增益	107.47 dB	接收天线口径 0.08 m
7	接收损耗	−10.97 dB	接收透过率（含 1:9 分光损失）
8	扫描损失	−5 dB	—
9	接收光功率	−45.37 dBm	—
10	接收灵敏度	−60.00 dBm@1×10^{-7}	—
11	链路冗余	9.63 dB	—

9.1.2 通信终端总体方案

低轨卫星由于轨道低，相对运动速度比较快，如果要形成稳定链路，需要具备一定的跟踪能力。轨道仿真一般要求俯仰角大于 30°、方位角大于 90°，每个节点安装 4 个激光终端，分别对准前、后、左、右 4 个方向的链路。

（1）跟瞄系统方案

低轨卫星终端捕获和跟踪采用无独立信标光方案，信标光通过信号光分光实现。为了克服卫星运动造成的超前瞄准问题，在发射支路上增加了超前快反镜补偿卫星相对运动。捕获和跟踪探测器采用焦平面相机，通过开窗实现捕获和跟踪的功能。按照单像素视场为发散角的四分之一计算，经过像素细分，可以得到相机的定位精度为 1/40 光束发散角。

粗跟踪系统采用单反射镜方案，通过步进电机和传动机构实现单反射镜的驱动和控制。选择 1.8° 步进电机，按照 128 细分进行控制，通过谐波减速机构实现传动，传动比为 β，最终得到的反射镜的光束执行分辨率为

$$\Delta\theta_{\mathrm{el}} = \frac{2\times1.8^{\circ}}{128\beta}, \ \Delta\theta_{\mathrm{az}} = \frac{2\times1.8^{\circ}}{128\beta} \tag{9-4}$$

当传动比 $\beta = 100$ 时，可以计算出光束扫描的执行分辨率分别为

$$\Delta\theta_{\mathrm{el}} = 4.9\,\mu\mathrm{rad}, \ \Delta\theta_{\mathrm{az}} = 2.45\,\mu\mathrm{rad} \tag{9-5}$$

可以满足激光终端的使用要求。

位置传感器采用 320×256 规模的近红外 CCD，接收光场为平面波，光斑尺寸为

$$D_{\mathrm{r}} = \frac{2.44\lambda}{d_{\mathrm{r}}} f \tag{9-6}$$

其中，d_{r} 为接收中继光路的直径，f 为相机镜头的焦距。一般设计 D_{r} 为 CCD 像元尺寸的 6 倍。因此可以得到接收相机镜头的 $F\#$ 为

$$F\# = \frac{6D_{\mathrm{pixel}}}{2.44\lambda} \tag{9-7}$$

按照 $D_{\mathrm{pixel}} = 15\,\mu\mathrm{m}$ 计算，得到 $F\# = 23.8$。单像素视场为

$$\theta_{\mathrm{FOV-pixel}} = \frac{2.44\lambda}{6d_{\mathrm{r}}} \tag{9-8}$$

经过 M 倍的望远镜放大后，激光终端对外的单像素视场为

$$\theta_{\mathrm{FOV-pixel-lct}} = \frac{2.44\lambda}{6Md_{\mathrm{r}}} \tag{9-9}$$

代入参数，得到低轨卫星–低轨卫星激光终端的单像素视场为

$$\theta_{\text{FOV−pixel−lct}} = \frac{2.44\lambda}{6 \times 0.08} = 7.88 \text{ μrad} \tag{9-10}$$

总的视场为 2 521.6 μrad×2 017.28 μrad，可以满足大部分卫星不确定区域的使用要求。

（2）通信系统方案

低轨卫星激光链路一般要求成本低，所以选择强度调制/直接探测通信体制。低轨卫星通信系统实现框图如图 9-1 所示，激光发射源经过电光强度调制器后将需要加载的信息加载到光载波上；再经过光纤功率放大器放大，由光纤准直器准直输出，经望远镜放大后发射出去。接收端收到对方发射的信号光后，先经过光纤前放将弱信号放大，以减小后续电子学增益带宽积的矛盾；经窄带光学滤波器滤除自发辐射噪声后由光电探测器探测接收；再经过后续的通信解调电子学实现信息的恢复。

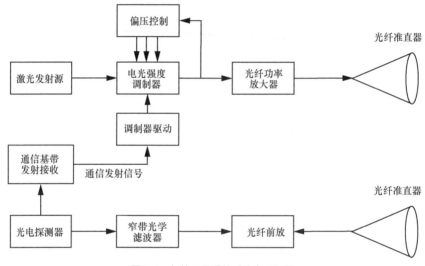

图 9-1　低轨卫星通信系统实现框图

（3）光轴自标校方案

激光终端的光轴有发射光轴、跟踪接收光轴、通信跟踪光轴等，发射力学、温度和在轨失重等影响会造成光轴与地面状态不一致，从而影响建链和通信。发射光轴和跟踪接收光轴可以采用内标校的方法实现，具体如图 9-2 所示。

激光终端发射的激光波长为 λ_1，经过合束镜后，大部分光透射后由望远镜扩束发射出去，小部分光反射后由角反射镜反射后，一小部分光反射回发射准直器，大部分光透射过去，再经过分光镜进入焦平面相机，形成的光斑代表发射光轴。

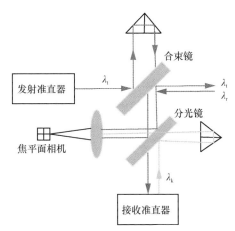

图 9-2　发射光轴和跟踪接收光轴内标校方法

激光终端接收的激光波长为 λ_r，经过合束镜、分光镜后，小部分光进入焦平面相机，形成的光斑代表接收光轴；大部分透射的光进入接收准直器，代表通信跟踪光轴。通信跟踪光轴无法通过焦平面相机进行监视，当在轨发生变化时，会无法建立通信链路。为此可以增加一个校准波长 λ_k，该波长激光通过 WDM 器件与接收波长 λ_r 进行合束，校准激光器反打激光，通过分光镜反射后，再由角锥反射后透过分光镜进入焦平面相机。由于该激光与通信光共用一个光纤，因此该光斑代表的光轴即为通信跟踪光轴。至此，发射、跟踪接收、通信跟踪 3 个光轴均可以在焦平面相机上进行表征，如图 9-3 所示。

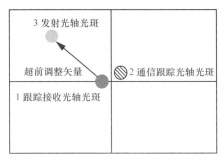

图 9-3　焦平面相机上光斑

如果需要实时监测 3 个光轴的变化，需要焦平面相机具备多光斑识别和质心计算功能。要求光斑 1 和光斑 2 的质心完全重合，调整方法为更改精跟踪系统的光闭环跟踪点，将其设置为光斑 2 的质心位置坐标。光斑 1 和光斑 3 的质心由于超前瞄准角的存在，一般会有差异，两个质心差异的量为图 9-3 中表示的超前调整矢量。该矢量会随

着两颗卫星相对运动的变化而实时变化。光斑 3 质心的调整通过超前瞄准快反镜实现，超前瞄准快反镜的光闭环跟踪点设置为

$$\begin{cases} x_3 = x_1 + x_{PAA} \\ y_3 = y_1 + y_{PAA} \end{cases} \tag{9-11}$$

其中，(x_{PAA}, y_{PAA}) 为通过卫星星历计算出的实时超前瞄准角（Point Ahead Angle，PAA）。

| 9.2 高轨卫星–低轨卫星相干激光通信系统 |

高轨卫星–低轨卫星激光通信链路距离较远，一般要求链路能力达到 45 000 km。在这种链路距离下一般反向链路采用相干通信技术，而前向链路由于通信速率要求比较低，可以采用 OOK 通信方案，既能有效地减小激光通信终端的收发口径，从而达到缩小体积和降低功耗的目的，又能达到终端最简化的目的。

9.2.1 链路预算

高轨卫星–低轨卫星相干激光通信系统采用无独立信标方案，高轨激光通信终端口径设置为 200 mm，低轨激光通信终端口径设置为 80 mm，这样可以尽可能地降低用户低轨卫星的实现难度。高轨卫星信标光和信号光的分光比为 1:9，接收通信速率为 5 Gbit/s，通信体制为 BPSK/零差相干探测，纠错码选用 RS（255, 223），可以达到 -47 dBm@1×10^{-7} 的通信灵敏度。低轨卫星信标光和信号光的分光比为 5:5，接收通信速率为 20 Mbit/s，通信体制为 OOK/直接探测，纠错码选用 RS（255, 223），可以达到 -50 dBm@1×10^{-7} 的接收灵敏度。通过链路预算可以知道，在发射功率 4 W 的情况下，通信链路的冗余可以达到 5.55 dB，满足链路可靠性的要求。高低轨卫星之间通信链路、跟踪链路预算见表 9-3～表 9-6。

表 9-3 高轨卫星–低轨卫星通信链路预算

序号	预算项目	预算值	备注
1	发射功率	36.01 dBm	4 000 mW
2	发射损耗	-0.97 dB	透过率 0.8

（续表）

序号	预算项目	预算值	备注
3	发射增益	109.95 dB	发射角 18 μrad
4	瞄准损失	−0.97 dB	瞄准误差 1 μrad
5	自由空间传播损失	−291.24 dB	链路距离 45 000 km
6	接收天线增益	104.2 dB	接收天线口径 0.08 m
7	接收损耗	−1.43 dB	接收透过率 0.72（含 1:9 分光损失）
8	光纤耦合损失	0 dB	无
9	接收光功率	−44.45 dBm	—
10	接收灵敏度	−50.00 dBm@$1×10^{-7}$	20 Mbit/s，RS 编码增益 3 dB
11	链路冗余	5.55 dB	—

表 9-4　高轨卫星-低轨卫星跟踪链路预算

序号	预算项目	预算值	备注
1	发射功率	33.01 dBm	4 000 mW
2	发射损耗	−0.97 dB	透过率 0.8
3	发射增益	109.95 dB	发散角 18 μrad
4	瞄准损失	−0.97 dB	瞄准误差 1 μrad
5	自由空间传播损失	−291.24 dB	链路距离 45 000 km
6	接收天线增益	104.2 dB	接收天线口径 0.08 m
7	接收损耗	−10.51 dB	接收透过率 0.089（含 1:9 分光损失）
8	光纤耦合损失	0 dB	无
9	接收光功率	−56.53 dBm	—
10	接收灵敏度	−65.00 dBm@$1×10^{-7}$	4 kHz 帧频
11	链路冗余	11.47 dB	—

表 9-5　低轨卫星-高轨卫星通信链路预算

序号	预算项目	预算值	备注
1	发射功率	37.78 dBm	6 000 mW
2	发射损耗	−0.97 dB	透过率 0.8
3	发射增益	102.38 dB	发散角 43 μrad
4	瞄准损失	−0.68 dB	瞄准误差 2 μrad
5	自由空间传播损失	−291.24 dB	链路距离 45 000 km
6	接收天线增益	112.16 dB	接收天线口径 0.2 m
7	接收损耗	−0.97 dB	接收透过率 0.8（含 1:9 分光损失）

（续表）

序号	预算项目	预算值	备注
8	光纤耦合损失	−3.98 dB	耦合效率 0.4（包括静态和动态）
9	接收光功率	−45.52 dBm	—
10	接收灵敏度	−48.00 dBm@1×10⁻⁷	5 Gbit/s，RS 编码增益 3 dB
11	链路冗余	2.48 dB	—

表 9-6　低轨卫星-高轨卫星跟踪链路预算

序号	预算项目	预算值	备注
1	发射功率	37.78 dBm	6 000 mW
2	发射损耗	−0.97 dB	透过率 0.8
3	发射增益	102.38 dB	发散角 43 μrad
4	瞄准损失	−0.68 dB	瞄准误差 2 μrad
5	自由空间传播损失	−291.24 dB	链路距离 45 000 km
6	接收天线增益	112.16 dB	接收天线口径 0.2 m
7	接收损耗	−10.51 dB	接收透过率 0.089（含 1:9 分光损失）
8	光纤耦合损失	0 dB	无
9	接收光功率	−51.08 dBm	—
10	接收灵敏度	−65.00 dBm@1×10⁻⁷	4 kHz 帧频
11	链路冗余	13.92 dB	—

在计算激光终端入瞳处光功率密度时，可以采用式（9-12）计算

$$P_r = \frac{\text{EIRP}}{4\pi z^2} \tag{9-12}$$

其中，EIRP 为等效全向辐射功率。当发射光场为高斯光时，可以表示为

$$\text{EIRP} = \frac{32 P_t}{\theta_{\text{div}}^2} \tag{9-13}$$

其中，P_t 为发射光功率。

按照链路预算中的技术指标可以得到

$$\text{EIRP} = \begin{cases} 109.2 \text{ dBW, 低轨} \\ 115 \text{ dBW, 高轨} \end{cases} \tag{9-14}$$

$$P_r = \begin{cases} 12.42 \text{ μW/m}^2, \text{ 低轨} \\ 3.26 \text{ μW/m}^2, \text{ 高轨} \end{cases} \tag{9-15}$$

9.2.2　通信终端总体方案

高轨卫星轨道高，因此要求的对地视场角较小，满足俯仰角±13°、方位角 360°即可。而低轨卫星由于轨道低，需要抬头看高轨卫星，根据轨道仿真，一般要求俯仰角大于±90°、方位角为 360°，才能够最大限度地满足链路建立的需求。

（1）跟瞄系统方案

低轨卫星和高轨卫星终端捕获和跟踪系统采用无独立信标光方案，信标光通过信号光分光实现。为了克服卫星运动造成的超前瞄准问题，在发射支路上增加了超前快反镜补偿卫星相对运动。捕获和跟踪探测器采用焦平面相机，通过开窗实现捕获和跟踪的功能。按照单像素视场为发散角的四分之一计算，经过像素细分，可以得到相机的空位精度为 1/40 光束发散角。

位置传感器采用 320×256 规模的近红外 CCD，接收光场为平面波，光斑尺寸为

$$D_{\mathrm{r}} = \frac{2.44\lambda}{d_{\mathrm{r}}} f \tag{9-16}$$

其中，d_{r} 为接收中继光路的直径，f 为相机镜头的焦距。一般设计 D_{r} 为 CCD 像元尺寸的 6 倍。因此可以得到接收相机镜头的 $F\#$ 为

$$F\# = \frac{6D_{\mathrm{pixel}}}{2.44\lambda} \tag{9-17}$$

按照 $D_{\mathrm{pixel}} = 15\,\mu\mathrm{m}$，$\lambda = 1.55\,\mu\mathrm{m}$ 计算，得到 $F\# = 23.8$。单像素视场为

$$\theta_{\mathrm{FOV-pixel}} = \frac{2.44\lambda}{6d_{\mathrm{r}}} \tag{9-18}$$

经过 M 倍的望远镜放大后，激光终端对外的单像素视场为

$$\theta_{\mathrm{FOV-pixel-lct}} = \frac{2.44\lambda}{6Md_{\mathrm{r}}} \tag{9-19}$$

低轨卫星按照 $M = 10$、$d_{\mathrm{r}} = 0.008\,\mathrm{m}$、$\lambda = 1.55\,\mu\mathrm{m}$ 代入参数，得到低轨卫星激光终端的单像素视场为

$$\theta_{\mathrm{FOV-pixel-lct}} = \frac{2.44\lambda}{6\times0.08} = 7.88\,\mu\mathrm{rad} \tag{9-20}$$

总的视场为 2 521.6 μrad×2 017.28 μrad，可以满足大部分卫星的不确定区域的使用要求。

高轨卫星按照 $M=25$、$d_r=0.008\,\text{m}$、$\lambda=1.55\,\mu\text{m}$ 代入参数，得到低轨卫星激光终端的单像素视场为

$$\theta_{\text{FOV-pixel-lct}}=\frac{2.44\lambda}{6\times25\times0.008}=3.15\,\mu\text{rad} \tag{9-21}$$

总的视场为 1 008.5 μrad×806.8 μrad，可以满足大部分卫星不确定区域的使用要求。

（2）通信系统方案

低轨卫星激光链路一般要求成本低，所以通信体制选择相位调制/直接探测通信体制。低轨卫星通信终端系统的实现框图如图 9-4 所示。与低轨卫星–低轨卫星链路激光终端不同，低轨卫星–高轨卫星激光链路终端采用相位调制而不是强度调制，因此强度调制器的偏压点控制在 90°位置，实现数字式 BPSK 的调制，其他与低轨卫星–低轨卫星激光终端相同。

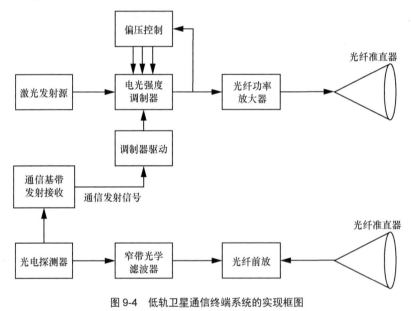

图 9-4　低轨卫星通信终端系统的实现框图

高轨卫星激光链路一般寿命比较长，为了降低对低轨卫星的要求，会尽量提升高轨卫星的通信接收灵敏度，因此高轨卫星的通信体制选择强度调制/相干探测通信体制。高轨卫星通信终端系统的实现框图如图 9-5 所示，接收端采用相干探测，可以降低低轨卫星终端的要求。通过软件切换也能够适应 OOK、DPSK 等其他通信体制。

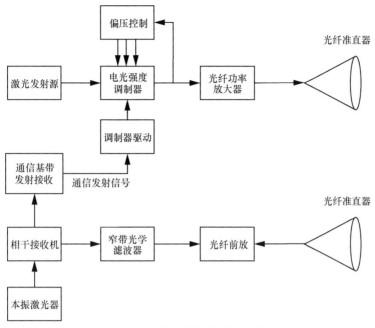

图 9-5　高轨卫星通信终端系统的实现框图

| 9.3　高轨卫星-高轨卫星相干激光通信系统 |

高轨卫星-高轨卫星激光通信链路距离较远，一般要求链路能力达到 80 000 km。这种链路距离要求前反向链路采用相干通信技术，既能有效地减小激光通信终端的收发口径，从而达到缩小体积和降低功耗的目的，也能达到终端最简化的目的。

9.3.1　链路预算

高轨卫星-高轨卫星相干激光通信系统采用无独立信标方案。高轨激光通信终端口径设置为 200 mm，信标光和信号光的分光比为 1:9，接收通信速率为 5 Gbit/s，通信体制为 BPSK/零差相干探测，纠错码选用 RS（255，223），可以达到 -48 dBm@1×10^{-7} 的接收灵敏度。通过链路预算可以知道，在发射功率为 7 W 的情况下，通信链路的冗余可以达到 8.24 dB，满足链路可靠性的要求。高轨卫星之间通信链路预算及跟踪链路预算见表 9-7、表 9-8。

表 9-7 高轨卫星-高轨卫星通信链路预算

序号	预算项目	预算值	备注
1	发射功率	38.45 dBm	7 000 mW
2	发射损耗	−0.97 dB	透过率 0.8
3	发射增益	109.95 dB	发散角 18 μrad
4	瞄准损失	−0.97 dB	瞄准误差 1 μrad
5	自由空间传播损失	−299.51 dB	链路距离 80 000 km
6	接收天线增益	115.42 dB	接收天线口径 0.2 m
7	接收损耗	−1.25 dB	接收透过率 0.75（含 1:9 分光损失）
8	光纤耦合损失	−3.98 dB	耦合效率 0.4（包括静态和动态）
9	接收光功率	−42.86 dBm	—
10	接收灵敏度	−48.00 dBm@1×10^{-7}	5 Gbit/s，RS 编码增益 3 dB
11	链路冗余	5.14 dB	—

表 9-8 高轨卫星-高轨卫星跟踪链路预算

序号	预算项目	预算值	备注
1	发射功率	38.45 dBm	7 000 mW
2	发射损耗	−0.97 dB	透过率 0.8
3	发射增益	109.95 dB	发散角 18 μrad
4	瞄准损失	−0.97 dB	瞄准误差 1 μrad
5	自由空间传播损失	−299.51 dB	链路距离 80 000 km
6	接收天线增益	115.42 dB	接收天线口径 0.2 m
7	接收损耗	−10.79 dB	接收透过率 0.083（含 1:9 分光损失）
8	光纤耦合损失	0 dB	耦合效率 1
9	接收光功率	−48.42 dBm	—
10	接收灵敏度	−65.00 dBm@1×10^{-7}	4 kHz 帧频
11	链路冗余	16.58 dB	—

9.3.2 通信终端总体方案

高轨卫星轨道高，因此要求的对地视场角较小，满足俯仰角±13°、方位角 360°即可。低轨卫星由于轨道低，需要抬头看高轨卫星，根据轨道仿真，一般要求俯仰角大于±90°、方位角 360°，才能够最大限度地满足链路建立的需求。

高轨卫星终端捕获和跟踪采用无独立信标光方案，信标光通过信号光分光实现。为了克服卫星运动造成的超前瞄准问题，在发射支路上增加了超前快反镜补偿卫星相对运动。捕获和跟踪探测器采用焦平面相机，通过开窗实现捕获和跟踪的功能。按照单像素视场为发散角的四分之一计算，经过像素细分，可以得到相机的定位精度为 1/40 光束发散角。

高轨卫星–高轨卫星激光链路一般为双向对称高速骨干链，寿命比较长，通信体制选择相位调制/相干探测通信体制。

| 9.4 低轨卫星–光学地面站相干激光通信系统 |

低轨卫星–光学地面站通信链路距离相对较短，一般小于 2 000 km。在这种链路距离下采用下行相干通信技术可以有效减小激光通信终端的收发口径，从而达到缩小体积和降低功耗的目的。

9.4.1 链路预算

低轨卫星–光学地面站相干激光通信系统采用无独立信标方案，激光通信终端口径设置为 80 mm，信标光和信号光的分光比为 1:9，通信速率为 5 Gbit/s，通信体制为 BPSK/零差相干探测，纠错码选用 RS（255, 223），可以达到 -47 dBm@1×10^{-7} 的接收灵敏度。上行通信链路采用 OOK 调制技术，通过多孔径发射降低大气湍流的影响。为了解决隔离度问题，光学地面站采用收发旁轴的方案，接收采用大口径（一般为 300 mm），提升接收到的光功率；发射采用小口径（一般为 30 mm），降低对地面站收发同轴的压力。通过链路预算可知，在发射功率 2 W 的情况下，通信链路的冗余可以达到 5.94 dB，满足链路可靠性的要求。低轨卫星与光学地面站之间通信链路、捕获链路预算见表 9-9～表 9-11。

表 9-9　低轨卫星-光学地面站通信链路预算

序号	预算项目	预算值	备注
1	发射功率	30.00 dBm	1 000 mW
2	发射损耗	−0.97 dB	透过率 0.8
3	发射增益	101.07 dB	发散角 50 μrad
4	瞄准损失	−1.13 dB	瞄准误差 3 μrad
5	自由空间传播损失	−267.47 dB	链路距离 2 000 km
6	大气透过损失	−10 dB	大气透过率 0.1
7	接收天线增益	118.95 dB	接收天线口径 0.3 m
8	接收损耗	−2.22 dB	接收透过率 0.6（含 1:9 分光损失）
9	光纤耦合损失	−10.00 dB	耦合效率 0.1（包括静态和动态）
10	接收光功率	−41.76 dBm	—
11	接收灵敏度	−47.00 dBm@1×10^{-7}	5 Gbit/s，RS 编码增益 3 dB
12	链路冗余	5.24 dB	—

表 9-10　光学地面站-低轨卫星通信链路预算

序号	预算项目	预算值	备注
1	发射功率	46.02 dBm	40 000 mW
2	发射损耗	−0.97 dB	透过率 0.8
3	发射增益	96.99 dB	发散角 80 μrad
4	瞄准损失	−3.13 dB	瞄准误差 8 μrad
5	自由空间传播损失	−267.47 dB	链路距离 2 000 km
6	大气透过损失	−10.00 dB	大气透过率 0.1
7	光强闪烁损失	−5.23 dB	—
8	接收天线增益	107.47 dB	接收天线口径 0.08 m
9	接收损耗	−2.22 dB	接收透过率 0.6（含 1:9 分光损失）
10	光纤耦合损失	−3.98 dB	耦合效率 0.4（包括静态和动态损失）
11	接收光功率	−42.51 dBm	—
12	接收灵敏度	−47.00 dBm@1×10^{-7}	5 Gbit/s，RS 编码增益 3 dB
13	链路冗余	4.49 dB	—

表 9-11　光学地面站-低轨卫星捕获链路预算

序号	预算项目	预算值	备注
1	发射功率	33.01 dBm	2 000 mW
2	发射损耗	−0.97 dB	透过率 0.8
3	发射增益	101.99 dB	发散角 45 μrad
4	瞄准损失	−1.39 dB	瞄准误差 3 μrad
5	自由空间传播损失	−267.47 dB	链路距离 2 000 km
6	接收天线增益	107.47 dB	接收天线口径 0.08 m
7	接收损耗	−10.97 dB	接收透过率 0.08（含 1:9 分光损失）
8	扫描损失	−5 dB	5 dB
9	接收光功率	−43.33 dBm	—
10	接收灵敏度	−60.00 dBm@$1×10^{-7}$	4 kHz 帧频
11	链路冗余	16.67 dB	—

9.4.2　通信终端总体方案

低轨卫星轨道低，需要具备一定的跟踪能力。轨道仿真一般要求俯仰角大于 30°、方位角大于 90°，每个节点安装 4 个激光终端，分别对准前、后、左、右 4 个方向的链路。

（1）跟瞄系统方案

低轨卫星终端捕获和跟踪采用无独立信标光方案，信标光通过信号光分光实现。为了克服卫星运动造成的超前瞄准问题，在发射支路上增加了超前快反镜补偿卫星相对运动。捕获和跟踪探测器采用焦平面相机，通过开窗实现捕获和跟踪的功能。按照单像素视场为发散角的四分之一计算，经过像素细分，可以得到相机的定位精度为 1/40 光束发散角。

（2）通信系统方案

低轨卫星激光链路一般要求成本低，所以通信体制选择强度调制/直接探测通信体制。地面站上行通信体制采用 PPM 或正交偏振相位调制方案，可以有效降低大气湍流的影响；采用多口径方式发射，也可以降低大气湍流的影响。

| 9.5　深空激光通信技术 |

深空激光通信链路距离超远，一般为几十万千米。在这种链路距离下追求的是灵敏度极限而不是通信速率，并且存在上下行链路严重不对称的情况，利用地面站可以大口径的优势，尽量降低卫星侧的要求。

9.5.1　链路预算

低轨卫星-低轨卫星相干激光通信系统采用无独立信标方案，激光通信终端口径设置为 200 mm，信标光和信号光的分光比为 1:9，通信速率为 100 Mbit/s，通信体制为 PPM 调制/单光子探测，纠错码选用 RS（255, 223）和卷积码结合，可以达到-101.93 dBm@$1×10^{-7}$ 的接收灵敏度。通过链路预算可知，在发射峰值功率为 100 W 的情况下，通信链路的冗余可以达到 10.45 dB，满足链路可靠性的要求。深空-地面站光通信链路、光捕获链路预算见表 9-12、表 9-13。

表 9-12　深空-地面站光通信链路预算

序号	预算项目	预算值	备注
1	发射功率	50 dBm	100 W
2	发射损耗	−0.97 dB	透过率 0.8
3	发射增益	109.95 dB	发散角 18 μrad
4	瞄准损失	−0.97 dB	瞄准误差 1 μrad
5	自由空间传播损失	−364.20 dB	$2×10^9$ km
6	接收天线增益	126.14 dB	接收天线口径 1 m
7	接收损耗	−1.43 dB	接收透过率 0.72（含 1:9 分光损失）
8	光纤耦合损失	−10 dB	耦合效率 0.1（包括静态和动态损失）
9	接收光功率	−91.48 dBm	—
10	接收灵敏度	−101.93 dBm@$1×10^{-7}$	100 Mbit/s，译码后，单光子探测
11	链路冗余	10.45 dB	—

表 9-13　深空-地面站光捕获链路预算

序号	预算项目	预算值	备注
1	发射功率	40 dBm	10 W
2	发射损耗	−0.97 dB	透过率 0.8
3	发射增益	109.95 dB	发散角 18 μrad
4	瞄准损失	−0.97 dB	瞄准误差 1 μrad
5	自由空间传播损失	−364.20 dB	2×10^9 km
6	接收天线增益	126.14 dB	接收天线口径 1 m
7	接收损耗	−1.43 dB	接收透过率 0.72（含 1:9 分光损失）
8	扫描损失	−3 dB	—
9	接收光功率	−94.48 dBm	—
10	接收灵敏度	−100.00 dBm@1×10^{-7}	4 kHz 帧频
11	链路冗余	5.52 dB	—

9.5.2　通信终端总体方案

深空激光终端与近地激光终端在跟瞄和通信方案上均有很大差异。

9.5.2.1　跟瞄系统方案

为了达到光轴稳定，激光终端必须合理地隔离和抑制平台的振动和姿态控制误差，这就需要结合振动隔离和瞄准稳定控制环路来实现。振动隔离技术是限制高频振动幅度的非常有效的手段。图 9-6 的方案中就包含了一组隔振装置，将激光终端与安装平台进行隔离。经过隔振装置后，平台的振动类似经过低通滤波，高频成分被大幅衰减，这就大大减轻了激光终端的跟踪带宽要求，相应地大大降低了跟踪传感器和光轴稳定执行器的响应带宽和时延要求。经过隔振装置，剩余的振动残差需要由精跟踪闭环系统进行闭环校正，保证收发光轴的稳定。闭环系统一般要求相机的带宽比闭环跟踪带宽高一个数量级。对于卫星激光通信系统，一般采用对方终端的信标光进行跟踪；但对于深空激光通信系统而言，距离超远，加上大气湍流的影响，导致地面至飞行终端的信标光的发散角不能足够小。这就造成激光终端接收的信号光功率太弱，不能应用于高精度宽带跟踪的闭环反馈。

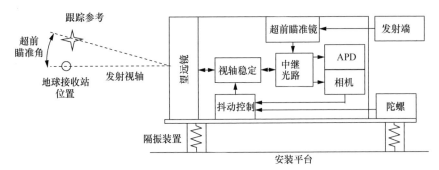

图 9-6　深空激光终端主被动结合振动隔离技术

　　针对上述问题，深空激光通信闭环反馈的传感器中增加了惯性传感器、天球参考两种反馈方式。其中惯性传感器负责高频系统误差的探测，信标光和天球参考用于低频的系统误差的探测。

9.5.2.2　通信系统方案

　　通信系统方案的光路布置如图 9-7 所示。

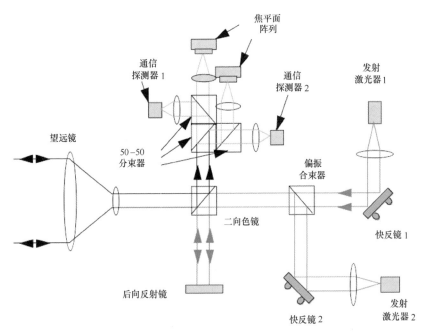

图 9-7　通信系统方案的光路布置

在光学设计上，为了避免中心遮拦对光后向散射的影响，需要将发射的光束进行整形，将高斯光变为 4 个子光束，既不损失光能量，又可以避免杂散光干扰。采用四棱锥棱镜实现光束的整形，如图 9-8 所示。入射光束透过入射面，经过反射面反射后，反射光由入射面全反射后由对面的一个面反射后出射，形成光束平移效果，最终出射形成 4 个扇形光斑，平移量可以通过设计角度和厚度改变，如图 9-9 所示。

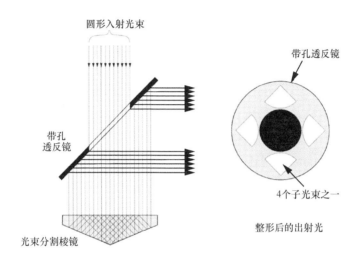

图 9-8   四棱锥棱镜实现光束整形示意

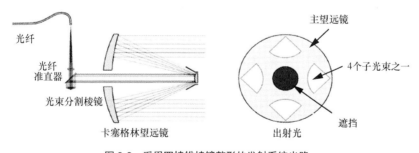

图 9-9   采用四棱锥棱镜整形的发射系统光路

对于深空通信系统，采用脉冲位置调制（PPM）格式与激光的特性相符，能够获得高峰值–平均功率比，达到提升灵敏度，降低背景光干扰的目的。PPM 格式每个脉冲代表 k 个字节的信息，称为 M-PPM。假设 $k=3$，称为 8-PPM，如图 9-10 所示。第一个脉冲代表 101，第二个脉冲代表 001。每个脉冲占据的时间宽度称为 1 个时隙，M-PPM 有 $M=2^k$ 个时隙。因此对于通信接收机而言，其接收系统的带宽与 OOK 相比增加了 M/k 倍。

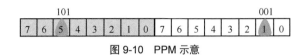

图 9-10　PPM 示意

　　为了提升 PPM 的调制效率，人们提出了差分 PPM（即 DPPM，或截断 PPM）的概念，其实现如图 9-11 所示。从图 9-11 中可以看出，DPPM 与 PPM 技术的区别在于，DPPM 当前一个脉冲发出后并不等待剩余时隙完成，而是立即发射下一个对应时隙的脉冲。这样就可以节省整个调制系统的开销，但这样增加了解调端的算法复杂性。

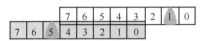

图 9-11　DPPM 实现示意

　　当发射光源的脉冲宽度不能变窄时，可以采用重叠脉冲位置调制 （Overlapping Pulse Position Modulation，OPPM）体制实现通信调制效率不降低。定义 N 为 OPPM 调制的重叠因子，L 为每个符号表示的比特数。对于 OPPM 体制而言，每个符号占用的时间用 T 表示，每个时隙的宽度 $T_\mathrm{C}=\dfrac{T}{NL}$，脉冲起始点可以有 $NL-N+1$ 个。以 $N{=}3$，$L{=}2$ 为例，当发送信息为 101001 时，其时域脉冲如图 9-12 所示。

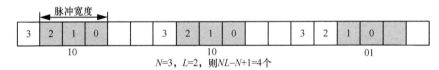

图 9-12　当发送信息为 101001 时，其时域脉冲示意

第 10 章

相干激光通信新技术

10.1 微纳卫星激光通信技术

微纳卫星通常指重量小于 10 kg、具有实际使用功能的卫星。微纳卫星具有成本低、研发周期短、风险小、发射快、时延低等优点，可编队组网，可以更低的成本完成更多复杂的空间任务，在科研和商用等领域发挥着重要作用。近年来，全球微纳卫星应用市场不断扩大，微纳卫星向高性能、模块化方向发展。许多卫星互联网计划以微纳卫星为载体，选择距离地球几百千米至 2 000 千米以内的低轨道。

虽然微纳卫星具有诸多优点，但不可回避的是单个微纳卫星平台自身由于资源有限，很难单独发挥效能。因此，如果要发挥组网效能，必须采用激光链路实现信息的互联。

微纳卫星自身重量和惯量小，姿控相对容易，因此微纳卫星激光通信终端可以采用卫星姿控代替激光终端自身的粗跟踪，激光通信终端只需要配备精跟踪系统即可。以美国 NASA 的 MIT 实验室的立方星激光通信终端为例进行说明，其主要指标见表 10-1。

表 10-1 MIT 实验室的立方星激光通信终端主要指标

指标	值
体积	1.5 U
用途	星地，星间
通信速率	20 Mbit/s@<30 W
通信模式	全双工
通信距离	25～580 km
信标光功率	500 mW

（续表）

指标	值
信标光发散角	0.75°（半高全宽）
信号光功率	200 mW
信号光发散角	14.6″
测距精度	10 cm

其终端的内部光路和组成如图 10-1 所示。采用有信标光的方案，信标光、相机和信号光空间旁轴，避免了隔离度的问题。发射光源均采用光纤耦合，降低装配和互联的难度。精跟踪采用 MEMS 快反镜而不是传统的压电快反镜，大幅降低了终端体积和重量；通信采用 APD 探测器直接探测通信信号；采用四象限探测器进行位置探测，并反馈给控制系统进行闭环跟踪，捕获采用相机进行大范围探测。

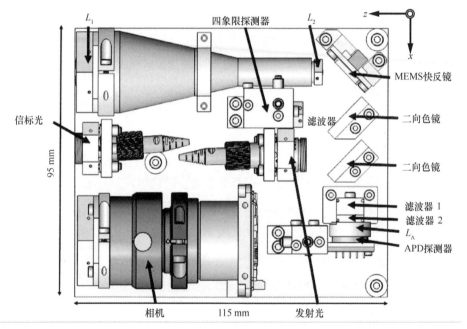

图 10-1　激光通信终端的内部光路和组成

|10.2　光学相控激光通信技术 |

传统的激光通信终端无一例外都采用机械转动机构实现粗跟踪，这会大大增加激光通信终端的体积和重量，并且会与安装平台产生耦合，不利于适应不同的平台。

相控阵技术可以通过相位控制实现波束的赋形和指向跟踪，完全摆脱了机械转台。相控阵技术在微波通信领域已经得到广泛的应用，但由于激光波长比微波波长短 3～4 个数量级，因此光学相控的难度急剧增加。目前光学相控已经在激光雷达领域进行尝试，但是其作用距离都比较短，在 50 m 以内。激光星间链路的最短距离也在 2 000 km 以上。远距离链路需要相控阵光学天线具有极高的增益才能保证链路的冗余。

根据微波相控阵的概念，二维相控阵的单元数为 $N \times N$。每个单元的发射光场用 $f_{mn}(x,y)$ 表示，在远场光学相控的光场可以表示为

$$U(x,y,t)=\left\{\sum_{m=1}^{N}\sum_{n=1}^{N}\{f_{mn}(x,y)\exp\left[\mathrm{i}\left(2\pi f_0 t+M(t)+\phi_{mn}\right)\right]\exp\left[\mathrm{i}\left(2\pi\frac{x_{mn}\sin\theta_{xmn}(t)+y_{mn}\sin\theta_{ymn}(t)}{\lambda}\right)\right]\right\}$$

（10-1）

其中，x 和 y 是笛卡尔坐标系中的坐标。光学相控阵的中心坐标为(x=0, y=0)，第 mn 个相控阵单元的中心坐标为(x=x_{mn}, y=y_{mn})。ϕ_{mn} 是每个单元的初始相位，$M(t)$ 为通信调制的相位。用 φ_{mn_piston} 表示每个相控单元的相移量，表示为

$$\varphi_{mn\_piston}=\frac{2\pi}{\lambda}\left[x_{mn}\sin\theta_{xmn}(t)+y_{mn}\sin\theta_{ymn}(t)\right]$$

（10-2）

通过调节每个单元 φ_{mn_piston} 的值，就可以实现相控波束的赋形和指向控制。采用这种相控技术，其扫描的最大角度 θ_{s_max} 受式（10-3）的限制

$$\sin\theta_{s\_max}<\frac{1.22\lambda}{2r}$$

（10-3）

其中，λ 为工作波长，r 为等效光斑半径。

从式（10-3）可以看出，增大扫描范围，需要减小光束直径，按照 $\lambda=1.55\,\mu\mathrm{m}$ 扫描角度 60°计算，可以得到等效光束直径（单位为 $\mu\mathrm{m}$）为

$$2r<\frac{1.22\lambda}{\sin\theta_{s\_max}}=2.2$$

（10-4）

按照激光通信终端的口径为 60 mm 计算，需要的光学相控单元数应该大于 7.4×10^8 个，这在工程上是难以实现的。

为了解决扫描角度、等效口径之间的矛盾，可以采用多维光学相控阵技术。在一维时间相位控制的基础上增加二维空间相位控制，如图 10-2 所示。每个单元的空间相位控制可以是透射式，也可以是反射式。

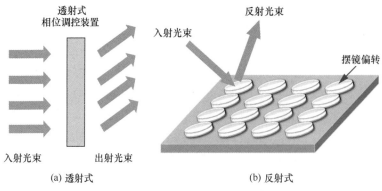

(a) 透射式   (b) 反射式

图 10-2　二维空间相位控制的实现方式

增加二维空间相位控制后的光学相控阵远场分布表示为

$$E'_{mn}(x',y',t) = A \times \mathrm{circ}\left[\sqrt{\left(\frac{x-x_{mn}}{r\cos\theta_{xmn}}\right)^2 + \left(\frac{y-y_{mn}}{r\cos\theta_{ymn}}\right)^2}\right] \exp\left\{\mathrm{i}\left[2\pi f_0 t + M(t) - \phi_{mn}\right]\right\}$$

$$\exp\left\{\mathrm{i}\left[2\pi\frac{(x-x_{mn})\sin\theta_{xmn}(t)+(y-y_{mn})\sin\theta_{ymn}(t)}{\lambda}\right]\right\} \tag{10-5}$$

其中，$\theta_{xmn}(t)=\theta_x(t)+\delta\theta_{xmn}(t)$ 和 $\theta_{ymn}(t)=\theta_y(t)+\delta\theta_{ymn}(t)$ 为光束指向角，$\theta_x(t)$ 和 $\theta_y(t)$ 为理论值，$\delta\theta_{xmn}(t)$ 和 $\delta\theta_{ymn}(t)$ 为指向误差。

从式（10-1）和式（10-5）的对比可以看出，增加了 tip/tilt 二维的空间相位控制，表示为

$$\begin{cases} \phi_{mn\_piston} = -\dfrac{2\pi}{\lambda}\left[x_{mn}\sin\theta_{xmn}(t) + y_{mn}\sin\theta_{ymn}(t)\right] \\[2mm] \phi_{mn\_tip} = \dfrac{2\pi}{\lambda}[x\sin\theta_{xmn}(t)] \\[2mm] \phi_{mn\_tilt} = \dfrac{2\pi}{\lambda}[y\sin\theta_{ymn}(t)] \end{cases} \tag{10-6}$$

以 2 000 km 链路距离，工作波长 1 550 nm 为例，采用相干探测技术，其灵敏度可以达到 −45 dBm。当发射功率为 2 W 时，需要光学天线的等效口径大于 60 mm。我们选择 8×8 阵列的光学相控阵，单元尺寸为 16 mm 进行仿真计算。

光学相控阵的排布如图 10-3 所示。光学相控阵远场光强分布如图 10-4 所示。本书仿真了传统光学相控和多维相控的扫描角度的差异，不同扫描角度下的归一化增益如图 10-5 所示。

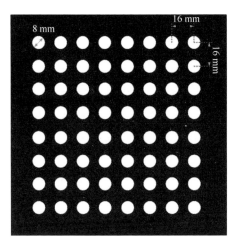

图 10-3　光学相控阵的排布

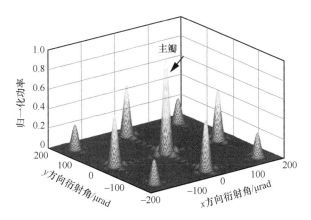

图 10-4　光学相控阵远场光强分布

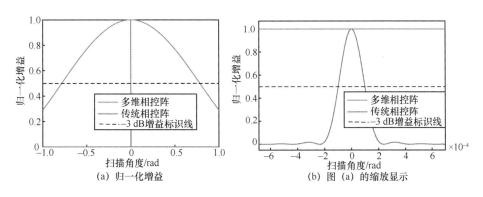

(a) 归一化增益

(b) 图 (a) 的缩放显示

图 10-5　不同扫描角度下的归一化增益

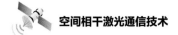

以远场增益下降 3 dB 为判断依据，多维光学相控的扫描角度可以达到 90°，传统的光学相控的扫描角度只能达到 1.992×10^{-4} rad ，即

$$\begin{cases} \Theta_{\text{conventional}} = 1.992\times10^{-4} \text{ rad} \\ \Theta_{\text{novel}} = 0.785\times2 = 1.57 \text{ rad} \end{cases} \qquad (10\text{-}7)$$

采用 2×2 阵列对新型的光学相控进行验证，主要参数见表 10-2。实验光路如图 10-6 所示。

表 10-2　光学相控实验参数

参数	值
波长	1 550 nm
阵列	2×2
光束直径	3 mm
光束间距	18 mm
通信速率及通信体制	625 Mbit/s，BPSK
扫描角度	±20 mrad（max）
激光功率	终端 A：发射①289.9 μW；②296.2 μW；③197.0 μW；④323.3 μW 终端 B：发射 2.333 mW/本振 4.418 mW

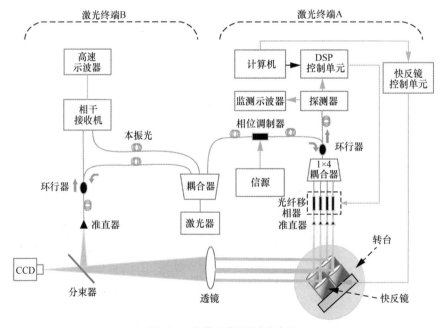

图 10-6　多维光学相控实验光路

激光终端 B 为远端，激光终端 A 为本地端，时间相位控制采用光纤移相器实现，tip 和 tilt 项通过压电快反镜实现，通过 CCD 进行光场的监视，判断在相控阵波束成形的质量。

图 10-7 是 CCD 相机上得到的远场干涉图，从中可以看出远场干涉图的对比度清晰稳定，锁相精度高。图 10-8 是激光终端 A 和激光终端 B 的发射和接收光功率在锁相前后的变化。

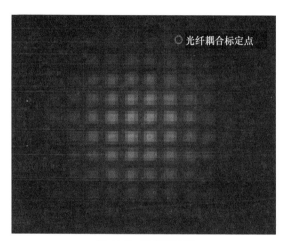

图 10-7   远场干涉图

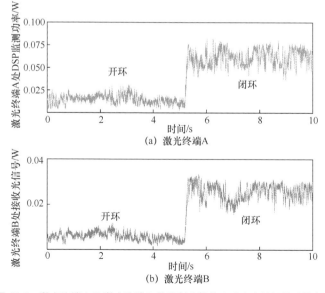

图 10-8   激光终端 A 和激光终端 B 的发射和接收光功率在锁相前后的变化

从图 10-8 中可以看出，锁相后远场的增益得到了明显提升，比传统光学相控的扫描范围提升了 112.4 倍以上，获得的光学相控天线增益为 80.28 dB。在此基础上开展了光学相控的通信实验，通信速率为 625 Mbit/s。图 10-9 是通信接收的眼图，在不同的扫描角度下眼图的 Q 值变化见表 10-3。

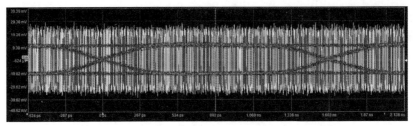

图 10-9　通信接收的眼图

表 10-3　不同扫描角度下眼图的 Q 值变化

角度	Q 值	系统误码率
−20 mrad	10.20	3.14×10^{-6}
−10 mrad	9.47	6.74×10^{-6}
0 mrad	10.30	2.82×10^{-6}
10 mrad	9.59	5.95×10^{-6}
20 mrad	10.26	2.95×10^{-6}

| 10.3　多功能一体化激光通信技术 |

　　随着活动区域的增加，人们对时间、空间的计量精度要求越来越高。近年来原子钟的发展使得其对时间的计量精度有了质的提升。空间原子钟技术直接推动了全球卫星导航定位系统的发展。目前正在运行的系统包括 GPS 系统、北斗卫星导航系统、格洛纳斯导航卫星系统和伽利略导航卫星系统等，均具备了实现全球定位、导航和授时的能力。

　　目前的导航定位系统各颗卫星的时钟并没有实现同步功能，通过高精度的星间链路可以实现卫星系统内部的时间同步；通过长时间不间断连接还有可能摆脱每个卫星平台安装原子钟的精度要求；通过远程链路驯服技术实现全网时间的高精度统一。

　　美国的 GPS 系统在 GPS IIR-M 卫星上率先采用了超高频（Ultra High Frequency，

UHF）星间链路技术，其工作频率为 250～290 MHz，采用时分工作体制，设计目标为在无地面支持情况下，能够维持 180 天内自主运行，星载钟的维持误差约为 6 ns。俄罗斯在其 GLONASS-M 卫星上也设计了星间链路，采用的是 S 频段载荷，采用时分和频分相结合的通信体制，采用宽波束和分组相结合的测距方式，测量精度可以小于 0.5 m。我国北斗卫星导航系统为了弥补国内监测网的不足，同时为了实现卫星自主导航，在北斗三号卫星导航系统上设计了 Ka 频段星间链路。北斗 Ka 星间链路采用同频时分体制，能够实现星间及星地间的测距与通信。我国的北斗卫星导航系统已经搭载了基于 Ka 频段的星间链路载荷，用于实现星间数据和时间测量比对，获得了很好的应用效果。激光星间链路由于具有通信速率高、信噪比高、抗干扰能力强等优点，是未来星间链路的发展方向之一。

卫星激光通信将信息加载到光载波，常见的调制方式有 OOK、BPSK、DPSK 等。以 BPSK 调制通信为例，可以表示为

$$E_1(t) = A_1(t)\cos\left[2\pi f_c t + \pi m(t) + \varphi_1(t)\right]$$　（10-8）

其中，f_c 为激光载波频率，$\varphi_1(t)$ 为发射激光载波的相位噪声，$m(t)$ 为调制的信息，表示为

$$m(t) = \begin{cases} 0, & \text{信息为 “0”} \\ 1, & \text{信息为 “1”} \end{cases}$$　（10-9）

1 比特信息的持续时间 T_b 为通信速率 R_b 的倒数，即

$$T_b = \frac{1}{R_b}$$　（10-10）

如图 10-10 所示，通信发射比特序列由发射时钟决定，时钟信号周期与 T_b 相同，时钟信号的上升沿与信息比特的中心对齐。

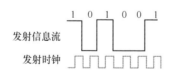

图 10-10　激光通信信息与时钟的关系

在进行时间同步时，将发射时钟与卫星平台时钟基准的时钟频率同源，且相位保持恒定，发射时钟的上升沿与秒脉冲上升沿对齐。这样，发射信息经过调制后就携带了本地卫星平台的时间信息。为了避免远距离测量时的距离模糊问题，可通过在数据帧中添加特殊的测距帧实现远距离的距离测量和时间同步。

典型的基于激光通信链路的时间同步数据帧格式如图 10-11 所示。

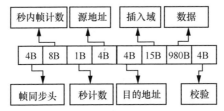

图 10-11　典型的基于激光通信链路的时间同步数据帧格式

根据空间数据系统协商委员会（CCSDS）建议，帧同步头选用 0x1ACFFC1D，总帧长为 1 024 字节，秒内帧计数从秒脉冲的上升沿置零，随后进行逐帧累加。秒计数从零开始累加，累加至 255 时再从零继续累加；源地址和目的地址用于识别不同的激光终端，每个激光终端对应一个唯一的地址；测量需要的补偿信息与地址绑定，插入域用于传输实时性要求比较高的信息；数据为星间通信传输的有效信息，采用累加校验方式。

时间同步采用双向单程时间差测量的方式实现，具体原理如图 10-12 所示。参与同步的激光终端用 A 和 B 表示，分别安装在两颗不同的卫星上。双方约定秒脉冲的上升沿与帧同步头的最后一个比特的下降沿对齐，帧同步头最后一个比特发送出去后开始计时，记为 T_{AT} 和 T_{BT}；当接收到秒内帧计数相同的帧同步头后停止计时，记为 T_{AR} 和 T_{BR}，同时需要记录该帧对应的秒计数 N_A 和 N_B。

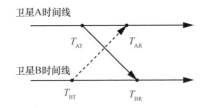

图 10-12　双向单程时间差测量原理

采用通信链路进行时间同步的具体步骤如下。

（1）记录原始 4 个时刻数据，T_{AT} 和 T_{BT} 以及 T_{AR} 和 T_{BR}。在记录接收时刻配对时，需要查看秒计数和秒内帧计数，为简单起见，秒内帧计数为零时发送测距帧。

（2）计算各自时间差

$$\Delta T_A = T_{AR} - T_{AT} \tag{10-11}$$

$$\Delta T_B = T_{BR} - T_{BT} \tag{10-12}$$

（3）计算两颗卫星的时间差

$$\Delta T = \left(\Delta T_{\mathrm{A}} - \Delta T_{\mathrm{B}}\right) \qquad (10\text{-}13)$$

（4）调整卫星 B 的时间，调整后的时间表示为

$$T_{\mathrm{B}'} = T_{\mathrm{B}} - \Delta T \qquad (10\text{-}14)$$

此时，完成了卫星 A 和卫星 B 的整秒对齐。

（5）重复上述步骤，可以持续实现两颗卫星的时间同步。

根据帧协议，测量的模糊距离为

$$L_{\max} = 256c \qquad (10\text{-}15)$$

其中，c 为真空中光速，可以满足近地空间的所有测量需求。

时间传递的精度取决于时间测量的精度。根据时间同步过程，发射时刻与秒脉冲同步，所以发射时刻不需要测量，均为整秒时刻，其核心和难点在于接收时刻的测量。

接收时刻的测量采用与通信发射相同的时钟进行测量计时。测量分为粗测距和精测距两部分。粗测距采用匹配滤波算法，可以表示为

$$R_{\mathrm{AB}}(n) = \sum_{m=n-31}^{n} D_{\mathrm{R}}(m) D_{\mathrm{LO}}(m) \qquad (10\text{-}16)$$

其中，$D_{\mathrm{R}}(m)$ 为接收到的卫星 A 发来的二进制数据流，$D_{\mathrm{LO}}(m)$ 为卫星 B 预先存储的二进制测距同步头。

当 $R_{\mathrm{AB}}(n) \geqslant 30$ 时，实现了接收帧头的同步，查看秒内帧计数和秒计数，如果与约定帧计数和秒内帧计数一致，记录该时间为接收粗时刻。

粗时刻的准确度与通信速率有关，时刻的计时单位为通信速率的倒数，表示为

$$\Delta T_{\mathrm{c}} = \frac{1}{R_{\mathrm{b}}} \qquad (10\text{-}17)$$

当通信速率 $R_{\mathrm{b}} = 1\ \mathrm{Gbit/s}$ 时，粗时刻的准确度为 1 ns。为了进一步提升时间测量的准确度，需要进行码相位的测量。借助通信系统的时钟恢复技术，恢复的时钟与接收的数据之间存在固定的关系，即恢复时钟的上升沿与数据波形的中心对齐，因此可以进一步通过比较接收恢复时钟和本地发射时钟之间的相位差实现精时刻的测量。精时刻可以表示为

$$\Delta T_{\mathrm{f}} = \frac{\Delta \varphi}{2\pi} \frac{1}{R_{\mathrm{b}}} \qquad (10\text{-}18)$$

最终的时刻由粗时刻和精时刻共同组成，表示为

$$T_{RA} = \left(N_A + \frac{\Delta\varphi_A}{2\pi} \right) \frac{1}{R_b} \qquad (10\text{-}19)$$

$$T_{RB} = \left(N_B + \frac{\Delta\varphi_B}{2\pi} \right) \frac{1}{R_b} \qquad (10\text{-}20)$$

测相精度取决于时钟恢复精度，从时钟恢复的理论出发，时钟恢复精度与发射端和接收端时钟的抖动及锁相环的带宽有关。用于时间同步的时钟噪声可以忽略，本书只考虑锁相环带宽的影响。时钟恢复锁相环 B_{CLK} 的带宽应大于测量带宽。此时的测量精度可以表示为

$$\delta_T = \frac{1}{R_b} \sqrt{\frac{h\nu B_{CLK}}{\eta_q \eta_h \eta_{CLK} P_r}} \qquad (10\text{-}21)$$

其中，h 为普朗克常数，ν 为激光频率，η_q 为量子效率，η_h 为外差效率，η_{CLK} 为信号跳变概率，P_r 为接收光功率。

从式（10-21）可以看出，时间测量精度与通信速率成正比，与接收光功率开方成正比。采用激光链路后，通信速率可在 Gbit/s 以上，由于要达到低误码率，接收光功率也很强，因此可以获得很高的测量精度。

对于一般的通信系统而言，要求通信误码率小于 1×10^{-9}，误码率与信噪比的关系为

$$P_b = \mathrm{erfc}\left(\sqrt{2SNR} \right) \qquad (10\text{-}22)$$

$$\mathrm{erfc}(x) = \frac{1}{\sqrt{2\pi}} \int_x^\infty e^{-\frac{y^2}{2}} \, dy \qquad (10\text{-}23)$$

其中，$\mathrm{erfc}(x)$ 为互补误差函数，SNR 为信噪比，表示为

$$SNR = \frac{\eta_q \eta_h P_r}{h\nu R_b} \qquad (10\text{-}24)$$

此时对应的测量精度为

$$\delta_T = \frac{1}{R_b} \sqrt{\frac{B_{CLK}}{SNR \cdot R_b \eta_{CLK}}} \qquad (10\text{-}25)$$

为了提升信号跳变概率，通信系统中通常会有加扰处理，用于提升 η_{CLK}。从式（10-25）可以看出测量精度与通信速率、信噪比、时钟跳变概率成正比，与时钟恢复环路带宽成反比。

根据用户要求，误码率为 1×10^{-9} 时的信噪比需要大于 9.35。因此在通信测量一体化时，信噪比总大于该值。

以通信速率 $R_b = 1.0\,\text{Gbit/s}$，$B_{CLK} = 1\,\text{kHz}$，$\eta_{CLK} = 0.2$ 为例，此时信噪比与时间测量精度的关系如图 10-13 所示。从图 10-13 中可以看出，当信噪比为 9.35 dB 时，时间测量精度可以达到 0.731 3 ps。

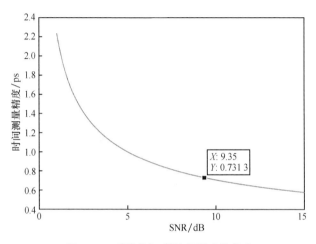

图 10-13　信噪比与时间测量精度的关系

在信噪比一定时，时间测量精度与通信速率的关系如图 10-14 所示。此时选择信噪比 SNR=9.35，保证 1×10^{-9} 级的通信误码率。

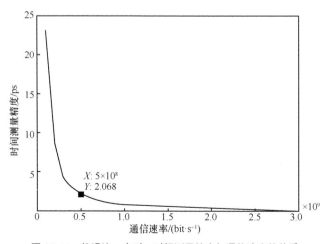

图 10-14　信噪比一定时，时间测量精度与通信速率的关系

激光通信测量一体化技术进行了实验室测试实验。参与实验的设备为两个独立的通信测量一体化模块。实验参数见表 10-4。双向单程通信测量一体化实验如图 10-15 所示。

表 10-4　实验参数

参数	值	备注
工作波长	1 549.72 nm 1 550.52 nm	发射 接收
通信方式	BPSK 调制零差相干探测	—
通信接收功率	−58 dBm@1 048.576 Mbit/s −67 dBm@104.857 6 Mbit/s	灵敏度极限
通信速率	1 048.576 Mbit/s 104.857 6 Mbit/s	—
帧同步头	0x1ACFFC1D	—
频率源	铷原子钟	Navtf2000

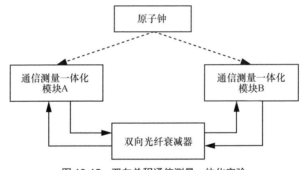

图 10-15　双向单程通信测量一体化实验

为了测量时间同步精度，通信测量一体化模块共用一个原子钟，这样避免了由不同源时钟带来的测量误差。

实验过程中更换了两档通信速率，分别为 1 048.576 Mbit/s 和 104.857 6 Mbit/s。两档通信速率下的测量结果见表 10-5 和表 10-6。从实验结果分析可以得到两档通信速率下的测量精度分别为 2.95 ps 和 12.68 ps，通信误码率分别为 3.7×10^{-4} 和 3.1×10^{-3}，从测量结果可以看出，在相同通信误码率下，通信速率越低，测量精度越差，这一点与理论预期完全一致。表 10-5 中测量结果的单位均为比特时间长度，转换时需要乘以比特时间长度。测距精度为时间测量精度乘以真空中光速，为 0.885 mm 和 3.804 mm。

表 10-5　通信速率为 1 048.576 Mbit/s 时的测量结果

测量序号	时间差/bit
1	−0.022 4
2	−0.029 42
3	−0.018 68
4	−0.025 22
5	−0.025 37
6	−0.026 69
7	−0.022 15
8	−0.023 42
9	−0.025 64
标准差	3.09×10^{-3}

表 10-6　通信速率为 104.857 6 Mbit/s 时的测量结果

测量序号	时间差/bit
1	0.004 39
2	0.003 039
3	0.004 145
4	0.004 506
5	0.003 794
6	0.002 088
7	0.002 623
8	0.000 387
9	0.002 619
标准差	1.33×10^{-3}

　　基于激光通信链路进行时间比对的方法表明，在 1 Gbit/s 通信速率下可以获得优于 1 ps 的时间测量精度。在实验室条件下开展了实际性能测试，测试结果表明，激光通信测量一体化技术可以同时解决高速率通信和高精度测量问题，对于实际应用具有重要指导意义。

　　需要指出的是，实验中测量的量为星间伪距值。实际时间同步精度还与激光通信终端的发射时延、接收时延、卫星平台相对运动、装载平台的非刚性等因素有关，若要达到 ps 级精度，还需要在进行时间高精度同步时考虑相对论效应。具体补偿方法可参考相关文献。

|10.4　短波激光通信技术 |

正如前面章节所说，采用激光星间链路的初衷是激光的波长比微波更短，因此可以获得更大的通信带宽和更高的光学天线增益，从而降低每比特信息的资源开销。在 6G 通信技术中，明确采用可见光通信技术。可见光波长是目前星间链路波长的 $\frac{1}{3}$，但随着通信波长的缩短，在同样的光学天线口径下，其发散角就缩小到 $\frac{1}{3}$，这就增加了 3 倍的光跟瞄精度压力。因此需要权衡光束发散角和跟踪精度的关系。

对于深空通信而言，由于距离超远，因此需要发散角越小越好，需要在几微弧度以下。现有的通信器件都是基于近红外 1 550 nm 波段的，对于可见光通信而言，调制器要求的加工制作工艺更高，目前没有成熟产品，因此需要通过倍频产生。典型短波激光通信终端的组成如图 10-16 所示。532 nm 的可见光通过 1 064 nm 光源和调制放大后，通过倍频晶体或周期极化铌酸锂晶体（PPLN）实现倍频。

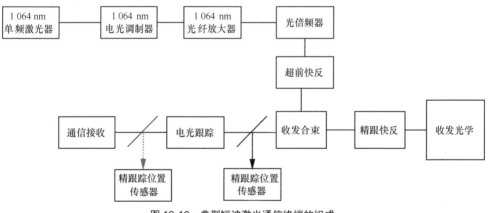

图 10-16　典型短波激光通信终端的组成

按照通信波长 532 nm，激光终端口径 250 mm 计算，光束发散角为 4 μrad，跟瞄精度要求小于 0.4 μrad。该精度采用传统的压电跟踪难以实现，需要引入跟踪带宽和精度更高的跟踪方式。电光跟踪具有响应速度快、无惯量的优点，非常适合用于可见光的跟踪。利用电光晶体的一阶电光效应跟踪范围都偏小，难以满足激光通信的跟踪范围要求，采用二阶电光效应可以解决跟踪范围和跟踪精度的矛盾。

KTN 电光晶体偏转入射光束的基本原理是，由于 KTN 电光晶体内部的空间电荷控制效应而产生非均匀电场，然后由于克尔效应晶体内部会产生一个沿电场方向的梯度折射率分布，从而引起入射光束的光束偏转。KTN 电光晶体的温度在居里温度点（Tc）（顺电相转变为铁电相）附近时具有大的二次电光系数，因此实验中需将 KTN 电光晶体的温度维持在居里温度点附近。一般来说，电光晶体是介电材料，理想情况下并不能传输电子，因此被认为是绝缘体。如果电极与晶体之间的接触是欧姆接触，电子就会进入晶体的导带中，如图 10-17 所示。

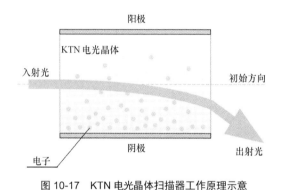

图 10-17　KTN 电光晶体扫描器工作原理示意

　　当 KTN 电光晶体在扫描时处于居里温度点之上时，为立方晶系。其具有光学各向同性，不具有线性电光效应，因此晶体内部折射率的变化只与 KTN 电光晶体的二次电光系数相关。空间电荷场控制的电光效应产生的最大光束偏转角 $\theta_{\max}$ 表示为

$$\theta_{\max} = \frac{1}{2} n^3 g_{11} E_{\max}^2 \varepsilon^2 \frac{L}{d} \tag{10-26}$$

其中，d 为晶体电极之间的距离，L 为晶体长度，n、ε 和 g_{11} 分别为折射率、介电常数和二阶电光系数，$E_{\max}$ 为加载到晶体上的最大电场。

　　KTN 扫描器扫描角度示意如图 10-18 所示。

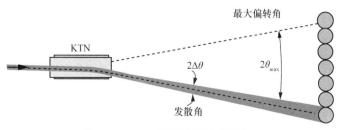

图 10-18　KTN 扫描器扫描角度示意

假设激光波长为 λ，光束束腰半径为 ω，光束发散角（半角）表示为

$$\Delta\theta = \frac{\lambda}{\pi\omega} \qquad (10\text{-}27)$$

可以计算出 KTN 电光晶体扫描器的最大可分辨点数 N 为

$$N = \frac{\pi}{2\lambda} n^3 g_{11} E_{max}^2 \varepsilon^2 \frac{\omega}{d} L \qquad (10\text{-}28)$$

按照 $\lambda = 633\,\text{nm}$，$n = 2.29$，$g_{11} = 0.136\,\text{m}^4/\text{C}^2$，$E_{max} = 600\,\text{V/mm}$，$\varepsilon = 15\,000$ 计算，可以得到

$$N = 25.7 \frac{\omega}{d} L \qquad (10\text{-}29)$$

从式（10-29）可以看出，增加扫描范围，需要增加长宽比。表 10-7 是某商业公司 KTN 扫描器的主要性能指标。

表 10-7 某商业公司 KTN 扫描器的主要性能指标

指标	值
偏转角	150 mrad（可见光），120 mrad（1 300 nm, 1 550 nm）
响应频率	10～100 kHz
工作波长范围	488～3 500 nm； 可见光：488～650 nm； 1 300 nm 波段：1 235～1 385 nm； 1 550 nm 波段：1 475～1 625 nm
入射光	单模保偏光纤
尺寸	23 mm×23 mm×50 mm

参考文献

[1] 张明丽, 刘立人, 万玲玉, 等. 半导体星间激光链路试验通信的实现[J]. 激光与光电子学进展, 2004, 41(5): 16-22.

[2] 刘立人. 卫星激光通信 I: 链路和终端技术[J]. 中国激光, 2007, 34 (1): 3-20.

[3] 刘立人. 卫星激光通信研究进展[J]. 科学, 2007, 59(3): 29-33.

[4] 许楠, 刘立人, 刘德安, 等. 自由空间相干光通信技术及发展[J]. 激光与光电子学进展, 2007, 44(8): 44-51.

[5] 刘宏展, 孙建锋, 刘立人. 空间激光通信技术发展趋势分析[J]. 光通信技术, 2010, 34(8): 39-42.

[6] 马小平, 孙建锋, 侯培培, 等. 星地激光通信中克服大气湍流效应研究进展[J]. 激光与光电子学进展, 2014, 51(12): 28-37.

[7] 许云祥, 许蒙蒙, 孙建锋, 等. 卫星相干光通信测速一体化技术研究[J]. 激光与光电子学进展, 2016, 53(12): 87-92.

[8] 孙建锋. 天地一体化信息网络激光通信系统发展设想[J]. 电信科学, 2017, 33(12): 18-23.

[9] CRAIG R R, LI B, CHAN B. Laser qualification for the semiconductor laser intersatellite link experiment (SILEX) program[C]//Proc SPIE 2123, Free-Space Laser Communication Technologies VI. [S.l.:s.n.], 1994: 238-242.

[10] TOYOSHIMA M, ARAKI K, ARIMOTO Y, et al. Reduction of ETS-VI laser communication equipment optical-downlink telemetry collected during GOLD [J]. TDA Progress Report, 1997, 15(2): 42-128.

[11] SMUTNY B, KAEMPFNER H, MUEHLNIKEL G, et al. 5.6 Gbps optical intersatellite communication link[C]//SPIE LASE: Lasers and Applications in Science and Engineering. Proc SPIE 7199, Free-Space Laser Communication Technologies XXI. [S.l.:s.n.], 2009: 38-45.

[12] HARALD H. European data relay system achievements and capabilities[C]// 2019 Conference on Big Data from Space (Bids'19). [S.l.:s.n.], 2019.

[13] FIELDS R, LUNDE C, WONG R, et al. NFIRE-to-Terra SAR-X laser communication results: satellite pointing, disturbances, and other attributes consistent with successful performance[C]// SPIE Defense, Security, and Sensing. Proc SPIE 7330, Sensors and Systems for Space Applications III. [S.l.:s.n.], 2009: 211-225.

[14] 王建宇. 激光通信: 空间大数据的高速公路[J]. 高科技与产业化, 2021(3): 20-22.

[15] 王天枢, 林鹏, 董芳, 等. 空间激光通信技术发展现状及展望[J]. 中国工程科学, 2020, 22(3): 92-99.

[16] 高铎瑞, 谢壮, 马榕, 等. 卫星激光通信发展现状与趋势分析(特邀)[J]. 光子学报, 2021, 50(4): 9-29.

[17] 杨成武, 谌明, 刘向南, 等. 小卫星激光通信终端技术现状与发展趋势[J]. 遥测遥控, 2021, 42(3): 1-7.

[18] 陈云雷, 李向龙, 王鑫鑫. 美国卫星互联网军事应用趋势及其影响研究[J]. 飞航导弹, 2021(2): 82-87.

[19] 李彦骁, 梅强, 刘天华, 等. 天地一体化信息网络在我国民航的应用研究[J]. 中国电子科学研究院学报, 2021, 16(2): 165-173.

[20] MIRANDA F A, TEDDER S A, VYHNALEK B E, et al. An overview of key optical communications technologies under development at the NASA Glenn Research Center[C]//SPIE OPTO. Proc SPIE 11692, Optical Interconnects XXI. [S.l.:s.n.], 2021: 130-144.

[21] FIELDS R, KOZLOWSKI D, YURA H, et al. 5.625 Gbps bidirectional laser communications measurements between the NFIRE satellite and an Optical Ground Station[C]//Proceedings of 2011 International Conference on Space Optical Systems and Applications (ICSOS). Piscataway: IEEE Press, 2011: 44-53.

[22] FERRARO M S, MAHON R, RABINOVICH W S, et al. Characterization of multi-level digital waveforms for low-Earth-orbit free space optical communication[C]//SPIE LASE. Proc SPIE 11678, Free-Space Laser Communications XXXIII. [S.l.:s.n.], 2021: 218-227.

[23] FREEMAN A, ROBIE D. Multi mission capable optical inter satellite link[C]//SPIE LASE. Proc SPIE 11678, Free-Space Laser Communications XXXIII. [S.l.:s.n.], 2021: 31-36.

[24] ENGIN D, LITVINOVITCH S, GILMAN C, et al. 50W, 1.5μm, 8 WDM (25nm) channels PPM downlink Tx for deep space lasercom[C]//SPIE LASE. Proc SPIE 11678, Free-Space Laser Communications XXXIII. [S.l.:s.n.], 2021: 95-108.

[25] EDMUNDS J, HENWOOD-MORONEY L, HAMMOND N, et al. Miniaturized modules for space-based optical communication[C]//SPIE LASE. Proc SPIE 11678, Free-Space Laser Communications XXXIII. [S.l.:s.n.], 2021: 109-118.

[26] ZHANG C, UYAMA K, ZHANG Z Y, et al. Recent trends in coherent free-space optical communications[C]//SPIE OPTO. Proc SPIE 11712, Metro and Data Center Optical Networks and Short-Reach Links IV. [S.l.:s.n.], 2021: 96-109.

[27] MILLER J, KEELEY P, ATESHIAN P, et al. A machine learning approach to array-based free-space optical communications[C]//SPIE OPTO. Proc SPIE 11703, AI and Optical Data Sciences II. [S.l.:s.n.], 2021: 102-112.

[28] LAU C, CHANG K, SHIEH J, et al. Study of lens performance on fog mitigation in low-cost FSO communication link[C]//SPIE LASE. Proc SPIE 11678, Free-Space Laser Communications XXXIII. [S.l.:s.n.], 2021: 170-176.

[29] YAMAZOE H, OHTA S, KOMATSU H, et al. Evaluation of the forward error correction format for LEO-ground optical communication using Reed-Solomon product code[C]//SPIE LASE. Proc

SPIE 11678, Free-Space Laser Communications XXXIII. [S.l.:s.n.], 2021: 203-212.

[30] KACKER S, CIERNY O, BOYER J, et al. Link analysis for a liquid lens beam steering system, the miniature optical steered antenna for intersatellite communication: MOSAIC[C]//SPIE LASE. Proc SPIE 11678, Free-Space Laser Communications XXXIII. [S.l.:s.n.], 2021: 144-163.

[31] MATSUDA K, KOSHIKAWA S, SUZUKI T, et al. Parallel optical amplification and multi-aperture transmission with digital coherent reception for wavelength division multiplexed high capacity FSO and its real-time evaluation[C]//SPIE LASE. Proc SPIE 11678, Free-Space Laser Communications XXXIII. [S.l.:s.n.], 2021: 119-124.

[32] KOMATSU H, OHTA S, YAMAZOE H, et al. The pointing performance of the optical communication terminal, SOLISS in the experimentation of bidirectional laser communication with an optical ground station[C]//SPIE LASE. Proc SPIE 11678, Free-Space Laser Communications XXXIII. [S.l.:s.n.], 2021: 69-82.

[33] IWAMOTO K, KOMATSU H, OHTA S, et al. Experimental results on in-orbit technology demonstration of SOLISS[C]//SPIE LASE. Proc SPIE 11678, Free-Space Laser Communications XXXIII. [S.l.:s.n.], 2021: 51-57.

[34] HEINE F, MARTIN-PIMENTEL P, PCKE N, et al. Status of tesat lasercomms activities[C]//SPIE LASE. Proc SPIE 11678, Free-Space Laser Communications XXXIII. [S.l.:s.n.], 2021: 45-50.

[35] CHRISTOPHER P M. Diversity for reliable laser satellite communication[C]//SPIE LASE. Proc SPIE 11678, Free-Space Laser Communications XXXIII. [S.l.:s.n.], 2021: 196-202.

[36] GOORJIAN P M. Fine pointing of laser beams by using laser arrays for applications to CubeSats[C]//SPIE LASE. Proc SPIE 11678, Free-Space Laser Communications XXXIII. [S.l.:s.n.], 2021: 58-68.

[37] LAFON R E, CAROGLANIAN A, SAFAVI H, et al. A flexible low-cost optical communications ground terminal at NASA Goddard Space Flight Center[C]//SPIE LASE. Proc SPIE 11678, Free-Space Laser Communications XXXIII. [S.l.:s.n.], 2021: 11-20.

[38] 韩文艳, 熊永兰, 张志强. 美国信息通信产业近20年发展态势分析及启示[J]. 世界科技研究与发展, 2021, 43(2): 149-168.

[39] 陈云雷, 李向龙, 王鑫鑫. 美国卫星互联网军事应用趋势及其影响研究[J]. 飞航导弹, 2021(2): 82-87.

[40] DE LA LLANA P N, HAQ A F, YUKSEL M. Design of a multi-element FSO transceiver array for mobile communication links[C]//SPIE LASE. Proc SPIE 11678, Free-Space Laser Communications XXXIII. [S.l.:s.n.], 2021: 11-21.

[41] RAHMAN S S U, BRUYNOOGHE S, SUNDERMANN M, et al. Performance verification of Sun blocking filter for satellite based laser communication terminals[C]//SPIE Defense + Commercial Sensing. Proc SPIE 11740, Infrared Imaging Systems: Design, Analysis, Modeling, and Testing XXXII. [S.l.:s.n.], 2021: 163-173.

[42] SAATHOF R, CROWCOMBE W, KUIPER S, et al. Optical satellite communication space terminal technology at TNO[C]//Proc SPIE 11180, International Conference on Space Optics—ICSO 2018. [S.l.:s.n.], 2019: 213-222.

[43] NEVIN K E, DOYLE K B, PILLSBURY A D. Optomechanical design and analysis for the LLCD space terminal telescope[C]//SPIE Optical Engineering + Applications. Proc SPIE 8127, Optical Modeling and Performance Predictions V. [S.l.:s.n.], 2011: 146-156.

[44] BOROSON D M, BISWAS A, EDWARDS B L. MLCD: overview of NASA's Mars laser communications demonstration system[C]//Proc SPIE 5338, Free-Space Laser Communication Technologies XVI. [S.l.:s.n.], 2004: 16-28.

[45] 夏方园, 陈祥, 陈安和, 等. 星载小型化激光通信终端技术研究现状及发展方向综述[J]. 空间电子技术, 2020, 17(3): 73-80.

[46] 冯杰, 陈宇宁, 雷波, 等. 欧洲空间高速激光中继系统概述[J]. 光通信技术, 2019, 43(9): 17-22.

[47] 高世杰, 吴佳彬, 刘永凯, 等. 微小卫星激光通信系统发展现状与趋势[J]. 中国光学, 2020, 13(6): 1171-1181.

[48] CARRASCO-CASADO A, DO P X, KOLEV D, et al. Intersatellite-link demonstration mission between CubeSOTA (LEO CubeSat) and ETS9-HICALI (GEO satellite)[C]//Proceedings of 2019 IEEE International Conference on Space Optical Systems and Applications. Piscataway: IEEE Press, 2019.

[49] FISCHER E, FERIENCIK M, KUDIELKA K, et al. ESA optical ground station upgrade with adaptive optics for high data rate satellite-to-ground links-test results[C]//Proceedings of 2019 IEEE International Conference on Space Optical Systems and Applications. Piscataway: IEEE Press, 2019.

[50] 付强, 姜会林, 王晓曼, 等. 空间激光通信研究现状及发展趋势[J]. 中国光学, 2012, 5(2): 116-125.

[51] TOYOSHIMA M. Recent trends in space laser communications for small satellites and constellations[C]//Proceedings of 2019 IEEE International Conference on Space Optical Systems and Applications. Piscataway: IEEE Press, 2019.

[52] PIMENTEL P M, SAUCKE K, HOEPCKE N, et al. LCTs 6 years operations: more than 25.000 successful optical links[C]//Proceedings of 2019 IEEE International Conference on Space Optical Systems and Applications. Piscataway: IEEE Press, 2019.

[53] ROBINSON B S, BOROSON D M, SCHIELER C M, et al. TeraByte InfraRed Delivery (TBIRD): a demonstration of large-volume direct-to-Earth data transfer from low-Earth orbit[C]//SPIE LASE. Proc SPIE 10524, Free-Space Laser Communication and Atmospheric Propagation XXX. [S.l.:s.n.], 2018: 253-258.

[54] SIEGFRIED J, RICHARD W, TODD R. The NASA optical communications and sensor demonstration program: initial flight results[C]//29th Annual AIAA/USU Conference on Small Satellites. [S.l.:s.n.], 2015.

[55] CURT S, BRYAN R, OWEN G. NASA's terabyte infrared delivery (TBIRD) program: large-volume data transfer from LEO[C]//33th Annual AIAA/USU Conference on Small Satellites. [S.l.:s.n.], 2019.

[56] NIELSEN T T, GUILLEN J C. SILEX: the first European optical communication terminal in

Orbit[Z]. 1998.

[57] ELAYOUBI K, RISSONS A, BELMONTE A. Optical test bench experiments for 1 Tbit/s satellite feeder uplinks[C]//SPIE Optical Engineering + Applications. Proc SPIE 10770, Laser Communication and Propagation Through the Atmosphere and Oceans VII. [S.l.:s.n.], 2018: 33-43.

[58] FITZMAURICE M, BRUNO R. NASA/GSFC program in direct detection optical communications for intersatellite links[C]//Proc SPIE 1131, Optical Space Communication. [S.l.:s.n.], 1989: 10-23.

[59] BENNET F, FERGUSON K, GRANT K, et al. An Australia/New Zealand optical communications ground station network for next generation satellite communications[C]//SPIE LASE. Proc SPIE 11272, Free-Space Laser Communications XXXII. [S.l.:s.n.], 2020.

[60] CARRIZO C, KNAPEK M, HORWATH J, et al. Optical inter-satellite link terminals for next generation satellite constellations[C]//SPIE LASE. Proc SPIE 11272, Free-Space Laser Communications XXXII. [S.l.:s.n.], 2020: 8-18.

[61] GREGORY M, TROENDLE D, MUEHLNIKEL G, et al. Three years coherent space to ground links: performance results and outlook for the optical ground station equipped with adaptive optics[C]//SPIE LASE. Proc SPIE 8610, Free-Space Laser Communication and Atmospheric Propagation XXV. [S.l.:s.n.], 2013: 17-29.

[62] 董全睿, 陈涛, 高世杰, 等. 星载激光通信技术研究进展[J]. 中国光学, 2019, 12(6): 1260-1270.

[63] JEGANATHAN M, PORTILLO A, RACHO C S, et al. Lessons learned from the optical communications demonstrator (OCD)[C]//Optoelectronics '99 - Integrated Optoelectronic Devices. Proc SPIE 3615, Free-Space Laser Communication Technologies XI. [S.l.:s.n.], 1999: 23-30.

[64] PERDIGUES J M, SODNIK Z, HAUSCHILDT H, et al. The ESA's optical ground station for the EDRS-A LCT in-orbit test campaign: upgrades and test results[C]//Proc SPIE 10562, International Conference on Space Optics—ICSO 2016. [S.l.:s.n.], 2017: 833-841.

[65] SUN J F, LIU L R, YUN M J, et al. Mutual alignment errors due to wave-front aberrations in intersatellite laser communications[J]. Applied Optics, 2005, 44(23): 4953-4958.

[66] 刘锡民, 刘立人, 郎海涛, 等. 星间光通信中的 APT 技术及其控制系统[J]. 激光与光电子学进展, 2005, 42(3): 2-6.

[67] SUN J F, LIU L R, LU W, et al. Acquisition strategy for the satellite laser communications under the laser terminal scanning errors situation[C]//SPIE Optical Engineering + Applications. Proc SPIE 8162, Free-Space and Atmospheric Laser Communications XI. [S.l.:s.n.], 2011: 199-205.

[68] MA X P, SUN J F, HOU P P, et al. The performance of coherent receiver controlled by the phase lock loop in dual rate free-space laser communication[C]//SPIE Optical Engineering + Applications. Proc SPIE 9614, Laser Communication and Propagation Through the Atmosphere and Oceans IV. [S.l.:s.n.], 2015: 197-204.

[69] 刘宏展, 纪越峰, 刘立人. 像差对星间相干光通信接收系统误码性能的影响[J]. 光学学报, 2012, 32(1): 46-51.

[70] 刘宏展, 廖仁波, 孙建锋, 等. 无线光通信新型组合脉冲调制性能分析[J]. 光学学报, 2015,

35(7) :99-106.

[71] 潘卫清, 刘立人, 鲁伟, 等. 基于成像光通信的时间-空间扩频混合光码分多址编码方案[J]. 光学学报, 2006, 26(2): 181-186.

[72] 潘卫清, 刘立人, 刘锡民. 成像光通信系统及编解码方案[J]. 中国激光, 2006, 33(2): 213-220.

[73] ROBERT M, CAGLIARD I, SHERMAN K. 光通信技术与应用[M]. 北京: 电子工业出版社, 1998.

[74] Stephen B. Optical communication receiver design[M]. SPIE Optical Engineering Press, 1997.

[75] 樊昌信, 曹丽娜. 通信原理（第 7 版）[M]. 北京: 国防工业出版社, 2012.

[76] JOHN M S. Optical fiber communications: principles and practice (third edition)[Z]. 2008.

[77] MAJUMDAR A K, RICKLIN J C. Free-space laser communications[M]. New York: Springer New York, 2008.

[78] HAMID H. Deep space optical communications[Z]. 2006.

[79] KAUSHAL H, JAIN V K, KAR S. Free space optical communication[M]. New Delhi: Springer India, 2017.

[80] CAPLAN D O. Laser communication transmitter and receiver design[J]. Journal of Optical and Fiber Communications Reports, 2007, 4(4/5): 225-362.

[81] Stephen G, Lambert, William L C. Laser communications in space[Z]. 2005.

[82] DAVID G A . Laser space communications[Z]. 2006.

[83] HAMID H. Near-earth laser communications[M]. CRC Press, Taylor & Francis Group, 2009.

[84] Gerd Keiser 著, 李玉权, 崔敏等译. 光纤通信（第三版）[M]. 北京: 电子工业出版社, 2019.

[85] 童宝润. 时间统一系统[M]. 北京: 国防工业出版社, 2003.

[86] 刘林. 航天器轨道理论[M]. 北京: 国防工业出版社, 2000.

[87] 陈钰清, 王静环. 激光原理(第 2 版)[M]. 浙江: 浙江大学出版社, 2019.

[88] 中华人民共和国国家军用标准. 航天器实时轨道确定与分析方法: GJB 6378—2008[S]. 2008.

[89] 胡寿松. 自动控制原理（第七版）[M]. 北京: 科学出版社, 2021.

[90] 江力. 通信原理[M]. 北京: 清华大学出版社, 2007.

[91] 姜会林, 佟首峰. 空间激光通信技术与系统[M]. 北京: 国防工业出版社, 2010.

[92] 李晓峰. 星地激光通信链路原理与技术[M]. 北京: 国防工业出版社, 2007.

[93] 程洪玮, 佟首峰, 张鹏. 卫星激光通信总体技术[M]. 北京: 科学出版社, 2020.

[94] 谭庆贵. 卫星相干光通信原理与技术[M]. 北京: 北京理工大学出版社, 2019.

[95] 杨晓宁. 航天器空间环境工程[M]. 北京: 北京理工大学出版社, 2018.

[96] 皮塞卡著, 张育林译.空间环境及其对航天器的影响[M]. 北京: 中国宇航出版社, 2011.

[97] Floyd M G 著, 姚剑清译. 锁相环技术（第 3 版）[M]. 北京: 人民邮电出版社, 2007.

[98] FRANK THOMAS HERZOG. An optical phase locked loop for coherent space communications[D]. Wigoltingen (TG): Swiss Federal Institute of Technology Zurich, 2006.

[99] LU W, LIU L R, SUN J F, et al. Change in degree of coherence of partially coherent electromagnetic beams propagating through atmospheric turbulence[J]. Optics Communications, 2007, 271(1): 1-8.

[100] LIU H Z, LIU L R, XU R W, et al. ABCD matrix for reflection and refraction of Gaussian beams at the surface of a parabola of revolution[J]. Applied Optics, 2005, 44(23): 4809-4813.

[101] SUN J F, LIU L R, YUN M J, et al. Double prisms for two-dimensional optical satellite relative-trajectory simulator[C]//Optical Science and Technology, the SPIE 49th Annual Meeting. [S.l.:s.n.], 2004: 411-418.

[102] ZHANG L, LIU L R, LUAN Z, et al. High-precision satellite relative-trajectory simulating servo system for inter-satellite laser communications[C]//Optical Science and Technology, the SPIE 49th Annual Meeting. [S.l.:s.n.], 2004: 443-451.

[103] WAN L Y, LIU L R, ZHANG M L, et al. An optical simulator for free-space laser long-distance propagation[C]//Optical Science and Technology, the SPIE 49th Annual Meeting. [S.l.:s.n.], 2004: 399-404.

[104] WANG J M, LI F C, ZHANG D P. Study on a ground measuring system for the far-field performance of space laser communication terminal[J]. Optik, 2013, 124(5): 399-405.

[105] LOUTHAIN J A, SCHMIDT J D. Integrated approach to airborne laser communication[C]//SPIE Remote Sensing. Proc SPIE 7108, Optics in Atmospheric Propagation and Adaptive Systems XI. [S.l.:s.n.], 2008: 115-126.

[106] TENG S Y, LIU L R, ZU J F, et al. Simulative technique to measure beam transmission of in-satellite communications[C]//Optical Science and Technology, SPIE's 48th Annual Meeting. Proc SPIE 5160, Free-Space Laser Communication and Active Laser Illumination III. [S.l.:s.n.], 2004: 417-421.

[107] LIU H Z, LIU L R, XU R W, et al. Measurement of the wavefront of a laser diode system for intersatellite communication by a Jamin double-shearing interferometer[J]. Journal of Optics A: Pure and Applied Optics, 2005, 7(3): 142-146.

[108] 滕树云, 刘立人, 万玲玉, 等. 孔径光阑限制下高斯光束的传输[J]. 光学学报, 2005, 25(2): 157-160.

[109] 姜会林, 安岩, 张雅琳, 等. 空间激光通信现状、发展趋势及关键技术分析[J]. 飞行器测控学报, 2015, 34(3): 207-217.

[110] 祖继锋, 刘立人, 栾竹, 等. 星间激光通信技术进展与趋势[J]. 激光与光电子学进展, 2003, 40(3): 7-10.

[111] 祖继锋, 刘立人, 滕树云, 等. 星间激光通信终端性能对比分析[J]. 激光与光电子学进展, 2003, 40(4): 1-5.

[112] 张明丽, 刘立人, 万玲玉, 等. 半导体星间激光链路试验通信的实现[J]. 激光与光电子学进展, 2004, 41(5): 16-22.

[113] 章磊, 刘立人, 栾竹, 等. 星间激光通信中的波前传感技术[J]. 激光与光电子学进展, 2004, 41(4): 14-19.

[114] LU W, LIU L R, LIU D A, et al. Coherent area inside partially coherent laser beam through atmospheric and sea water turbulences[C]//Optical Engineering + Applications. Proc SPIE 7091, Free-Space Laser Communications VIII. [S.l.:s.n.], 2008: 259-269.

[115] KRAINAK M, STEPHEN M, TROUPAKI E, et al. Integrated photonics for NASA applica-

tions[C]//SPIE LASE. Proc SPIE 10899, Components and Packaging for Laser Systems V. [S.l.:s.n.], 2019: 75-94.

[116] XU N, LIU L R, LIU D A, et al. Coherent detection of position errors in inter-satellite laser communications[C]//Optical Engineering + Applications. Proc SPIE 6709, Free-Space Laser Communications VII. [S.l.:s.n.], 2007: 449-457.

[117] XU N, LIU L R, LIU D A, et al. Design of 2×6 optical hybrid in inter-satellite coherent laser communications[C]//Optical Engineering + Applications. Proc SPIE 7091, Free-Space Laser Communications VIII. [S.l.:s.n.], 2008: 252-258.

[118] LIU H Z, HUANG X G, LIU L R, et al. Designing a coupler for the intersatellite optical communication system[J]. Optik, 2008, 119(13): 608-611.

[119] ZHU Y J, LIU L R, LUAN Z, et al. Discussions about FFT-based two-step phase-shifting algorithm[J]. Optik, 2008, 119(9): 424-428.

[120] LI A H, LIU L R, SUN J F, et al. Double-prism scanner for testing tracking performance of inter-satellite laser communication terminals[C]//SPIE Optics + Photonics. Proc SPIE 6304, Free-Space Laser Communications VI. [S.l.:s.n.],   2006: 468-477.

[121] WAN L Y, LIU L R, SUN J F. Effects of wavefront aberrations of lens on the optical simulator for free-space laser long-distance propagation[C]//SPIE Optics + Photonics. Proc SPIE 6304, Free-Space Laser Communications VI. [S.l.:s.n.], 2006: 531-537.

[122] LIU X M, LIU L R, BAI L H, et al. Far-field spot compression without energy loss in main lob in wireless laser communication[J]. Optik, 2008, 119(9): 429-433.

[123] LU W, LIU L R, SUN J F. Influence of temperature and salinity fluctuations on propagation behaviour of partially coherent beams in oceanic turbulence[J]. Journal of Optics A: Pure and Applied Optics, 2006, 8(12): 1052-1058.

[124] SUN J F, YANG L, LIU L R, et al. Large-aperture laser beam scanner for inter-satellite laser communications ground test: assembly and test[C]//SPIE Optics + Photonics. Proc SPIE 6304, Free-Space Laser Communications VI. [S.l.:s.n.], 2006: 505-508.

[125] LUAN Z, LIU L R, WANG L J, et al. Large-Optics white light interferometer for laser wavefront test: apparatus and application[C]//Optical Engineering + Applications. Proc SPIE 7091, Free-Space Laser Communications VIII. [S.l.:s.n.], 2008: 232-238.

[126] 滕树云, 刘立人, 云茂金, 等. 提高能量密度的超衍射极限激光光束相位补偿技术[J]. 光学学报, 2005, 25(4): 439-442.

[127] 刘锡民, 刘立人, 郎海涛, 等. 星间光通信中的 APT 技术及其控制系统[J]. 激光与光电子学进展, 2005, 42(3): 2-6.

[128] 刘锡民, 刘立人, 孙建锋, 等. 星间激光通讯中的精跟踪研究[J]. 物理学报, 2005, 54(11): 5149-5156.

[129] YAN A M, LIU L R, DAI E W, et al. Efficient beam combining with high brightness of a phase-locked laser array[C]//SPIE Optical Engineering + Applications. Proc SPIE 7789, Laser Beam Shaping XI. [S.l.:s.n.], 2010: 254-260.

[130] PAN W Q, LIU L R, WANG J M, et al. Modulation scheme for wireless optical intensity chan-

nel based spatial coding[C]//SPIE Optics + Photonics. Proc SPIE 6304, Free-Space Laser Communications VI.[S.l.:s.n.], 2006, 6304: 509-519.

[131] LU W, LIU L R, SUN J F, et al. Multi-channel 2D pattern transfer model based on imaging optics for submarine laser uplink communication[J]. Optik, 2008, 119(8): 388-394.

[132] LIU L R, WANG L J, LUAN Z, et al. Physical basis and corresponding instruments for PAT performance testing of inter-satellite laser communication terminals[C]//SPIE Optics + Photonics. Proc SPIE 6304, Free-Space Laser Communications VI. [S.l.:s.n.], 2006: 87-97.

[133] SUN J F, LIU L R, YUN M J, et al. Study of the transmitter antenna gain for intersatellite laser communications[J]. Optical Engineering, 2006, 45.

[134] LIU X M, LIU L R, ZHAO D, et al. Super diffraction emitting in space laser communication[C]//SPIE Optics + Photonics. Proc SPIE 6290, Laser Beam Shaping VII. [S.l.:s.n.], 2006: 261-270.

[135] SUN J F, LIU L R, LI A H, et al. Submicroradian laser beam angular scan precision measurement by interference method[J]. Optical Engineering, 2009, 48.

[136] SUN J F, LIU L R, WANG L J, et al. Technical scheme and corresponding experiment for the PAT performance of a lasercom using an integrated test-bed[C]//Optical Engineering + Applications. Proc SPIE 6709, Free-Space Laser Communications VII. [S.l.:s.n.], 2007: 426-430.

[137] SUN J F, LIU L R, ZHOU Y, et al. Test results of the optical PAT test bed for satellite laser communications[C]//Optical Engineering + Applications. Proc SPIE 7091, Free-Space Laser Communications VIII. [S.l.:s.n.], 2008: 239-244.

[138] LU W, LIU L R, SUN J F, et al. The far-field spatial coherence of Gaussian Schell-model beam in turbulence in terms of position vectors[J]. Optik, 2008, 119(8): 353-358.

[139] PAN W Q, LIU L R, ZHAO D, et al. Wireless optical communication-based spatial pattern[J]. Optik, 2007, 118(1): 13-18.

[140] 鲁伟, 孙建锋, 潘卫清, 等. 空潜信道中基于多光束阵列的二维图案传输[J]. 中国激光, 2006, 33(7): 928-932.

[141] 万玲玉, 苏世达, 刘立人, 等. 基于晶体双折射和电光效应设计的 90° 2×4 空间光桥接器[J]. 中国激光, 2009, 36(9): 2358-2361.

[142] 刘立人. 卫星激光通信Ⅱ地面检测和验证技术[J]. 中国激光, 2007, 34(2): 147-155.

[143] 万玲玉, 刘立人, 张明丽. 自由空间激光远距离传输的地面模拟研究[J]. 中国激光, 2005, 32(10): 1367-1370.

[144] LUAN Z, WANG L J, ZHOU Y, et al. Large-optics shearing interferometer for the wavefront sensing of widely tunable laser[C]//SPIE Optical Engineering + Applications. Proc SPIE 7790, Interferometry XV: Techniques and Analysis. [S.l.:s.n.], 2010: 331-336.

[145] ZHU M J, DAI E W, LIU L R, et al. A new method for acquiring the complex hologram in optical scanning holography[C]//SPIE Optical Engineering + Applications. Proc SPIE 8134, Optics and Photonics for Information Processing V. [S.l.:s.n.], 2011: 182-187.

[146] SUN J F, LIU L R, LU W, et al. Acquisition strategy for the satellite laser communications under the laser terminal scanning errors situation[C]//SPIE Optical Engineering + Applications.

Proc SPIE 8162, Free-Space and Atmospheric Laser Communications XI. [S.l.:s.n.], 2011: 199-205.

[147] LI B, YAN A M, LIU L R, et al. Efficient coherent beam combination of two-dimensional phase-locked laser arrays[J]. Journal of Optics, 2011, 13(5).

[148] WAN L Y, ZHOU Y, SUN J F, et al. Phase measurements for beam splitters with coherent detection technique[J]. Optical Engineering, 2011, 50.

[149] SHEN B L, SUN J F, ZHOU Y, et al. Research on dynamic facula orientation deviation during tracking and pointing in the space laser communication[C]//Proc SPIE 8192, International Symposium on Photoelectronic Detection and Imaging 2011: Laser Sensing and Imaging; and Biological and Medical Applications of Photonics Sensing and Imaging. [S.l.:s.n.], 2011: 669-678.

[150] WANG L J, LIU L R, LUAN Z, et al. Simple phase-shifting method in Jamin double-shearing interferometer for testing of diffraction-limited wavefront[C]//SPIE Optical Engineering + Applications. Proc SPIE 8162, Free-Space and Atmospheric Laser Communications XI. [S.l.:s.n.], 2011: 182-190.

[151] ZHI Y A, SUN J F, DAI E W, et al. High data-rate differential phase shift keying receiver for satellite-to-ground optical communication link[C]//SPIE Optical Engineering + Applications. Proc SPIE 8517, Laser Communication and Propagation Through the Atmosphere and Oceans. [S.l.:s.n.], 2012: 103-112.

[152] SUN J F, ZHI Y N, LU W, et al. High-data rate laser communication field experiment in the turbulence channel[C]//SPIE Optical Engineering + Applications. Proc SPIE 8517, Laser Communication and Propagation Through the Atmosphere and Oceans. [S.l.:s.n.], 2012: 325-330.

[153] LU W, SUN J F, XU D Y, et al. Phase-space analysis of laser beam propagation within atmospheric turbulence[C]//SPIE Optical Engineering + Applications. Proc SPIE 8517, Laser Communication and Propagation Through the Atmosphere and Oceans. [S.l.:s.n.], 2012: 357-364.

[154] 刘立人, 王利娟, 栾竹, 等. 卫星激光通信终端光跟踪检测的数理基础[J]. 光学学报, 2006, 26(9): 1329-1334.

[155] 周煜, 万玲玉, 职亚楠, 等. 相位补偿偏振分光 2×4 90° 自由空间光学桥接器[J]. 光学学报, 2009, 29(12): 3291-3294.

[156] 李安虎, 孙建锋, 刘立人. 星间激光通信光束微弧度跟瞄性能检测装置的设计原理[J]. 光学学报, 2006, 26(7): 975-979.

[157] WANG L J, LIU L R, SUN J F, et al. Polarization phase-shifting cyclic Jamin shearing interferometer[C]//SPIE Optical Engineering + Applications. Proc SPIE 8517, Laser Communication and Propagation Through the Atmosphere and Oceans. [S.l.:s.n.], 2012: 341-347.

[158] MA X P, SUN J F, ZHI Y N, et al. Technological research of differential phase shift keying receiver in the satellite-to-ground laser communication[C]//SPIE Optical Engineering + Applications. Proc SPIE 8517, Laser Communication and Propagation Through the Atmosphere and Oceans. [S.l.:s.n.], 2012: 331-340.

[159] LI B, ZHI Y N, SUN J F, et al. Design and sub-beam phase measurement of Dammann grating

with three-phase array output[J]. Optics Letters, 2013, 38(15): 2663-2665.

[160] LI B, DAI E W, YAN A M, et al. Simulations of conjugate Dammann grating based 2D coherent solid-state laser array combination[J]. Optics Communications, 2013, 290: 126-131.

[161] WANG L J, LIU L R, LUAN Z, et al. Phase-shifting Jamin double-shearing interferometer based on polarization beam splitting film[J]. Optik, 2013, 124(12): 1215-1217.

[162] ZHU Y J, PAN W Q, SUN J F, et al. Compact design of projection lens for 3D profilometry based on interferometric fringes[J]. Optik, 2013, 124(3): 209-212.

[163] LI A H, WANG W, BIAN Y M, et al. Dynamic characteristics analysis of a large-aperture rotating prism with adjustable radial support[J]. Applied Optics, 2014, 53(10): 2220.

[164] LI A H, DING Y, BIAN Y M, et al. Inverse solutions for tilting orthogonal double prisms[J]. Applied Optics, 2014, 53(17): 3712-3722.

[165] MA X P, SUN J F, ZHI Y N, et al. Performance analysis of pupil-matching optical differential receivers in space-to-ground laser communication[J]. Applied Optics, 2014, 53(14): 3010-3018.

[166] CAI G Y, HOU P P, MA X P, et al. The laser linewidth effect on the image quality of phase coded synthetic aperture ladar[J]. Optics Communications, 2015, 356: 495-499.

[167] LI A H, GAO X J, SUN W S, et al. Inverse solutions for a Risley prism scanner with iterative refinement by a forward solution[J]. Applied Optics, 2015, 54(33): 9981-9989.

[168] 刘锡民, 刘立人, 孙建锋, 等. 星间激光通信中复合轴系统的带宽设计研究[J]. 光学学报, 2006, 26(1): 101-106.

[169] 许楠, 刘立人, 刘德安, 等. 星间相干光通信中的光学锁相环[J]. 激光与光电子学进展, 2008, 45(4): 25-33.

[170] 许楠, 刘立人, 万玲玉, 等. 空间相干激光通信中目标位置误差的相干探测[J]. 光学学报, 2010, 30(2): 347-351.

[171] 闫爱民, 周煜, 孙建锋, 等. 卫星激光通信复合轴光跟瞄技术及发展[J]. 激光与光电子学进展, 2010, 47(4): 1-6.

[172] HOU P P, SUN J F, YU Z, et al. 3 × 3 free-space optical router based on crossbar network and its control algorithm[C]//SPIE Optical Engineering + Applications. Proc SPIE 9586, Photonic Fiber and Crystal Devices: Advances in Materials and Innovations in Device Applications IX. [S.l.:s.n.], 2015: 193-200.

[173] SUN J F, WANG L J, HOU P P, et al. Differential time delay line network for optical controlled beam forming[C]//SPIE Optical Engineering + Applications. Proc SPIE 8843, Laser Beam Shaping XIV. [S.l.:s.n.], 2013: 137-143.

[174] MA X P, SUN J F, ZHI Y N, et al. The effect of the light size and telecommunication rate on homodyne detection efficiency in the satellite-to-ground laser communication[C]//SPIE Optical Engineering + Applications. Proc SPIE 8874, Laser Communication and Propagation Through the Atmosphere and Oceans II. [S.l.:s.n.], 2013: 295-303.

[175] MA X P, SUN J F, HOU P P, et al. The performance of coherent receiver controlled by the phase lock loop in dual rate free-space laser communication[C]//SPIE Optical Engineering + Applications. Proc SPIE 9614, Laser Communication and Propagation Through the Atmosphere

and Oceans IV. [S.l.:s.n.], 2015: 197-204.

[176] LU W, SUN J F, XU D Y, et al. Phase-space distribution of optical field intensity of laser beam propagation through atmospheric turbulence[C]//SPIE Optical Engineering + Applications. Proc SPIE 8874, Laser Communication and Propagation Through the Atmosphere and Oceans II. [S.l.:s.n.], 2013: 285-294.

[177] WANG J, HOU P P, CAI H W, et al. Continuous angle steering of an optically- controlled phased array antenna based on differential true time delay constituted by micro-optical compo-nents[J]. Optics Express, 2015, 23(7).

[178] LIU F C, SUN J F, MA X P, et al. New coherent laser communication detection scheme based on channel-switching method[J]. Applied Optics, 2015, 54(10): 2738-2746.

[179] LI A H, YI W L, SUN W S, et al. Tilting double-prism scanner driven by cam-based mecha-nism[J]. Applied Optics, 2015, 54(18): 5788-5796.

[180] 马小平, 孙建锋, 职亚楠, 等. DPSK 调制/自差动零差相干探测技术克服星地激光通信中大气湍流效应的研究[J]. 光学学报, 2013, 33(7): 100-107.

[181] 刘宏展, 纪越峰, 刘立人. 像差对星间相干光通信接收系统误码性能的影响[J]. 光学学报, 2012, 32(1): 46-51.

[182] 万玲玉, 周煜, 刘立人, 等. 电光调制 2×490° 相移空间光学桥接器[J]. 光学学报, 2012, 32(7): 230-234.

[183] 刘宏展, 纪越峰, 许楠, 等. 信号与本振光振幅分布对星间相干光通信系统混频效率的影响[J]. 光学学报, 2011, 31(10): 71-76.

[184] ZHI Y N, SUN J F, ZHOU Y, et al. 2.5 and 5Gbps time-delay self-homodyne interference dif-ferential phase-shift keying optical receiver for space-to-ground communication link[J]. Optical Engineering, 2019, 58.

[185] ZHAO X Q, ZHANG Y P, HUANG M J, et al. Analysis of detection error for spot position in fiber nutation model[J]. Chinese Optics Letters, 2020, 18(2).

[186] SUN J F, WANG B, FEI L G, et al. In-orbit test, verification and surveillance of the laser com-munication system[C]//Proc SPIE 9677, AOPC 2015: Optical Test, Measurement, and Equip-ment. [S.l.:s.n.], 2015: 454-460.

[187] ZHOU J, LU W, SUN J F, et al. Measurement and modeling of the effects of atmospheric turbu-lence on coherent laser propagation characteristics and FSO system performance[C]//SPIE Op-tical Engineering + Applications. Proc SPIE 8874, Laser Communication and Propagation Through the Atmosphere and Oceans II. [S.l.:s.n.], 2013: 304-309.

[188] SUN J F, HOU P P, MA X P, et al. Orthogonal phase modulation with self homodyne detect laser communication method for the satellite-to-ground link[C]//SPIE Optical Engineering + Applications. Proc SPIE 9614, Laser Communication and Propagation Through the Atmosphere and Oceans IV. [S.l.:s.n.], 2015: 222-227.

[189] WAN L Y, ZHOU Y, LIU L R, et al. Realization of a free-space 2 × 4 90° optical hybrid based on the birefringence and electro-optic effects of crystals[J]. Journal of Optics, 2013, 15(3).

[190] ZHANG B, YUAN R Z, CHENG J L, et al. A study of power distributions in photonic lantern

for coherent optical receiver[J]. IEEE Photonics Technology Letters, 2019, 31(17): 1465-1468.

[191] 许俊, 职亚楠, 侯培培, 等. 基于 Crossbar 电光开关网络的偏振结构自由空间全光路由器[J]. 光学学报, 2013, 33(9): 55-61.

[192] 高建秋, 孙建锋, 李佳蔚, 等. 基于激光章动的空间光到单模光纤的耦合方法[J]. 中国激光, 2016, 43(8): 25-32.

[193] 周健, 孙建锋, 鲁伟, 等. 基于剪切干涉法的大气相干长度直接实时测量[J]. 中国激光, 2014, 41(12): 196-201.

[194] 程志恩, 张忠萍, 张海峰, 等. 区域观测卫星激光反射器有效反射面积的设计[J]. 红外与激光工程, 2016, 45(2): 35-39.

[195] 刘宏展, 廖仁波, 孙建锋, 等. 无线光通信新型组合脉冲调制性能分析[J]. 光学学报, 2015, 35(7): 99-106.

[196] 马小平, 孙建锋, 侯培培, 等. 星地激光通信中克服大气湍流效应研究进展[J]. 激光与光电子学进展, 2014, 51(12): 28-37.

[197] 张震, 孙建锋, 卢斌, 等. 星间相干激光通信中科斯塔斯锁相系统设计[J]. 中国激光, 2015, 42(8): 177-182.

[198] LU S W, ZHOU Y, ZHU F N, et al. Digital-analog hybrid optical phase-lock loop for optical quadrature phase-shift keying[J]. Chinese Optics Letters, 2020, 18(9).

[199] LAO C Z, SUN J F, HOU P P, et al. Large field of view beaconless laser nutation tracking sensor based on a micro-electro-mechanical system mirror[J]. Applied Optics, 2020, 59(22): 6534-6539.

[200] HAN R L, SUN J F, HOU P P, et al. Method on improving the performance of the optical phased array with large number of emitting elements[C]//SPIE Optical Engineering + Applications. Proc SPIE 11506, Laser Communication and Propagation Through the Atmosphere and Oceans IX. [S.l.:s.n.], 2020: 154-166.

[201] WANG J L, YUE C L, XI Y L, et al. Fiber-optic joint time and frequency transfer with the same wavelength[J]. Optics Letters, 2019, 45(1): 208-212.

[202] LU S W, GAO M, YANG Y, et al. Inter-satellite laser communication system based on double Risley prisms beam steering[J]. Applied Optics, 2019, 58(27): 7517-7522.

[203] ZHAO X Q, HOU X, ZHU F N, et al. Experimental verification of coherent tracking system based on fiber nutation[J]. Optics Express, 2019, 27(17): 23996-24006.

[204] YUE C L, LI J W, SUN J F, et al. Homodyne coherent optical receiver for intersatellite communication[J]. Applied Optics, 2018, 57(27): 7915-7923.

[205] ZHANG B, SUN J F, LI G Y. Differential phase-shift keying heterodyne coherent detection with local oscillation enhancement[J]. Optical Engineering, 2018, 57(8).

[206] 劳陈哲, 孙建锋, 周煜, 等. 多孔径接收相干合束系统性能研究[J]. 中国激光, 2019, 46(7): 261-269.

[207] 岳朝磊, 孙建锋, 刘磊, 等. 掺铒光纤放大器作为光学预放的高灵敏度零差相干接收机[J]. 中国激光, 2019, 46(11): 255-262.

[208] 李安虎, 左其友, 卞永明, 等. 亚微弧度级激光跟踪转镜装配误差分析[J]. 机械工程学报,

2016, 52(10): 9-16.

[209] 丁志丹, 杨飞, 蔡海文, 等. 基于微光学阵列差分真时延网络的光学多波束合成系统[J]. 中国激光, 2017, 44(4): 201-209.

[210] HOOTS F R, ROEHRICH R L. Models for Propagation of NORAD Element Sets[R]. Defense Technical Information Center, 1980.

[211] HE H Y, SUN J F, LU Z Y. Methods to improve sensitivity of phase-shift laser range finder based on optical carrier phase modulation[C]//SPIE Optical Engineering + Applications. Proc SPIE 11501, Earth Observing Systems XXV, Online Only. [S.l.:s.n.], 2020: 350-356.

[212] LAO C Z, SUN J F, LU Z Y, et al. Multi-aperture fiber coherent combining system in urban horizontal atmospheric laser link[J]. Optics Communications, 2020, 466: 125-172.

[213] LAO C Z, SUN J F, LU Z Y, et al. Performance of DPSK free-space optical communication with spatial diversity[C]//SPIE Optical Engineering + Applications. Proc SPIE 10770, Laser Communication and Propagation Through the Atmosphere and Oceans VII. [S.l.:s.n.], 2018: 253-260.

[214] HE H Y, SUN J F, LU Z Y, et al. Phase-shift laser range finder technique based on optical carrier phase modulation[J]. Applied Optics, 2020, 59(17): 5079-5085.

[215] HOU P P, SUN J F, ZHOU Y, et al. Research on resonance of fiber nutation[C]//SPIE Optical Engineering + Applications. Proc SPIE 11123, Photonic Fiber and Crystal Devices: Advances in Materials and Innovations in Device Applications XIII. [S.l.:s.n.], 2019: 88-96.

[216] WANG J L, YUE C L, XI Y L, et al. Time and frequency transfer via the same wavelength[C]//Proceedings of 2019 Joint Conference of the IEEE International Frequency Control Symposium and European Frequency and Time Forum. Piscataway: IEEE Press, 2019: 1-2.

[217] XU M M, SUN J F, ZHANG B, et al. Two-one-way laser Doppler approach for inter-satellite velocity measurement[J]. Optics Express, 2019, 27(2): 1353-1366.

[218] LU S W, SUN J F, HOU P P, et al. Variable bit rate optical communication link between LEO satellite and ground station[C]//Proc SPIE 10964, Tenth International Conference on Information Optics and Photonics. [S.l.:s.n.], 2018: 235-238.

[219] 朱福南, 周黎莎, 孙建锋, 等. 基于激光通信链路的星间时间同步技术[J]. 中国科学: 物理学 力学 天文学, 2021, 51(1): 162-167.

[220] 许蒙蒙, 周煜, 孙建锋, 等. 基于相位调制器的宽带窄线宽的线性调频激光源的产生[J]. 红外与激光工程, 2020, 49(2): 138-144.

[221] 贺红雨, 孙建锋, 侯培培, 等. 精跟踪中基于声光偏转器的本振光章动探测角度误差方法[J]. 中国激光, 2018, 45(10): 218-224.

[222] 章磊. 星间激光通信动态轨道模拟跟瞄测试系统方案设计[D]. 上海:中国科学院上海光学精密机械研究所, 2004.

[223] 孙建锋. 卫星相对运动轨迹模拟器的研究[D]. 上海:中国科学院上海光学精密机械研究所, 2005.

[224] 万玲玉. 星间激光通信性能的地面检测与验证技术研究[D]. 上海:中国科学院上海光学精密机械研究所, 2005.

[225] 沈宝良. 空间激光通信跟瞄过程中光斑定位技术研究[D]. 上海:中国科学院上海光学精密机械研究所, 2011.

[226] 王利娟. 横向剪切波面分析仪的研究[D]. 上海:中国科学院上海光学精密机械研究所,2012.

[227] 劳陈哲. 多孔径空间相干激光通信分集接收技术研究[D]. 北京: 中国科学院大学, 2020.

[228] 贺红雨. 基于光学章动的快速角度误差信号提取技术研究[D]. 上海:中国科学院上海光学精密机械研究所, 2018.

[229] 岳朝磊. 空间高码率零差相干激光锁相与通信技术研究[D]. 上海:中国科学院上海光学精密机械研究所, 2019.

[230] 刘福川. 基于通道切换的相干激光通信探测技术研究[D]. 上海:中国科学院上海光学精密机械研究所, 2015.

[231] 周健. 相干激光通信系统中大气湍流的表征方法和测量技术研究[D]. 上海:中国科学院上海光学精密机械研究所, 2014.

[232] 罗辉明, 李佳蔚, 陈志强, 等. 用于空间激光链路捕跟的动态目标与干扰模拟装置: CN113452436A[P]. 2021-09-28.

[233] 吴潇杰, 李佳蔚, 陈志强, 等. 用于空间光通信的星间激光链路测试模拟系统及方法: CN113452437A[P]. 2021-09-28.

[234] 陈卫标, 岳朝磊, 孙建锋, 等. 基于 90 度光学桥接器多速率兼容非标准 DPSK 接收装置: CN109462441B[P]. 2021-09-07.

[235] 陈卫标, 赵学强, 侯霞. 基于相干探测的空间光到单模光纤的自适应耦合系统: CN109560878B[P]. 2021-07-27.

[236] 朱福南, 鲁绍文, 李佳蔚. 一种强度调制器偏压误差信号检测装置及方法: CN113067636A[P]. 2021-07-02.

[237] 鲁伟, 孙建锋, 奚越力, 等. 实现发射光轴快速高精度标校的多通道发射装置: CN112596045A[P]. 2021-04-02.

[238] 卢智勇, 孙建锋, 周煜, 等. 相干激光通信与激光雷达一体化装置: CN111224716A[P]. 2020-06-02.

[239] 侯培培, 孙建锋, 卢智勇, 等. 一种无位置探测器光轴稳定的空间光与光纤光耦合装置及方法: CN110873931A[P]. 2020-03-10.

[240] 孙建锋, 许蒙蒙, 周煜, 等. 高速率激光通信方法和高精度激光测距一体化方法: CN106603149B[P]. 2019-02-01.

[241] HUANG L, MA W L, HUANG J L. Modeling and calibration of pointing errors with alt-az telescope[J]. New Astronomy, 2016, 47: 105-110.

[242] 张晓祥, 吴连大. 望远镜静态指向模型的基本参数[J]. 天文学报, 2001, 42(2): 198-205.

[243] 许俊. 应用于激光雷达和激光通信的电光晶体扫描与开关器件研究[D]. 上海:中国科学院上海光学精密机械研究所,2013.

[244] 许俊. 应用于激光雷达和激光通信的电光晶体扫描与开关器件研究[D]. 北京: 中国科学院大学, 2013.

[245] 李振伟, 杨文波, 张楠. 水平式光电望远镜静态指向误差的修正[J]. 中国光学, 2015, 8(2): 263-269.

[246] 李梦梦, 李振伟, 刘承志. 水平式望远镜静态指向误差的建模与修正[J]. 激光与红外, 2017, 47(5): 624-629.

[247] 翟术然, 张忠萍, 张海峰, 等. 白天卫星激光测距望远镜指向误差修正方法研究[J]. 激光与红外, 2016, 46(7): 781-785.

[248] 谢彦民, 赵永丽. 卫星激光测距望远镜系统指向误差分析及修正方法研究[J]. 光学与光电技术, 2010, 8(3): 89-92.

[249] 梁晓波. 基于天文定向技术的望远镜指向修正研究[D]. 成都: 中国科学院大学(中国科学院光电技术研究所), 2020.

[250] 严灵杰. 光电望远镜视轴指向及预测技术研究[D]. 成都: 中国科学院大学(中国科学院光电技术研究所), 2019.

[251] 方荣. 激光器相对强度噪声测量研究[D]. 北京: 北京邮电大学, 2017.

[252] 陆正亮, 张翔, 刘洋, 等. 基于 SGP4 模型与多普勒频移的改进定轨方法[J]. 系统工程与电子技术, 2016, 38(6): 1360-1366.

[253] COHEN S C. Heterodyne detection: phase front alignment, beam spot size, and detector uniformity[J]. Applied Optics, 1975, 14(8): 1953-1959.

[254] 雷尼绍. 雷尼绍公司中文网站[EB/OL].

稳相法一维相位函数的傅里叶变换近似求解

| A.1　稳相法及其原理 |

稳相积分是一种计算积分的近似方法，具有计算简单和近似度高的特点，在光学和其他研究波动现象的物理学分支中很有用。本附录的稳相法原理源自罗曼的著作。

稳相法目标是式（A-1）积分的简单近似解

$$I = \int_A^B g(x) \exp[jkf(x)] dx \tag{A-1}$$

基本思路是把其简化为菲涅耳积分

$$\int_{-\infty}^{\infty} \exp(jax^2) dx = \sqrt{\frac{\pi}{a}} \exp\left(j\frac{\pi}{4}\right) \tag{A-2}$$

从菲涅耳积分可以看到其二次项相位函数的实部函数 $\cos(ax^2)$ 的积分和虚部函数 $\sin(ax^2)$ 积分的主要贡献均来自 $-\sqrt{\dfrac{\pi}{2a}} < x < \sqrt{\dfrac{\pi}{2a}}$ 这一区间。由于余弦函数和正弦函数的振荡特性，其余区间的积分贡献互相抵消。

从菲涅耳积分的特性可以认为函数 $f(x)$ 在 $\dfrac{df(x)}{dx} = 0$ 的 $x=x_0$ 附近是"平稳的"，可以展开为 $f(x) \approx f(x_0) + \dfrac{f''(x_0)(x-x_0)^2}{2}$。同样还有 $g(x) = g(x_0) + g'(x_0)(x-x_0)$。从菲涅耳积分特性也可以看到积分式（A-1）的积分区间 (A,B) 可以扩展到 $(-\infty,\infty)$。

因此我们有

$$\begin{aligned} I = \exp[jkf(x_0)]\Bigg\{ & g(x_0)\int_{-\infty}^{\infty} \exp\left[j\frac{kf''(x_0)(x-x_0)^2}{2}\right]dx + \\ & g'(x_0)\int_{-\infty}^{\infty}(x-x_0)\exp\left[j\frac{kf''(x_0)(x-x_0)^2}{2}\right]dx \Bigg\} \end{aligned} \tag{A-3}$$

其中第二项积分中的 $(x-x_0)$ 是非对称的，因此第二项积分为零。所存在的第一项积分可以转化为菲涅耳积分，令积分变量为 $x' = x - x_0$ 以及 $a = \dfrac{kf''(x_0)}{2}$，最终有

$$I = \int_A^B g(x)\exp[jkf(x)]dx = \sqrt{\frac{\lambda}{f''(x_0)}}g(x_0)\exp\left\{j\left[kf(x_0) + \frac{\pi}{4}\right]\right\} \quad \text{（A-4）}$$

如果 $f'(x)$ 有 n 个零点，即在 x_n 处为零，有

$$I = \sum_n \sqrt{\frac{\lambda}{f''(x_n)}}g(x_n)\exp\left\{j\left[kf(x_n) + \frac{\pi}{4}\right]\right\} \quad \text{（A-5）}$$

进一步假定振幅函数 $g(x) \equiv 1$，上述有限宽度相位函数傅里叶变换的近似解析解可以简单地推广到该相位函数在无限宽度时的傅里叶变换解。

A.2 有限宽度相位二次项傅里叶变换的稳相法解析解

有限宽度相位二次项为 $\text{rect}\left(\dfrac{x}{W}\right)\exp(j\pi ax^2)$，因此该相位二次项的傅里叶变换为

$$I = \int_{-\infty}^{\infty} \text{rect}\left(\frac{x}{W}\right)\exp(j\pi ax^2)\exp(-j2\pi x\xi)dx \quad \text{（A-6）}$$

因此 $\exp[jkf(x)]$ 相当于

$$\exp(j\pi ax^2)\exp(-j2\pi x\xi) = \exp(j\pi ax^2 - j2\pi x\xi) = \exp\left[j\frac{2\pi}{\lambda}\left(\frac{\lambda}{2}ax^2 - \lambda x\xi\right)\right] \quad \text{（A-7）}$$

所以

$$f(x) = \frac{\lambda}{2}ax^2 - \lambda x\xi \quad \text{（A-8）}$$

可见 $f'(x) = \lambda ax - \lambda\xi$ 和 $x_0 = \dfrac{\xi}{a}$，以及 $f''(a) = \lambda a$，则有

$$\begin{aligned}
I &= \sqrt{\frac{\lambda}{f''(x_0)}}g(x_0)\exp\left\{j\left[kf(x_0) + \frac{\pi}{4}\right]\right\} \\
&= \sqrt{\frac{1}{a}}\text{rect}\left(\frac{\xi}{aW}\right)\exp\left[j\left(\frac{\pi\xi^2}{a} - 2\frac{\pi\xi^2}{a} + \frac{\pi}{4}\right)\right] \\
&= \sqrt{\frac{j}{a}}\text{rect}\left(\frac{\xi}{aW}\right)\exp\left[j\left(-\frac{\pi\xi^2}{a}\right)\right]
\end{aligned} \quad \text{（A-9）}$$

四元数

四元数是一种高阶复数，四元数 q 表示为

$$q = (x, y, z, w) = x\boldsymbol{i} + y\boldsymbol{j} + z\boldsymbol{k} + w \tag{B-1}$$

其中，$\boldsymbol{i}$，$\boldsymbol{j}$，$\boldsymbol{k}$ 满足

$$(\boldsymbol{i})^2 = (\boldsymbol{j})^2 = (\boldsymbol{k})^2 = -1 \tag{B-2}$$

四元数可以写成向量和实数组合的形式

$$q = (\boldsymbol{v}, w) \tag{B-3}$$

四元数的乘法

$$q_1 q_2 = (\boldsymbol{v}_1 \times \boldsymbol{v}_2 + w_2 \boldsymbol{v}_1 + w_1 \boldsymbol{v}_2, w_1 w_2 - \boldsymbol{v}_1 \boldsymbol{v}_2) \tag{B-4}$$

四元数共轭

$$q^* = (-\boldsymbol{v}, w) \tag{B-5}$$

四元数的平方模

$$N(q) = N(\boldsymbol{v}) + w^2 = x^2 + y^2 + z^2 + w^2 \tag{B-6}$$

四元数的逆

$$q^{-1} = \frac{q^*}{N(q)} \tag{B-7}$$

四元数可以看作向量和实数的一种更加一般的形式，向量可以视作实部为 0 的四元数，而实数可以作为虚部为 0 的四元数。上述四元数的运算性质是实数或向量的运算性质的更一般形式。

四元数可用来刻画三维空间中的旋转，绕单位向量 (x, y, z) 表示的轴旋转 θ，可令

$$q = \left[(x, y, z) \sin\left(\frac{\theta}{2}\right), \cos\left(\frac{\theta}{2}\right) \right] \tag{B-8}$$

刚体坐标系中的点 $p(P, 0)$（写成四元数的形式），旋转后的坐标 p' 为

$$p' = qpq^{-1} \tag{B-9}$$

下面举例说明。

空间中一个点 p 的坐标为 (x, y, z) ，用四元数表示为

$$p = [(x, y, z), 0] \tag{B-10}$$

假设该点绕 x 轴旋转角度 θ ，该旋转参量的四元数 q 表示为

$$q = \left[(1, 0, 0) \sin\left(\frac{\theta}{2}\right), \cos\left(\frac{\theta}{2}\right) \right] \tag{B-11}$$

计算出

$$q^{-1} = \left[(-1, 0, 0) \sin\left(\frac{\theta}{2}\right), \cos\left(\frac{\theta}{2}\right) \right] \tag{B-12}$$

$$pq^{-1} = \left\{ \left[x \cos\left(\frac{\theta}{2}\right), -z \sin\left(\frac{\theta}{2}\right) + y \cos\left(\frac{\theta}{2}\right), z \cos\left(\frac{\theta}{2}\right) + y \sin\left(\frac{\theta}{2}\right) \right], \ x \sin\left(\frac{\theta}{2}\right) \right\} \tag{B-13}$$

$$qpq^{-1} = [(x, -z \sin\theta + y \cos\theta, z \cos\theta + y \sin\theta), 0] \tag{B-14}$$

星历解算方法

| C.1　公历换算为儒略日 |

设公历日期的年、月、日（含天的小数部分）分别为 Y、M、D，则对应的儒略日为

$$JD = D - 32\,075.5 + \left[1\,461 \times \frac{Y + 4\,800 + \left[\dfrac{M - 14}{12} \right]}{4} \right] +$$

$$\left[367 \times \frac{M - 2 - 12 \times \left[\dfrac{M - 14}{12} \right]}{12} \right] - \left[3 \times \frac{Y + 4\,900 + \left[\dfrac{M - 14}{12} \right]}{400} \right] \quad （C-1）$$

其中，$[X]$ 表示取 X 的整数部分。

| C.2　儒略日换算为公历 |

设某时刻的儒略日为 JD，对应公历日期的年、月、日分别为 Y、M、D（含天的小数部分），则转换公式为

$$\begin{cases} J = [\mathrm{JD} + 0.5] \\ N = \left[\dfrac{4(J + 68569)}{146097} \right] \\ L_1 = J + 68569 - \left[\dfrac{N \times 146097 + 3}{4} \right] \\ Y_1 = \left[\dfrac{4000(L_1 + 1)}{1461001} \right] \\ L_2 = L_1 - \left[\dfrac{1461 \times Y_1}{4} \right] + 31 \\ M_1 = \left[\dfrac{80 \times L_2}{2447} \right] \\ D = L_2 - \left[\dfrac{2447 \times M_1}{80} \right] \\ L_3 = \left[\dfrac{M_1}{11} \right] \\ M = M_1 + 2 - 12 \times L_3 \\ Y = [100 \times (N - 49) + Y_1 + L_3] \end{cases} \tag{C-2}$$

其中，$[X]$表示取 X 的整数部分。

C.3 卫星星历

卫星星历通常用两行根数表示：

1 43602U 18067A   21234.43928572   .00000023   00000-0   00000-0 0   9994

2 43602   54.4551 240.9103 0006560 349.3755   349.3755   1.86231675 20356

表 C-1 两行根数具体含义（第一行）

域	列	含义
1.1	1	行号
1.2	2	空格
1.3	3～7	NORAD_CAT_ID，卫星 ID
1.4	8	保密级别
1.5	9	空格
1.6	10～17	国际指定编号

（续表）

域	列	含义
1.7	18	空格
1.8	19～32	19～20 代表 UTC 年后两位 21～32 代表当年的第几天（小数）
	33	代表空格
1.9	34～43	平均运动对时间的一阶导
1.10	44	空格
1.11	45～52	平均运动对时间的二阶导
1.12	53	空格
1.13	54～61	BSTAR drag term (decimal point assumed)
1.14	62	空格
1.15	63	星历类型
1.16	64	空格
1.17	65～68	单元数
1.18	69	校验和（模 10）字母、空格、横线，加号为 0，减号为 1

表 C-2　两行根数具体含义（第二行）

域	列	含义
2.1	1	行号
2.2	2	空格
2.3	3～7	NORAD_CAT_ID，卫星 ID
2.4	8	空格
2.5	9～16	轨道倾角（°）
2.6	17	空格
2.7	18～25	升交点赤经（°）
2.8	26	空格
2.9	27～33	轨道偏心率
2.10	34	空格
2.11	35～42	近地点幅角
2.12	43	空格
2.13	44～51	平近点角（°）
2.14	52	空格
2.15	53～63	每天环绕地球的圈数
2.16	64～68	发射以来飞行的圈数
2.17	69	校验和（模 10）字母、空格、横线，加号为 0，减号为 1

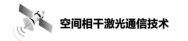

| C.4　SGP4 算法 |

首先根据 SGP4 计算位置和速度

$$a_1 = \left(\frac{k_e}{n_0}\right)^2 \tag{C-3}$$

$$\delta_1 = \frac{3}{2}\frac{k_2}{a_1^2}\frac{(3\cos^2 i_0 - 1)}{(1-e_0^2)^{\frac{3}{2}}} \tag{C-4}$$

$$a_0 = a_1\left(1 - \frac{1}{3}\delta_1 - \delta_1^2 - \frac{134}{81}\delta_1^3\right) \tag{C-5}$$

$$\delta_0 = \frac{3}{2}\frac{k_2}{a_0^2}\frac{\left[3\cos^2(i_0)-1\right]}{(1-e_0^2)^{\frac{3}{2}}} \tag{C-6}$$

$$n_0'' = \frac{n_0}{1+\delta_0} \tag{C-7}$$

$$a_0'' = \frac{a_0}{1-\delta_0} \tag{C-8}$$

$$\theta = \cos i_0 \tag{C-9}$$

$$\xi = \frac{1}{a_0'' - s} \tag{C-10}$$

$$\beta_0 = (1-e_0^2)^{\frac{1}{2}} \tag{C-11}$$

$$\eta = a_0'' e_0 \xi \tag{C-12}$$

$$C_2 = (q_0-s)^4\xi^4 n_0''(1-\eta^2)^{-\frac{7}{2}}$$
$$\left[a_0''\left(1+\frac{3}{2}\eta^2+4e_0\eta+e_0\eta^3\right)+\frac{3}{2}\frac{k_2\xi}{(1-\eta^2)}\left(-\frac{1}{2}+\frac{3}{2}\theta^2\right)(8+24\eta^2+3\eta^4)\right] \tag{C-13}$$

$$C_1 = B^* C_2 \tag{C-14}$$

$$C_3 = \frac{(q_0-s)^4\xi^5 A_{3,0}n_0''a_E\sin i_0}{k_2 e_0} \tag{C-15}$$

$$C_4 = 2n_0''(q_0-s)^4\xi^4 a_0''\beta_0^2(1-\eta^2)^{-\frac{7}{2}}\left\{\left[2\eta(1+e_0\eta)+\frac{1}{2}e_0+\frac{1}{2}\eta^3\right]-\frac{2k_2\xi}{a_0''(1-\eta^2)}\times\right.$$

$$\left.\left[3\left(1-3\theta^2\right)\left(1+\frac{3}{2}\eta^2-2e_0\eta-\frac{1}{2}e_0\eta^3\right)+\frac{3}{4}(1-\theta^2)(2\eta^2-e_0\eta-e_0\eta^3)\cos(2\omega_0)\right]\right\}$$

$$（C-16）$$

$$C_5 = 2(q_0-s)^4\xi^4 a_0''\beta_0^2(1-\eta^2)^{-\frac{7}{2}}\left[1+\frac{11}{4}\eta(\eta+e_0)+e_0\eta^3\right] \qquad（C-17）$$

$$D_2 = 4a_0''\xi C_1^2 \qquad（C-18）$$

$$D_3 = \frac{4}{3}a_0''\xi^2(17a_0''+s)C_1^3 \qquad（C-19）$$

$$D_4 = \frac{2}{3}a_0''\xi^3(221a_0''+31s)C_1^4 \qquad（C-20）$$

大气阻力和地球重力场的长周期项，通过下面的公式表达

$$M_{DF} = M_0 + \left[1+\frac{3k_2(-1+3\theta^2)}{2(a_0'')^2\beta_0^3}+\frac{3k_2^2(13-78\theta^2+137\theta^4)}{16(a_0'')^4\beta_0^7}\right]n_0''(t-t_0) \qquad（C-21）$$

$$\omega_{DF} = \omega_0 + \left[-\frac{3k_2(-1+3\theta^4)}{2(a_0'')^2\beta_0^4}+\frac{3k_2^2(7-114\theta^2+395\theta^4)}{16(a_0'')^4\beta_0^8}+\frac{5k_4(3-36\theta^2+49\theta^4)}{4(a_0'')^4\beta_0^8}\right]n_0''(t-t_0)$$

$$（C-22）$$

$$\Omega_{DF} = \Omega_0 + \left[\frac{3k_2\theta}{2(a_0'')^2\beta_0^4}+\frac{3k_2^2(4\theta-19\theta^3)}{2(a_0'')^4\beta_0^8}+\frac{5k_4\theta(3-7\theta^2)}{2(a_0'')^4\beta_0^8}\right]n_0''(t-t_0) \qquad（C-23）$$

$$\delta\omega = B^*C_3\left[\cos(\omega_0)(t-t_0)\right] \qquad（C-24）$$

$$\delta M = -\frac{2}{3}(q_0-s)^4 B^*\xi^4\frac{a_E}{e_0\eta}\left[(1+\eta\cos M_{DF})^3-(1+\eta\cos M_0)^3\right] \qquad（C-25）$$

$$M_p = M_{DF}+\delta\omega+\delta M \qquad（C-26）$$

$$\omega = \omega_{DF}-\delta\omega-\delta M \qquad（C-27）$$

$$\Omega = \Omega_{DF}-\frac{21}{2}\frac{n_0''k_2\theta}{(a_0'')^2\beta_0^2}C_1(t-t_0)^2 \qquad（C-28）$$

$$e = e_0-B^*C_4(t-t_0)-B^*C_5(\sin M_p-\sin M_0) \qquad（C-29）$$

$$a = a_0''\left[1-C_1(t-t_0)-D_2(t-t_0)^2-D_3(t-t_0)^3-D_4(t-t_0)^4\right]^2 \qquad（C-30）$$

$$L = M_p + \omega + \Omega + n_0''\left[\frac{3}{2}C_1(t-t_0)^2 + (D_2 + 2C_1^2)(t-t_0)^3 + \frac{1}{4}(3D_3 + 12C_1D_2 + 10C_1^3)(t-t_0)^4 + \right.$$

$$\left. \frac{1}{5}(3D_4 + 12C_1D_3 + 6D_2^2 + 30C_1^2D_2 + 15C_1^4)(t-t_0)^5 \right] \tag{C-31}$$

$$\beta = \sqrt{1-e^2} \tag{C-32}$$

$$n = \frac{k_e}{\alpha^{\frac{3}{2}}} \tag{C-33}$$

其中，$(t-t_0)$ 代表从历元开始经历的时间。

增加长周期项

$$a_{xN} = e\cos(\omega) \tag{C-34}$$

$$L_L = \frac{A_{3,0}\sin i_0}{8k_2\alpha\beta^2}(e\cos\omega)\left(\frac{3+5\theta}{1+\theta}\right) \tag{C-35}$$

$$a_{yNL} = \frac{A_{3,0}\sin i_0}{4k_2\alpha\beta^2} \tag{C-36}$$

$$L_T = L + L_L \tag{C-37}$$

$$a_{yN} = e\sin\omega + a_{yNL} \tag{C-38}$$

求解 $(E+\omega)$ 的开普勒方程

$$U = L_T - \Omega \tag{C-39}$$

使用下面的迭代方程求解

$$(E+\omega)_{i+1} = (E+\omega)_i + \Delta(E+\omega)_i \tag{C-40}$$

$$\Delta(E+\omega)_i = \frac{U - \alpha_{yN}\cos(E+\omega)_i + \alpha_{xN}\sin(E+\omega)_i - (E+\omega)_i}{-\alpha_{yN}\sin(E+\omega)_i - \alpha_{xN}\cos(E+\omega)_i + 1} \tag{C-41}$$

$$(E+\omega)_1 = U \tag{C-42}$$

$$e\cos E = a_{xN}\cos(E+\omega) + a_{yN}\sin(E+\omega) \tag{C-43}$$

$$e\sin E = a_{xN}\sin(E+\omega) - a_{yN}\cos(E+\omega) \tag{C-44}$$

$$e_L = (\alpha_{xN}^2 + \alpha_{yN}^2)^{\frac{1}{2}} \tag{C-45}$$

$$p_L = \alpha(1-e_L^2) \tag{C-46}$$

$$r = \alpha\left[1 - e\cos(E)\right] \tag{C-47}$$

$$\dot{r} = k_e \frac{\sqrt{\alpha}}{r} e \sin E \tag{C-48}$$

$$r\dot{f} = k_e \frac{\sqrt{p_L}}{r} \tag{C-49}$$

$$\cos u = \frac{\alpha}{r}\left[\cos(E+\omega) - a_{xN} + \frac{a_{yN}(e\sin E)}{1+\sqrt{1-e_L^2}}\right] \tag{C-50}$$

$$\sin u = \frac{\alpha}{r}\left[\sin(E+\omega) - a_{yN} - \frac{a_{xN}(e\sin E)}{1+\sqrt{1-e_L^2}}\right] \tag{C-51}$$

$$u = \tan^{-1}\left(\frac{\sin u}{\cos u}\right) \tag{C-52}$$

$$\Delta r = \frac{k_2}{2p_L}(1-\theta^2)\cos(2u) \tag{C-53}$$

$$\Delta u = \frac{k_2}{4p_L^2}(7\theta^2 - 1)\sin(2u) \tag{C-54}$$

$$\Delta\Omega = \frac{2k_2\theta}{2p_L^2}\sin(2u) \tag{C-55}$$

$$\Delta i = \frac{3k_2\theta}{2p_L^2}\sin(i_0)\cos(2u) \tag{C-56}$$

$$\Delta\dot{r} = -\frac{k_2 n}{p_L}(1-\theta^2)\sin(2u) \tag{C-57}$$

$$\Delta r\dot{f} = \frac{k_2 n}{p_L}\left[(1-\theta^2)\cos(2u) - \frac{3}{2}(1-3\theta^2)\right] \tag{C-58}$$

添加短周期项，可以得到实时的位置和速度

$$r_k = r\left[1 - \frac{3}{2}k_2\frac{\sqrt{1-e_L^2}}{p_L^2}(3\theta^2 - 1)\right] + \Delta r \tag{C-59}$$

$$u_k = u + \Delta u \tag{C-60}$$

$$\Omega_k = \Omega + \Delta\Omega \tag{C-61}$$

$$i_k = i_0 + \Delta i \tag{C-62}$$

$$\dot{r}_k = \dot{r} + \Delta\dot{r} \tag{C-63}$$

$$r\dot{f}_k = r\dot{f} + \Delta r\dot{f} \tag{C-64}$$

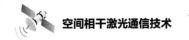

单位指向向量可以表示为

$$U = M \sin u_k + N \cos u_k \tag{C-65}$$

$$V = M \cos u_k - N \sin u_k \tag{C-66}$$

其中，

$$M = \begin{cases} M_x = -\sin \Omega_k \cos i_k \\ M_y = \cos \Omega_k \cos i_k \\ M_z = \sin i_k \end{cases} \tag{C-67}$$

$$N = \begin{cases} N_x = \cos \Omega_k \\ N_y = \sin \Omega_k \\ N_z = 0 \end{cases} \tag{C-68}$$

$$\boldsymbol{r} = r\boldsymbol{U} \tag{C-69}$$

$$\dot{\boldsymbol{r}} = \dot{r}_k \boldsymbol{U} + (r\dot{f})_k \boldsymbol{V} \tag{C-70}$$

$$(q_0 - s)^4 (\mathrm{er})^4 = 1.880\,279\,16 \times 10^{-9} \tag{C-71}$$

$$s(\mathrm{er}) = 1.012\,229\,28 \tag{C-72}$$

式中，n_0 为在历元时刻的平均运动；e_0 为在历元时刻的平均偏心率；i_0 为在历元时刻的平均倾角；M_0 为在历元时刻的平近点角；ω_0 为在历元时刻的平近地点幅角；Ω_0 为在历元时刻的平升交点赤经；$\dot{n}_0$ 为在历元时刻的平均运动的一阶导；$\ddot{n}_0$ 为在历元时刻的平均运动的二阶导；B^* 为 SGP4 类型的拖曳系数；$k_e = \sqrt{GM} = 3.986\,005 \times 10^{14}$，G 为万有引力常数，$M$ 为地球质量；$a_\mathrm{E} = 6\,378\,135$ m，地球赤道半径；J_2 为二阶地球重力带谐项；J_3 为三阶地球重力带谐项；J_4 为四阶地球重力带谐项；$(t-t_0)$ 为自历元开始经历的时间；$k_2 = \dfrac{1}{2} J_2 a_\mathrm{E}^2 = 5.413\,080 \times 10^{-4}$；$k_2 = -\dfrac{3}{8} J_4 a_\mathrm{E}^4 = 0.620\,988\,75 \times 10^{-6}$；$J_3 = -0.253\,881 \times 10^{-5}$；$A_{3,0} = -J_3 a_\mathrm{E}^3$；$B = \dfrac{1}{2} C_\mathrm{D} \dfrac{A}{m}$ 是 SGP8 模型中的无量纲拖曳系数，A 是质量为 m 的卫星的截面面积。

光纤放大器噪声

光纤技术中的一项重要的技术是光纤放大器技术。和电子技术中的电子放大器的作用一样，光纤放大器将输入的光场放大，克服光纤通信系统中光纤传输功率损耗并改善系统的检测性能。光纤放大器在增益光纤内部利用拉曼或布里渊散射把能量从光学外泵浦场转移到内插入场。两个场在光纤放大器中被耦合在一起，传播过程中发生能量转移。泵浦场用于把纤芯中的离子泵浦到激发态，当输入信号场作为传播波在光纤芯中传输时，能量被转移到输入信号中。在放大器的输出端，泵浦场被去掉，信号光被放大。增益光纤一般采用掺铒光纤。

在产生提供功率增益的能量转移过程中，泵浦与信号光的耦合过程产生叠加在输出信号场上的随机自发辐射噪声。这一自发噪声场在光纤中的行为是随机独立场，被叠加在所有被放大的信号场模式上。

用 $f_1(t, \boldsymbol{r})$ 表示一般输入光纤场，用功率增益 G 的放大器放大后的输出场表示为

$$f_1(t, \boldsymbol{r}) = \sum_{i=1}^{\infty} \left[a_i(t) \right] \mathrm{e}^{j\omega_0 t} \varPhi_i(\boldsymbol{r}) \tag{D-1}$$

$$f_0(t, \boldsymbol{r}) = \sum_{i=1}^{\infty} \left[G^{1/2} a_i(t) + b_i(t) \right] \mathrm{e}^{j\omega_0 t} \varPhi_i(\boldsymbol{r}) \tag{D-2}$$

G 为在频率 ω_0 处的功率增益，$b_i(t)$ 是自发辐射噪声在第 i 个模式中的包络线。研究表明，复数过程 $b_i(t)\mathrm{e}^{j\omega_0 t}$ 在放大带宽上有平坦的功率分布，其谱电平（单位为 W/Hz）为

$$N_{\mathrm{sp}} = (G-1)n_{\mathrm{sp}}(\mathrm{h}f_0) \tag{D-3}$$

其中，h 为普朗克常数，f_0 为光学频率，n_{sp} 为与增益材料粒子数状态有关的自发辐射系数，取值从略高于 1 到约等于 5。

从式（D-2）可以明显看出，放大器产生了一个输出信号场，其强度为

$$\left\{ \sum_{i=1}^{\infty} \left[G^{1/2} a_i(t) \right] \mathrm{e}^{j\omega_0 t} \varPhi_i(\boldsymbol{r}) \right\}^2 = G \left| f_1(t, \boldsymbol{r}) \right|^2 \tag{D-4}$$

式（D-4）表明，放大器直接以增益 G 放大了输入场的强度。但从式（D-2）中可

以看出，在放大过程中产生了自发辐射噪声。

在空间激光通信技术中，光纤放大器既可以作为光功率放大器使用，也可以作为低噪声前置放大器使用，如图 D-1 所示。

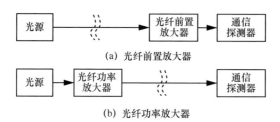

(a) 光纤前置放大器

(b) 光纤功率放大器

图 D-1　空间激光通信中的光纤放大器

在图 D-1（a）中，放大器输出端的自发辐射噪声表示为

$$N_{sp} = (G-1)n_{sp}(hf) \tag{D-5}$$

光纤前置放大器的输入信号功率为 P_{in}，则进入通信探测器的光功率为 GP_{in}。直接探测的信噪比可以写为

$$
\begin{aligned}
SNR &= \frac{\left(q\overline{g}\alpha GP_{in}\right)^2}{2B_m\left[(q\overline{g})^2 F\alpha GP_{in} + 2\left(\alpha q\overline{g}\right)^2 (GP_{in}N_{sp}) + N_{0c}\right]} \\
&= \frac{\alpha GP_{in}}{2B_m\left[F + 2(G-1)n_{sp} + \dfrac{N_{0c}}{(q\overline{g})^2 \alpha GP_{in}}\right]}
\end{aligned}
\tag{D-6}
$$

其中，q 为电子电荷，B_m 为光电探测器带宽，F 为探测器剩余噪声因子，$\overline{g}$ 为平均增益，N_{0c} 为热噪声的双边谱。

从式（D-6）可以看出，光学增益 G 和光电探测器的增益 $\overline{g}$ 的作用完全相同。当 G 很大时，式（D-6）可以表示为

$$SNR = \frac{\alpha GP_{in}}{2B_m\left[F + 2(G-1)n_{sp}\right]} = \frac{\alpha P_{in}}{4B_m n_{sp}} \tag{D-7}$$

式（D-7）的信噪比即为有光纤前置放大器时的极限信噪比。对于典型的放大器，n_{sp} 造成的信噪比损失为 3～10 dB。

如图 D-1（b）所示，对于光纤功率放大器应用而言，假设链路的衰减不变，光探测器输入光信号与图 D-1（a）相同，光探测信噪比表示为

$$\text{SNR} = \frac{\left(q\overline{g}\alpha GP_{\text{in}}\right)^2}{2B_{\text{m}}\left[\left(q\overline{g}\right)^2 F\alpha GP_{\text{in}} + 2\left(\alpha q\overline{g}\right)^2\left(GP_{\text{in}}N_{\text{sp}}L_{\text{f}}\right) + N_{0\text{c}}\right]} = \frac{\alpha P_{\text{in}}}{4L_{\text{f}}B_{\text{m}}n_{\text{sp}}} \qquad (\text{D-8})$$

从式（D-8）可以看出，光功率放大器使用时，比式（D-7）的信噪比会有 $\dfrac{1}{L_{\text{f}}}$ 的提升，主要是由于链路传播过程中自发辐射噪声随之发生了衰减。但是实际情况是，由于光纤放大器的饱和效应，其增益 G 没有作为前置放大器时高，造成消除热噪声的能力下降。

附录 E

IQ 电光调制器

在光通信中，信息的加载是通过电光调制器实现的。电光调制器分为相位调制器、强度调制器、IQ 正交调制器。IQ 电光调制器是最为复杂的调制器之一，可以兼容其他调制方式，实现不同通信体制的调制。

IQ 电光调制器由 3 个马赫-曾德尔干涉仪组成，如图 E-1 所示。

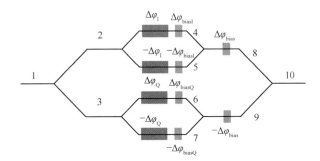

图 E-1　IQ 电光调制器组成

进入电光调制器的光（1 处）表示为

$$E_1(t) = A e^{j\varphi_0} \tag{E-1}$$

经过第一个 Y 型波导后，以 I 支路进行分析。在 I 支路的 Y 型波导输入处的光场表示为

$$E_2(t) = \frac{A}{\sqrt{2}} e^{j(\varphi_0 + \varphi_{11})} \tag{E-2}$$

经过 I 支路第二个 Y 型波导后先经过高速相位调制，再经过偏压相位控制，上下两个支路采用推挽式驱动方式，在进入第三个 Y 型波导处的上下支路的光场分别表示为

$$\begin{cases} E_4(t) = \dfrac{A}{2} e^{j[\varphi_0 + \varphi_{11} + \Delta\varphi_1(t) + \Delta\varphi_{\text{bias1}} + \varphi_{E11}]} \\ E_5(t) = \dfrac{A}{2} e^{j[\varphi_0 + \varphi_{11} - \Delta\varphi_1(t) - \Delta\varphi_{\text{bias1}} + \varphi_{E12}]} \end{cases} \tag{E-3}$$

第三个 Y 型波导合束后，获得的光场表示为

$$E_8(t) = \frac{E_4(t) + E_5(t)}{\sqrt{2}} = \frac{A}{\sqrt{2}} \cos\left(\Delta\varphi_1(t) + \Delta\varphi_{\text{biasI}} + \frac{\varphi_{\text{EI1}} - \varphi_{\text{EI2}}}{2}\right) e^{j\left(\varphi_0 + \varphi_{1I} + \frac{\varphi_{\text{EI1}} + \varphi_{\text{EI2}}}{2}\right)} \quad \text{（E-4）}$$

同样的方法，可以得到 Q 支路在第三个 Y 型波导合束后的光场

$$E_9(t) = \frac{E_6(t) + E_7(t)}{\sqrt{2}} = \frac{A}{\sqrt{2}} \cos\left(\Delta\varphi_Q(t) + \Delta\varphi_{\text{biasQ}} + \frac{\varphi_{\text{EQ1}} - \varphi_{\text{EQ2}}}{2}\right) e^{j\left(\varphi_0 + \varphi_{1Q} + \frac{\varphi_{\text{EQ1}} + \varphi_{\text{EQ2}}}{2}\right)} \quad \text{（E-5）}$$

IQ 支路输出的光场经过第四个共用 Y 型波导后，得到的输出光场为

$$E_{10}(t) = \frac{E_8(t)e^{j(\Delta\varphi_{\text{bias}})} + E_9(t)e^{j(-\Delta\varphi_{\text{bias}})}}{\sqrt{2}} \quad \text{（E-6）}$$

不同的通信体制，要求 3 个马赫-曾德尔干涉仪的偏压点控制不同。

对于 OOK 调制，只需要其中 I 或 Q 一个支路输出即可，此时要求 $E_8(t)$ 或 $E_9(t)$ 输出为零，即

$$\begin{cases} \cos\left(\Delta\varphi_{\text{biasI}} + \frac{\varphi_{\text{EI1}} - \varphi_{\text{EI2}}}{2}\right) = 0 \\ \text{或} \\ \cos\left(\Delta\varphi_{\text{biasQ}} + \frac{\varphi_{\text{EQ1}} - \varphi_{\text{EQ2}}}{2}\right) = 0 \end{cases} \quad \text{（E-7）}$$

可以得到

$$\begin{cases} \Delta\varphi_{\text{biasI}} + \frac{\varphi_{\text{EI1}} - \varphi_{\text{EI2}}}{2} = \pi n + \frac{\pi}{2} \\ \text{或} \\ \Delta\varphi_{\text{biasQ}} + \frac{\varphi_{\text{EQ1}} - \varphi_{\text{EQ2}}}{2} = \pi n + \frac{\pi}{2} \end{cases} \quad \text{（E-8）}$$

再将 Q 或 I 支路的光输出保持最大消光比输出，即满足

$$\begin{cases} \Delta\varphi_{\text{biasI}} + \frac{\varphi_{\text{EI1}} - \varphi_{\text{EI2}}}{2} = \frac{\pi}{2}n + \frac{\pi}{4} \\ \text{或} \\ \Delta\varphi_{\text{biasQ}} + \frac{\varphi_{\text{EQ1}} - \varphi_{\text{EQ2}}}{2} = \frac{\pi}{2}n + \frac{\pi}{4} \end{cases} \quad \text{（E-9）}$$

式（E-8）和式（E-9）中的 n 都取 0，此时，IQ 电光调制器的输出变为

$$\begin{cases} E_{10}(t) = \dfrac{A}{2}\cos\left(\Delta\varphi_{\mathrm{I}}(t) + \dfrac{\pi}{4}\right)e^{j\left(\varphi_0 + \varphi_{\mathrm{I1}} + \frac{\varphi_{\mathrm{EI1}} + \varphi_{\mathrm{EI2}}}{2} + \Delta\varphi_{\mathrm{bias}}\right)} \\ \qquad\qquad\qquad 或 \\ E_{10}(t) = \dfrac{A}{2}\cos\left(\Delta\varphi_{\mathrm{Q}}(t) + \dfrac{\pi}{4}\right)e^{j\left(\varphi_0 + \varphi_{\mathrm{I1}} + \frac{\varphi_{\mathrm{EQ1}} + \varphi_{\mathrm{EQ2}}}{2} - \Delta\varphi_{\mathrm{bias}}\right)} \end{cases} \tag{E-10}$$

对于 BPSK 调制，需要将其中两个支路的偏置点满足式（E-11）

$$\begin{cases} \Delta\varphi_{\mathrm{biasI}} + \dfrac{\varphi_{\mathrm{EI1}} - \varphi_{\mathrm{EI2}}}{2} = \pi n + \dfrac{\pi}{2} \\ \Delta\varphi_{\mathrm{biasQ}} + \dfrac{\varphi_{\mathrm{EQ1}} - \varphi_{\mathrm{EQ2}}}{2} = \pi n + \dfrac{\pi}{2} \end{cases} \tag{E-11}$$

此时，当 $n=0$ 时，IQ 电光调制器的输出变为

$$\begin{cases} E_{10}(t) = \dfrac{A}{2}\cos\left(\Delta\varphi_{\mathrm{I}}(t) + \dfrac{\pi}{2}\right)e^{j\left(\varphi_0 + \varphi_{\mathrm{I1}} + \frac{\varphi_{\mathrm{EI1}} + \varphi_{\mathrm{EI2}}}{2} + \Delta\varphi_{\mathrm{bias}}\right)} \\ \qquad\qquad\qquad 或 \\ E_{10}(t) = \dfrac{A}{2}\cos\left(\Delta\varphi_{\mathrm{Q}}(t) + \dfrac{\pi}{2}\right)e^{j\left(\varphi_0 + \varphi_{\mathrm{I1}} + \frac{\varphi_{\mathrm{EQ1}} + \varphi_{\mathrm{EQ2}}}{2} - \Delta\varphi_{\mathrm{bias}}\right)} \end{cases} \tag{E-12}$$

对于 QPSK 调制，需要在 BPSK 调制的基础上，将第三个偏压满足式（E-13）

$$\varphi_{\mathrm{I1}} + \dfrac{\varphi_{\mathrm{EI1}} + \varphi_{\mathrm{EI2}}}{2} + 2\Delta\varphi_{\mathrm{bias}} - \varphi_{\mathrm{I Q}} - \dfrac{\varphi_{\mathrm{EQ1}} + \varphi_{\mathrm{EQ2}}}{2} = \dfrac{\pi}{2} \tag{E-13}$$

此时，最终的输出变为

$$E_{10}(t) = \dfrac{A}{2}\cos\left[\Delta\varphi_{\mathrm{I}}(t) + \dfrac{\pi}{2}\right]e^{j(\varphi_{\mathrm{I}})} + \dfrac{A}{2}\cos\left[\Delta\varphi_{\mathrm{Q}}(t) + \dfrac{\pi}{2}\right]e^{j\left(\varphi_{\mathrm{I}} - \frac{\pi}{2}\right)} \tag{E-14}$$

名词索引